H. A. LORENTZ
COLLECTED PAPERS

H. A. LORENTZ

COLLECTED PAPERS

VOLUME II

SPRINGER-SCIENCE+BUSINESS MEDIA, B.V. 1936

ISBN 978-94-015-2215-1   ISBN 978-94-015-3447-5 (eBook)
DOI 10.1007/978-94-015-3447-5

Copyright 1936 by Springer Science+Business Media Dordrecht
Originally published by Martinus Nijhoff, The Hague, Holland in 1936

CONTENTS

PREFACE

*This volume contains the important work which the late Professor
H. A. Lorentz did to develop Maxwell's theory in the years before
his middle age. It begins with the treatise concerning the relation between the propagation of light and the density of media. The Lorenz-
Lorentz formula is arrived at (page 57) and an electromagnetic
dispersion theory of light is developed (p. 70, 80) for the first
time, so far as we know. This work was finished as early as 1878;
in an abridged form the results were published in Wiedemann's Annalen der Physik und Chemie (9, 641, 1880); until now the complete treatise was only accessible in the Dutch language.*

*In the following dozen years the development of Maxwell's
theory was carried further and the result was the paper published in
1892, which is found in the end of the volume. The work of Boltzmann and Hertz dates from the same period. Lorentz took the view
that matter was perfectly permeable to the ether and that the latter
was invariably at rest. Still, after Hertz published his theory based on
the idea that the ether contained in moving bodies completely shared
the motion, Lorentz inserted a chapter developing the inferences to be
drawn from this axiom (p. 206) which was contradictory to the line he
followed himself in order to account for Fresnel's coefficient. Lorentz'
fundamental assumption regarding the force on a charged particle is
stated on pages 238 and 246. The retarded potential is given on page
276 and a formula for the reaction on an accelerated charge by its
own field, now considered as its electromagnetic mass and the
resistance due to radiation, appears on pages 281 and 343.*

P. ZEEMAN.
A. D. FOKKER.

March 1936.

CONCERNING THE RELATION BETWEEN THE VELOCITY OF PROPAGATION OF LIGHT AND THE DENSITY AND COMPOSITION OF MEDIA [1])

The electromagnetic theory of light which was formulated by MAXWELL [2]) in 1865 has since, especially through the experiments of various physicists on the specific inductive capacity of non-conducting media, acquired a high degree of credibility. Although I consider it exceedingly probable that a change in our conceptions as regards electric phenomena will lead also in some degree to an alteration in the theory of MAXWELL, I still hold that its main principle, i.e., the hypothesis that vibrations of light are movements of the same character as electric currents, can hardly be questioned. It appeared therefore to me to be desirable to make a further investigation of the results of this theory which have as yet been only partially compared with experience. By this means it will not only be possible to estimate the value of the theory, but if it is correct there is also a chance that the investigation of light phenomena may advance to some extent our knowledge of the action of electricity.

In the following pages I have, first of all, after a brief exposition of the theory of MAXWELL, considered the motion of light in an isotropic medium with molecular structure. In this way I have obtained formulae giving the connexion between the velocity of propagation of light and the density and composition of media, these results being afterwards compared with the measurements of refractive indices. Furthermore the dispersion of light is also discussed in the course of this enquiry.

---

[1]) Verh. Kon. Akad. Wetensch. Amsterdam. **18**, 1878.
[2]) Phil. Trans. **155**, 459, 1865. Treatise on Electricity and Magnetism II. p. 383.

I

THE ELECTROMAGNETIC THEORY OF LIGHT

§ 1. The point of departure of the theory of MAXWELL is the hypothesis that under the influence of an electromotive force in the particles of every non-conducting medium the two different electricities can be separated. This phenomenon bears the name of dielectric polarization and can be treated mathematically in exactly the same manner as the magnetic polarization excited by a magnetic force.

If, for example, any particle is on one side electrically negative and on the other electrically positive, then the electrostatic action which it exercises externally, at distances very great in comparison with the dimensions of the particle, depends entirely on its electric moment, the latter being determined in direction and magnitude in the same manner as the magnetic moment of a particle in the theory of magnetism.

If further dielectric polarization is excited in a medium which may be considered as perfectly continuous, then the electric moment of a volume-element $d\tau$ at any point P, in the directions of three (mutually perpendicular) axes x, y, z, can be represented by $\xi d\tau$, $\eta d\tau$, $\zeta d\tau$, where ξ, η, ζ do not depend on $d\tau$. These last quantities are known as the components of the dielectric polarization at the point P.

§ 2. If an arbitrary continuous dielectric polarization be assumed in a medium, then the electromotive force [1] can be calculated which is exercised by it in an exterior point. It will then be found that as regards the external action, the dielectric polarization (ξ, η, ζ) can be replaced by an ordinary distribution of free electricity over the space occupied by the non-conducting

---

[1] i.e. the force exercised upon a unit of positive electricity.

medium and over its boundary surface S [1]). Furthermore the density over the abovementioned space must be

$$-\left(\frac{\partial \xi}{\partial x} + \frac{\partial \eta}{\partial y} + \frac{\partial \zeta}{\partial z}\right) \qquad (1)$$

and the surface density on the boundary surface

$$- (a\xi + b\eta + c\zeta), \qquad (2)$$

if we assume a, b, c to be the direction constants of the normal at S drawn to the side of the medium, i.e., the cosines of the angles which this normal forms with the positive axes.

Also in determining the electromotive force at an internal point the charges (1) and (2) may be substituted for the dielectric polarization (ξ, η, ζ) on condition that for such a point a similar significance is attached to the expression „electromotive force" as is commonly given to the expression „magnetic force" for the interior of a magnetized medium, corresponding to THOMSON's polar definition of magnetic force [2]).

§ 3. The theory of dielectric polarization rests now upon the hypothesis that for an isotropic non-conducting medium the dielectric polarization has the same direction at every point as the electromotive force (X, Y, Z) and is proportional to it, so that

$$\xi = \varepsilon X, \quad \eta = \varepsilon Y, \quad \zeta = \varepsilon Z, \qquad (3)$$

where ε represents a constant dependent on the nature of the medium.

It has actually been demonstrated that the influence exercised by the non-conducting medium in electrostatic phenomena can be explained by this hypothesis. At the same time it appeared that the specific inductive capacity K of a medium M, relative to that of vacuum [3]), is connected with the constant ε by the relation

$$K = \frac{1 + 4\pi\varepsilon}{1 + 4\pi\varepsilon_0}, \qquad (4)$$

---

[1]) Cf. the corresponding formula for magnetic polarization (MAXWELL, Electricity and Magnetism. II, §§ 395—400).

[2]) Cf. THOMSON, Papers on Electrostatics and Magnetism. §§ 479, 517 (and appendix to last §). MAXWELL, Electr. and Magnetism. §§ 395—400.

[3]) The number K shows how many times greater the capacity of a condenser is if the space between the plates is filled with the medium M, than if it is a vacuum. (It is here assumed that one plate completely surrounds the other).

if ε_0 is the constant of dielectric polarization for the ether which exists in vacuum. Since K can be experimentally determined, the ratios of the values which $(1 + 4\pi\varepsilon)$ possesses in various media can be ascertained, but as regards the value of ε_0 no electrostatic phenomena give any information.

§ 4. In order now to understand the hypothesis formulated by MAXWELL regarding the nature of light, we assume that a dielectric polarization has been generated by some cause or other in the particles of a homogeneous isotropic, non-conducting medium M, and study its changes in the course of time. We further assume that the medium M is extended to infinity, but in view of the following chapter we shall assume that holes occur here and there. In the otherwise empty space within these holes particles may still be situated in which electric moments also exist. Finally we assume that the dielectric polarization in the medium M remains continuous.

If we now apply the equation (3) to a variable dielectric polarization we have only to add to it the relations representing X, Y and Z as dependent on the state of the medium. The electromotive force F consists however of several parts which we shall examine in order.

§ 5. A *first* part of this force (X, Y, Z) is of electrostatic origin. In determining this we can substitute for the dielectric polarization the ordinary electric charges (1) and (2) over the space occupied by the medium and over the surfaces S of the holes. When φ_1 is the potential function of these charges then at every point in M

$$\Delta\varphi_1 = 4\pi \left(\frac{\partial\xi}{\partial x} + \frac{\partial\eta}{\partial y} + \frac{\partial\zeta}{\partial z} \right), \,^1) \tag{5}$$

at every point within a hollow

$$\Delta\varphi_1 = 0 \tag{6}$$

and on one of the surfaces S

$$a\left[\frac{\partial\varphi_1}{\partial x} - \left(\frac{\partial\varphi_1}{\partial x}\right)'\right] + b\left[\frac{\partial\varphi_1}{\partial y} - \left(\frac{\partial\varphi_1}{\partial y}\right)'\right] + c\left[\frac{\partial\varphi_1}{\partial z} - \left(\frac{\partial\varphi_1}{\partial z}\right)'\right] = 4\pi(a\xi + b\eta + c\zeta). \tag{7}$$

[1)]

$$\Delta = \frac{\partial^2}{\partial x^2} + \frac{\partial^2}{\partial y^2} + \frac{\partial^2}{\partial z^2}$$

In the last equation the values of the differential quotients on the inside of S are distinguished from those on the outside by accents.

If, moreover, φ_2 is the potential function for the electric moments occurring within the holes, then for any point in M

$$\Delta\varphi_2 = 0 \qquad (8)$$

and we obtain

$$X_1 = -\frac{\partial(\varphi_1 + \varphi_2)}{\partial x}, \quad Y_1 = -\frac{\partial(\varphi_1 + \varphi_2)}{\partial y}, \quad Z_1 = -\frac{\partial(\varphi_1 + \varphi_2)}{\partial z}. \quad (9)$$

§ 6. If the dielectric polarization varies with the time t and the electricity in the particles is consequently in a state of motion, an electromotive force will be induced at every point as a result of this motion.

First of all let the electrical quantities $+ e$ and $- e$ exist in a molecule, each accumulated at a point and let these be separated from each other in the direction of the x-axis by a distance δ so that the positive electricity is found on the side of the positive x, then the electric moment of the particle will be $m_x = e\delta$. Further let the positive electric particle have the velocity v in the direction of the positive x-axis, and the negative electric particle have the velocity v' in the opposite direction. Then $d\delta/dt = v + v'$ and thus $dm_x/dt = e\,(v + v')$. We now suppose that the particle $+ e$ in consequence of its movement produces the same effects as an element ds of a current in the direction of the x-axis for which, if i is the intensity of the current, (which we shall here and in future express in electrostatic units), $ids = ev$. In the same way we assume that the particle $- e$, in consequence of its velocity v' performs the same functions as an element of current for which $ids = ev'$ and which has the same direction as that just mentioned [1]). It follows from this that the movement of both electricities in the molecule considered is equal to an element of current for which $ids = e\,(v + v') = dm_x/dt$.

---

[1]) These are *suppositions* since possibly in an ordinary electric current *both* electricities are in a state of motion and it is not absolutely certain that the movement of only *one* electricity produces the same effects. However the experiments announced by HELMHOLTZ as made by ROWLAND support this. Pogg. Ann. **158**, 487, 1876.

The above mentioned can easily be applied to the case when electric moments also occur in the molecule under consideration in the directions of the y- and z-axes. For the sake of brevity, if ds is an element of current which forms angles α, β, γ with the axes, and in which the intensity of current is i, we will call the quantities

$$ids \cos \alpha, \quad ids \cos \beta, \quad ids \cos \gamma$$

the components of the current element. It then appears that a particle in which the variable electric moment (m_x, m_y, m_z) occurs produces the same effects as an element of current with the components

$$\frac{dm_x}{dt}, \quad \frac{dm_y}{dt}, \quad \frac{dm_z}{dt}. \tag{10}$$

From this it further follows that the variation of the dielectric polarization (ξ, η, ζ) in the medium M is equal to an electric current with the components

$$u = \frac{d\xi}{dt}, \quad v = \frac{\partial \eta}{dt}, \quad w = \frac{\partial \zeta}{\partial t}. \tag{11}$$

§ 7. In order to calculate the induction exercised by this we must know the law of induction for elements of current.

HELMHOLTZ, whose research [1]) into the equations of motion of electricity we largely follow here, has demonstrated that the induced electromotive force at any point Q in the direction h, which is caused by a change in the intensity of a current i in an element ds of a conductor may be written

$$F_h = - \mathbf{A}^2 \frac{\partial q}{\partial t},$$

when

$$q = \frac{ids}{r} \cos (ds, h) + \frac{1-k}{2} ids \frac{\partial^2 r}{\partial h \partial s}. \tag{12}$$

In this case r is the distance from a point of ds to Q, while $\mathbf{A}$

[1]) Crelle's Journal. **72**, 57, 1870.

and k represent constants. The first has been deduced from observations, but all experiments completed up to the present leave the value of k entirely undetermined.

§ 8. Let us now find the induction in any point $Q\ (x, y, z)$ which results from the current distribution (11) in the medium M. For this purpose let u, v, w be regarded as functions of the coordinates x', y', z' and let us confine our attention to the electric current within an element $dx'dy'dz' = d\tau$ at the point $P\ (x', y', z')$ lying at a distance from Q, represented by r. Three elements of current having the direction of the coordinate axes, can be substituted for the current. When the induced electromotive force in Q is calculated by the formulae in the preceding paragraph, then by addition we obtain the action of the element $d\tau$ and moreover, by integration, that of the whole medium M.

In this manner we find for this the components

$$ -\mathbf{A}^2\,\frac{\partial U_1}{\partial t}, \quad -\mathbf{A}^2\,\frac{\partial V_1}{\partial t}, \quad -\mathbf{A}^2\,\frac{\partial W_1}{\partial t}, \tag{13}$$

if we put

$$ U_1 = \iiint \left\{ \frac{u}{r} + \frac{1-k}{2}\left[u\,\frac{\partial^2 r}{\partial x \partial x'} + v\,\frac{\partial^2 r}{\partial x \partial y'} + w\,\frac{\partial^2 r}{\partial x \partial z'} \right] \right\} d\tau, \text{ etc. } \tag{14}$$

In this way we can extend the integration over the whole space since within the holes $u = v = w = 0$.

§ 9. In calculating U_1 by means of equation (14) let us imagine first of all a closed surface B surrounding Q and find the value U'_1 which the integral assumes when taken only over the space A [1]) lying outside that surface. We shall indicate this in future by adding the index A to the integral signs.

Putting

$$ \mathfrak{U}'_1 = \iiint_{(A)} \frac{u}{r}\,d\tau, \quad \Psi'_1 = \iiint_{(A)} \left(u\,\frac{\partial r}{\partial x'} + v\,\frac{\partial r}{\partial y'} + w\,\frac{\partial r}{\partial z'} \right) d\tau, \tag{15}$$

then it is obvious that

$$ U'_1 = \mathfrak{U}'_1 + \frac{1-k}{2}\,\frac{\partial \Psi'_1}{\partial x}. \tag{16}$$

---

[1]) In some of the following reductions we must remember that A is the *whole* space outside B including the holes.

The quantity Ψ_1' can be split up into three integrals which can be partially integrated with respect to x', y', z'. Thus for Ψ_1' firstly we obtain an integral I over the space A, and secondly, integrals over the surfaces S and B and finally similar integrals over the „infinitely distant boundary surface of the space". We will now assume that the electric movements either only occur at a finite distance, or at any rate diminish so rapidly with increasing r that the last integrals disappear. If now the outward drawn normals n and ν of the surfaces S and B respectively have the direction constants a, b, c and α, β, γ, then

$$\Psi_1' = -\iint r\,(au + bv + cw)\,dS - \iint r\,(\alpha u + \beta v + \gamma w)\,dB - I. \quad (17)$$

And in this

$$I = \iiint_{(A)} r\left(\frac{\partial u}{\partial x'} + \frac{\partial v}{\partial y'} + \frac{\partial w}{\partial z'}\right) d\tau,$$

or, by applying (11) and (5)

$$I = \frac{1}{4\pi}\frac{\partial}{\partial t}\iiint_{(A)} r\Delta\varphi_1\,d\tau.$$

The integral occurring here can be transformed by a well known proposition derived from the theorem of GREEN [1]). Then it will be found that if the integrals over the boundary surface of the space are omitted

$$I = \frac{1}{4\pi}\iiint_{(A)}\frac{\partial\varphi_1}{\partial t}\Delta r\,d\tau - \frac{1}{4\pi}\frac{\partial}{\partial t}\iint\left(r\frac{\partial\varphi_1}{\partial\nu} - \varphi_1\frac{\partial r}{\partial\nu}\right)dB +$$
$$+ \frac{1}{4\pi}\frac{\partial}{\partial t}\iint r\left[\left(\frac{\partial\varphi_1}{\partial n}\right)' - \frac{\partial\varphi_1}{\partial n}\right]dS.$$

If this value is transferred to (17) and the relations (11) and (7) are considered then it will appear that the integrals over the areas S disappear. Noticing also that $\Delta r = 2/r$ we obtain the result $\Psi_1' = \Psi_1'' + \Psi_1'''$, if

$$\Psi_1'' = -\frac{1}{2\pi}\iiint_{(A)}\frac{\partial\varphi_1}{\partial t}\frac{1}{r}\,d\tau \qquad (18)$$

---

[1]) See e.g. GRINWIS, Wisk. theorie der wrijvingselectriciteit, p. 23, 3rd theorem.

and if

$$\Psi_1''' = -\frac{1}{4\pi}\iint\left(\frac{\partial\varphi_1}{\partial t}\frac{\partial r}{\partial \nu} - r\frac{\partial^2\varphi}{\partial t\partial\nu}\right)dB - \iint r\,(\alpha u + \beta v + \gamma w)\,dB.$$

Finally we obtain

$$U_1' = \mathfrak{U}_1' + \frac{1-k}{2}\left(\frac{\partial\Psi_1''}{\partial x} + \frac{\partial\Psi_1'''}{\partial x}\right). \tag{19}$$

§ 10. In order now to calculate the quantity U_1 we have only to find the limit to which (19) approaches if the dimensions of the surface B decrease indefinitely. In this it will first of all appear that the magnitude $\partial\Psi_1'''/\partial x$ has the value 0 as limit [1]), if at least u, v, w and and their differential quotients have a finite value at the point Q. Secondly we observe from (18) that Ψ_1'' is the potential function of a mass acting according to the law of NEWTON and extended over the space A with the density

$$-\frac{1}{2\pi}\frac{\partial\varphi_1}{\partial t}.$$

Consequently — $\partial\Psi_1''/\partial x$ is the attraction excercised by this mass in Q in the direction of the x-axis and the limiting value of this quantity will be the attraction in the case when not only the space A but the whole space is filled with a mass of the given density. In this case also the attraction can be deduced from the potential function. If this last is here Ψ_1 then we have $Lim\ \partial\Psi_1''/\partial x = \partial\Psi_1/\partial x$ and if from now onwards we take the integrals over the whole space

$$\Psi_1 = -\frac{1}{2\pi}\iiint\frac{\partial\varphi_1}{\partial t}\frac{1}{r}\,d\tau. \tag{20}$$

Finally we obtain

$$Lim\ \mathfrak{U}_1' = \mathfrak{U}_1 = \iiint\frac{u}{r}\,d\tau \tag{21}$$

and putting in the same way

$$\mathfrak{V}_1 = \iiint\frac{v}{r}\,d\tau, \quad \mathfrak{W}_1 = \iiint\frac{w}{r}\,d\tau, \tag{22}$$

---

[1]) It is easiest to demonstrate this if we assign to the surface B the form of a sphere described around Q as centre, whose radius ρ approaches 0. In each of the terms of which $\partial\Psi_1'''/\partial x$ consists, a factor ρ or ρ^2 appears multiplied by a quantity which remains finite by diminution of ρ so that each term has 0 as limit.

then we get

$$U_1 = \mathfrak{U}_1 + \frac{1-k}{2}\frac{\partial \Psi_1}{\partial x}, \quad V_1 = \mathfrak{B}_1 + \frac{1-k}{2}\frac{\partial \Psi_1}{\partial y},$$

$$W_1 = \mathfrak{W}_1 + \frac{1-k}{2}\frac{\partial \Psi_1}{\partial z}. \tag{23}$$

Of course these equations hold good equally within any hole as for a point in the medium M.

§ 11. Since, as appears from the above Ψ_1, $\mathfrak{U}_1$, $\mathfrak{B}_1$, and $\mathfrak{W}_1$ may be regarded as the potential functions of masses distributed with the densities

$$-\frac{1}{2\pi}\frac{\partial \varphi_1}{\partial t}, u, v, w,$$

it follows from POISSON's equation that

$$\Delta\Psi_1 = 2\frac{\partial \varphi_1}{\partial t}. \tag{24}$$

$$\Delta\mathfrak{U}_1 = -4\pi u, \quad \Delta\mathfrak{B}_1 = -4\pi v, \quad \Delta\mathfrak{W}_1 = -4\pi w \tag{25}$$

and it can be further deduced from (23) that

$$\Delta U_1 = -4\pi u + (1-k)\frac{\partial^2 \varphi_1}{\partial x \partial t}, \quad \Delta V_1 = -4\pi v + (1-k)\frac{\partial^2 \varphi_1}{\partial y \partial t},$$

$$\Delta W_1 = -4\pi w + (1-k)\frac{d^2 \varphi_1}{\partial z \partial t} \tag{26}$$

Finally it follows from (21), (22), (23), (24) that

$$\frac{\partial U_1}{\partial x} + \frac{\partial V_1}{\partial y} + \frac{\partial W_1}{\partial z} = (1-k)\frac{\partial \varphi_1}{\partial t} +$$

$$+ \iiint \left\{ u\frac{x'-x}{r^3} + v\frac{y'-y}{r^3} + w\frac{z'-z}{r^3} \right\} d\tau.$$

By integrating by parts and after some reduction the last term is changed to $-\partial\varphi_1/\partial t$. Consequently

$$\frac{\partial U_1}{\partial x} + \frac{\partial V_1}{\partial y} + \frac{\partial W_1}{\partial z} = -k\frac{\partial \varphi_1}{\partial t}. \tag{27}$$

§ 12. Just as we have here calculated the induction resulting from the variable dielectric polarization in the medium M, we can also calculate that which results from an alteration in the electric moments occurring in the holes (§ 4). If U_2 V_2, W_2, are the functions which correspond with U_1, V_1, W_1, then the components of this last induction are

$$- \mathbf{A}^2 \frac{\partial U_2}{\partial t}, \quad - \mathbf{A}^2 \frac{\partial V_2}{\partial t}, \quad - \mathbf{A}^2 \frac{\partial W_2}{\partial t} \tag{28}$$

and for every point of the medium M the relations corresponding with (26) and (27) hold good:[1]

$$\Delta U_2 = (1-k) \frac{\partial^2 \varphi_2}{\partial x \partial t}, \quad \Delta V_2 = (1-k) \frac{\partial^2 \varphi_2}{\partial y \partial t}, \quad \Delta W_2 = (1-k) \frac{\partial^2 \varphi_2}{\partial z \partial t} \text{[1]}. \tag{29}$$

$$\frac{\partial U_2}{\partial x} + \frac{\partial V_2}{\partial y} + \frac{\partial W_2}{\partial z} = - k \frac{\partial \varphi_2}{\partial t}. \tag{30}$$

From (13) and (28) it follows finally for the components of the second part of the electromotive force

$$X_2 = - \mathbf{A}^2 \frac{\partial (U_1 + U_2)}{\partial t}, \quad Y_2 = - \mathbf{A}^2 \frac{\partial (V_1 + V_2)}{\partial t},$$

$$Z_2 = - \mathbf{A}^2 \frac{\partial (W_1 + W_2)}{\partial t}. \tag{31}$$

---

[1] Let at the point (x', y', z') of one of the holes a molecule P be placed with electrical moment (m_x, m_y, m_z) and let $\varphi_{2(p)}$ be the potential function connected with it at a point $Q(x, y, z)$ at a distance r from P. In the same way let us call $U_{2(p)}$, $V_{2(p)}$, $W_{2(p)}$ the contributions in U_2, V_2, W_2 connected with the element of current $(\partial m_x/dt, \partial m_y/dt, \partial m_z/dt)$ in the molecule P (§ 6). Then, according to (12)

$$U_{2(p)} = \frac{dm_x}{dt} \cdot \frac{1}{r} + \frac{1-k}{2} \frac{\partial}{\partial x} \left(\frac{\partial m_x}{\partial t} \cdot \frac{\partial r}{\partial x'} + \frac{\partial m_y}{\partial t} \cdot \frac{\partial r}{\partial y'} + \frac{\partial m_z}{\partial t} \cdot \frac{\partial r}{\partial z'} \right),$$

thus, since $\Delta (1/r) = 0$ and $\Delta r = 2/r$,

$$\Delta U_{2(p)} = (1-k) \frac{\partial}{\partial x} \left(\frac{\partial m_x}{\partial t} \cdot \frac{\partial (1/r)}{\partial x'} + \frac{dm_y}{\partial t} \cdot \frac{\partial (1/r)}{\partial y'} + \frac{dm_z}{\partial t} \cdot \frac{\partial (1/r)}{\partial z'} \right).$$

Now however

$$\varphi_{2(p)} = m_x \frac{\partial (1/r)}{\partial x'} + m_y \frac{\partial (1/r)}{\partial y'} + m_z \frac{\partial (1/r)}{\partial z'},$$

thus

$$\Delta U_{2(p)} = (1-k) \frac{\partial^2 \varphi_{2(p)}}{\partial x \partial t}.$$

We shall also find a similar equation for every other molecule P_1 and then the first of (29) by adding all these equations. The other equations can also be obtained by similar considerations.

§ 13. There remains thus yet a third part of the electromotive force to be considered. For it is possible that under the influence of the electric movements in the particles occurring in the holes magnetic moments may be generated and also magnetic polarization in the medium M. If this occurs the alteration of this magnetic condition will again result in an induced electromotive force.

If λ, μ, ν are the components of the magnetic polarization, ($\lambda d\tau$, $\mu d\tau$, $\nu d\tau$ being thus the magnetic moments of an element of volume $d\tau$) L, M, N, those of the magnetic force, then for every point of the medium

$$\lambda = \vartheta L, \quad \mu = \vartheta M, \quad \nu = \vartheta N, \tag{32}$$

where ϑ is constant.

§ 14. The magnetic force G consists, however, of two parts. The first is a consequence of the magnetic condition itself and has as components

$$L_1 = -\frac{\partial(\chi_1 + \chi_2)}{\partial x}, \quad M_1 = -\frac{\partial(\chi_1 + \chi_2)}{\partial y}, \quad N_1 = -\frac{\partial(\chi_1 + \chi_2)}{\partial z} \tag{33}$$

if χ_1 is the magnetic potential function belonging to the polarization in the medium (λ, μ, ν) and χ_2 that belonging to the momenta ($\mathfrak{M}_x$, $\mathfrak{M}_y$, $\mathfrak{M}_z$). In this case for each point of M

$$\Delta\chi_1 = 4\pi \left(\frac{\partial\lambda}{\partial x} + \frac{\partial\mu}{\partial y} + \frac{\partial\nu}{\partial z} \right), \quad \Delta\chi_2 = 0, \tag{34}$$

and these equations correspond with (5) and (8).

§ 15. Secondly, a magnetic force is exercised by the electric movements considered above which can be calculated by means of the well-known law of BIOT and SAVART, according to which the magnetic force G_p exerted by an element of current ds (with intensity of current i) at the point P (x', y'; z') in a point Q (x, y, z) is given by

$$G_p = \frac{\mathrm{A}ids \, sin \, (r, ds)}{r^2}$$

This force is directed along a line perpendicular to the surface which can be drawn through ds and r, while it can be shown by a well known method to which side of this surface the perpendicular should be dropped.

To formulate the components of G_p without ambiguity it is also necessary further to determine the choice of our system of coordinates. We postulate therefore that rotation of the positive x-axis to the positive y-axis through an angle of 90° proceeds in a clockwise direction if the observer is situated on the side of the positive z-axis. If then, α, β, γ are the angles which ds forms with the positive axes, then the components of G_p are [1])

$$
\left.
\begin{aligned}
\mathrm{A}ids \left[\cos \beta \, \frac{\partial}{\partial z} \left(\frac{1}{r} \right) - \cos \gamma \, \frac{\partial}{\partial y} \left(\frac{1}{r} \right) \right] &= \mathbf{A}\,(- k_1 + k_2), \\[2mm]
\mathrm{A}ids \left[\cos \gamma \, \frac{\partial}{\partial x} \left(\frac{1}{r} \right) - \cos \alpha \, \frac{\partial}{\partial z} \left(\frac{1}{r} \right) \right] &= \mathbf{A}\,(- k_3 + k_4), \\[2mm]
\mathrm{A}ids \left[\cos \alpha \, \frac{\partial}{\partial y} \left(\frac{1}{r} \right) - \cos \beta \, \frac{\partial}{\partial x} \left(\frac{1}{r} \right) \right] &= \mathbf{A}\,(- k_5 + k_6),
\end{aligned}
\right\} \quad (35)
$$

if

$$
k_1 = - ids \cos \beta \, \frac{\partial}{\partial z} \left(\frac{1}{r} \right), \text{ etc.}
$$

§ 16. Let us apply the results we have just obtained in order to calculate the magnetic force in a point Q (x, y, z) which is excercised by the distribution of current $(u, v, w,)$ in the medium M. The electric current within an element $d\tau$ at the point $P(x', y', z')$ is equal to an element of current with the components $ud\tau, vd\tau, wd\tau$ and the magnetic force excercised by it can thus be immediately deduced from (35). In this case we obtain $k_1 = vd\tau \; \partial(1/r)/\partial z$ and this quantity is equal to the attraction which would be exercised in Q in the direction of the z-axis by the element $d\tau$ if this contained matter of density v.

By integrating over the whole space, as is essential in order to find the total magnetic force, k_1 gives the attraction in Q in the direction named for the case when matter is distributed with the density v over the whole space occupied by the medium. Now,

---

[1]) In calculating these quantities we can make use of the circumstance that $\frac{1}{2} rds \sin (r, ds)$ represents the content of the triangle which has ds as base and Q as apex and that we find in this way the components of G_p by multiplying the projections of this triangle on to planes of the system of coordinates by $2 \mathbf{A}i/r^3$.

according to (22), $\mathfrak{B}_1$ is the potential function for this matter, so
that k_1 gives $- \partial\mathfrak{B}_1/\partial z$ in the integration in question. In the same
way k_2 gives $- \partial\mathfrak{W}_1/\partial y$ in the integration, so that the component
of the desired magnetic force in the direction of the x-axis is
$\mathbf{A}(\partial\mathfrak{B}_1/\partial z - \partial\mathfrak{W}_1/\partial y)$, or, as appears from (23)
$\mathbf{A}(\partial V_1/\partial z - \partial W_1/\partial y)$. The other components are
$\mathbf{A}(\partial W_1/\partial x - \partial U_1/\partial z)$, $\mathbf{A}(\partial U_1/\partial y - \partial V_1/\partial x)$, and if the magnetic
force exerted by the electric movements within the holes is
calculated in the same way, we obtain for the second part of G,

$$L_2 = \mathbf{A} \left\{ \frac{\partial(V_1+V_2)}{\partial z} - \frac{\partial(W_1+W_2)}{\partial y} \right\}, \quad M_2 = \mathbf{A} \left\{ \frac{\partial(W_1+W_2)}{\partial x} - \frac{\partial(U_1+U_2)}{\partial z} \right\},$$

$$N_2 = \mathbf{A} \left\{ \frac{\partial(U_1+U_2)}{\partial y} - \frac{\partial(V_1+V_2)}{\partial x} \right\}. \tag{36}$$

§ 17. Finally, to find the induction consequent on the variation
in the magnetic conditions, we shall first consider a particle P
in the point (x', y', z') with the variable magnetic moment
$(\mathfrak{m}_x, \mathfrak{m}_y, \mathfrak{m}_z)$. In the calculation of the effect produced by this we
can substitute for the moment in the direction of the x-axis, an in-
finitely small circular current in a surface produced through P
parallel to the yz-surface. The centre of this must lie in P and between the radius ρ and the intensity of current i in the circuit will
exist the relation

$$\mathbf{A}i\pi\rho^2 = \mathfrak{m}_x, \tag{37}$$

while finally the direction of the current must correspond to a
rotation from the positive z-axis to the positive y-axis.

In order to find the action of this current at a point Q (x, y, z)
in the direction of the y-axis the formula (12) may be employed.
The quantity q (taking for h the direction of the y-axis) must be
calculated for an element of the circular current and then this
must be integrated along the whole circuit. Here the last term of
(12) gives 0, since it is a differential quotient with respect to s, so
that only the quantity

$$\frac{ids}{r} \cos (ds, y) \tag{38}$$

has to be integrated.

We now draw in the surface of the current a line from P parallel to the z-axis and fix the position of a point P' in the circle by the angle ω which PP' forms with this line, in which a rotation in the direction of the current is regarded as positive. Then $ds = \rho d\omega$, $\cos (ds, y) = \cos \omega$ and, since the circular current is infinitely small,

$$\frac{1}{r} = \frac{1}{r_p} + \left(\frac{\partial\left(\frac{1}{r}\right)}{\partial y'}\right)_P \rho \sin \omega + \left(\frac{\partial\left(\frac{1}{r}\right)}{\partial z'}\right)_P \rho \cos \omega.$$

In the last equation the index P indicates the values in the centre.

Let the values given in (38) be substituted and let us integrate between the limits $\omega = 0$ and $\omega = 2\pi$. The result, Q, will then be

$$Q = \pi i \rho^2 \left(\frac{\partial\left(\frac{1}{r}\right)}{\partial z'}\right)_P,$$

or, having regard to (37) and omitting the index P

$$Q = \frac{1}{A} \mathfrak{m}_x \frac{\partial\left(\frac{1}{r}\right)}{\partial z'} = -\frac{1}{A} \mathfrak{m}_x \frac{\partial\left(\frac{1}{r}\right)}{\partial z}$$

Putting for the sake of brevity

$$\frac{\mathfrak{m}_x}{r} = \mathfrak{L},$$

then

$$Q = -\frac{1}{A} \frac{\partial \mathfrak{L}}{\partial z}$$

and the electromotive force induced by the circular current or by the momentum $\mathfrak{m}_x$ excercised in Q in the direction of the y-axis will be

$$-A^2 \frac{\partial Q}{\partial t} = A \frac{\partial}{\partial t} \frac{\partial \mathfrak{L}}{\partial z}$$

In the same way the induction in the direction of the z-axis will be

$$- \mathbf{A} \frac{\partial}{\partial t} \frac{\partial \mathfrak{L}}{\partial y},$$

while that in the direction of the x-axis will be 0.

In a similar manner the induction can be calculated which is exercised by the moments $\mathfrak{m}_y$ and $\mathfrak{m}_z$ giving for the components of the total induction resulting from the particle P

$$\mathbf{A} \frac{\partial}{\partial t} \left(\frac{\partial \mathfrak{N}}{\partial y} - \frac{\partial \mathfrak{M}}{\partial z} \right), \quad \mathbf{A} \frac{\partial}{\partial t} \left(\frac{\partial \mathfrak{L}}{\partial z} - \frac{\partial \mathfrak{N}}{\partial x} \right), \quad \mathbf{A} \frac{\partial}{\partial t} \left(\frac{\partial \mathfrak{M}}{\partial x} - \frac{\partial \mathfrak{L}}{\partial y} \right), \quad (39)$$

in which we have put $\mathfrak{M} = \mathfrak{m}_y/r$, $\mathfrak{N} = \mathfrak{m}_z/r$. It may also be noticed that $\mathfrak{L}$, $\mathfrak{M}$, $\mathfrak{N}$ are the potential functions in Q for the masses $\mathfrak{m}_x$, $\mathfrak{m}_y$, $\mathfrak{m}_z$ occurring in the point P.

§ 18. When now in the medium M the magnetic polarization (λ, μ, ν) occurs and in the particles within the holes the magnetic moments $\mathfrak{m}_x$, $\mathfrak{m}_y$, $\mathfrak{m}_z$ are generated, then, in order to calculate the induction excercised by them at any point (x, y, z) we can apply the considerations in the preceding paragraph to every magnetic particle. Having regard to the significance of $\mathfrak{L}$, $\mathfrak{M}$, $\mathfrak{N}$ we can immediately deduce the result from (39).

Let $\mathfrak{L}_1$, $\mathfrak{M}_1$, $\mathfrak{N}_1$, be the potential functions for masses which are distributed over the space occupied by the medium with the respective densities λ, μ, ν and let $\mathfrak{L}_2$, $\mathfrak{M}_2$, $\mathfrak{N}_2$ in the same way be the potential functions when the masses $\mathfrak{m}_x$, $\mathfrak{m}_y$, $\mathfrak{m}_z$ are allocated to every molecule within the holes, then the components of the *third* part of the electromotive force will be

$$X_3 = \mathbf{A} \frac{\partial}{\partial t} \left\{ \frac{\partial (\mathfrak{N}_1 + \mathfrak{N}_2)}{\partial y} - \frac{\partial (\mathfrak{M}_1 + \mathfrak{M}_2)}{\partial z} \right\}, \quad Y_3 = \mathbf{A} \frac{\partial}{\partial t} \left\{ \frac{\partial (\mathfrak{L}_1 + \mathfrak{L}_2)}{\partial z} - \frac{\partial (\mathfrak{N}_1 + \mathfrak{N}_2)}{\partial x} \right\},$$

$$Z_3 = \mathbf{A} \frac{\partial}{\partial t} \left\{ \frac{\partial (\mathfrak{M}_1 + \mathfrak{M}_2)}{\partial x} - \frac{\partial (\mathfrak{L}_1 + \mathfrak{L}_2)}{\partial y} \right\}. \quad (40)$$

From the definitions given for $\mathfrak{L}_1$, $\mathfrak{M}_1$, $\mathfrak{N}_1$, $\mathfrak{L}_2$, $\mathfrak{M}_2$, $\mathfrak{N}_2$, it follows moreover for each point of the medium M that

$$\left. \begin{array}{ccc} \Delta \mathfrak{L}_1 = - 4\pi\lambda, & \Delta \mathfrak{M}_1 = - 4\pi\mu, & \Delta \mathfrak{N}_1 = - 4\pi\nu, \\ \Delta \mathfrak{L}_2 = \quad 0, & \Delta \mathfrak{M}_2 = \quad 0, & \Delta \mathfrak{N}_2 = \quad 0 \;, \end{array} \right\} \quad (41)$$

while it may be easily demonstrated that

$$\frac{\partial \mathfrak{L}_1}{\partial x} + \frac{\partial \mathfrak{M}_1}{\partial y} + \frac{\partial \mathfrak{N}_1}{\partial z} = -\chi_1 \quad \text{and} \quad \frac{\partial \mathfrak{L}_2}{\partial x} + \frac{\partial \mathfrak{M}_2}{\partial y} + \frac{\partial \mathfrak{N}_2}{\partial z} = \chi_2 . - (42)$$

§ 19. We have now ascertained the total electromotive and magnetic force and for every point in the medium we have

$$\frac{\xi}{\varepsilon} = X_1 + X_2 + X_3, \quad \frac{\eta}{\varepsilon} = Y_1 + Y_2 + Y_3, \quad \frac{\zeta}{\varepsilon} = Z_1 + Z_2 + Z_3, \quad (43)$$

$$\frac{\lambda}{\vartheta} = L_1 + L_2, \qquad \frac{\mu}{\vartheta} = M_1 + M_2, \qquad \frac{\nu}{\vartheta} = N_1 + N_2. \qquad (44)$$

Meanwhile from the equations obtained, others more simple can be derived. Firstly it follows from (43) that

$$\frac{\partial \zeta}{\partial y} - \frac{\partial \eta}{\partial z} = \varepsilon \left(\frac{\partial Z_1}{\partial y} - \frac{\partial Y_1}{\partial z} + \frac{\partial Z_2}{\partial y} - \frac{\partial Y_2}{\partial z} + \frac{\partial Z_3}{\partial y} - \frac{\partial Y_3}{\partial z} \right) \quad (45)$$

Now, however, according to (9)

$$\frac{\partial Z_1}{\partial y} - \frac{\partial Y_1}{\partial z} = 0,$$

and according to (31) and (36)

$$\frac{\partial Z_2}{\partial y} - \frac{\partial Y_2}{\partial z} = A \frac{\partial L_2}{\partial t},$$

and as a consequence of (40), (41), (42) and (43)

$$\frac{\partial Z_3}{\partial y} - \frac{\partial Y_3}{\partial z} = A \frac{\partial^2}{\partial t \partial x} \left\{ \frac{\partial(\mathfrak{L}_1 + \mathfrak{L}_2)}{\partial x} + \frac{\partial(\mathfrak{M}_1 + \mathfrak{M}_2)}{\partial y} + \frac{\partial(\mathfrak{N}_1 + \mathfrak{N}_2)}{\partial z} \right\} -$$

$$- A \frac{\partial}{\partial t} \Delta(\mathfrak{L}_1 + \mathfrak{L}_2) = - A \frac{\partial^2(\chi_1 + \chi_2)}{\partial t \partial x} + 4\pi A \frac{\partial \lambda}{\partial t} = A \frac{\partial L_1}{\partial t} + 4\pi A \frac{\partial \lambda}{\partial t}.$$

Substituting these values in (45) and having regard to the first of the equations (44) we obtain

and in the same way

$$\left. \begin{aligned} \frac{\partial \zeta}{\partial y} - \frac{\partial \eta}{\partial z} &= A\varepsilon \frac{1 + 4\pi\vartheta}{\vartheta} \frac{\partial \lambda}{\partial t}, \\[2mm] \frac{\partial \xi}{\partial z} - \frac{\partial \zeta}{\partial x} &= A\varepsilon \frac{1 + 4\pi\vartheta}{\vartheta} \frac{\partial \mu}{\partial t}, \\[2mm] \frac{\partial \eta}{\partial x} - \frac{\partial \xi}{\partial y} &= A\varepsilon \frac{1 + 4\pi\vartheta}{\vartheta} \frac{\partial \nu}{\partial t}. \end{aligned} \right\} \quad (I)$$

In a similar manner an expression can be derived for $\partial\xi/\partial x + \partial\eta/\partial y + \partial\zeta/\partial z$ for which quantity we shall write P for the sake of brevity. We must also notice that according to (9), (5) and (8)

$$\frac{\partial X_1}{\partial x} + \frac{\partial Y_1}{\partial y} + \frac{\partial Z_1}{\partial z} = -\Delta(\varphi_1 + \varphi_2),$$

according to (31), (27) and (30)

$$\frac{\partial X_2}{\partial x} + \frac{\partial Y_2}{\partial y} + \frac{\partial Z_2}{\partial z} = A^2 k \frac{\partial^2(\varphi_1 + \varphi_2)}{\partial t^2}$$

and according to (40)

$$\frac{\partial X_3}{\partial x} + \frac{\partial Y_3}{\partial y} + \frac{\partial Z_3}{\partial z} = 0.$$

It will then be found that if we put $\varphi_1 + \varphi_2 = \varphi$,

$$\frac{\partial\xi}{\partial x} + \frac{\partial\eta}{\partial y} + \frac{\partial\zeta}{\partial z} = -\varepsilon\Delta\varphi + A^2 k\varepsilon \frac{\partial^2\varphi}{\partial t^2}. \tag{II}$$

As here with (43), one can also proceed with (44), in doing which one must have regard to (33), (36), (26), (29), (27), (30) and (11). It will then be found that

$$\left. \begin{aligned}
\frac{\partial\nu}{\partial y} - \frac{\partial\mu}{\partial z} &= A\vartheta\left(\frac{\partial^2\varphi}{\partial x\partial t} - 4\pi\frac{\partial\xi}{\partial t}\right), \\
\frac{\partial\lambda}{\partial z} - \frac{\partial\nu}{\partial x} &= A\vartheta\left(\frac{\partial^2\varphi}{\partial y\partial t} - 4\pi\frac{\partial\eta}{\partial t}\right), \\
\frac{\partial\mu}{\partial x} - \frac{\partial\lambda}{\partial y} &= A\vartheta\left(\frac{\partial^2\varphi}{\partial z\partial t} - 4\pi\frac{\partial\zeta}{\partial t}\right).
\end{aligned} \right\} \tag{III}$$

$$\frac{\partial\lambda}{\partial x} + \frac{\partial\mu}{\partial y} + \frac{\partial\nu}{\partial z} = -\vartheta\Delta\chi, \tag{46}$$

when $\chi = \chi_1 + \chi_2$.

Finally according to (5), (8) and (34)

$$\Delta\varphi = 4\pi P, \tag{IV}$$

$$\Delta\chi = 4\pi\left(\frac{\partial\lambda}{\partial x} + \frac{\partial\mu}{\partial y} + \frac{\partial\nu}{\partial z}\right).$$

By eliminating χ from the last equation and (46) we get

$$\frac{\partial\lambda}{\partial x} + \frac{\partial\mu}{\partial y} + \frac{d\nu}{\partial z} = 0 \tag{V}$$

and the equations (I) to (V) contain now only ξ, η, ζ, λ, μ, ν, φ.

§ 20. If the medium M is entirely continuous then these equations hold good for every point and are, as HELMHOLTZ has demonstrated, sufficient to determine ξ, η, ζ, λ, μ, ν and φ as functions of place and time provided, that we add the condition that these quantities vanish at infinite distance.

For the sake of brevity let us put

$$4\pi\varepsilon(1 + 4\pi\vartheta)A^2 = R^2, \quad 1 - \frac{(1 + 4\pi\vartheta)(1 + 4\pi\varepsilon)}{k} = S, \tag{47}$$

then the following equations can be derived from (I) to (V) which contain only ξ, η, ζ,

$$\Delta\xi = R^2\frac{\partial^2\xi}{\partial t^2} + S\frac{\partial P}{\partial x}, \quad \Delta\eta = R^2\frac{\partial^2\eta}{\partial t^2} + S\frac{\partial P}{\partial y}, \quad \Delta\zeta = R^2\frac{\partial^2\zeta}{\partial t^2} + S\frac{\partial P}{\partial z}. \tag{48}$$

Of these the first for instance may be obtained by differentiating the third and second equation of (I) with respect to y and z, by subtracting the results and by eliminating from the resulting equation, firstly μ and ν by means of the first of (III), and then φ by means of (II) and (IV).

§ 21. Now the equations (48) have exactly the same form as the equations which determine the infinitely small displacements ξ, η, ζ of the particles of an elastic rigid body as functions of place and time and from this it follows that the electric movements in our non-conducting medium correspond with the movements of the particles of such a rigid body. Just as a disturbance of equilibrium is propagated in an elastic body in all directions with a finite velocity, this must also be the case in a dielectric medium when the electric equilibrium is disturbed. Further it is known that in elastic bodies a regular propagation of transverse and longitudinal vibrations is possible and in the same way it must be possible to propagate transverse and longitudinal *electric vibrations* (i.e. periodical variations of the dielectric polarization) in the non-conducting medium. For the velocity of propagation of these transverse and longitudinal vibrations it will be found respectively that

$$V = \frac{1}{R} = \frac{1}{A\sqrt{4\pi\varepsilon\,(1+4\pi\vartheta)}} \; ; V = \frac{\sqrt{1-S}}{R} = \frac{1}{A}\sqrt{\frac{1+4\pi\varepsilon}{4\pi\varepsilon k}} . \quad (49)$$

It should be further remarked that for the transverse electric vibrations everywhere $P = 0$, for the longitudinal

$$\frac{\partial\zeta}{\partial y} - \frac{\partial\eta}{\partial z} = \frac{\partial\xi}{\partial z} - \frac{\partial\zeta}{\partial x} = \frac{\partial\eta}{\partial x} - \frac{\partial\xi}{\partial y} = 0.$$

In accordance with this (cf. (I) to (V)) for the first vibrations $\varphi = 0$, for the last $\lambda = \mu = \nu = 0$.

§ 22. If we wish to derive the value of the constant **A** which occurs in (49) from electro-magnetic measurements, these would actually have to be carried out in a complete vacuum. These are, however, performed in the air, and if this is susceptible to dielectric and magnetic polarization the actual value of **A** will differ from the observed value **A'**. HELMHOLTZ has demonstrated that in this case

$$\mathbf{A} = \frac{\mathbf{A'}}{\sqrt{(1 + 4\pi\varepsilon_0')\,(1 + 4\pi\vartheta_0')}}$$

when ε_0' and ϑ_0' are the constants holding good for the air.

If, however, in the air dielectric polarization can be generated then in this medium as well the electric movements discussed above will take place. In order, therefore, to obtain the velocity of propagation V_0' of the transverse vibrations in the air we must substitute $\varepsilon = \varepsilon_0'$, $\vartheta = \vartheta_0'$ in (49). Having regard also to the value of **A** given above, it follows that

$$V_0' = \frac{1}{\mathbf{A'}}\sqrt{\left(1 + \frac{1}{4\pi\varepsilon_0'}\right)}. \quad (50)$$

§ 23. It has already been observed for some time that the quantity $1/\mathbf{A}'$ practically corresponds with the velocity of propagation of light. This correspondence can be explained if two hypotheses are made, firstly that light actually consists of transverse electrical vibrations, secondly that the constant ε_0' is so large that the value of its reciprocal may be ignored compared with unity, in which case (50) becomes $V_0' = 1/\mathbf{A}'$.

On the first hypothesis the electro-magnetic theory of light formulated by MAXWELL is based. If this is accepted then the subsidiary hypothesis with regard to the value of ε_0' becomes essential. Now, however, it has appeared from the measurements of the specific inductive capacity (§3) that the ratio $(1+4\pi\varepsilon)/(1+4\pi\varepsilon_0')$ for rigid bodies and fluids is considerably greater than unity and for gases and free ether in the vacuum differs very little from unity. From this it follows, in connexion with what has been said concerning ε_0' that for all media ε must be so large that the value of $1/\varepsilon$ may be ignored compared with unity.

§ 24. From this a remarkable connexion can be inferred which must exist between the refractive index of a dielectric medium and its specific inductive capacity. If, for example, n is the absolute refractive index of any medium (with the constants ε and ϑ) and when the velocity of propagation of light and the constants of the dielectric and magnetic polarization for free ether are indicated by V_0, ε_0, ϑ_0, according to (49) we shall find that

$$n^2 = \frac{V_0^2}{V^2} = \frac{\varepsilon}{\varepsilon_0}\,\frac{1 + 4\pi\vartheta}{1 + 4\pi\vartheta_0}\,.$$

On account of the large values of ε and ε_0, we may write $\varepsilon/\varepsilon_0 = (1+4\pi\varepsilon)/(1+4\pi\varepsilon_0)$ and this last ratio is nothing else than the specific inductive capacity K of the medium in question relative to the vacuum (§ 3). Further it appears from observation that for all non-conducting media $(1 + 4\pi\vartheta)$ differs so little from $(1 + 4\pi\vartheta_0)$ that the relation of these quantities may safely be put equal to unity. We obtain in consequence the simple relation

$$n^2 = K\,. \tag{51}$$

From this equation it appears meanwhile that the electro-magnetic theory of light as here developed can give no explanation of dispersion. MAXWELL who was the first to deduce the equation (51) is accordingly of opinion that this equation only holds good in the case of infinitely long light waves „because these are the only waves whose motion can be compared with the slow processes by which we determine the capacity of the dielectric".

Several physicists have actually compared the value of K for different non-conducting media with that of n^2 for infinitely long waves and thereby found that the equation (51) is completely substantiated [1]).

[1]) GIBSON and BARCLAY, Phil. Trans. **161**, 573, 1871.
   BOLTZMANN, Pogg. Ann. **151**, 482, 1874, **153**, 525, 1874, **155**, 403, 1875.
   SCHILLER, Pogg. Ann. **152**, 535, 1874.
   SILOW, Pogg. Ann. **156**, 389, 1875, **158**, 306, 1876.

CONCERNING THE PROPAGATION OF LIGHT IN AN ISOTROPIC MEDIUM WITH MOLECULAR STRUCTURE

§ 1. In the foregoing we have considered the medium in which light is propagated as entirely homogeneous and continuous. For the ether there have been hitherto no grounds to doubt the accuracy of this opinion, but for all other media in order to ascertain the influence of density and composition, one must take molecular structure into account.

We shall therefore now consider the electric motions in a system of molecules, but I must in this connexion remark beforehand that we shall not entirely succeed in solving this problem but shall have to be content with a first approximation. Not only are we almost completely ignorant as to the actual structure of molecules and the electric motions which may take place within them, but the problem becomes yet more difficult from the circumstance that we must regard the space between the molecules as filled with ether, in doing which our ignorance of the manner in which the molecules are embedded in the ether provides still other difficulties.

That ether is actually present between the molecules is, in the case of gases, not open to doubt, since there the properties of these substances change gradually with increasing rarification into those of free ether. But even in the case of rigid bodies and fluids, difficulties would be encountered if we wished to consider the space between their particles as empty. It would then be difficult to realise why the velocity of propagation of light in these bodies is always smaller than in a vacuo and it has also appeared to me that with changes in density the index of refraction should alter far more than is the case. Lastly the influence exercised by the movement of the media on the phenomena of light also points to the presence of ether between the molecules of the bodies.

Whether and in what way the properties of ether are changed by the presence of molecules is entirely unknown to us. We shall here make the very simple supposition that — except perhaps in the immediate neighbourhood of the particles — the properties of ether are the same as in a vacuum, that, in fact, the constants ε and ϑ have the values which we formerly indicated by ε_0 and ϑ_0. If the consequences of this supposition are first compared with experience, it can be left to a later examination to decide whether better results can be obtained by ascribing to the ether somewhat different properties.

§ 2. We can now imagine a small sphere S, constructed round each molecule so that outside it the ether possesses the above-mentioned properties. As regards the properties of the matter situated within this sphere we can then make very different assumptions.

The question would be simplest, if it could be assumed that at the centre M of an otherwise empty sphere S one single particle is placed, and that in it by an electromotive force (X, Y, Z) an electric moment (m_x, m_y, m_z) is excited in the direction of that force and proportional to it and in the same way a magnetic moment $(\mathfrak{m}_x, \mathfrak{m}_y, \mathfrak{m}_z)$ by means of a magnetic force (L, M, N). If $\varkappa$ and $\varkappa'$ are constants then we may put

$$m_x = \varkappa X, \quad m_y = \varkappa Y, \quad m_z = \varkappa Z, \tag{1}$$

$$\mathfrak{m}_x = \varkappa'L, \quad \mathfrak{m}_y = \varkappa'M, \quad \mathfrak{m}_z = \varkappa'N. \tag{2}$$

In order to ascertain the external action of the particle we should, besides the action of these moments, also have to consider the induced electromotive and magnetic forces connected with an element of current in M with the components

$$\frac{dm_x}{dt}, \quad \frac{dm_y}{dt}, \quad \frac{dm_z}{dt}. \tag{3}$$

As we shall see later, in other hypotheses regarding the composition of the sphere S, the same results would be obtained as if a single particle were placed in the centre. We shall, therefore, confine ourselves for the time being to the treatment of this case.

§ 3. In the boundless ether we must imagine a number of spherical holes S and in the centre of each a material particle (molecule). For the time being we shall suppose in addition that all the particles, and similarly all the holes, are equal to each other.

In addition to this, we make another supposition concerning the magnetic properties of the particles. Experience has taught us that only a very small error is made when it is assumed that in all non-conducting substances the susceptibility to magnetization is equal to that of the free ether. In accordance with this we shall assume that the moment which is excited in any particle by a magnetic force is equal to the moment which would be excited in the sphere S, if the latter contained only ether. If, however, in this last case the external magnetic force (L, M, N) acting on the sphere should have the same value in every point of S, then in every point of the sphere a magnetic polarization would be generated with the components

$$\lambda = \frac{\vartheta_0}{1 + \frac{4}{3}\pi\vartheta_0} L, \quad \mu = \frac{\vartheta_0}{1 + \frac{4}{3}\pi\vartheta_0} M, \quad \nu = \frac{\vartheta_0}{1 + \frac{4}{3}\pi\vartheta_0} N \text{ [1]} \quad (4)$$

and this would exert the same external action as a magnetic moment in the centre with the components

$$\frac{\frac{4}{3}\pi\rho^3\vartheta_0}{1 + \frac{4}{3}\pi\vartheta_0} L, \quad \frac{\frac{4}{3}\pi\rho^3\vartheta_0}{1 + \frac{4}{3}\pi\vartheta_0} M, \quad \frac{\frac{4}{3}\pi\rho^3\vartheta_0}{1 + \frac{4}{3}\pi\vartheta_0} N,$$

in which ρ represents the radius of the sphere.

We shall, thus, in future put for each particle

$$\varkappa' = \frac{\frac{4}{3}\pi\rho^3\vartheta_0}{1 + \frac{4}{3}\pi\vartheta_0} \quad (5)$$

[1] Since λ, μ, ν have also the same values over the whole extent of the sphere, this magnetic polarization exerts the same action as a distribution of free magnetism over the spherical surface with the density $a\lambda + \beta\mu + c\nu$ (a, b, c are the direction constants of the outward-drawn normal). The magnetic force exerted by this in an internal point has, however, the components $-4\pi\lambda/3, -4\pi\mu/3, -4\pi\nu/3$, and, adding L, M, N, we obtain for the components, having regard to (4) the total magnetic force $\lambda/\vartheta_0, \mu/\vartheta_0, \nu/\vartheta_0$ according as must be the case.

§ 4. When now in the particles of the system electric movements take place, then from every molecule similar movements will be propagated in the ether, which satisfy the equations (I) to (V) of the last chapter if ε_0 and ϑ_0 are substituted for ε and ϑ. The question is now to investigate these movements and their re-action on the molecules placed in the holes.

For this purpose let us first consider a single particle P situated in the hole S in the otherwise continuous ether in which an electric moment m_x exists in the direction of the x-axis. Let the manner in which this moment varies with time be represented by the equation

$$m_x = f_1(t) . \tag{6}$$

With a line L drawn through P parallel to the x-axis, it is easy to demonstrate: firstly, that the electromotive force F exercised by this particle in any point Q of the ether, has everywhere a direction situated in the plane which can be constructed through Q and L, while the magnetic force G exercised by P is directed perpendicularly to that plane; secondly, that at two points, Q and Q' which lie on a straight line drawn through P at equal distances from P, F and G are both equal, but that F in Q and Q' has the same direction while on the contrary G has the opposite direction at both points; lastly, that F and G have the same values for all points of a circle described around L as axis.

It is now probable that the dielectric and magnetic polarization which are excited in the ether, will possess respectively the same properties, as those formulated above for the electromotive and magnetic force.

It is furthermore obvious to assume that transverse as well as longitudinal vibrations will be excited by the particle P in the ether. We shall first look for two similar states of motion which, moreover, satisfy the above mentioned conditions.

§ 5. In transverse vibrations ((I), (III), § 21) $\varphi = 0$, while from the equations (I), (III) and (V) of the last chapter, we can easily show that

$$\Delta\lambda = \frac{1}{V_0^2} \frac{\partial^2 \lambda}{\partial t^2}, \quad \Delta\mu = \frac{1}{V_0^2} \frac{\partial^2 \mu}{\partial t^2}, \quad \Delta\nu = \frac{1}{V_0^2} \frac{\partial^2 \nu}{\partial t^2} \tag{7}$$

in which V_0 is once more the velocity of propagation of the transverse vibrations in the ether. The first of these equations is obtained by subtracting the second term of (III) differentiated with respect to z from the third term of (III) differentiated with respect to y, having regard to (I) and (V).

Let us first of all find a function ψ_1, which satisfies the equation

$$\Delta\psi_1 = \frac{1}{V_0^2} \frac{\partial^2\psi_1}{\partial t^2} \tag{8}$$

and only dependent on t and on the distance r to P. Then

$$\Delta\psi_1 = \frac{\partial^2\psi_1}{\partial r^2} + \frac{2}{r} \frac{\partial\psi_1}{\partial r},$$

so that (8) becomes

$$\frac{\partial^2\psi_1}{\partial r^2} + \frac{2}{r} \frac{\partial\psi_1}{\partial r} = \frac{1}{V_0^2} \frac{\partial^2\psi_1}{\partial t^2},$$

or, after multiplying by r,

$$\frac{\partial^2(\psi_1 r)}{\partial r^2} = \frac{1}{V_0^2} \frac{\partial^2(\psi_1 r)}{\partial t^2}.$$

This is satisfied, as is known, by

$$\psi_1 r = F\left(t - \frac{r}{V_0}\right), \quad \text{or} \quad \psi_1 = \frac{1}{r} F\left(t - \frac{r}{V_0}\right). \tag{9}$$

when F is an arbitrary function.

From this solution of the equation (8) one can derive others by differentiating with respect to the coordinates [1]. For this the values

$$\lambda = 0, \quad \mu = \frac{\partial\psi_1}{\partial z}, \quad \nu = \frac{\partial\psi_1}{\partial y},$$

also satisfy the equations (7) which values are so selected that both the equation (V) of the last chapter and the conditions proposed in the last § are satisfied.

---

[1] The solutions of equations (8) obtained in this way change for $V_0 = \infty$ into the harmonic spherical functions which satisfy the equation $\Delta\psi_1 = 0$ and are derived by differentiation from C/r.

From the equations (III) it now further follows, since it is assumed that $\varphi = 0$, that when by the sign $'F$, a function is represented of which F is the derivative,

$$\xi = - \frac{1}{4\pi A\vartheta_0} \left(\frac{\partial^2}{\partial y^2} + \frac{\partial^2}{\partial z^2} \right) \left[\frac{1}{r}\, 'F\left(t - \frac{r}{V_0}\right) \right],$$

$$\eta = \frac{1}{4\pi A\vartheta_0} \frac{\partial^2}{\partial x \partial y} \left[\frac{1}{r}\, 'F\left(t - \frac{r}{V_0}\right) \right], \quad \zeta = \frac{1}{4\pi A\vartheta_0} \frac{\partial^2}{\partial x \partial z} \left[\frac{1}{r}\, 'F\left(t - \frac{r}{V_0}\right) \right],$$

and these values with those of λ, μ, ν, actually provide a correct solution of the system of equations (I) to (V).

Of course an equally correct solution can be obtained, if all given values are multiplied by the same constant factor. Thus one can obtain the following values, in which $'F = f_1$ and consequently $F = f_1'$. Here f_1 is the function introduced in (6), f_1' the derivative of f_1.

$$\left. \begin{aligned} \xi &= - \alpha \left(\frac{\partial^2}{\partial y^2} + \frac{\partial^2}{\partial z^2} \right) \left[\frac{1}{r} f_1\left(t - \frac{r}{V_0}\right) \right], \\[2mm] \eta &= \alpha \frac{\partial^2}{\partial x \partial y} \left[\frac{1}{r} f_1\left(t - \frac{r}{V_0}\right) \right], \quad \zeta = \alpha \frac{\partial^2}{\partial x \partial z} \left[\frac{1}{r} f_1\left(t - \frac{r}{V_0}\right) \right], \\[2mm] &\qquad\qquad \lambda = 0, \\[2mm] \mu &= - \alpha\, 4\pi A\vartheta_0 \frac{\partial}{\partial z} \left[\frac{1}{r} f_1'\left(t - \frac{r}{V_0}\right) \right], \quad \nu = \alpha\, 4\pi A\vartheta_0 \frac{\partial}{\partial y} \left[\frac{1}{r} f_1'\left(t - \frac{r}{V_0}\right) \right] \end{aligned} \right\}(A)$$

These equations, in which α is as yet an unknown constant quantity, represent the *first* state of motion which we shall consider.

§ 6. In longitudinal vibrations (I, § 21) $\lambda = \mu = \nu = 0$ and the equations (I), (III) and (IV) of the last chapter are satisfied by

$$\xi = \frac{1}{4\pi} \frac{\partial \varphi}{\partial x}, \quad \eta = \frac{1}{4\pi} \frac{\partial \varphi}{\partial y}, \quad \zeta = \frac{1}{4\pi} \frac{\partial \varphi}{\partial z}.$$

The equation (II) further gives, if we suppose V_0 to be the velocity of propagation of the longitudinal vibrations in the ether

$$\Delta \varphi = \frac{1}{V_0^2} \frac{\partial^2 \varphi}{\partial t^2}.$$

Now the function $\varphi = f_1\,(t - r/V_0)/r$ satisfies this equation in the same way as (9) satisfies (8), while here too, by differentiating with respect to the coordinates, correct solutions are obtained. The equations of motion are therefore satisfied if we put

$$\varphi = 4\pi\beta\, \frac{\partial}{\partial x}\left[\frac{1}{r} f_1\!\left(t - \frac{r}{V_0}\right)\right], \quad \xi = \beta\, \frac{\partial^2}{\partial x^2}\left[\frac{1}{r} f_1\!\left(t - \frac{r}{V_0}\right)\right],$$

$$\eta = \beta\, \frac{\partial^2}{\partial x \partial y}\left[\frac{1}{r} f_1\!\left(t - \frac{r}{V_0}\right)\right], \quad \zeta = \beta\, \frac{\partial^2}{\partial x \partial z}\left[\frac{1}{r} f_1\!\left(t - \frac{r}{V_0}\right)\right], \quad \text{(B)}$$

in which β is a constant. In choosing this *second* state of motion the conditions formulated in § 4 are again taken into account.

We shall now demonstrate that one can actually so determine α and β that (A) and (B) together represent the state of motion which is excited by the particle P in the surrounding ether.

§ 7. Let us imagine firstly the state of motion (A) extended over the entire space outside the sphere S and let us look for the electromotive and the magnetic force which, as a result of it, act in any point. We shall provide the values (A) with the index $_1$ in order to distinguish them from (B) and choose the centre P of S as the origin of our system of coördinates.

As we saw in the previous chapter, it is sufficient, in order to calculate the electromotive and magnetic force, to know the functions φ_1, $\mathfrak{U}_1$, $\mathfrak{B}_1$, $\mathfrak{W}_1$, ψ_1, $\mathfrak{L}_1$, $\mathfrak{M}_1$, $\mathfrak{N}_1$, χ_1, — which, we shall indicate here by the same letters without index.

As far as, firstly, φ (I, § 5) is concerned, we notice that $\partial\xi_1/\partial x + \partial\eta_1/\partial y + \partial\zeta_1/\partial z = 0$ and that thus free electricity only occurs on the spherical surface S. When a, b, c are the constants of direction of the normal at this surface drawn outward, then for the surface-density at the surface we get $\sigma = -\,(a\xi_1 + b\eta_1 + c\zeta_1)$, or, according to (A), if for the sake of brevity we write f_1 instead of $f_1\,(t - r/V_0)$,

$$\sigma = \alpha\left(a\Delta - a\,\frac{\partial^2}{\partial x^2} - b\,\frac{\partial^2}{\partial x \partial y} - c\,\frac{\partial^2}{\partial x \partial z}\right)\left[\frac{1}{r} f_1\right] =$$

$$= \alpha\left(a\Delta - a\,\frac{\partial^2}{\partial r^2}\right)\left[\frac{1}{r} f_1\right] = \alpha a\,\frac{2}{r}\,\frac{\partial}{\partial r}\left[\frac{1}{r} f_1\right].$$

Putting on the spherical surface, for $r = \rho$,

$$\frac{2}{r}\frac{\partial}{\partial r}\left[\frac{1}{r}f_1\right] = C, \tag{10}$$

a quantity which only contains t as variable, then the surface density on that surface is $\sigma = a\alpha C$. If, however, free electricity is distributed with this density over the spherical surface, then the potential function outside the sphere is

$$\varphi = \alpha\,\frac{4}{3}\,\pi\rho^3\,C\,\frac{x}{r^3} \tag{11}$$

and within it

$$\varphi = \alpha\,\frac{4}{3}\,\pi C x. \tag{12}$$

§ 8. The quantity $\mathfrak{U}$ (I, § 10) is the potential function for a mass which is distributed with the density $u = \partial\xi_1/\partial t$ over the space outside the sphere S. From this it follows that outside the sphere

$$\Delta\mathfrak{U} = -\,4\pi\,\frac{\partial\xi_1}{\partial t} \tag{13}$$

and within it

$$\Delta\mathfrak{U} = 0, \tag{14}$$

while everywhere, especially at the spherical surface, both $\mathfrak{U}$ and its first differential quotients must be continuous. Besides this, $\mathfrak{U}$ must disappear at an infinite distance, when, as we continue to assume, ξ decreases sufficiently rapidly as r increases.

Let $F_1(t)$ now be a function of which $f_1(t)$ is the derivative, then the condition (13) is satisfied by the function

$$\mathfrak{U}_1 = \alpha\,4\pi\,V_0^2\left(\frac{\partial^2}{\partial y^2} + \frac{\partial^2}{\partial z^2}\right)\left[\frac{1}{r}\,F_1\!\left(t - \frac{r}{V_0}\right)\right] \tag{15}$$

For then,

$$\Delta\mathfrak{U}_1 = \frac{1}{V_0^2}\frac{\partial^2\mathfrak{U}_1}{\partial t^2} = \alpha\,4\pi\left(\frac{\partial^2}{\partial y^2} + \frac{\partial^2}{\partial z^2}\right)\left[\frac{1}{r}\frac{\partial}{\partial t}f_1\!\left(t - \frac{r}{V_0}\right)\right] = -\,4\pi\,\frac{\partial\xi_1}{\partial t}$$

Let us now put $\mathfrak{U} = \mathfrak{U}_1 + \mathfrak{U}_2$, as the actual value of $\mathfrak{U}$ outside the sphere, then $\Delta\mathfrak{U}_2 = 0$. Furthermore $\mathfrak{U}_2$ must be continuous outside S and disappear at an infinite distance, since $\mathfrak{U}$ and $\mathfrak{U}_1$ possess these properties.

It can easily be found that

$$\left(\frac{\partial^2}{\partial y^2} + \frac{\partial^2}{\partial z^2}\right)\left[\frac{1}{r} F_1 \left(t - \frac{r}{V_0}\right)\right] =$$

$$= \left(1 - \frac{3x^2}{r^2}\right)\left\{\frac{1}{r^3} F_1 + \frac{1}{r^2 V_0} f_1 + \frac{1}{3r V_0^2} f_1'\right\} + \frac{2}{3r V_0^2} f_1'.$$

Writing therefore at the spherical surface, for $r = \rho$,

$$4\pi V_0^2 \left\{\frac{1}{r^3} F_1 + \frac{1}{r^2 V_0} f_1 + \frac{1}{3r V_0^2} f_1'\right\} = A,$$

and

$$\frac{8}{3} \frac{\pi}{r} f_1' = B,$$

(16)

then on that surface we get

$$\mathfrak{u}_1 = \alpha A \, (1 - 3a^2) + \alpha B.$$

When, then, within the sphere

$$\mathfrak{u}_1 = \alpha \frac{1}{\rho^2} A \, (r^2 - 3x^2) + \alpha B$$

(17)

is assumed, then $\mathfrak{u}_1$ is continuous at the surface and, if also within the sphere one writes for the whole value $\mathfrak{u} = \mathfrak{u}_1 + \mathfrak{u}_2$, there follows from the continuity of $\mathfrak{u}$ that of $\mathfrak{u}_2$ as well. Since further according to (17) $\Delta \mathfrak{u}_1 = 0$ it follows from (14) that also $\Delta \mathfrak{u}_2 = 0$.

Further, on the spherical surface, the differential quotient of $\mathfrak{u}$ with respect to the normal n must be continuous. From this it follows, when we distinguish the values of the differential quotients on the inside of S from those on the outside by accents that

$$\frac{\partial \mathfrak{u}_2}{\partial n} - \left(\frac{\partial \mathfrak{u}_2}{\partial n}\right)' = \left(\frac{\partial \mathfrak{u}_1}{\partial n}\right)' - \frac{\partial \mathfrak{u}_1}{\partial n}$$

and here the right hand member is known from (15) and (17).

Writing, for $r = \rho$,

$$4\pi V_0^2 \frac{\partial}{\partial r} \left\{\frac{1}{r^3} F_1 + \frac{1}{r^2 V_0} f_1 + \frac{1}{3r V_0^2} f_1'\right\} = A',$$

$$\frac{8}{3} \pi \frac{\partial}{\partial r} \left[\frac{1}{r} f_1'\right] = B',$$

(18)

then we obtain

$$\frac{\partial \mathfrak{u}_2}{\partial n} - \left(\frac{\partial \mathfrak{u}_2}{\partial n}\right)' = \alpha \left(\frac{2}{\rho} A - A'\right)(1 - 3a^2) - \alpha B' \qquad (19)$$

The function $\mathfrak{u}_2$ must thus both inside and outside the spherical surface satisfy the equation of LAPLACE, and furthermore be everywhere finite and continuous and equal to zero at an infinite distance, while the first differential quotients must satisfy the equation (19). It is known, however, that the only function which satisfies these conditions is the potential function for a mass which is distributed over the spherical surface with the surface density

$$\frac{\alpha}{4\pi}\left(\frac{2}{\rho} A - A'\right)(3a^2 - 1) + \frac{\alpha}{4\pi} B'. \qquad (20)$$

This potential function can be found by means of the theorem known from the theory of spherical harmonics, that the potential function for a mass which is distributed over the surface of a sphere with the surface density $c\,(3a^2 - 1)$ (where c is a constant) will have outside the sphere the value

$$\frac{4}{5} \pi \rho^4 c \left(\frac{3x^2}{r^5} - \frac{1}{r^3}\right),$$

and inside it

$$\frac{4}{5} \pi \frac{1}{\rho} c\,(3x^2 - r^2).$$

Substituting in this

$$c = \frac{\alpha}{4\pi}\left(\frac{2}{\rho} A - A'\right),$$

we obtain the potential function proper to the first term of (20). That proper to the second term is easily calculated, since this term is constant over the surface of the sphere. Adding to the value found thus for $\mathfrak{u}_2$ that of $\mathfrak{u}_1$, which has already been given, we then find that outside the sphere

$$\mathfrak{u} = \alpha\,4\pi\,V_0^2\left(\frac{\partial^2}{\partial y^2} + \frac{\partial^2}{\partial z^2}\right)\left[\frac{1}{r} F_1\left(t - \frac{r}{V_0}\right)\right] +$$

$$+ \alpha\,\frac{1}{5}\,\rho^4\left(\frac{2}{\rho} A - A'\right)\left(\frac{3x^2}{r^5} - \frac{1}{r^3}\right) + \alpha\left(\frac{\rho^2}{r} B' + B\right), \quad (21)$$

and within it

$$\mathfrak{U} = \alpha \frac{1}{5\rho} \left(\frac{3}{\rho} A + A' \right) (r^2 - 3x^2) + \alpha\,(B + B'\rho). \qquad (22)$$

It must also be remarked that although the function F_1 is not determined entirely by what has been said on page 30, the above equations nevertheless give a completely determined value for $\mathfrak{U}$. For of two functions which both have f_1 as derivative, the difference must be constant and it is easily discovered, by having regard to the values of A and A', that the values of $\mathfrak{U}$ do not change provided a constant quantity is added to F_1.

§ 9. Just as we have here calculated $\mathfrak{U}$, so can we determine the values of $\mathfrak{V}$, $\mathfrak{W}$, Ψ, $\mathfrak{L}$, $\mathfrak{M}$, $\mathfrak{N}$, χ, which according to the last chapter are all to be regarded as potential functions. Since the manner of calculation is exactly the same as that followed above, I shall confine myself to stating the results. It will be found that for a point outside the sphere

$$\left. \begin{aligned} \mathfrak{V} &= -\,\alpha\,4\pi\,V_0^2 \frac{\partial^2}{\partial x \partial y} \left[\frac{1}{r} F_1 \left(t - \frac{r}{V_0} \right) \right] + \alpha \frac{1}{5}\rho^4 \left(\frac{2}{\rho} A - A' \right) \frac{3xy}{r^5}, \\ \mathfrak{W} &= -\,\alpha\,4\pi\,V_0^2 \frac{\partial^2}{\partial x \partial z} \left[\frac{1}{r} F_1 \left(t - \frac{r}{V_0} \right) \right] + \alpha \frac{1}{5}\rho^4 \left(\frac{2}{\rho} A - A' \right) \frac{3xz}{r^5}, \end{aligned} \right\} (23)$$

$$\Psi = -\,\alpha\rho^2\,B' \frac{x}{r} + \alpha \frac{1}{5} \rho^4\,B' \frac{x}{r^3}, \qquad (24)$$

$$\mathfrak{L} = 0, \quad \chi = 0,$$

$$\left. \begin{aligned} \mathfrak{M} &= \alpha\,4\pi\,\mathrm{A}\vartheta_0 \,.\, 4\pi\,V_0^2 \frac{\partial}{\partial z} \left[\frac{1}{r} F_1 \left(t - \frac{r}{V_0} \right) \right] + \alpha\,4\pi\,\mathrm{A}\vartheta_0\,\rho^3\,A \frac{z}{r^3}, \\ \mathfrak{N} &= -\,\alpha\,4\pi\,\mathrm{A}\vartheta_0 \,.\, 4\pi\,V_0^2 \frac{\partial}{\partial y} \left[\frac{1}{r} F_1 \left(t - \frac{r}{V_0} \right) \right] - \alpha\,4\pi\,\mathrm{A}\vartheta_0\,\rho^3\,A \frac{y}{r^3}, \end{aligned} \right\} (25)$$

and for an internal point

$$\mathfrak{V} = -\alpha \frac{1}{5\rho} \left(\frac{3}{\rho} A + A' \right) 3xy, \quad \mathfrak{W} = -\alpha \frac{1}{5\rho} \left(\frac{3}{\rho} A + A' \right) 3xz, \quad (26)$$

$$\Psi = -\alpha \frac{1}{5\rho} B'x\,(5\rho^2 - r^2), \qquad (27)$$

$$\mathfrak{L} = 0, \quad \chi = 0,$$

$$\mathfrak{M} = \alpha\,2\pi\,\mathrm{A}\vartheta_0\,Bz, \quad \mathfrak{N} = -\,\alpha\,2\pi\,\mathrm{A}\vartheta_0\,By. \qquad (28)$$

§ 10. The electromotive force, which now appears as a result of the state of motion (A), consists, according to the last chapter, of four parts of which the successive components are

a)
$$-\frac{\partial \varphi}{\partial x}, \ -\frac{\partial \varphi}{\partial y}, \ -\frac{\partial \varphi}{\partial z},$$

b)
$$-\mathbf{A}^2 \frac{\partial \mathfrak{U}}{\partial t}, \ -\mathbf{A}^2 \frac{\partial \mathfrak{B}}{\partial t}, \ -\mathbf{A}^2 \frac{\partial \mathfrak{W}}{\partial t},$$

c)
$$\frac{1}{2}\mathbf{A}^2(k-1)\frac{\partial^2\Psi}{\partial x \partial t}, \ \frac{1}{2}\mathbf{A}^2(k-1)\frac{\partial^2\Psi}{\partial y \partial t}, \ \frac{1}{2}\mathbf{A}^2(k-1)\frac{\partial^2\Psi}{\partial z \partial t},$$

d)
$$\mathbf{A}\frac{\partial}{\partial t}\left(\frac{\partial \mathfrak{N}}{\partial y}-\frac{\partial \mathfrak{M}}{\partial z}\right), \ \mathbf{A}\frac{\partial}{\partial t}\left(\frac{\partial \mathfrak{L}}{\partial z}-\frac{\partial \mathfrak{N}}{\partial x}\right), \ \mathbf{A}\frac{\partial}{\partial t}\left(\frac{\partial \mathfrak{M}}{\partial x}-\frac{\partial \mathfrak{L}}{dy}\right).$$

Let us, by means of these expressions, look in the first place for the electromotive force in any point of the ether outside the sphere S. We shall determine some parts of these forces by giving electric moments and elements of current which produce the same effects. It will be tacitly assumed that these moments and elements of current are placed at the centre P and directed parallel to the x-axis.

The equation (11) gives, according to a) an electromotive force equal to the electrostatic force connected with a moment

$$\alpha \frac{4}{3}\pi\rho^3 C. \qquad (a_1)$$

There further follows, according to b), from the first terms of (21) and (23), since $V_0^2 = 1/4\pi\varepsilon_0 (1 + 4\pi\vartheta_0)\mathbf{A}^2$, an electromotive force with the components

$$\frac{\xi_1}{\varepsilon_0(1+4\pi\vartheta_0)}, \ \frac{\eta_1}{\varepsilon_0(1+4\pi\vartheta_0)}, \ \frac{\zeta_1}{\varepsilon_0(1+4\pi\vartheta_0)}. \qquad (b_1)$$

The second terms of (21) and (23) give an electromotive force equal to the electrostatic effect of a moment

$$-\alpha \frac{1}{5}\mathbf{A}^2\rho^4\frac{\partial}{\partial t}\left(\frac{2}{\rho}\mathbf{A}-\mathbf{A}'\right) \qquad (a_2)$$

Finally, the third term of (21) gives us an electromotive force equal to that which would be induced by an element of current

$$\alpha \, \rho^2 \, B', \qquad\qquad (c)$$

if in calculating the induction by means of the equation (12) of the first chapter only the first part of q were to be taken into account. It should be furthermore remarked that this first part of q would produce no electromotive force in the directions of the y- and z-axes.

Further according to c) the first term of (24) gives an electromotive force equal to that which would be found from the *second* part of q for the element of current (c), so that we have the total induction of this element of current.

The second term of (24) gives, an electromotive force equal to the electrostatic effect of a moment

$$\alpha \, \frac{1}{10} \, A^2 \, (1 - k) \, \rho^4 \, \frac{\partial B'}{\partial t} . \qquad\qquad (a_3)$$

Finally we obtain from the first terms of (25) according to d), an electromotive force with the components

$$\frac{4\pi\vartheta_0}{\varepsilon_0(1 + 4\pi\vartheta_0)} \, \xi_1, \qquad \frac{4\pi\vartheta_0}{\varepsilon_0(1 + 4\pi\vartheta_0)} \, \eta_1, \qquad \frac{4\pi\vartheta_0}{\varepsilon_0(1 + 4\pi\vartheta_0)} \, \zeta_1, \qquad (b_2)$$

and from the last terms of these equations an effect equal to that of a moment

$$- \alpha \, 4\pi A^2 \vartheta_0 \, \rho^3 \, \frac{\partial A}{\partial t} . \qquad\qquad (a_4)$$

§ 11. Combining our results we find that the state of motion (A) will produce at every point in the ether an electromotive force consisting of three parts.

The first part, (b_1) and (b_2), has as components

$$\frac{\xi_1}{\varepsilon_0}, \qquad \frac{\eta_1}{\varepsilon_0}, \qquad \frac{\zeta_1}{\varepsilon_0} .$$

The second part is equal to the electrostatic force which would be exercised by a moment D in P, if we assume by D the sum of the quantities (a_1), (a_2), (a_3) and (a_4).

Finally the third part is equal to the induction which we should have if an element of current $\alpha\rho^2 B'$ existed in P.

Since, further, according to § 9, $\chi = 0$, the components of the magnetic force are (I, § 16)

$$\mathbf{A}\left(\frac{\partial\mathfrak{W}}{\partial z} - \frac{\partial\mathfrak{W}}{\partial y}\right), \quad \mathbf{A}\left(\frac{\partial\mathfrak{W}}{\partial x} - \frac{\partial\mathfrak{u}}{\partial z}\right), \quad \mathbf{A}\left(\frac{\partial\mathfrak{u}}{\partial y} - \frac{\partial\mathfrak{W}}{\partial x}\right).$$

From this we may discover that this force at every point in the ether consists of two parts, of which one has the components $\lambda/\vartheta_0 = 0, \mu/\vartheta_0, \nu/\vartheta_0$ while the other part is equal to the magnetic force connected with the element of current (c).

From the above it follows that, if we now place an electric moment $- D$ in P in the direction of the x-axis (which *only* produces an electrostatic effect) and in the same way an element of current $- \alpha\rho^2 B'$ the components of the total electromotive force become $\xi_1/\varepsilon_0, \eta_1/\varepsilon_0, \zeta_1/\varepsilon_0$ and those of the magnetic force $\lambda/\vartheta_0, \mu/\vartheta_0, \nu/\vartheta_0$, so that the state of motion (A) can then really exist. In other words, to maintain this state of motion the moment $- D$ and the element of current $- \alpha\rho^2 B'$ are essential in P.

§ 12. That which we have hitherto discovered holds good in general, however great the radius of the hole S may be. We shall now, however, see what becomes of the quantities $- D$ and $- \alpha\rho^2 B'$ if we suppose the radius to be very small. Having regard to the values of C, A, A', B, B', and after developing we find that

$$- D = \alpha \frac{4}{3}\pi\rho^3 \frac{2}{\rho}\left(\frac{1}{\rho^2}f_1 + \frac{1}{\rho V_0}f_1'\right) + \alpha\frac{1}{5}\mathbf{A}^2\rho^4 4\pi V_0^2\left(\frac{5}{\rho^4}f_1 + \right.$$

$$+ \frac{5}{\rho^3 V_0}f_1' + \frac{2}{\rho^2 V_0^2}f_1'' + \frac{1}{3\rho V_0^3}f_1'''\right) + \alpha\frac{1}{10}\mathbf{A}^2(1-k)\rho^4\frac{8}{3}\pi\left(\frac{1}{\rho^2}f_1'' + \right.$$

$$\left. + \frac{1}{\rho V_0}f_1'''\right) + \alpha 4\pi \mathbf{A}^2\vartheta_0\rho^3 4\pi V_0^2\left(\frac{1}{\rho^3}f_1 + \frac{1}{\rho^2 V_0}f_1' + \frac{1}{3\rho V_0^2}f_1''\right) =$$

$$= \alpha\left[\left(f_1 + \frac{\rho}{V_0}f_1'\right)\left\{\frac{8}{3}\pi + 4\pi \mathbf{A}^2 V_0^2(1 + 4\pi\vartheta_0)\right\} + \right.$$

$$+ \frac{\rho^2}{V_0^2}f_1''\frac{4}{15}\pi\mathbf{A}^2 V_0^2\left\{5(1 + 4\pi\vartheta_0) + (2-k)\right\} + \frac{\rho^3}{V_0^3}f_1'''\frac{4}{15}\pi\mathbf{A}^2 V_0^2(2-k)\right],$$

$$- \alpha\rho^2 B' = \alpha\frac{8}{3}\pi\left(f_1' + \frac{\rho}{V_0}f_1''\right),$$

in which expressions f_1, f_1', etc. represent the values of

$$f_1\,(t - \rho/V_0), \quad f_1'\,(t - \rho/V_0), \text{ etc.}$$

These functions can, however, according to the theory of TAYLOR be developed in series in ascending powers of ρ/V_0. For instance,

$$f_1 = f_1(t) - \frac{\rho}{V_0}\,f_1'(t) + \frac{\rho^2}{2V_0^2}\,f_1''(t), \text{ etc.}$$

and by substituting these values in the equations found for $-D$ and $-\alpha\rho^2 B'$, we obtain in the first expression terms with $f_1(t)$, $\rho^2 f_1''(t)/V_0^2$, etc. as factors; in the second, on the contrary, terms with $f_1'(t)$, $\rho^2 f_1'''(t)/V_0^2$, etc. as factors.

Now we can safely assume that the radius ρ of the hole is so small that during the time $\tau = \rho/V_0$, which the transversal vibrations require to cover the distance ρ in the ether, the functions $f_1(t)$, $f_1'(t)$ alter only to the slightest degree [1]). Since then, however, $\rho\,f'(t)/V_0$ represents accurately the increase of $f_1(t)$ during the time τ we may neglect this quantity with regard to $f_1(t)$. There is all the more reason to omit also $\rho^2 f_1''(t)/V_0^2$ and the terms with the higher differential quotients, so that we only need to retain in the expression for $-D$ the terms with $f_1(t)$. In the same way in $-\alpha\rho^2 B'$, only $f_1'(t)$ remains. If it is also remembered that

$$4\pi\,A^2\,V_0^2 = \frac{1}{\varepsilon_0(1 + 4\pi\vartheta_0)}\,, \quad f_1(t) = m_x, \quad f_1'(t) = \frac{dm_x}{dt}$$

it will be found that

$$-D = \alpha\left(\frac{8}{3}\,\pi + \frac{1}{\varepsilon_0}\right)m_x\,, \quad -\alpha\rho^2\,B' = \alpha\,\frac{8}{3}\,\pi\,\frac{dm_x}{dt}\,. \quad (29)$$

§ 13. Let us now look for the electromotive force which, as a result of the state of motion (A) is excited in point (x, y, z) in the hole. There follows first from (12) an electromotive force with the components

$$-\alpha\,\frac{4}{3}\,\pi\,C, \quad 0, \quad 0.$$

---

[1]) This is the case with simple vibrations when ρ is very small compared with the wavelength.

In the same way we may obtain from (22) and (26) the components

$$\alpha \frac{1}{5\rho} (3x^2 - r^2) \mathbf{A}^2 \frac{\partial}{\partial t}\left(\frac{3}{\rho} A + A'\right) - \alpha \mathbf{A}^2 \frac{\partial}{\partial t}(B + B'\rho);$$

$$\alpha \frac{1}{5\rho} 3xy \mathbf{A}^2 \frac{\partial}{\partial t}\left(\frac{3}{\rho} A + A'\right); \quad \alpha \frac{1}{5\rho} 3xz \mathbf{A}^2 \frac{\partial}{\partial t}\left(\frac{3}{\rho} A + A'\right).$$

The components of the electromotive force which follows from (27) are

$$\alpha \frac{1}{10\rho} \mathbf{A}^2 (k-1) \frac{\partial B'}{\partial t} (2x^2 + r^2 - 5\rho^2); \quad \alpha \frac{1}{10\rho} \mathbf{A}^2 (k-1) \frac{\partial B'}{\partial t} 2xy;$$

$$\alpha \frac{1}{10\rho} \mathbf{A}^2 (k-1) \frac{\partial B'}{\partial t} 2xz$$

and finally those which are found from (28)

$$- \alpha 4\pi \vartheta_0 \mathbf{A}^2 \frac{\partial B}{\partial t}, \qquad 0, \qquad 0.$$

By means of the values C, A, A', B, B', we thus find the components of the electromotive force, and if we remember that ρ and thus within the hole also x, y, z, r, are very small (cf. previous §) then we can neglect a number of terms in the result. It appears then that we may assign to the electromotive force at every point of the hole the direction of the x-axis and the everywhere equal magnitude

$$\alpha \frac{8}{3} \pi \frac{1}{\rho^3} m_x. \tag{30}$$

In this terms are neglected which contain the factor

$$\alpha \frac{1}{\rho V_0^2} \frac{d^2 m_x}{dt^2}.$$

From the values given in § 9 follows finally for the components of the magnetic force in any point of the hole

$$0, \qquad \alpha \frac{4}{3} \pi \mathbf{A} \frac{z}{\rho^3} \frac{dm_x}{dt}; \qquad - \alpha \frac{4}{3} \pi \mathbf{A} \frac{y}{\rho^3} \frac{dm_x}{dt}. \tag{31}$$

§ 14. In the same manner, as we have here dealt with (A), we can also deal with the state of motion (B). We then find that to maintain this, an electric moment

$$\beta \left(\frac{8}{3}\pi + \frac{1}{\varepsilon_0} \right) m_x \tag{32}$$

and an element of current

$$- \beta \frac{4}{3}\pi \frac{dm_x}{dt} \tag{33}$$

must be placed in P. Furthermore in consequence of (B) an electromotive force acts at every point of the hole in the direction of the x-axis and its magnitude is

$$\beta \frac{8}{3}\pi \frac{1}{\rho^3} m_x. \tag{34}$$

In the derivation of (32), (33), and (34) quantities are omitted which contain respectively the factors

$$\beta \frac{\rho^2}{V_0^2} \frac{d^2 m_x}{dt^2}, \quad \beta \frac{\rho^2}{V_0^2} \frac{d^3 m_x}{dt^3}, \quad \beta \frac{1}{\rho V_0^2} \frac{d^2 m_x}{dt^2}.$$

Finally, the components of the magnetic force which is exercised by the state of motion (B) in a point of the hole are

$$0, \quad \beta \frac{4}{3}\pi A \frac{z}{\rho^3} \frac{dm_x}{dt}, \quad - \beta \frac{4}{3}\pi A \frac{y}{\rho^3} \frac{dm_x}{dt}. \tag{35}$$

§ 15. From what has now been discovered it would appear that for the maintenance of the movements (A) and (B) there must be placed at the centre P of the hole the moment

$$(\alpha + \beta) \left(\frac{8}{3}\pi + \frac{1}{\varepsilon_0} \right) m_x$$

and the element of current

$$(2\alpha - \beta) \frac{4}{3}\pi \frac{dm_x}{dt}$$

The formulae (A) and (B) will thus represent the movements excited by the molecule P, if the above mentioned expressions are equal to the moment m_x and the element of current dm_x/dt, which actually exist in the particle. For this it is necessary, that

$$(\alpha + \beta)\left(\frac{8}{3}\pi + \frac{1}{\varepsilon_0}\right) = 1 \text{ and } (2\alpha - \beta)\frac{4}{3}\pi = 1 .$$

These equations are satisfied by

$$\alpha = \frac{1 + 4\pi\varepsilon_0}{4\pi(1 + \frac{8}{3}\pi\varepsilon_0)}, \quad \beta = -\frac{1}{4\pi(1 + \frac{8}{3}\pi\varepsilon_0)} \tag{36}$$

which define exactly the electrical movements propagated from the molecule P into the ether [1]).

§ 16. We now pass to the case (§ 3) where a number of holes exist in the ether in the centre of each of which a particle exists with the electric moment (m_x, m_y, m_z). The quantities m_x, m_y, m_z are then to be considered as dependent on the time and position of the particle.

Every particle will now again, in the manner investigated above, excite electric movements in the ether, but these movements will no longer be propagated undisturbed, but will repeatedly rebound from the surface boundaries of the holes. We shall meanwhile demonstrate in the following paragraphs that, if the holes are very small, the total movement in the ether can be obtained in the following simple manner.

Let it be assumed that the moment m_x of any particle P is

---

[1]) If we approximate ε_0 to 0 the same will be the case with the components of the dielectric polarization in the ether. But in this case, according to (36) α and β do not approximate to 0. But for $\varepsilon_0 = 0$ we get $V_e = V_0 = \infty$ and thus in the formulae (A) and (B) we get $f_1(t - r/V_0) = f_1(t - r/V_0) = f_1(t)$. Furthermore

$$\Delta\left[\frac{1}{r}f_1(t)\right] = 0$$

so that we can write for the value of ξ in (A) as well

$$\alpha \frac{\partial^2}{\partial x^2}\left[\frac{1}{r}f_1(t)\right].$$

Adding together the values (A) and (B) we then have

$$\xi = (\alpha + \beta)\frac{\partial^2}{\partial x^2}\left[\frac{1}{r}f_1(t)\right], \quad \eta = (\alpha + \beta)\frac{\partial^2}{\partial x\partial y}\left[\frac{1}{r}f_1(t)\right], \quad \zeta = (\alpha + \beta)\frac{\partial^2}{\partial x\partial z}\left[\frac{1}{r}f_1(t)\right]$$

and for $\varepsilon_e = 0$ the factor $(\alpha + \beta)$ occurring here also disappears.

connected with movements in the ether which are still determined by the equations (A) and (B). Let it also be imagined that the moments m_y and m_z of this particle are connected with movements which correspond entirely with those just mentioned, so that in the expressions employed for them the same constants α and β occur. Let P be the entire state of motion which is connected with the particle P. In order to obtain the entire state of motion Q in the ether we have only to assume that *every* molecule is connected with movements corresponding with P and that the constants α and β have the same value for all particles.

It should furthermore be remarked that the movements P in the ether connected with *any* molecule, are now no longer excited entirely by this particle, but that motions are included therein originating from the other molecules, which rebound at the boundary surface of the hole in which the particle under consideration lies. The result of this will also be that the constants α and β will now assume other values than (36).

§ 17. In order now to find the moments and elements of current which are essential for the maintenance of the state of motion Q, and at the same time to ascertain the reaction of Q on the molecules, let us first of all imagine the movements P connected with a molecule P to be extended over the whole space outside the hole in which this particle is situated. In order to maintain these movements, as may be inferred from the remarks in § 15, an electric moment is necessary in P with the components

$$(\alpha+\beta)\left(\frac{8}{3}\pi+\frac{1}{\varepsilon_0}\right)m_x, \quad (\alpha+\beta)\left(\frac{8}{3}\pi+\frac{1}{\varepsilon_0}\right)m_y, \quad (\alpha+\beta)\left(\frac{8}{3}\pi+\frac{1}{\varepsilon_0}\right)m_z \quad (37)$$

and an element of current with the components

$$(2\alpha-\beta)\frac{4}{3}\pi\frac{\partial m_x}{\partial t}, \quad (2\alpha-\beta)\frac{4}{3}\pi\frac{\partial m_y}{\partial t}, \quad (2a-\beta)\frac{4}{3}\pi\frac{\partial m_z}{\partial t}. \quad (38)$$

If this moment and element of current are actually present in P then the components of the electromotive and magnetic force at any point in the ether will be respectively ξ_p/ε_0, η_p/ε_0, ζ_p/ε_0; λ_p/ϑ_0, μ_p/ϑ_0, ν_p/ϑ_0 in which the index p indicates that we have to do with the movements P.

Further, it will be found from §§ 13 and 14 that the components of the electromotive and magnetic force which act in consequence of the movements P at any point of the hole are respectively

$$(\alpha + \beta) \frac{8}{3} \pi \frac{m_x}{\rho^3}, \quad (\alpha + \beta) \frac{8}{3} \pi \frac{m_y}{\rho^3}, \quad (\alpha + \beta) \frac{8}{3} \pi \frac{m_z}{\rho^3} \quad (39)$$

and

$$(\alpha + \beta) \frac{4}{3} \pi A \frac{1}{\rho^3} \left(y \frac{\partial m_z}{\partial t} - z \frac{\partial m_y}{\partial t} \right), \quad (\alpha + \beta) \frac{4}{3} \pi A \frac{1}{\rho^3} \left(z \frac{\partial m_x}{\partial t} - x \frac{\partial m_z}{\partial t} \right),$$

$$(\alpha + \beta) \frac{4}{3} \pi A \frac{1}{\rho^3} \left(x \frac{\partial m_y}{\partial t} - y \frac{\partial m_x}{\partial t} \right) \quad (40)$$

§ 18. Let now all the movements P, connected with the different particles, exist together and let us for the time being assume that the movement connected with every particle is extended over the whole area outside the sphere S in which it lies. Then we also have within each sphere a dielectric and a magnetic polarization, whose components, which we shall call ξ', η', ζ', λ', μ', ν', are obtained by taking $\Sigma \xi_p$, $\Sigma \eta_p$, $\Sigma \zeta_p$, $\Sigma \lambda_p$, $\Sigma \mu_p$, $\Sigma \nu_p$ over the movements P, originating from all the particles except that situated in the sphere under consideration.

In order to maintain all the movements P we require at the centre of every sphere the electric moment (37) and the element of current (38). If these actually exist, it is, for the rest, not difficult to indicate the electromotive and magnetic forces which act within a sphere S. The first force consists of the part (39) originating in the movements P, which belong to the particle situated in S itself, and of a second part with the components ξ'/ε_0, η'/ε_0, ζ'/ε_0 originating in the movements which belong to the remaining centres of vibration, and from the moments and elements of current (37) and (38) situated in these points. The components of the electromotive force which is produced by these combined causes, are thus

$$(\alpha + \beta) \frac{8}{3} \pi \frac{m_x}{\rho^3} + \frac{\xi'}{\varepsilon_0}, \quad (\alpha + \beta) \frac{8}{3} \pi \frac{m_y}{\rho^3} + \frac{\eta'}{\varepsilon_0},$$

$$(\alpha + \beta) \frac{8}{3} \pi \frac{m_z}{\rho^3} + \frac{\zeta'}{\varepsilon_0}. \quad (41)$$

In the same way we find for that of the magnetic force

$$
\left.
\begin{array}{l}
(\alpha + \beta)\,\dfrac{4}{3}\,\pi A\,\dfrac{1}{\rho^3}\left(y\,\dfrac{\partial m_z}{\partial t} - z\,\dfrac{\partial m_y}{\partial t}\right) + \dfrac{\lambda'}{\vartheta_0}, \\[3ex]
(\alpha + \beta)\,\dfrac{4}{3}\,\pi A\,\dfrac{1}{\rho^3}\left(z\,\dfrac{\partial m_x}{\partial t} - x\,\dfrac{\partial m_z}{\partial t}\right) + \dfrac{\mu'}{\vartheta_0}, \\[3ex]
(\alpha + \beta)\,\dfrac{4}{3}\,\pi A\,\dfrac{1}{\rho^3}\left(x\,\dfrac{\partial m_y}{\partial t} - y\,\dfrac{\partial m_x}{\partial t}\right) + \dfrac{\nu'}{\vartheta_0}.
\end{array}
\right\}
\qquad (42)
$$

§ 19. In order, finally, to obtain the state of motion Q we have only to omit the dielectric polarization (ξ', η', ζ') and the magnetic polarization (λ', μ', ν') existing within the spheres S.

As we shall soon see, we can assign the same values to their components over the whole extent of any sphere S. The consequence of this is that we can easily calculate the quantities $\varphi, \mathfrak{U}, \mathfrak{B}, \mathfrak{W}$, etc. for the dielectric polarization, current distribution $(\partial \xi'/\partial t, \partial \eta/\partial t, \partial \zeta'/\partial t)$ and magnetic polarization occurring within S, from which, both for an exterior and for an interior point, we then can infer the electromotive and magnetic force exercised by the sphere. In this manner we discover that the action exerted by the sphere in an exterior point could also be obtained, if there were situated at the centre an electric moment m , an element of current s' and a magnetic moment $\mathfrak{W}'$. The components of these three quantities are respectively

$$
\frac{4}{3}\,\pi\rho^3\xi' + \frac{2}{15}\,(1-k)\pi\rho^5 A^2\,\frac{\partial^2\xi'}{\partial t^2}, \qquad \frac{4}{3}\,\pi\rho^3\eta' + \frac{2}{15}\,(1-k)\pi\rho^5 A^2\,\frac{\partial^2\eta'}{\partial t^2},
$$

$$
\frac{4}{3}\,\pi\rho^3\zeta' + \frac{2}{15}\,(1-k)\pi\rho^5 A^2\,\frac{\partial^2\zeta'}{\partial t^2} ; \qquad (43)
$$

$$
\frac{4}{3}\,\pi\rho^3\,\frac{\partial\xi'}{\partial t}, \qquad \frac{4}{3}\,\pi\rho^3\,\frac{\partial\eta'}{\partial t}, \qquad \frac{4}{3}\,\pi\rho^3\,\frac{\partial\zeta'}{\partial t} ;
$$

$$
\frac{4}{3}\,\pi\rho^3\,\lambda', \qquad \frac{4}{3}\,\pi\rho^3\,\mu', \qquad \frac{4}{3}\,\pi\rho^3\,\nu',
$$

in addition to which it should be remarked that, on account of the small value of ρ (cf. § 12) we can write for (43) the quantities

$$\frac{4}{3} \pi \rho^3 \xi', \qquad \frac{4}{3} \pi \rho^3 \eta', \qquad \frac{4}{3} \pi \rho^3 \zeta'.$$

If we now omit the state of motion within the spheres S here under consideration, but at the same time, place at the centre of every sphere the moments m', $\mathfrak{m}'$ and the element of current s' then the electromotive and magnetic force acting at any point in the ether undergo no alteration. If, therefore, we add to m' and s' the quantities (37) and (38) then we know the electric moment, the element of current and the magnetic moment which must be placed at the centre in order to maintain the state of motion Q. If these last can exist then the quantities calculated in this way must be equal to the electric moment (m_x, m_y, m_z), the element of current ($\partial m_x/\partial t$, $\partial m_y/\partial t$, $\partial m_z/\partial t$) and the magnetic moment ($\mathfrak{m}_x$, $\mathfrak{m}_y$, $\mathfrak{m}_z$) which are *actually* present in the centre. This is the case if for every particle

$$\left.\begin{aligned}
(\alpha + \beta) \left(\frac{8}{3} \pi + \frac{1}{\varepsilon_0}\right) m_x + \frac{4}{3} \pi \rho^3 \xi' &= m_x, \\[2mm]
(\alpha + \beta) \left(\frac{8}{3} \pi + \frac{1}{\varepsilon_0}\right) m_y + \frac{4}{3} \pi \rho^3 \eta' &= m_y, \\[2mm]
(\alpha + \beta) \left(\frac{8}{3} \pi + \frac{1}{\varepsilon_0}\right) m_z + \frac{4}{3} \pi \rho^3 \zeta' &= m_z,
\end{aligned}\right\} \qquad (\alpha)$$

$$\left.\begin{aligned}
(2\alpha - \beta) \frac{4}{3} \pi \frac{\partial m_x}{\partial t} + \frac{4}{3} \pi \rho^3 \frac{\partial \xi'}{\partial t} &= \frac{\partial m_x}{\partial t}, \\[2mm]
(2\alpha - \beta) \frac{4}{3} \pi \frac{\partial m_y}{\partial t} + \frac{4}{3} \pi \rho^3 \frac{\partial \eta'}{\partial t} &= \frac{\partial m_y}{\partial t}, \\[2mm]
(2\alpha - \beta) \frac{4}{3} \pi \frac{\partial m_z}{\partial t} + \frac{4}{3} \pi \rho^3 \frac{\partial \zeta'}{\partial t} &= \frac{\partial m_z}{\partial t},
\end{aligned}\right\} \qquad (\beta)$$

$$\frac{4}{3} \pi \rho^3 \lambda' = \mathfrak{m}_x, \qquad \frac{4}{3} \pi \rho^3 \mu' = \mathfrak{m}_y, \qquad \frac{4}{3} \pi \rho^3 \nu' = \mathfrak{m}_z. \quad (44)$$

§ 20. Let us lastly consider the electromotive and the magnetic forces (X', Y', Z') and (L', M', N') which act within sphere S as a result of all that is situated outside it. If we first of all substitute for the state of motion $(\xi', \eta', \zeta', \lambda', \mu', \nu)'$ within all the spheres, with the exception of that under consideration, the electric moments and magnetic moments and elements of current in the centres given in the last paragraph, then this will have no influence on the electromotive and magnetic force within S. Furthermore we then have, in consequence of (α), (β) and (44), correctly taken account of the influence exercised by the actual moments and elements of current placed in these spheres. In order therefore to obtain the forces (X', Y', Z'), (L', M', N') we have only to subtract from (41) and (42) the electromotive and magnetic force (X'', Y'', Z'') and (L'', M'', N''), which are produced by the state of motion $(\xi', \eta', \zeta', \lambda', \mu', \nu')$ occurring within the sphere under consideration.

§ 21. Now we find in the manner given in § 19 that

$$X''=-\frac{4}{3}\pi\xi' + \frac{4}{3}\pi A^2(r^2-3\rho^2)\frac{\partial^2\xi'}{\partial t^2} + \frac{2}{15}(k-1)\pi A^2\left[(r^2-5\rho^2)\frac{\partial^2\xi'}{\partial t^2}+\right.$$
$$\left.+ 2x\left(x\frac{\partial^2\xi'}{\partial t^2} + y\frac{\partial^2\eta'}{\partial t^2} + z\frac{\partial^2\zeta'}{\partial t^2}\right)\right] + \frac{4}{3}\pi A\left(z\frac{\partial\mu'}{\partial t} - y\frac{\partial\nu'}{\partial t}\right).$$

Since ρ and therefore also r, x, y, z are very small (cf. § 12) we can, however, neglect the second and third of the four terms of which X'' consists, with respect to the first, so that

$$X'' = -\frac{4}{3}\pi\xi' + \frac{4}{3}\pi A\left(z\frac{\partial\mu'}{\partial t} - y\frac{\partial\nu'}{\partial t}\right)$$

and in the same way we find that

$$Y'' = -\frac{4}{3}\pi\eta' + \frac{4}{3}\pi A\left(x\frac{\partial\nu'}{\partial t} - z\frac{\partial\lambda'}{\partial t}\right),$$

$$Z'' = -\frac{4}{3}\pi\zeta' + \frac{4}{3}\pi A\left(y\frac{\partial\lambda'}{\partial t} - x\frac{\partial\mu'}{\partial t}\right).$$

Further we find that

$$L'' = -\frac{4}{3}\pi\lambda' + \frac{4}{3}\pi A\left(y\frac{\partial\zeta'}{\partial t} - z\frac{\partial\eta'}{\partial t}\right),$$

$$M'' = -\frac{4}{3}\pi\mu' + \frac{4}{3}\pi A\left(z\frac{\partial\xi'}{\partial t} - x\frac{\partial\zeta'}{\partial t}\right),$$

$$N'' = -\frac{4}{3}\pi\nu' + \frac{4}{3}\pi A\left(x\frac{\partial\eta'}{\partial t} - y\frac{\partial\xi'}{\partial t}\right),$$

and, according to what has been said in the preceding §, we finally obtain

$$X' = (\alpha + \beta)\frac{8}{3}\pi\frac{m_x}{\rho^3} + \frac{\xi'}{\varepsilon_0} + \frac{4}{3}\pi\xi' - \frac{4}{3}\pi A\left(z\frac{\partial\mu'}{\partial t} - y\frac{\partial v'}{\partial t}\right), \text{ etc. } (45)$$

$$L' = \frac{\lambda'}{\vartheta_0} + \frac{4}{3}\pi\lambda' + (\alpha + \beta)\frac{4}{3}\pi A\frac{1}{\rho^3}\left(y\frac{\partial m_z}{\partial t} - z\frac{\partial m_y}{\partial t}\right) -$$

$$- \frac{4}{3}\pi A\left(y\frac{\partial\zeta'}{\partial t} - z\frac{\partial\eta'}{\partial t}\right), \text{ etc. } (46)$$

At the centre of the hole (for $x = y = z = 0$) these expressions assume the form

$$X'_p = (\alpha + \beta)\frac{8}{3}\pi\frac{m_x}{\rho^3} + \frac{\xi'}{\varepsilon_0} + \frac{4}{3}\pi\xi', \text{ etc.}$$

$$L'_p = \frac{\lambda'}{\vartheta_0} + \frac{4}{3}\pi\lambda', \text{ etc.}$$

§ 22. Now we have in this way found the electromotive and magnetic force exercised, in consequence of the electrical movements, on one of the particles situated in the centre of the holes, we can construct the last equations which the movements under consideration must satisfy. According to what has been said in §§ 2 and 3, it must follow that for every particle

$$\left.\begin{aligned}
\varkappa\left[(\alpha + \beta)\frac{8}{3}\pi\frac{m_x}{\rho^3} + \frac{\xi'}{\varepsilon_0} + \frac{4}{3}\pi\xi'\right] &= m_x, \\
\varkappa\left[(\alpha + \beta)\frac{8}{3}\pi\frac{m_y}{\rho^3} + \frac{\eta'}{\varepsilon_0} + \frac{4}{3}\pi\eta'\right] &= m_y, \\
\varkappa\left[(\alpha + \beta)\frac{8}{3}\pi\frac{m_z}{\rho^3} + \frac{\zeta'}{\varepsilon_0} + \frac{4}{3}\pi\zeta'\right] &= m_z
\end{aligned}\right\} \quad (\gamma)$$

and

$$\frac{\frac{4}{3}\pi\rho^3\vartheta_0}{1 + \frac{4}{3}\pi\vartheta_0}\left(\frac{\lambda'}{\vartheta_0} + \frac{4}{3}\pi\lambda'\right) = m_x, \qquad \frac{\frac{4}{3}\pi\rho^3\vartheta_0}{1 + \frac{4}{3}\pi\vartheta_0}\left(\frac{\mu'}{\vartheta_0} + \frac{4}{3}\pi\mu'\right) = m_y,$$

$$\frac{\frac{4}{3}\pi\rho^3\vartheta_0}{1 + \frac{4}{3}\pi\vartheta_0}\left(\frac{v'}{\vartheta_0} + \frac{4}{3}\pi v'\right) = m_z. \qquad (47)$$

The last equations, however, express the same condition as (44). From this it follows that all conditions of the problem are satisfied, if only one can determine m_x, m_y, m_z, as functions of the coordinates and time and α and β as constants, in such a way that (α), (β), (γ) are satisfied. For by means of the equations (A) and (B) and the others belonging to them, λ', μ', ν' are also known and (44) and (47) give the same values for m_x, m_y, m_z.

§ 23. We shall now prove that the equations (α), (β) and (γ) can actually be satisfied, provided transverse electrical vibrations are propagated in the system of molecules. By this we mean in general every state of motion which satisfies the equations

$$\left.\begin{array}{l} \dfrac{\partial m_x}{\partial x} + \dfrac{\partial m_y}{\partial y} + \dfrac{\partial m_z}{\partial z} = 0, \\[2mm] \Delta m_x = \dfrac{1}{V^2}\dfrac{\partial^2 m_x}{\partial t^2}, \quad \Delta m_y = \dfrac{1}{V^2}\dfrac{\partial^2 m_y}{\partial t^2}, \quad \Delta m_z = \dfrac{1}{V^2}\dfrac{\partial^2 m_z}{\partial t^2}. \end{array}\right\} \quad \text{(C)}$$

In this we have to imagine the origin of the coordinates in an arbitrarily chosen point, while V is the temporarily unknown velocity of propagation of the transverse vibrations. Let

$$m_x = f_1(x, y, z, t), \quad m_y = f_2(x, y, z, t), \quad m_z = f_3(x, y, z, t) \quad (48)$$

be any set of values which satisfies the equations (C) in which we shall assume that f_1, f_2, f_3, are continuous functions, which have a value differing from 0 only at a finite distance, or at any rate diminishing very rapidly with increasing distance. Let us attempt now to calculate the values of ξ', η', ζ' within any hole S, of which the centre P has the coordinates x', y', z' and let us call the values which we obtain by taking into account only the transversal vibrations which are excited in the ether, ξ_1', η_1', ζ_1', and in the same way ξ_2', η_2', ζ_2' the values which originate in the longitudinal vibrations.

We shall further assume in this calculation that in their passage from molecule to molecule the electric moments m_x, m_y, m_z only change exceedingly slowly, which will obviously be the case with the propagation of light, *provided the wave-length l, compared with the mutual distance of the particles, is very great.* We can then describe with the point P as centre, a sphere B with radius R, which is very large compared with the mutual distance of the particles, but yet so small that for the molecules situated within B the moments m_x, m_y, m_z differ only very little from those of the particle P. The quantity ξ_1' consists then of two parts, of which one $\xi_{1(a)}'$ originates in the molecules outside B, the other $\xi_{1(b)}'$ in those situated within B. The same holds good of η_1', ζ_1', ξ_2', η_2', ζ_2'.

§ 24. In order now to calculate $\xi_{1(a)}'$ we remark that the radius of the hole S is very small with respect to the distance of P from all particles situated outside B, so that we can put $\xi_{1(a)}'$ as of constant magnitude over the whole extent of S, and thus have only to look for the value at the centre P (x', y', z').

If Q, therefore, is a molecule which lies at a distance r from P at the point (x, y, z), then by means of the formulae (A) we find the contribution that the moment m_x of this molecule gives for $\xi_{1(a)}'$ $\eta_{1(a)}'$, $\zeta_{1(a)}'$. By transposing the letters the contributions may also be found which belong to the moments m_y, m_z of Q, and thus we obtain for the part of $\xi_{1(a)}'$ which belongs to the particle Q,

$$\xi_{1(Q)}' = \alpha \frac{\partial}{\partial x'} \left\{ \frac{\partial}{\partial x'} \left[\frac{1}{r} f_1\left(x, y, z, t - \frac{r}{V_0}\right) \right] + \frac{\partial}{\partial y'} \left[\frac{1}{r} f_2\left(x, y, z, t - \frac{r}{V_0}\right) \right] + \right.$$
$$\left. + \frac{\partial}{\partial z'} \left[\frac{1}{r} f_3\left(x, y, z, t - \frac{r}{V_0}\right) \right] \right\} - \alpha \Delta' \left[\frac{1}{r} f_1\left(x, y, z, t - \frac{r}{V_0}\right) \right] \quad (49)$$

In this $\Delta' = \partial^2/\partial x'^2 + \partial^2/\partial y'^2 + \partial^2/\partial z'^2$, while we shall put $\Delta = \partial^2/\partial x^2 + \partial^2/\partial y^2 + \partial^2/\partial z^2$.

And now in order to deduce $\xi_{1(a)}'$, $\eta_{1(a)}'$, $\zeta_{1(a)}'$ from (49) we must enumerate the contributions of all the molecules lying outside B. Instead of this, however we can also integrate over the space A outside B. We can, as a matter of fact, divide this space into a number of equally large entirely closed cells; so that one molecule lies in each. The cubic volume of each cell is then $1/p$, if p represents the number of particles in the space unit. Furthermore, we may, in consequence of what has been said in § 23, regard the functions f_1, f_2, f_3, r over the whole extent of a cell as constant, so that the same is the case with the function F which forms the second member of (49). From this it follows, that by taking the integral $p \iiint F d\tau$ over a cell $(d\tau = dxdydz)$ we obtain exactly the quantity $\xi_{1(a)}'$ for the molecule placed in that cell. Since the same holds good for each of the other cells we obtain $p \iiint_{(A)} F d\tau$ for $\xi'_{1(a)}$ in which the index (A) indicates that the integral must be taken over the whole space A outside the sphere B. Consequently

$$\xi'_{1(a)} = \alpha p \frac{\partial}{\partial x'} \iiint_{(A)} \left\{ \frac{\partial}{\partial x'} \left[\frac{1}{r} f_1\left(x, y, z, t - \frac{r}{V_0}\right) \right] + \right.$$

$$+ \frac{\partial}{\partial y'} \left[\frac{1}{r} f_2\left(x, y, z, t - \frac{r}{V_0}\right) \right] + \frac{\partial}{\partial z'} \left[\frac{1}{r} f_3\left(x, y, z, t - \frac{r}{V_0}\right) \right] \right\} d\tau -$$

$$- \alpha p \iiint_{(A)} \Delta' \left[\frac{1}{r} f_1\left(x, y, z, t - \frac{r}{V_0}\right) \right] d\tau = \alpha p \frac{\partial I_1}{\partial x'} - \alpha p I_2 \quad (50)$$

§ 25. In order to find I_1, we can use the following consideration. In the quantity $f_1(x, y, z, t - r/V_0)/r$ the quantity x appears in two manners, i.e., firstly in r and secondly outside r. If we now take $\partial/\partial x [f_1/r]$ to be the actual differential quotient with respect to x, and $(\partial/\partial x) [f_1/r]$ to be the differential quotient obtained by regarding r as a constant then

$$\frac{\partial}{\partial x} \left[\frac{1}{r} f_1 \right] = \left(\frac{\partial}{\partial x} \right) \left[\frac{1}{r} f_1 \right] + \frac{\partial r}{\partial x} \frac{\partial}{\partial r} \left[\frac{1}{r} f_1 \right] = \left(\frac{\partial}{\partial x} \right) \left[\frac{1}{r} f_1 \right] - \frac{\partial}{\partial x'} \left[\frac{1}{r} f_1 \right], \quad (51)$$

thus

$$\frac{\partial}{\partial x'} \left[\frac{1}{r} f_1 \right] = \left(\frac{\partial}{\partial x} \right) \left[\frac{1}{r} f_1 \right] - \frac{\partial}{\partial x} \left[\frac{1}{r} f_1 \right].$$

Now multiply this equation by $d\tau$ and integrate over the space A. In doing this we can carry out the integration with respect to x in the last integral of the righthand member, so that this term (since f_1/r disappears at infinite distance) only gives an integral over the spherical surface B. If a', b', c' are the constants of direction of the normal drawn to the outside of this surface, in this manner we shall find that

$$\iiint_{(A)} \frac{\partial}{\partial x'} \left[\frac{1}{r} f_1 \right] d\tau = \iiint_{(A)} \left(\frac{\partial}{\partial x} \right) \left[\frac{1}{r} f_1 \right] d\tau + \iint a' \frac{1}{r} f_1 \, dB.$$

Just as we have here found an equation for the first part of I_1 we

can also handle the second and third parts and then by addition
we obtain

$$I_1 = \iiint_{(A)} \left\{ \left(\frac{\partial}{\partial x}\right)\left[\frac{1}{r} f_1\right] + \left(\frac{\partial}{\partial y}\right)\left[\frac{1}{r} f_2\right] + \left(\frac{\partial}{\partial z}\right)\left[\frac{1}{r} f_3\right] \right\} d\tau +$$

$$+ \iint \frac{1}{r} (a'f_1 + b'f_2 + c'f_3)\, dB. \qquad (52)$$

Now, however, in the first integral the function under the integration sign is none other than the value which
$(\partial m_x/\partial x + \partial m_y/\partial y + \partial m_z/\partial z)/r$ assumes for the time $t - r/V_0$,
and since now the first of the equations (C) must hold good at all
times and in all positions, the first integral in (52) is equal to zero.

In the second integral of this formula we can, on account of
the small value of the radius R of B, develop the functions
$f_1 (x, y, z, t - r/V_0)$, $f_2 (x, y, z, t - r/V_0)$, $f_3 (x, y, z, t - r/V_0)$ in
series of ascending powers of r/V_0. From TAYLOR's theorem for
instance, it follows that

$$f_1\left(x, y, z, t - \frac{r}{V_0}\right) = m_x - \frac{r}{V_0} \frac{\partial m_x}{\partial t} + \frac{r^2}{2V_0^2} \frac{\partial^2 m_x}{\partial t^2} - \text{etc.},$$

thus

$$\frac{1}{r} f_1\left(x, y, z, t - \frac{r}{V_0}\right) = \frac{1}{r} m_x - \frac{1}{V_0} \frac{\partial m_x}{\partial t} + \frac{r}{2V_0^2} \frac{\partial^2 m_x}{\partial t^2} - \text{etc.}$$

In this manner we obtain

$$\frac{\partial I_1}{\partial x'} = \iint \frac{\partial (1/r)}{\partial x'} (a'm_x + b'm_y + c'm_z)\, dB +$$

$$+ \frac{1}{2V_0^2} \iint \frac{\partial r}{\partial x'} \left(a' \frac{\partial^2 m_x}{\partial t^2} + b' \frac{\partial^2 m_y}{\partial t^2} + c' \frac{\partial^2 m_z}{\partial t^2}\right) dB. \text{ etc.} \quad (53)$$

If x, y, z are the coordinates of a point of the spherical surface
with regard to axes brought through P parallel to the original
axes, and if we indicate the values in P by the index p, then in
(53)

$$m_x = (m_x)_p + \text{x} \left(\frac{\partial m_x}{\partial x}\right)_p + \text{y} \left(\frac{\partial m_x}{\partial y}\right)_p + \text{z} \left(\frac{\partial m_x}{\partial z}\right)_p + \text{etc.},$$

while we can also develop m_y, m_z in similar series. On integration the terms with the first differential quotients of m_x, m_y, m_z, now disappear. On account of what has been said about R in § 23, we may also neglect the terms with the second differential quotients. In monochromatic light vibrations these terms are of the order $(R/l)^2$ with respect to those which contain $(m_x)_p$, etc. Finally, since $a' = x/R$, $b' = y/R$, $c' = z/R$ and $\partial(1/r)/\partial x = x/R^3$, we get at the centre P

$$\frac{\partial I_1}{\partial x'} = \frac{1}{R^4}\left\{(m_x)_p \iint x^2\, dB + (m_y)_p \iint xy\, dB + (m_z)_p \iint xz\, dB\right\},$$

or

$$\frac{\partial I_1}{\partial x'} = \frac{4}{3}\pi\,(m_x)_p. \tag{54}$$

§ 26. The integral I_2 in (50) can be transformed in two manners. In the first place we can apply the same process of argument to $(\partial/\partial x)\,[f_1\,(x, y, z, t - r/V_0)/r]$, which we used above for $f_1\,(x, y, z, t - r/V_0)/r$. By this we obtain

$$\frac{\partial}{\partial x}\left(\frac{\partial}{\partial x}\right)\left[\frac{1}{r}f_1\right] = \left(\frac{\partial^2}{\partial x^2}\right)\left[\frac{1}{r}f_1\right] - \frac{\partial}{\partial x'}\left(\frac{\partial}{\partial x}\right)\left[\frac{1}{r}f_1\right],$$

while by differentiating (51) with respect to x', we find the relation

$$\frac{\partial^2}{\partial x'\partial x}\left[\frac{1}{r}f_1\right] = \frac{\partial}{\partial x'}\left(\frac{\partial}{\partial x}\right)\left[\frac{1}{r}f_1\right] - \frac{\partial^2}{\partial x'^2}\left[\frac{1}{r}f_1\right].$$

Adding both equations together, and transforming will give

$$\frac{\partial^2}{\partial x'^2}\left[\frac{1}{r}f_1\right] = \left(\frac{\partial^2}{\partial x^2}\right)\left[\frac{1}{r}f_1\right] - \frac{\partial}{\partial x}\left\{\left(\frac{\partial}{\partial x}\right)\left[\frac{1}{r}f_1\right] + \frac{\partial}{\partial x'}\left[\frac{1}{r}f_1\right]\right\}$$

and from this it follows that

$$\iiint_{(A)} \frac{\partial^2}{\partial x'^2}\left[\frac{1}{r}f_1\right]d\tau = \iiint_{(A)} \left(\frac{\partial^2}{\partial x^2}\right)\left[\frac{1}{r}f_1\right]d\tau +$$
$$+ \iint a'\left\{\left(\frac{\partial}{\partial x}\right) + \frac{\partial}{\partial x'}\right\}\left[\frac{1}{r}f_1\right]dB.$$

In the same manner we can construct two further equations in which, instead of the differential quotients with respect to x and x' respectively, those with respect to y and y', z and z' appear.

Adding up the three equations, we obtain in the left hand member exactly I_2; and thus we have

$$I_2 = \iiint_{(A)} \left\{ \left(\frac{\partial^2}{\partial x^2} \right) + \left(\frac{\partial^2}{\partial y^2} \right) + \left(\frac{\partial^2}{\partial z^2} \right) \right\} \left[\frac{1}{r} f_1 \right] d\tau + \iint \left\{ a' \left(\frac{\partial}{\partial x} \right) + \right.$$

$$+ b' \left(\frac{\partial}{\partial y} \right) + c' \left(\frac{r}{\partial z} \right) \right\} \left[\frac{1}{r} f_1 \right] dB + \iint \left\{ a' \frac{\partial}{\partial x'} + b' \frac{\partial}{\partial y'} + c' \frac{\partial}{\partial z'} \right\} \left[\frac{1}{r} f_1 \right] dB^1 \right). \quad (55)$$

In the first integral the function under the integral sign for a point Q is obviously nothing else than the value which $\Delta m_x / r$ assumes for the time $t - r/V_0$ at that point. We may therefore, according to (C), assume for it the value which

$$\frac{1}{r V^2} \frac{\partial^2 m_x}{\partial t^2}$$

has at that point at the same moment, and this is

$$\frac{1}{V^2} \frac{\partial^2}{\partial t^2} \left[\frac{1}{r} f_1 \left(x, y, z, t - \frac{r}{V_0} \right) \right]$$

so that the first integral in (55) is

$$\frac{1}{V^2} \iiint_{(A)} \frac{\partial^2}{\partial t^2} \left[\frac{1}{r} f_1 \left(x, y, z, t - \frac{r}{V_0} \right) \right] d\tau .$$

In calculating the last two integrals in (55) we can apply the same method as in dealing with the integral occurring in the last § over the area B. It will then appear that we may put $(m_x)_p$ for f_1 in the last integral of (55) so that this integral assumes the form

$$(m_x)_p \iint \left\{ \frac{\partial(1/r)}{\partial x'} a' + \frac{\partial(1/r)}{\partial y'} b' + \frac{\partial(1/r)}{\partial z'} c' \right\} dB .$$

This quantity is, however, equal to $4\pi (m_x)_p$. Finally we can demonstrate that the first of the integrals occurring in (55) over the spherical surface may be neglected in this respect, so that we obtain for (55)

$$I_2 = \frac{1}{V^2} \iiint_{(A)} \frac{\partial^2}{\partial t^2} \left[\frac{1}{r} f_1 \left(x, y, z, t - \frac{r}{V_0} \right) \right] d\tau + 4\pi (m_x)_p . \quad (56)$$

---

[1]) In the exceptional case that $f_1 (x, y, z, t - r/V_0)$ can be represented as a product of two factors, of which one contains only x, y, z, the other only $t - r/V_0$, the equation (55) changes into a form which can also be derived from the theorem of GREEN. The operation by which we obtained (51) will then change into ordinary partial integration.

In the second place we can transform I_2 by means of the equation

$$\Delta' \left[\frac{1}{r} f_1 \left(x, y, z, t - \frac{r}{V_0} \right) \right] = \frac{1}{V_0^2} \frac{\partial}{\partial t^2} \left[\frac{1}{r} f_1 \left(x, y, z, t - \frac{r}{V_0} \right) \right]$$

(cf. formulae (8) and (9)). By this

$$I_2 = \frac{1}{V_0^2} \iiint_{(A)} \frac{\partial^2}{\partial t^2} \left[\frac{1}{r} f_1 \left(x, y, z, t - \frac{r}{V_0} \right) \right]$$

and we can employ this formula to eliminate the integral which still appears in (56). Then we have

$$I_2 = - \frac{\dfrac{4\pi(m_x)_p}{V_0^2}}{\dfrac{V_0^2}{V^2} - 1} = - \frac{4\pi(m_x)_p}{n^2 - 1},$$

in which $n = V_0/V$ represents the absolute refractive index of the medium. Finally, substituting the values found for I_2 and $\partial I_1/\partial x'$ in (50) we obtain

$$\xi'_{1(a)} = \alpha \frac{4}{3} \pi p (m_x)_p + \alpha \frac{4\pi p(m_x)_p}{n^2 - 1} = \alpha \frac{4}{3} \pi p (m_x)_p \frac{n^2 + 2}{n^2 - 1}. \quad (57)$$

§ 27. Let us now consider the quantity $\xi'_{1(b)}$, connected with the particles situated within the sphere B. In doing this it should be remarked that if Q is one of these particles, the radius ρ of the hole S (§ 23) may perhaps no longer be neglected with respect to the distance PQ. The consequence of this is that the value of the contribution $\xi'_{1(q)}$ which Q gives for $\xi'_{1(b)}$ is no longer the same over the whole extent of S. But as long as ρ is not too large, we shall be able to put for a point P' within the hole

$$\xi'_{1(q)} = [\xi'_{1(q)}]_p + x' \left[\frac{\partial}{\partial x'} \xi'_{1(q)} \right]_p + y' \left[\frac{\partial}{\partial y'} \xi'_{1(q)} \right]_p + z' \left[\frac{\partial}{\partial z'} \xi'_{1(q)} \right]_p + \text{ etc.,}$$

in which the index p indicates the values in P', while x', y', z' are the coordinates of P' with respect to axes drawn through P parallel to the original ones. Thus, according to (49),

$$\frac{\xi'_{1(q)}}{\alpha} = \frac{\partial^2}{\partial x'^2} \left[\frac{1}{r} f_1 \right] + \frac{\partial^2}{\partial x' \partial y'} \left[\frac{1}{r} f_2 \right] + \frac{\partial^2}{\partial x' \partial z'} \left[\frac{1}{r} f_3 \right] - \Delta' \left[\frac{1}{r} f_1 \right] +$$

$$+ x' \frac{\partial^3}{\partial x'^3} \left[\frac{1}{r} f_1 \right] + y' \frac{\partial^3}{\partial x'^2 \partial y'} \left[\frac{1}{r} f_2 \right] + z' \frac{\partial^3}{\partial x'^2 \partial z'} \left[\frac{1}{r} f_3 \right] -$$

$$- x' \frac{\partial}{\partial x'} \Delta' \left[\frac{1}{r} f_1 \right] + \text{ etc.,} \quad (58)$$

in which for all differential quotients the value in P must be taken.

For this expression we must take the sum, over all the molecules Q, which are situated within B. In doing so we develop f_1/r, f_2/r, f_3/r as in § 25 and it then appears that if terms are neglected, which with respect to (57) are of the order $(R/l)^2$, we may put, in (58) for f_1, f_2, f_3 the quantities $(m_x)_p$, $(m_y)_p$, $(m_z)_p$. It is thus only of importance to determine the sum

$$S = \Sigma \frac{\partial^{a+b+c}}{\partial x'^a \, \partial y'^b \, \partial z'^c} \left(\frac{1}{r} \right) \tag{59}$$

in general, in which a, b, c are arbitrary numbers. In doing so we make use of the circumstance that the molecules are distributed isotropically. If this is the case, then the quantity S will not change if we give other directions to the axes, or, what is in effect the same thing, if we leave the axes unchanged, but give to all the particles Q, while keeping their relative positions unchanged, a rotation round an axis drawn through P. If we give in this manner h different positions to the particles, then S will also be equal to the quantity which we obtain by substituting in (59) for every particle, $\Sigma(1/r)/h$ for $1/r$, in which this summation sign relates to the various positions of this particle. Let h be very large and take care that the different positions of every particle Q are distributed regularly over a spherical surface described with P as centre. Then, for that particle $\Sigma(1/r)/h$ changes into the potential function of a mass which is distributed with constant density over the spherical surface just mentioned. Since now the differential quotients of this potential function in P are zero, $S = 0$, and $\xi'_{1(b)} = 0$. In (57) we have in consequence the total value of ξ'_1.

§ 28. The above investigation becomes simpler if we may assume as well that for every particle Q which lies within B, the distance PQ is very great compared with ρ. Then (58) becomes

$$\frac{\xi'_{1(q)}}{\alpha} = \frac{\partial^2}{\partial x'^2} \left[\frac{1}{r} f_1 \right] + \frac{\partial^2}{\partial x' \partial y'} \left[\frac{1}{r} f_2 \right] + \frac{\partial^2}{\partial x' \partial z'} \left[\frac{1}{r} f_3 \right] - \Delta' \left[\frac{1}{r} f_1 \right],$$

or, if again for f_1, f_2, f_3 we put $(m_x)_p$, $(m_y)_p$, $(m_z)_p$,

$$\frac{\xi'_{1(q)}}{\alpha} = m_x \left(-\frac{1}{r^3} + \frac{3x^2}{r^5} \right) + m_y \frac{3xy}{r^5} + m_z \frac{3xz}{r^5}, \tag{60}$$

in which x, y, z are the coordinates of Q with respect to the axes through P.

Now, by summation, the equation (60) gives zero as result, not only when the medium has the same properties in respect to all directions, but even when this is the case with respect to three mutually perpendicular principal directions, as is the case with crystals of the regular system. If we choose the axes parallel to the principal directions then

$$\Sigma\left(-\frac{1}{r^3}+\frac{3x^2}{r^5}\right)=\Sigma\left(-\frac{1}{r^3}+\frac{3y^2}{r^5}\right)=\Sigma\left(-\frac{1}{r^3}+\frac{3z^2}{r^5}\right)$$

and thus $=0$, since the sum of these three expression is zero. It needs no further demonstration that $\Sigma\, xy/r^5 = \Sigma\, xz/r^5 = 0$ as well.

Thus, when the dimensions of the particles compared with their mutual distances are very small, crystals of the regular system must possess the same optical properties as completely isotropic bodies.

§ 29. In the same way as ξ'_1 we can also calculate ξ'_2. Here, according to the equations (B)

$$\xi'_{2(a)}=\beta\,\frac{\partial}{\partial x'}\left\{\frac{\partial}{\partial x'}\left[\frac{1}{r}f_1\left(x,y,z,t-\frac{r}{V_0}\right)\right]+\right.$$

$$\left.+\frac{\partial}{\partial y'}\left[\frac{1}{r}f_2\left(x,y,z,t-\frac{r}{V_0}\right)\right]+\frac{\partial}{\partial z'}\left[\frac{1}{r}f_3\left(x,y,z,t-\frac{r}{V_0}\right)\right]\right\}$$

and we discover from this, by considerations which agree completely with those formulated in § 25, that

$$\xi'_{2(a)}=\beta\,\frac{4}{3}\pi p(m_x)_p,$$

while again $\xi'_{2(b)}=0$. Finally we get

$$\xi'=\xi'_1+\xi'_2=\frac{4}{3}\pi p(m_x)_p\left(\alpha\,\frac{n^2+2}{n^2-1}+\beta\right),\text{ etc.,}$$

or if we put

$$\frac{4}{3}\pi p\left(\alpha\,\frac{n^2+2}{n^2-1}+\beta\right)=q \tag{61}$$

and drop the now superfluous index p,

$$\xi' = qm_x, \qquad \eta' = qm_y, \qquad \zeta' = qm_z. \qquad (62)$$

§ 30. Let us now substitute these values in the equations (α); it then follows from each of them, if we divide respectively by m_x, m_y, m_z, that

$$(\alpha + \beta)\left(\frac{8}{3}\pi + \frac{1}{\varepsilon_0}\right) + \frac{4}{3}\pi\rho^3 q = 1. \qquad (63)$$

In the same way we obtain from (β) and (γ) the relations

$$(2\alpha - \beta)\frac{4}{3}\pi + \frac{4}{3}\pi\rho^3 q = 1 \qquad (64)$$

and

$$(\alpha + \beta)\frac{8}{3}\pi + \left(\frac{4}{3}\pi + \frac{1}{\varepsilon_0}\right)\rho^3 q = \frac{\rho^3}{x}. \qquad (65)$$

Since we thus have three equations between α, β and q (from which quantities we can, by means of (61), determine n, and consequently V also) the supposed state of motion can really exist, while at the same time all yet unknown quantities can be calculated.

By this calculation we find

$$q = \frac{\dfrac{8}{3}\pi\varepsilon_0^2\left(\dfrac{1}{x} - \dfrac{1}{\rho^3}\right) + \dfrac{\varepsilon_0}{x}}{1 + 4\pi\varepsilon_0}, \qquad \alpha = \frac{4\pi\varepsilon_0\left(1 - \dfrac{\rho^3}{x}\right) + 3}{12\pi}$$

$$\beta = -\frac{\alpha}{1 + 4\pi\varepsilon_0} \qquad (66)$$

from which it appears, first of all, since ε_0 is a very large number (I, § 23), that the amplitude of the longitudinal vibrations excited in the ether, compared with those of the transverse vibrations, is very small indeed.

From (61) it further follows that

$$\frac{n^2 + 2}{n^2 - 1} - \frac{1}{1 + 4\pi\varepsilon_0} = \frac{q}{\dfrac{4}{3}\pi\alpha p}$$

and since $(n^2 + 2)/(n^2 - 1)$ is at any rate greater than 1, we can here neglect the second term and thus write

$$\frac{n^2 + 2}{n^2 - 1} = \frac{q}{\frac{4}{3}\pi\alpha p} = \frac{1}{\frac{4}{3}\pi p} \frac{12\pi\left\{\frac{8}{3}\pi\varepsilon_0^2\left(\frac{1}{x} - \frac{1}{\rho^3}\right) + \frac{\varepsilon_0}{x}\right\}}{(1 + 4\pi\varepsilon_0)\left\{4\pi\varepsilon_0\left(1 - \frac{\rho^3}{x}\right) + 3\right\}}$$

Again, putting the factor $4\pi\varepsilon_0/1 + 4\pi\varepsilon_0 = 1$, then we get

$$\frac{n^2 + 2}{n^2 - 1} = \frac{1}{\frac{4}{3}\pi p} \frac{8\pi\varepsilon_0\left(\frac{1}{x} - \frac{1}{\rho^3}\right) + \frac{3}{x}}{4\pi\varepsilon_0\left(1 - \frac{\rho^3}{x}\right) + 3} \tag{67}$$

And now if d is the density of the medium and m the mass of one of the particles, then $p = d/m$ and from the equation just obtained it follows that

$$\frac{n^2 - 1}{(n^2 + 2)d} = k, \tag{D}$$

if we put for the sake of brevity

$$k = \frac{\frac{4}{3}\pi\rho^3}{m} \frac{(3 + 4\pi\varepsilon_0) - 4\pi\varepsilon_0\frac{\rho^3}{x}}{(3 + 8\pi\varepsilon_0)\frac{\rho^3}{x} - 8\pi\varepsilon_0}. \tag{68}$$

If the density of the matter changes, but the particles still keep the same properties, then, as appears from (68) k also will remain unaltered. Therefore, according to the theory given here, the quotient $(n^2 - 1)/(n^2 + 2)d$ will remain constant.

§ 31. The constant x which appears in the formulae obtained, must retain such a value that $n > 1$ and thus k becomes positive. Now we may write for (68)

$$k = \frac{\frac{4}{3}\pi\rho^3}{m} \frac{4\pi\varepsilon_0}{3 + 8\pi\varepsilon_0} \frac{\frac{3 + 4\pi\varepsilon_0}{4\pi\varepsilon_0} - \frac{\rho^3}{x}}{\frac{\rho^3}{x} - \frac{8\pi\varepsilon_0}{3 + 8\pi\varepsilon_0}}$$

and since now

$$\frac{3 + 4\pi\varepsilon_0}{4\pi\varepsilon_0} > \frac{8\pi\varepsilon_0}{3 + 8\pi\varepsilon_0},$$

k can only be positive when

$$\frac{3 + 4\pi\varepsilon_0}{4\pi\varepsilon_0} > \frac{\rho^3}{\varkappa} > \frac{8\pi\varepsilon_0}{3 + 8\pi\varepsilon_0} \tag{69}$$

and thus numerator and denominator in (68) are positive. From this is follows, that if $\varkappa$ increases (the other quantities remaining constant) k also will become greater.

According to (D), however,

$$n^2 = \frac{1 + 2kd}{1 - kd}, \tag{70}$$

so that first of all $kd < 1$ and n will increase with increasing $\varkappa$ and k.

Finally it follows from (69) and (66) that α must lie between 0 and $3/8\pi$.

§ 32. In all the foregoing the hypothesis made in § 2 has been persistently maintained, that at the centre of every hole S a single particle is present. We have now still to demonstrate that the results obtained will also hold good when we make other suppositions concerning the matter within the spheres S.

We could, for instance, assume that every hole S is filled with a homogeneous matter, for which the constant of dielectric polarization ε_1 has a value different from that which it has for the ether, while the constant of magnetic polarization is still ϑ_0 (cf. § 3). If outside the sphere S everything remains the same as it was in the previous investigation, then the components of the external electromotive and magnetic force which act upon the sphere, are determined by the formulae (45) and (46) in which again the centre P of S must be chosen as origin of the system of coordinates. Let us first of all neglect those parts of these forces which do not possess the same value and direction over the whole extent of S, and then we can put for these components in every point of S, those values which they possess at the centre, and which we earlier indicated by X'_p, Y'_p, Z'_p.

If these quantities did not alter in the course of time, then within the sphere a dielectric and magnetic polarization would be excited with the components

$$\xi = \frac{\varepsilon_1}{1 + \frac{4}{3}\pi\varepsilon_1} X'_p, \quad \eta = \frac{\varepsilon_1}{1 + \frac{4}{3}\pi\varepsilon_1} Y'_p, \quad \zeta = \frac{\varepsilon_1}{1 + \frac{4}{3}\pi\varepsilon_1} Z'_p, \quad (71)$$

$$\lambda = \frac{\vartheta_0}{1 + \frac{4}{3}\pi\vartheta_0} L'_p, \quad \mu = \frac{\vartheta_0}{1 + \frac{4}{3}\pi\vartheta_0} M'_p, \quad \nu = \frac{\vartheta_0}{1 + \frac{4}{3}\pi\vartheta_0} N'_p. (72)$$

Let us suppose that these polarizations still exist, when, as is the case with our problem, $X'_p, Y'_p, Z'_p, L'_p, M'_p, N'_p$, change in the course of time and let us look for the total electromotive and magnetic force which act then at a point within S. We have only to add to $(X'_p, Y'_p, Z'_p), (L'_p, M'_p, N'_p)$ the electromotive and magnetic force which acts in consequence of (71) and (72). The components of the first force are however (cf § 21)

$$-\frac{4}{3}\pi\xi + \frac{4}{3}\pi A\left(z\frac{d\mu}{dt} - y\frac{d\nu}{dt}\right), \quad -\frac{4}{3}\pi\eta + \frac{4}{3}\pi A\left(x\frac{d\nu}{dt} - z\frac{d\lambda}{dt}\right),$$

$$-\frac{4}{3}\pi\zeta + \frac{4}{3}\pi A\left(y\frac{d\lambda}{dt} - x\frac{d\mu}{dt}\right) \qquad (73)$$

and those of the last

$$-\frac{4}{3}\pi\lambda + \frac{4}{3}\pi A\left(y\frac{d\zeta}{dt} - z\frac{d\eta}{dt}\right), \quad -\frac{4}{3}\pi\mu + \frac{4}{3}\pi A\left(z\frac{d\xi}{dt} - x\frac{d\zeta}{dt}\right),$$

$$-\frac{4}{3}\pi\nu + \frac{4}{3}\pi A\left(x\frac{d\eta}{dt} - y\frac{d\xi}{dt}\right) \qquad (74)$$

Let us thus for the time being leave out of account the forces, which have not the same value over the whole extent of S, and then the components of the total electromotive and magnetic force become respectively

$$-\frac{4}{3}\pi\xi + X'_p, \quad -\frac{4}{3}\pi\eta + Y'_p, \quad -\frac{4}{3}\pi\zeta + Z'_p,$$

$$-\frac{4}{3}\pi\lambda + L'_p, \quad -\frac{4}{3}\pi\mu + M'_p, \quad -\frac{4}{3}\pi\nu + N'_p,$$

or, if we have regard to (71) and (72), ξ/ε_1, η/ε_1, ζ/ε_1, λ/ϑ_0, μ/ϑ_0, ν/ϑ_0, so that the state represented by (71) and (72) can actually exist within the sphere.

These polarizations, however (cf. 19), exercise the same outward action as an electric moment, an element of current and a magnetic moment in the centre P with the components

$$\frac{\frac{4}{3}\pi\rho^3\varepsilon_1}{1+\frac{4}{3}\pi\varepsilon_1}X'_p, \text{ etc.}, \quad \frac{d}{dt}\left(\frac{\frac{4}{3}\pi\rho^3\varepsilon_1}{1+\frac{4}{3}\pi\varepsilon_1}X'_p\right), \text{ etc.}, \quad \frac{\frac{4}{3}\pi\rho^3\vartheta_0}{1+\frac{4}{3}\pi\vartheta_0}L'_p, \text{ etc.}$$

It is easy to infer from this that it will come to the same thing as if a single particle were placed at the centre. For that particle, however,

$$\varkappa = \frac{\frac{4}{3}\pi\rho^3\varepsilon_1}{1+\frac{4}{3}\pi\varepsilon_1} \tag{75}$$

while, furthermore, the equation (5) which we accepted earlier, must hold good.

§ 33. We must, at the same time, before we are certain of this, still examine whether the electromotive and magnetic forces which we have neglected, can exercise a noticeable influence. For this purpose we shall consider what state is excited by these forces within the sphere S and then compare the action produced by the sphere in consequence of this state, with that of the polarizations considered in the preceding §.

It follows now from (45), (46), (73) and (74) that the components of the neglected electromotive and magnetic force will be

$$-\frac{4}{3}\pi A\left(z\frac{d\mu'}{dt}-y\frac{d\nu'}{dt}\right)+\frac{4}{3}\pi A\left(z\frac{d\mu}{dt}-y\frac{d\nu}{dt}\right), \text{ etc.} \tag{76}$$

$$(\alpha+\beta)\frac{4}{3}\pi A\frac{1}{\rho^3}\left(y\frac{dm_z}{dt}-z\frac{dm_y}{dt}\right)-\frac{4}{3}\pi A\left(y\frac{d\zeta'}{dt}-z\frac{d\eta'}{dt}\right)+$$
$$+\frac{4}{3}\pi A\left(y\frac{d\zeta}{dt}-z\frac{d\eta}{dt}\right), \text{ etc.} \tag{77}$$

As appears from (72) and the values of L'_p, M'_p, N'_p given in § 21, $\lambda = \lambda'$, $\mu = \mu'$, $\nu = \nu'$, so that the components (76) disappear. Further $m_x = 4\pi\rho^3\xi/3$, $m_y = 4\pi\rho^3\eta/3$, $m_z = 4\pi\rho^3\zeta/3$ and due regard having been paid to the equations (62), we can write for the first of the components (77)

$$A\,\frac{1}{\rho^3}\left\{\frac{4}{3}\pi(\alpha + \beta) - \frac{4}{3}\pi q\rho^3 + 1\right\}\left(y\,\frac{dm_z}{dt} - z\,\frac{dm_y}{dt}\right)$$

or, according to (64),

$$4\pi A\,\frac{\alpha}{\rho^3}\left(y\,\frac{dm_z}{dt} - z\,\frac{dm_y}{dt}\right).$$

From this there follows for the components of the magnetic polarization which are excited by the magnetic force (77) within the sphere S

$$4\pi A\vartheta_0\,\frac{\alpha}{\rho^3}\left(y\,\frac{dm_z}{dt} - z\,\frac{dm_y}{dt}\right),\quad 4\pi A\vartheta_0\,\frac{\alpha}{\rho^3}\left(z\,\frac{dm_x}{dt} - x\,\frac{dm_z}{dt}\right),$$

$$4\pi A\vartheta_0\,\frac{\alpha}{\rho^3}\left(x\,\frac{dm_y}{dt} - y\,\frac{dm_z}{dt}\right) \tag{78}$$

and the question is now only what action is produced by them.

From the polarization discovered there arises no magnetic effect of any sort, but only an induction. In order to look for the electromotive force of this we can again calculate the quantities $\mathfrak{L}$, $\mathfrak{M}$, $\mathfrak{N}$ belonging to (78) (I, § 18). We then find that the electromotive force in question at a point outside S is equal to the electrostatic force which belongs to an electric moment in P with the components

$$-\frac{16}{15}\,\alpha\pi^2\rho^2 A^2\vartheta_0\,\frac{d^2m_x}{dt^2},\quad -\frac{16}{15}\,\alpha\pi^2\rho^2 A^2\vartheta_0\,\frac{d^2m_y}{dt^2},$$

$$-\frac{16}{15}\,\alpha\pi^2\rho^2 A^2\vartheta_0\,\frac{d^2m_z}{dt^2}.$$

Having regard to the value of α (§ 31), it is easily seen that this moment is exceedingly small (of the order $(\rho/l)^2$), compared with the moment (m_x, m_y, m_z). Since we can demonstrate in the same way that the electromotive force exercised by (78) at a point in the sphere itself is very small with respect to X'_p, Y'_p, Z'_p, the forces left out of consideration in the last § are really without noticeable influence.

§ 34. From (75) in connexion with (67) we thus obtain

$$\frac{n^2 - 1}{n^2 + 2} = \frac{4}{3} \pi \rho^3 p \, \frac{4\pi \, (\varepsilon_1 - \varepsilon_0)}{3 + 4\pi \, (\varepsilon_1 + 2\varepsilon_0)}$$

If now $\varepsilon_1 = \varepsilon_0$, then we should arrive back at the case of the continuous ether and then actually $n = 1$. Were we on the contrary to put $\varepsilon_1 = \infty$, then we should get the refractive index for the case when the particles could be regarded as perfect conducting spheres with radius ρ. We should then find that

$$\frac{n^2 - 1}{n^2 + 2} = \frac{4}{3} \pi \rho^3 p$$

and here the right hand member represents the total volume for the molecules present in the unit of space.

§ 35. We shall finally treat the case when the whole sphere S is filled with ether which possesses the same properties as outside the sphere, but when within it near the centre P certain particles are placed which are provided with free electricity and can be displaced by an external electromotive force.

Let us assume, for the sake of simplification, that only one of these particles A can be moved and that the others (e.g. in consequence of their very great mass) may be regarded as immovable. Let the particle A be provided with a quantity of electricity $+ e$ and let the algebraic sum, e, of the charges of the other particles A' be — e. Finally, if we regard these charges as masses, let the centre of gravity of the particles A' lie at the point P and let this be at the same time the position of equilibrium of A.

If now the electromotive force X'_p (cf. § 32) acts on the sphere in the direction of the x-axis then there arises in the ether first of all a dielectric polarization in consequence of which free electricity appears at the surface of S and in the immediate neighbourhood of the electric particles. Let X_1 be the electromotive force exercised in P in the direction of the x-axis by the first mentioned free electricity and let us assume that A is displaced in the direction mentioned and over a distance $c \, (X'_p + X_1)$ in which c is a constant. We assume that this distance is very small compared with ρ and that the same holds good for the distances from the centre at which the particles A' are situated. We can then demonstrate that in consequence of the electromotive force X'_p, if this is constant, the following state ensues.

The particle A is displaced over the distance

$$d = \frac{(1 + 4\pi\varepsilon_0)\,c}{\left(1 + \dfrac{4}{3}\,\pi\varepsilon_0\right)(1 + 4\pi\varepsilon_0) + \dfrac{ce}{\rho^3}\,\dfrac{8}{3}\,\pi\varepsilon_0}\,X'_p. \qquad (79)$$

In the immediate neighbourhood of A, in consequence of the dielectric polarization in the ether, appears a quantity of electricity $-4\pi\varepsilon_0 e/(1 + 4\pi\varepsilon_0)$, and in the same way in the neighbourhood of the particles A', a quantity $-4\pi\varepsilon_0 e/(1 + 4\pi\varepsilon_0)$. The total free electricity in A and A' thus amounts to

$$\frac{e}{1 + 4\pi\varepsilon_0} \quad \text{and} \quad \frac{e}{1 + 4\pi\varepsilon_0}. \qquad (80)$$

In the same way in consequence of the dielectric polarization in the ether on the exterior surface of S free electricity is produced with the surface density

$$a\sigma = a\,\frac{\varepsilon_0\,(1 + 4\pi\varepsilon_0) + \dfrac{ce}{\rho^3}\,2\varepsilon_0}{\left(1 + \dfrac{4}{3}\,\pi\varepsilon_0\right)(1 + 4\pi\varepsilon_0) + \dfrac{ce}{\rho^3}\,\dfrac{8}{3}\,\pi\varepsilon_0}\,X'_p. \qquad (81)$$

By this last in every point within the sphere an electromotive force is excercised in the direction of the x-axis with the magnitude $X_1 = -4\pi\sigma/3$. Furthermore the free electricity (80) gives rise in every point to an electromotive force (X, Y, Z). The dielectric polarization at any point of the sphere is then determined by the equations

$$\xi = \varepsilon_0\,(X'_p + X_1 + X), \quad \eta = \varepsilon_0\,Y, \quad \zeta = \varepsilon_0\,Z. \qquad (82)$$

In order to demonstrate that the state here described is actually excited by X_p, let us first remark that, if we deduce from (82) for any point on the spherical surface the dielectric polarization perpendicular to that surface, precisely σ is found for it as must be the case. Further we can easily find that we have also satisfied the condition $d = c\,(X'_p + X_1)$.

If the electromotive forces Y'_p and Z'_p act in the directions of the y- and z-axes, then there arise similar conditions in the sphere as those considered above.

If, finally the constant magnetic force $(L'_p,\ M'_p,\ N'_p)$ also acts, then the magnetic polarization (72) occurs again.

By means of similar considerations to those employed in § 33, we can again prove that what has been said here also holds good if X'_p, etc. change with time and that here also the parts of (45) and (46), which have been neglected, are without noticeable influence.

§ 36. Let us now consider the outward action of the sphere. The electrostatic action belonging to the state excited by X'_p is dependent on the electricity (80) and the charge (81). It is thus equal to the action of an electric moment

$$\frac{ed}{1 + 4\pi\varepsilon_0} + \frac{4}{3}\,\pi\rho^3\sigma$$

in P in the direction of the x-axis. Let us put

$$\varkappa = \frac{\dfrac{4}{3}\pi\rho^3\varepsilon_0\,(1 + 4\pi\varepsilon_0) + ce\left(1 + \dfrac{8}{3}\pi\varepsilon_0\right)}{\left(1 + \dfrac{4}{3}\pi\varepsilon_0\right)(1 + 4\pi\varepsilon_0) + \dfrac{ce}{\rho^3}\cdot\dfrac{8}{3}\pi\varepsilon_0}, \tag{83}$$

then the distribution of electricity excited by the force $(X'_p,\ Y'_p,\ Z'_p)$ acts in the same manner as an electric moment in P with the components

$$m_x = \varkappa X'_p, \qquad m_y = \varkappa Y'_p, \qquad m_z = \varkappa Z'_p.$$

In calculating the induction and the magnetic force which are exercised by the electric movements within the sphere, let us split up the dielectric polarization (82) into the two parts

$$\xi_1 = \varepsilon_0\,(X'_p + X_1) \text{ and } \xi_2 = \varepsilon_0 X,\ \eta_2 = \varepsilon_0 Y,\ \zeta_2 = \varepsilon_0 Z.$$

Now the action of the current $\partial\xi_1/\partial t$ is the same as that of an element of current

$$\frac{4}{3}\,\pi\rho^3\,\frac{\partial\xi_1}{\partial t} \tag{84}$$

in P in the direction of the x-axis. In order to ascertain further the action of the current $\partial\xi_2/\partial t,\ \partial\eta_2/\partial t,\ \partial\zeta_2/\partial t$ let us construct round

P as centre a sphere S' so great that it contains all electric particles, but yet very small with respect to S (cf. previous §). For the
space between S and S' we can write ξ_2, η_2, ζ_2 for each point and
so also calculate the desired action. Since this calculation is fairly
elaborate, we need only say that it produces the result that the
action in question may be neglected if S is very small. Thus
there remains still the action of the current $(\partial\xi_2/\partial t,\ \partial\eta_2/\partial t,\ d\zeta_2/\partial t)$
within S', as well as the action which ensues from the motion of A.
Now it is not easy to indicate the electric current, in the immediate neighbourhood of the particle A, which moves through the
ether, but this causes no difficulties since the radius of S' is very
small with respect to the distance to every point situated outside S.
If x, y, z are the coordinates of any electric particle e inside S',
then this acts as an element of current $(e\ dx/dt, e\ dy/dt, e\ dz/dt)$
and we may place this element of current in the centre P without
noticeable error. Consequently the whole sphere S'' acts as an
element of current in P with the components

$$\frac{d}{dt}\Sigma\,ex,\quad \frac{d}{dt}\Sigma\,ey,\quad \frac{d}{dt}\Sigma\,ez.$$

Let us calculate the sums occurring here for the free electricity
(80) and for that which, in consequence of the polarization ξ_2, η_2, ζ_2
within S' appears on that surface, and add the element of current
thus obtained to (84).

If we apply similar calculations to the electric movements belonging to Y'_p, Z'_p then we find in the end that the electric current
within S excercises the same action as an element of current
$(dm_x/dt, dm_y/dt, dm_z/dt)$ in P.

Since, finally, the magnetic polarization within the sphere
excercises the same action as in § 32, all amounts to exactly the
same as if a single particle were placed in P, provided we apply
the equation (83).

By substitution in (67) we get further

$$\frac{n^2-1}{n^2+2}=\frac{4}{3}\,\pi p\,\frac{ce}{1+4\pi\varepsilon_0}$$

for which on account of the large value of ε_0 we may write

$$\frac{n^2-1}{n^2+2}=\frac{pce}{3\varepsilon_0}\qquad(85)$$

We have thus seen that with two very different assumptions concerning the matter situated within the hole S, the results of § 30 still hold good and I consider it very probable that this will be the case with other assumptions.

§ 37. Let us now return to the assumption of § 2 and make use of it to determine the refractive index for a mixture of two substances. For a particle of the first substance let ρ_1, $\varkappa_1$, $m_{x(1)}$, $m_{y(1)}$, $m_{z(1)}$ represent the quantities which we formerly called ρ, $\varkappa$, m_x, m_y, m_z while for the particles of the second sort let ρ_2, $\varkappa_2$, $m_{x(2)}$, $m_{y(2)}$, $m_{z(2)}$ have a corresponding meaning. Further in the unit of space let there be p_1 particles of the first and p_2 particles of the second sort and let us assume that the functions $m_{x(1)}$, $m_{x(2)}$, etc. everywhere satisfy the relations

$$m_{x(2)} = s m_{x(1)}, \qquad m_{y(2)} = s m_{y(1)}, \qquad m_{z(2)} = s m_{z(1)},$$

in which s represents an as yet unknown constant. Let us finally imagine that all particles excite motions in the ether and let these be determined by the constants α_1 and β_1 for the particles of the first sort and α_2 and β_2 for those of the second sort.

In the same manner as we formerly found the equations (α) we may obtain for a particle of the first or second substance respectively, the equations

$$\left. \begin{aligned} (\alpha_1 + \beta_1)\left(\frac{8}{3}\pi + \frac{1}{\varepsilon_0}\right) m_{x(1)} + \frac{4}{3}\pi\rho_1^3\,\xi' &= m_{x(1)}, \\[2mm] (\alpha_2 + \beta_2)\left(\frac{8}{3}\pi + \frac{1}{\varepsilon_0}\right) m_{x(2)} + \frac{4}{3}\pi\rho_2^3\,\xi' &= m_{x(2)}, \end{aligned} \right\} \qquad (\alpha')$$

while the equations

$$\left. \begin{aligned} (2\alpha_1 - \beta_1)\frac{4}{3}\pi\frac{\partial m_{x(1)}}{\partial t} + \frac{4}{3}\pi\rho_1^3\frac{\partial \xi'}{\partial t} &= \frac{\partial m_{x(1)}}{\partial t}, \\[2mm] (2\alpha_2 - \beta_2)\frac{4}{3}\pi\frac{\partial m_{x(2)}}{\partial t} + \frac{4}{3}\pi\rho_2^3\frac{\partial \xi'}{\partial t} &= \frac{\partial m_{x(2)}}{\partial t}, \end{aligned} \right\} \qquad (\beta')$$

and

$$\left. \begin{aligned} (\alpha_1 + \beta_1)\frac{8}{3}\pi m_{x(1)} + \left(\frac{4}{3}\pi + \frac{1}{\varepsilon_0}\right)\rho_1^3\xi' &= \frac{\rho_1^3}{\varkappa_1}\,m_{x(1)}, \\[2mm] (\alpha_2 + \beta_2)\frac{8}{3}\pi m_{x(2)} + \left(\frac{4}{3}\pi + \frac{1}{\varepsilon_0}\right)\rho_2^3\xi' &= \frac{\rho_2^3}{\varkappa_2}\,m_{x(2)} \end{aligned} \right\} \qquad (\gamma')$$

correspond with the requirements of (β) and (γ). Here in each case only the first of the three equations which relate to the x-, y- and z-axis, is written down.

If now both $m_{x(1)}$, $m_{y(1)}$, $m_{z(1)}$, and $m_{x(2)}$, $m_{y(2)}$, $m_{z(2)}$, satisfy the equations (C), then we find within every hole, whether a particle of the first or the second substance is placed in it that

$$\xi = Q m_{x(1)}, \text{ etc.,}$$

if we put

$$Q = \frac{4}{3}\pi p_1 \left(\alpha_1 \frac{n^2 + 2}{n^2 - 1} + \beta_1 \right) + \frac{4}{3}\pi p_2 s \left(\alpha_2 \frac{n^2 + 2}{n^2 - 1} + \beta_2 \right).$$

By substitution in (α'), (β') and (γ') we obtain the following six equations for the determination of the unknown quantities α_1, β_1, α_2, β_2, s and n.

$$(\alpha_1 + \beta_1)\left(\frac{8}{3}\pi + \frac{1}{\varepsilon_0}\right) + \frac{4}{3}\pi \rho_1^3 Q = 1, \qquad (86)$$

$$(\alpha_2 + \beta_2)\left(\frac{8}{3}\pi + \frac{1}{\varepsilon_0}\right) + \frac{4}{3}\pi \rho_2^3 \frac{Q}{s} = 1, \qquad (86')$$

$$(2\alpha_1 - \beta_1)\frac{4}{3}\pi + \frac{4}{3}\pi \rho_1^3 Q = 1, \qquad (87)$$

$$(2\alpha_2 - \beta_2)\frac{4}{3}\pi + \frac{4}{3}\pi \rho_2^3 \frac{Q}{s} = 1, \qquad (87')$$

$$(\alpha_1 + \beta_1)\frac{8}{3}\pi + \left(\frac{4}{3}\pi + \frac{1}{\varepsilon_0}\right)\rho_1^3 Q = \frac{\rho_1^3}{\chi}, \qquad (88)$$

$$(\alpha_2 + \beta_2)\frac{8}{3}\pi + \left(\frac{4}{3}\pi + \frac{1}{\varepsilon_0}\right)\rho_2^3 \frac{Q}{s} = \frac{\rho_2^3}{\chi_2}. \qquad (88')$$

§ 38. The solution of these equations can be given very simply.

Let us imagine that the particles of the second substance have been taken away and that thus in the unit of space only p_1 particles of the first substance remain, and let us take α_1', β_1' as the constants by which the movements in the ether would be determined and n_1 as the refractive index and let us put also

$$\frac{4}{3}\pi p_1 \left(\alpha_1' \frac{n_1^2 + 2}{n_1^2 - 1} + \beta_1' \right) = q_1,$$

then the quantities α_1', β_1', q_1 satisfy equations which correspond with (63), (64) and (65). Comparing these equations, however, with (86), (87) and (88) it will then appear that

$$\alpha_1 = \alpha_1', \quad \beta_1 = \beta_1', \quad Q = q_1. \tag{89}$$

In the same way let β_2', α_2', n_2, be related to the case when the unit of space contains only p_2 particles of the second substance, and let

$$\frac{4}{3}\pi p_2 \left(\alpha_2' \frac{n_2^2 + 2}{n_2^2 - 1} + \beta_2' \right) = q_2$$

than it will follow, by comparing (86′), (87′), (88′) with the three relations which would serve to determine α_2', β_2', q_2 that

$$\alpha_2 = \alpha_2', \quad \beta_2 = \beta_2', \quad \frac{Q}{s} = q_2. \tag{90}$$

Since now α_1', β_1', q_1, α_2', β_2', q_2 are known, by means of the formulae of § 30, the same is the case with α_1, β_1, α_2, β_2, s, Q (and thus with n).

On account of the large value of ε_1 and the consequent small value of the ratios β_1'/α_1', β_2'/α_2', β_1/α_1, β_2/α_2 for Q, q_1, and q_2 we may put

$$Q = \frac{4}{3}\pi p_1 \, \alpha_1' \frac{n^2 + 2}{n^2 - 1} + \frac{4}{3}\pi p_2 s \, \alpha_2' \frac{n^2 + 2}{n^2 - 1},$$

$$q_1 = \frac{4}{3}\pi p_1 \, \alpha_1' \frac{n_1^2 + 2}{n_1^2 - 1}, \quad q_2 = \frac{4}{3}\pi p_2 \, \alpha_2' \frac{n_2^2 + 2}{n_2^2 - 1}.$$

From this it follows, if we have regard to (89) and (90) that

$$\frac{n^2 - 1}{n^2 + 2} Q = \frac{n_1^2 - 1}{n_1^2 + 2} q_1 + \frac{n_2^2 - 1}{n_2^2 + 2} q_2 \, s = \left(\frac{n_1^2 - 1}{n_1^2 + 2} + \frac{n_2^2 - 1}{n_2^2 + 2} \right) Q,$$

and thus

$$\frac{n^2 - 1}{n^2 + 2} = \frac{n_1^2 - 1}{n_1^2 + 2} + \frac{n_2^2 - 1}{n_2^2 + 2}. \tag{91}$$

In this equation we must not lose sight of the fact that n_1 and n_2 are the refractive indices of the components of the mixture at the densities which they have in the mixture. These are, however, $a_1 d$ and $a_2 d$, if d is the density of the mixture and if its unit of weight consist of the two quantities a_1 and a_2 of the two substances. If we indicate the constant k, which was introduced in § 30, for the two substances with k_1 and k_2, then, according to (D) $(n_1^2 - 1)/(n_1^2 + 2) = a_1 k_1 d$, $(n_2^2 - 1)/(n_2^2 + 2) = a_2 k_2 d$, so that (91) becomes

$$\frac{n^2 - 1}{(n^2 + 2)d} = a_1 k_1 + a_2 k_2.$$

Consequently for the mixture $(n^2 - 1)/(n^2 + 2)\, d = k$ remains constant with changes of d and we get the simple relation

$$k = a_1 k_1 + a_2 k_2. \tag{E}$$

It is not difficult to extend this result to cover mixtures of more than two substances. If k_1, k_2, k_3, etc., are related to the substances mixed with each other and a_1, a_2, a_3, etc. are the quantities of these substances which appear in the unit of weight of the mixture, then for the mixture in general,

$$k = a_1 k_1 + a_2 k_2 + a_3 k_3 + \text{etc.} \tag{E'}$$

From this we can deduce that the formulae obtained also hold good when the substances mixed are themselves mixtures.

§ 39. It is finally deserving of remark that the results obtained in this chapter in connexion with those which may be obtained in a calculation of the specific inductive capacity of a medium of molecular structure, again confirm the equation (51) of the preceding chapter. We should accordingly, proceeding from these last, have more easily been able to derive the equations (D) and (E). Since however the equation in question in the preceding chapter has only been proved for entirely homogeneous media, the method of treatment here followed seemed to me all the more essential.

By it we have not only learnt the share in the motion of light due to the molecules and the ether, but we are also enabled to judge of the influence of molecular discontinuity. (See the following chapter). Furthermore the way here chosen appears to me to lead very possibly to a theory of the influence which the movement of the media exercises on the electrical movements under consideration.

III

THE DISPERSION OF LIGHT

§ 1. The results deduced in the previous chapter could only be obtained on the supposition that both the radius ρ of the holes and the mutual distance δ of the molecules are very small with respect to the wavelength l, so that terms of the order $(\rho/l)^2$ and $(\delta/l)^2$ could be neglected. Strictly speaking, therefore, our results will only hold good for infinitely long waves and will have to be submitted to correction for waves of finite length. Since this correction is now dependent on the wavelength we might expect to arrive at an explanation of the disperson of light along these lines.

In order to discover whether this is the case we shall now investigate the influence which terms of the order $(\delta/l)^2$ have upon the results obtained, in doing which we shall assume for the sake of simplicity that ρ is very small with respect to δ and l, so that we may continue to neglect terms of the order $(\rho/l)^2$.

We shall also assume that the molecules of the medium are at as great a distance from each other as in the case of gases under normal conditions of temperature and pressure. If we assign a cubic arrangement to the gas particles, then, according to VAN DER WAALS [1]), their average distance under these conditions is about 0,0000025 mm. If we put for the wavelength (in vacuo) 0,0003 mm (which is approximately the case for the line R in the ultraviolet), then about 120 particles would still lie in a wavelength and this number would be distinctly larger in the case of rigid bodies and fluids. From this it appears that the fraction δ/l is always very small, and in consequence of this, as we shall see, the correction mentioned above will only amount to very little.

---

[1]) VAN DER WAALS. Concerning the continuity of the gaseous and fluid states.

§ 2. The supposition offered above regarding ρ has as a consequence that the entire investigation of the §§ 1 to 22 of the previous chapter may remain unaltered. We have, thus, only to calculate ξ', η', ζ' and in order to find these quantities within any
hole S it is again sufficient to find the value which every molecule
Q gives at the centre P (x', y', z') of this hole and then to take the
sum of all the molecules Q.

In the last chapter we found for the contribution which Q gives
in ξ'₁,

$$\xi'_{1(q)} = \alpha \frac{\partial}{\partial x'} \left\{ \frac{\partial}{\partial x'} \left[\frac{1}{r} f_1 \left(x, y, z, t - \frac{r}{V_0} \right) \right] + \frac{\partial}{\partial y'} \left[\frac{1}{r} f_2 \left(x, y, z, t - \frac{r}{V_0} \right) \right] + $$

$$ + \frac{\partial}{\partial z'} \left[\frac{1}{r} f_1 \left(x, y, z, t - \frac{r}{V_0} \right) \right] \right\} - \alpha \Delta' \left[\frac{1}{r} f_1 \left(x, y, z, t - \frac{r}{V_0} \right) \right] \quad (1) $$

and it then appeared further that, at any rate for the parts of
the medium which are not situated too close to P, Σ ξ'₁₍q₎ can be
replaced by an integral.

For this purpose we divided the space into a number of equally
large cells each of which contained a single molecule. We were
then able to regard the right hand member of (1) which we shall
indicate henceforward by F, as constant over the whole extent of
any cell, and it followed from this that for ξ'₁₍q₎ we could substitute the integral ρ ∭ F dx dy dz, taken over the cell C_q, in
which the molecule Q is placed.

No sooner, however, do we cease to neglect δ and thus also the
dimensions of the cell C_q with respect to l, than we shall no longer
be able, even if PQ is very large, to regard the quantity F as
constant over the whole cell. Even then, however, it is possible
to substitute an integral for Σ ξ'₁₍q₎.

§ 3. Let us for this purpose suppose that the particles of the
medium have a regular cubic arrangement, so that if the coordinate axes are properly selected a particle lies at every point with
coordinates aδ, bδ, cδ, so long as a, b, c are whole numbers. We
can then take for C_q a small cube, which is described round Q as
centre, with the edges parallel to the coordinate axes, and having
edges of length δ.

Let us indicate the value of any variable in Q by the index q and let us put, for the sake of brevity, for any point within C_q

$$x - x_q = \mathrm{x}, \quad y - y_q = \mathrm{y}, \quad z - z_q = \mathrm{z},$$

then, by applying the theorem of TAYLOR, we shall have

$$F = F_q + \mathrm{x}\left(\frac{\partial F}{\partial x}\right)_q + \mathrm{y}\left(\frac{\partial F}{\partial y}\right)_q + \mathrm{z}\left(\frac{\partial F}{\partial z}\right)_q + \frac{1}{2}\mathrm{x}^2\left(\frac{\partial^2 F}{\partial x^2}\right)_q + \frac{1}{2}\mathrm{y}^2\left(\frac{\partial^2 F}{\partial y^2}\right)_q +$$

$$+ \frac{1}{2}\mathrm{z}^2\left(\frac{\partial^2 F}{\partial z^2}\right)_q + \mathrm{xy}\left(\frac{\partial^2 F}{\partial x \partial y}\right)_q + \mathrm{yz}\left(\frac{\partial^2 F}{\partial y \partial z}\right)_q + \mathrm{zx}\left(\frac{\partial^2 F}{\partial z \partial x}\right)_q + \text{etc.}$$

This equation must be multiplied by $dxdydz/\delta^3 = d\tau/\delta^3$ and then we must integrate over the cube C_q. In doing this all terms which contain an uneven power of x, y, or z disappear and we obtain, if we also omit those in which the sixth and higher differential quotients of F and the factors δ^6, δ^8, etc. occur,

$$\frac{1}{\delta^3}\iiint F d\tau = F_q + \frac{1}{24}\delta^2(\Delta F)_q + \frac{1}{1152}\delta^4(\Delta\Delta F)_q - \frac{1}{2880}\delta^4(\Delta_2 F)_q. \quad (2)$$

In this the sign $\Delta\Delta$ indicates that the operation which is indicated by Δ must be applied twice in succession to F, while we put $\Delta_2 = \partial^4/\partial x^4 + \partial^4/\partial y^4 + \partial^4/\partial z^4$.

In exactly the same manner we also obtain, if we omit once more the sixth and higher differential quotients of F

$$\frac{1}{\delta}\iiint \Delta F d\tau = \delta^2(\Delta F)_q + \frac{1}{24}\delta^4(\Delta\Delta F)_q. \quad (3)$$

$$\delta\iiint \Delta\Delta F d\tau = \delta^4(\Delta\Delta F)_q \quad (4)$$

and

$$\delta\iiint \Delta_2 F d\tau = \delta^4(\Delta_2 F)_q. \quad (5)$$

Eliminating from (2), (3), (4) and (5) the quantities $(\Delta F)_q$, $(\Delta\Delta F)_q$, $(\Delta_2 F)_q$, then we get

$$\xi'_{1(q)} = F_q = \frac{1}{\delta^3}\iiint F d\tau - \frac{1}{24}\frac{1}{\delta}\iiint \Delta F d\tau +$$

$$+ \frac{1}{5760}\delta\iiint (5\Delta\Delta F + 2\Delta_2 F) d\tau. \quad (6)$$

In the right hand member there are here only the first three terms of the infinite series which we obtain by development for F_q. The following terms of this series are also integrals over the cube C_q; they contain successively the sixth and higher differential quotients of F and the factors δ^3, δ^5, etc.

§ 4. Let us imagine a cube constructed round P as centre and with its edges parallel to the coordinate axes and find $\Sigma \, \xi'_{1(q)} = \xi'_{1(a)}$ for all molecules Q which lie outside the cube in question. For this we have only to formulate an equation for each of these particles which corresponds with (6) and then to add up.

Then we obtain

$$\xi'_{1(a)} = \frac{1}{\delta^3} \iiint_{(A)} F d\tau - \frac{1}{24} \frac{1}{\delta} \iiint_{(A)} \Delta F d\tau +$$

$$+ \frac{1}{5760} \delta \iiint_{(A)} (5\Delta\Delta F + 2\Delta_2 F) d\tau + \text{etc.} \quad (7)$$

The integrals, as indicated by the index, must be extended over the space A which consists of all the cells C_q. It is obvious that this is exactly the total space outside a cube B described round P as centre and with edges parallel to the coordinate axes. For the half edge of B we have

$$c = \left(m + \frac{1}{2}\right)\delta, \quad (8)$$

in which m represents any whole number.

In order now to find the second and following integrals in the equation (7), we may make use of the circumstance that in each of these quantities the function under the integral sign consists of a sum of differential quotients, so that (since F and its differential quotients disappear at an infinite distance) by partial integration we can reduce the integrals over the space A to others, which must be taken over the surface of the cube B. For this surface we can, however, if the number m is not too large, make use of the development given in § 25 of the preceding chapter for

$$f_1(x, y, z, t - r/V_0)/r, \quad f_2(x, y, z, t - r/V_0)/r, \quad f_3(x, y, z, t - r/V_0)/r,$$

in which we need only retain the terms which contain the second derivatives of m_x, m_y, m_z and which produce in the result terms of the order $(\delta/l)^2$. In this way I have found

$$\iiint_{(A)} \Delta F d\tau = \alpha\left[-6{,}34\frac{\partial^2 m_x}{\partial x^2}+0{,}43\,\Delta m_x+5{,}05\,\frac{\partial P}{\partial x}-8{,}34\frac{1}{V_0^2}\frac{\partial^2 m_x}{\partial t^2}\right],$$

in which the value in P must be taken for the differential quotients. The quantity

$$\iiint_{(A)} (5\,\Delta\Delta F + 2\Delta_2 F)\,d\tau$$

I have calculated in the same manner. Here it is not, however, necessary to state the entire result; it will be enough to remark that this quantity assumes the form G/c^2; in which G contains the second differential quotients of m_x, m_y, m_z and is independent of c.

Substituting in (7) we now obtain

$$\xi'_{1(a)}-\frac{1}{\delta^3}\iiint_{(A)}F d\tau = \frac{\alpha}{\delta}\left[0{,}26\frac{\partial^2 m_x}{\partial x^2}-0{,}02\,\Delta m_x-0{,}21\,\frac{\partial P}{\partial x}+\right.$$

$$\left.+ 0{,}35\cdot\frac{1}{V_0^2}\frac{\partial^2 m_x}{\partial t^2}\right]+\frac{\alpha}{\delta}\frac{1}{(m+\frac{1}{2})^2}\,G' + \text{etc.,} \quad (9)$$

in which the same holds good of G' as was observed above concerning G. The terms of the series which are not recorded here, contain in the denominator powers of $(m+\frac{1}{2})$.

§ 5. It is now clear that in (9) the term $\alpha G'/(m+\frac{1}{2})^2\,\delta$ and all subsequent terms become greater as one takes a smaller value for m. This should not surprise us if we observe how these terms arise.

The quantity $\alpha G'/(m+\frac{1}{2})^2\,\delta$, for example, is derived from those terms in the development of § 3, which contain the fourth differential quotients of F and the fourth power of δ. And if we consider the value (1) of F, it is easily realized that these terms (compared with the previous terms) assume a greater value according as the distance PQ becomes smaller.

It will now always be possible to choose m so large that in (9) the term $\alpha G'/(m+\frac{1}{2})^2\,\delta$ and those following may be neglected.

In order to investigate what value m must have for this, we can make use of the following consideration.

If we put successively $m = 0, 1, 2, 3$, etc., we get a number of cubes B, by whose surfaces the space is divided into cubic layers, so that the μth cubic layer taken from P is the difference of two cubes, for which $m = \mu - 1$ and $m = \mu$ respectively. Applying the equation (9) successively to the space outside these two bodies we shall get by subtraction

$$\Sigma\, \xi'_{1(q)} - \frac{1}{\delta^3} \iiint F d\tau = \frac{\alpha}{\delta}\, \frac{2\mu}{(\mu^2 - \frac{1}{4})^2}\, G' + \text{etc.,} \qquad (10)$$

in which the integral must be taken over the cubic layer under consideration and similarly $\Sigma\, \xi'_{1(q)}$ must be taken over the molecules present in it.

We can, however, by direct calculation also find $\Sigma\, \xi'_{1(q)}$ and $\iiint F d\tau$ for the first cubic layers, in doing which the development of § 25 of the preceding chapter will again be of value. In this manner I find for the first, second and third cubic layers respectively

$$\Sigma\, \xi'_{1(q)} = \frac{\alpha}{\delta} \left[0{,}40\, \frac{\partial^2 m_x}{\partial x^2} - 1{,}35\, \Delta m_x + 3{,}66\, \frac{\partial P}{\partial x} - 12{,}74\, \frac{1}{V_0^2}\, \frac{\partial^2 m_x}{\partial t^2} \right],$$

$$\frac{1}{\delta^3} \iiint F d\tau = \frac{\alpha}{\delta} \left[-0{,}95\, \frac{\partial^2 m_x}{\partial x^2} - 1{,}08\, \Delta m_x + 4{,}19\, \frac{\partial P}{\partial x} - 12{,}69\, \frac{1}{V_0^2}\, \frac{\partial^2 m_x}{\partial t^2} \right],$$

$$\Sigma\, \xi'_{1(q)} - \frac{1}{\delta^3} \iiint F d\tau = \frac{\alpha}{\delta} \left[1{,}35\, \frac{\partial^2 m_x}{\partial x^2} - 0{,}27\, \Delta m_x - 0{,}53\, \frac{\partial P}{\partial x} - 0{,}05\, \frac{1}{V_0^2}\, \frac{\partial^2 m_x}{\partial t^2} \right]; \quad (11)$$

$$\Sigma\, \xi'_{1(q)} = \frac{\alpha}{\delta} \left[-1{,}88\, \frac{\partial^2 m_x}{\partial x^2} - 2{,}16\, \Delta m_x + 8{,}37\, \frac{\partial P}{\partial x} - 25{,}39\, \frac{1}{V_0^2}\, \frac{\partial^2 m_x}{\partial t^2} \right],$$

$$\frac{1}{\delta^3} \iiint F d\tau = \frac{\alpha}{\delta} \left[-1{,}90\, \frac{\partial^2 m_x}{\partial x^2} - 2{,}16\, \Delta m_x + 8{,}38\, \frac{\partial P}{\partial x} - 25{,}39\, \frac{1}{V_0^2}\, \frac{\partial^2 m_x}{\partial t^2} \right],$$

$$\Sigma\, \xi'_{1(q)} - \frac{1}{\delta^3} \iiint F d\tau = \frac{\alpha}{\delta} \left[0{,}02\, \frac{\partial^2 m_x}{\partial x^2} - 0{,}00\, \Delta m_x - 0{,}01\, \frac{\partial P}{\partial x} - 0{,}00\, \frac{1}{V_0^2}\, \frac{\partial^2 m_x}{\partial t^2} \right]; \quad (12)$$

$$\Sigma \, \xi'_{1(q)} = \frac{\alpha}{\delta}\left[-2{,}85 \, \frac{\partial^2 m_x}{\partial x^2} - 3{,}24 \, \Delta m_x + 12{,}56 \, \frac{\partial P}{\partial x} - 38{,}08 \, \frac{1}{V_0^2} \frac{\partial^2 m_x}{\partial t^2}\right],$$

$$\frac{1}{\delta^3}\iiint F d\tau = \frac{\alpha}{\delta}\left[-2{,}86 \, \frac{\partial^2 m_x}{\partial x^2} - 3{,}24 \, \Delta m_x + 12{,}57 \, \frac{\partial P}{\partial x} - 38{,}08 \, \frac{1}{V_0^2} \frac{\partial^2 m_x}{\partial t^2}\right],$$

$$\Sigma \, \xi'_{1(q)} - \frac{1}{\delta^3}\iiint F d\tau = \frac{\alpha}{\delta}\left[0{,}01 \, \frac{\partial^2 m_x}{\partial x^2} - 0{,}00 \, \Delta m_x - 0{,}01 \, \frac{\partial P}{\partial x} - 0{,}00 \, \frac{1}{V_0^2} \frac{\partial^2 m_x}{\partial t^2}\right]. \quad (13)$$

Comparing these results with (10) it will appear that already for the second and third cubic layer the term containing G' and those following are without influence, if we only desire accuracy to the first decimal point in the coefficients of $\partial^2 m_x/\partial x^2$, etc. From this we may conclude that the same holds good in the equation (9) for the corresponding terms if we apply this to the space outside the third cubic layer and thus put $m = 3$. For the coefficients of $\alpha G'/\delta$ and similarly those of the following terms in (9) then become only a little greater or definitely smaller than in (10) for the second or third cubic layer. For the last, e.g. the coefficient of $\alpha G'/\delta$ in (10) becomes 96/1225 while the corresponding coefficient in (9) for $m = 3$ becomes $4/49 = 100/1225$. The subsequent co-efficients in (9) all become smaller than in (10).

By direct calculation I have fully convinced myself that the term $\alpha G'/(m + \tfrac{1}{2})^2 \, \delta$ in (9) may be neglected for $m = 3$.

We have therefore for the whole space outside the third of the layers under consideration:

$$\Sigma \, \xi'_{1(q)} - \frac{1}{\delta^3}\iiint F d\tau = \frac{\alpha}{\delta}\left[0{,}26 \, \frac{\partial^2 m_x}{\partial x^2} - 0{,}02 \, \Delta m_x - 0{,}21 \, \frac{\partial P}{\partial x} + 0{,}35 \, \frac{1}{V_0^2} \frac{\partial^2 m_x}{\partial t^2}\right]. \quad (14)$$

Within the first of these layers a small space is still left over in which no single particle Q is placed. If, however, we calculate the value of $(\iiint F d\tau)/\delta^3$, where the integration is extended over this space, with the exception of an infinitely small sphere B' described round P as centre, we then obtain

$$\frac{1}{\delta^3}\iiint F d\tau = \frac{\alpha}{\delta}\left[-0{,}12 \, \frac{\partial^2 m_x}{\partial x^2} - 0{,}13 \, \Delta m_x + 0{,}52 \, \frac{\partial P}{\partial x} - 1{,}59 \, \frac{1}{V_0^2} \frac{\partial^2 m_x}{\partial t^2}\right],$$

so that for the space in question

$$\Sigma \, \xi'_{1(q)} - \frac{1}{\delta^3}\iiint F d\tau = \frac{\alpha}{\delta}\left[0{,}12 \, \frac{\partial^2 m_x}{\partial x^2} + 0{,}13 \, \Delta m_x - 0{,}52 \, \frac{\partial P}{\partial x} + 1{,}59 \, \frac{1}{V_0^2} \frac{\partial^2 m_x}{\partial t^2}\right]. \quad (15)$$

§ 6. By adding the equations (11) to (15) together we get for the left hand term

$$\xi_1' - \frac{1}{\delta^3} \int\!\!\int\!\!\int F d\tau,$$

in which the integral must be extended over the whole space outside the sphere B'. If again the electric vibrations satisfy the equations (C) of the preceding chapter, then in calculating this integral we can follow the same method as in §§ 24 to 26 of that chapter and we shall also obtain the same result, owing to the fact that $1/\delta^3 = p$. Thus

$$\frac{1}{\delta^3} \int\!\!\int\!\!\int F d\tau = \alpha \, \frac{4}{3} \, \pi p m_x \, \frac{n^2 + 2}{n^2 - 1}$$

and by adding (11), (12), (13), (14) and (15) it follows finally that

$$\xi_1' = \alpha \, \frac{4}{3} \pi p m_x \frac{n^2 + 2}{n^2 - 1} +$$

$$+ \frac{\alpha}{\delta} \left[1{,}76 \, \frac{\partial^2 m_x}{\partial x^2} - 0{,}16 \, \Delta m_x - 1{,}28 \, \frac{\partial P}{\partial x} + 1{,}89 \, \frac{1}{V_0^2} \, \frac{\partial^2 m_x}{\partial t^2} \right]$$

Since, as we saw in the previous chapter ξ_2' itself is exceedingly small in relation to ξ_1', we can safely leave the small correction, which the value found before for ξ_2' would have to undergo, out of account. We thus find

$$\xi' = \frac{4}{3} \pi p \left(\alpha \, \frac{n^2 + 2}{n^2 - 1} + \beta \right) m_x +$$

$$+ \frac{\alpha}{\delta} \left[1{,}76 \, \frac{\partial^2 m_x}{\partial x^2} - 0{,}16 \, \Delta m_x - 1{,}28 \, \frac{\partial P}{\partial x} + 1{,}89 \, \frac{1}{V_0^2} \, \frac{\partial^2 m_x}{\partial t^2} \right] \quad (16)$$

and similar expressions can easily be calculated for η' and ζ'.

§ 7. Now let the state of motion be determined by the equations

$$m_x = a \cos \frac{2\pi}{T} \left(t - \frac{y}{V} + p \right), \qquad m_y = 0, \qquad m_z = 0,$$

in which T represents the period of oscillation and a and p constants of known significance.

Substituting these values in the equations for ξ', η', ζ', it will then appear that the relations (62) of the previous chapter still hold good if only one puts

$$q = \frac{4}{3}\pi p \left\{ \alpha \frac{n^2+2}{n^2-1} + \beta - \alpha\, 3\pi\, \frac{\delta^2}{l^2}\, (1,89 - 0,16\, n^2) \right\}.$$

In the results which we obtained in § 30 of the last chapter we only have to substitute

$$\frac{n^2+2}{n^2-1} - 3\pi\, \frac{\delta^2}{\rho^2}\, (1,89 - 0,16n^2) \quad \text{for} \quad \frac{n^2+2}{n^2-1}$$

and from this will follow, if for the sake of brevity we express the second term of the equation (67) which is independent of the wavelength, as C,

$$\frac{n^2+2}{n^2-1} - 3\pi\, \frac{\delta^2}{l^2}\, (1,89 - 0,16\, n^2) = C. \tag{17}$$

Let us now put for the refractive index of the medium under consideration for infinitely long waves $n_0 = 1,5$, then

$$C = \frac{n_0^2+2}{n_0^2-1} = 3,4.$$

With the help of this value we can then determine from (17) the refractive index for finite wavelengths. If, in doing so, we put $\delta/l = 1/120$, (§ 1) then we get approximately, $n = 1,5 - 0,0002$.

It appears therefore that the index of refraction, will become a little smaller with diminishing wavelength, so that from the considerations here offered we should in no case be able to infer the dispersion which has been observed. But the influence of the molecular discontinuity turns out to be so small that it can safely be left out of consideration. For, the result found above implies that, in a medium whose particles are separated from one another as far as those of a gas and for which practically $n = 1,5$ in consequence of this discontinuity the refractive index for infinitely long waves and that for the line R in the ultraviolet would only differ in the fourth decimal place. I conclude from this that we may neglect the molecular discontinuity in dealing with the movement of light, as we did in the preceding chapter.

§ 8. There is one other circumstance which supports this point of view. If the molecular discontinuity really necessitated considerable alterations in the results of the last chapter, then it would follow, from the formulae derived above, that these alterations would not amount to the same for every direction of propagation and vibration. For instance, transversal vibrations in the plane which bisects the angle between the x and y-axes, would have to propagate themselves with a different velocity in proportion as the vibrations were directed parallel with, or vertical to, the z-axis. The medium would then exhibit a peculiar double refraction.

We can expect a regular cubic arrangement of the particles in the crystals of the regular system; the internal structure is at any rate such that these bodies possess the same properties [1]), not in all directions but only in relation to three mutually perpendicular directions. These crystals may be considered approximately as optically isotropic and if regular double refraction of the kind referred to above exists, it is certainly very small [2]).

It is worthy of mention that in the formerly accepted theory of undulation, molecular discontinuity — whether one wishes to regard it as a discontinuity of the ether itself, or as variations in the density, according as we consider a point situated at a greater or lesser distance from a molecule placed in the ether — may very well be of influence. This theory, in fact, assumes that the force which acts on an ether particle arises from the other particles which are situated near to it and we can then expect that every lack of continuity or homogeneity in the ether will make itself felt in the velocity of propagation of light and most of all in the case of small wavelengths. It appears to me, however, that this theory will hardly be capable of explaining why crystals of the regular system are optically isotropic.

§ 9. If we accept the electromagnetic theory of light, there is

---

[1]) In consequence of this these substances have not the same coefficient of elasticity in all directions. For this see WOLDEMAR VOIGT, Bestimmung der Elasticitätsconstanten des Steinsalzes. Pogg. Ann. Ergänzungsband **7**, 1, 1876.

[2]) Deviations from isotropy have certainly been met with in crystals of the regular system but these appeared to be explicable by an imperfectly regular construction. Whether there thus perhaps exists an extremely small double refraction, as mentioned in the text, is not yet established. The experiments of BRAVAIS, by which it has been proved that in a sense perpendicular to the octahedral surfaces of the crystals no noticeable variation exists in the velocity of propagation of rays with different senses of vibration (Comptes rendus, **32**, 112, 1851) teach us nothing in this connexion, since it is just in this sense, according to the above developed theory that the difference must be 0. (See a paper by Lorentz, 1921, in Volume III. Editor's note).

nothing left, in my opinion, but to look for the cause of dispersion in the molecules of the medium themselves. And we can indeed obtain formulae from which a dispersion follows if we adopt the supposition that, in such a molecule, as soon as an electric moment is excited, a certain mass is at the same time brought into motion.

Let us again assume, in order to make this evident, that every molecule lies at the centre of an otherwise empty hole S in the ether. We have supposed before that the moment (m_x, m_y, m_z) which is excited in such a particle by an electromotive force (X, Y, Z) is always determined by the equations

$$m_x = \varkappa X, \quad m_y = \varkappa Y, \quad m_z = \varkappa Z. \tag{18}$$

We shall now, however, attempt to form an idea of what actually takes place in the molecule.

Let us imagine, for this purpose, certain particles in the molecule provided with free electricity and mutually transferable by an external electromotive force. For the sake of simplicity let only one of these particles A, which is provided with a charge e, be moveable, and let the position of equilibrium of A coincide with the centre of *gravity* of the other particles, the electric charges of the particles being regarded as masses. (The algebraic sum of these charges is, of course, — e). If A is in its position of equilibrium, then the electric moment of the molecule is 0. No sooner, however, has A the displacements x, y, z in the directions of the axes, than there exists in the molecule a moment with the components $m_x = ex, m_y = ey, m_z = ez$.

We shall now assume that, if A is displaced, the other parts of the molecule exert a force on A, which is always directed towards the position of equilibrium and proportional to the displacement. The components of this force can then be represented by $-gx, -gy, -gz$, in which g is a positive constant. If, furthermore, the constant external electromotive force (X, Y, Z) acts and thus exercises on A a force (eX, eY, eZ), then equilibrium will exist as soon as $x = eX/g, y = eY/g, z = eZ/g$. The moment which is then excited in the particle is thus determined by the equations (18), if we write

$$\varkappa = \frac{e^2}{g}.$$

But now let the force (X, Y, Z) be variable and the particle A be in a state of motion, as in the case of light phenomena. Then the total force which operates at any moment on A, will be

$$eX - gx, \qquad eY - gy, \qquad eZ - gz$$

and if μ is the mass of the particle, its motion will be determined by the equations

$$\mu \frac{d^2x}{dt^2} = eX - gx, \quad \mu \frac{d^2y}{dt^2} = eY - gy, \quad \mu \frac{d^2z}{dt^2} = eZ - gz\,^1). \tag{19}$$

Let us now consider only a periodic motion with the period of vibration T. Then we can put

$$x = a_1 \cos \frac{2\pi}{T}(t + p_1), \quad y = a_2 \cos \frac{2\pi}{T}(t + p_2), \quad z = a_3 \cos \frac{2\pi}{T}(t + p_3)$$

in which $a_1, a_2, a_3, p_1, p_2, p_3$ are independent of t. Since then $d^2x/dt^2 = -4\pi^2 x/T^2$, $d^2y/dt^2 = -4\pi^2 y/T^2$, $d^2z/dt^2 = -4\pi^2 z/T^2$, it follows from (19) that

$$x = \frac{e}{g - \dfrac{4\pi^2\mu}{T^2}} X, \quad y = \frac{e}{g - \dfrac{4\pi^2\mu}{T^2}} Y, \quad z = \frac{e}{g - \dfrac{4\pi^2\mu}{T^2}} Z.$$

Let us therefore write

$$\varkappa = \frac{e^2}{g - \dfrac{4\pi^2\mu}{T^2}}, \tag{20}$$

a quantity which is independent of t, and then the relations (18) will still hold good.

The entire investigation in the preceding chapter remains unchanged, but, according to (20) we shall have to take into account a value which becomes greater according as T becomes smaller (as long at least, as $g > 4\pi^2\mu/T^2$).

Since, however, as we saw (II, § 31), n increases in proportion as $\varkappa$ increases, the refractive index will increase in proportion as T becomes smaller, so that we shall actually obtain a dispersion

---

[1]) If a resistance is also exercised on the particle A which is dependent on its velocity, then terms appear in these equations with dx/dt, dy/dt, dz/dt. We can then infer from these formulae an absorbtion of light and in connexion with it the law of dispersion is also altered.

as has been observed. The formula for this we can find by substituting the value (20) of $\varkappa$ in the equation (67) of the previous
chapter; thus we get

$$\frac{n^2 + 2}{n^2 - 1} = \frac{A - \dfrac{B}{l^2}}{\dfrac{C}{l^2} - D} \tag{21}$$

in which A, B, C, D represent constants and l is the wavelength
in vacuo.

§ 10. We should once more reach a similar result if we assumed
that the spheres S also are filled with ether and that in the
neighbourhood of the centre certain electric particles are placed, one
of which can move through the ether. In § 35 of the last chapter
everything was determined by the quantity c, but we can now,
by using the same arguments as have been employed above,
demonstrate that c must be dependent on the period of oscillation
as soon as the moveable electric particle is attached to a mass μ.
We then obtain again

$$c = \frac{e}{g - \dfrac{4\pi^2 \mu}{T^2}}$$

and substituting this value in the equation (85) of the last chapter,
it will then take the form

$$\frac{n^2 - 1}{n^2 + 2} = \frac{1}{P - \dfrac{Q}{l^2}} \tag{22}$$

in which P and Q are independent of the wavelength. This seems
to be the simplest formula for dispersion which can be derived
from the electromagnetic theory of light.

It is not improbable that more than one moveable electric
particle may be found in a molecule and we can make various
further suppositions concerning the forces by which these particles
are returned to their positions of equilibrium. What has been
said above makes it, however, probable that, even in the case of
other suppositions, the constant $\varkappa$ introduced in the last chapter
and thus n also will be larger in proportion as T and l decrease.

What form the relation between n and l assumes depends on the suppositions which we make concerning the nature of the molecules. The equations (21) and (22) are only two examples of the relations which we can obtain in this manner.

§ 11. What should be particularly noticed in the meantime is, that as long as we only consider light of a definite period of vibration, the quantity $\varkappa$ may be regarded as constant, and that then the results of the previous chapter still hold good. For every definite value of T, in the case of a change in density, $(n^2 - 1)/(n^2 + 2) d$ will remain constant and in the same way the relations between the refractive index of a mixture and those of its elements will remain unchanged, as long as we take all these refractive indices for the same line of the spectrum.

In consequence of this last we can also deduce the dispersion formula of a mixture from that of its elements. If we apply, for instance, the formula (22) to simple substances, there will follow, from the equation in the last chapter (91) for a mixture of two substances,

$$\frac{n^2 - 1}{n^2 + 2} = \frac{1}{P_1 - \dfrac{Q_1}{l^2}} + \frac{1}{P_2 - \dfrac{Q_2}{l^2}} \tag{23}$$

and in the same way for a mixture of more than two substances we shall obtain the formula

$$\frac{n^2 - 1}{n^2 + 2} = \Sigma \frac{1}{P - \dfrac{Q}{l^2}}. \tag{24}$$

Since, as we shall see later, the refractive index of some chemical compounds can be calculated roughly in the same way from that of its elements as when these are mixed together, a formula similar to (24) becomes probable for compounds as well. That we can also substitute for this the formula, which has been derived from (21), scarcely needs mention.

§ 12. In the following tables certain results will be found which I have obtained by comparing the formulae (22) and (23) with experimental results.

The first formula can really only hold good in the case of simple substances. But when the dispersion is not too great for a compound, we can replace, without serious error, the formula (24) by (22). I have now applied this last formula to various substances, whose refractive indices have also been calculated by CHRISTOFFEL and KETTELER. CHRISTOFFEL, in doing this, made use of the well known formula

$$n = \frac{n_0 \sqrt{2}}{\sqrt{\left(1 + \frac{\lambda_0}{\lambda}\right)} + \sqrt{\left(1 - \frac{\lambda_0}{\lambda}\right)}},$$

and KETTELER on the contrary employed the equation

$$n - 1 = \alpha \frac{1}{1 - \frac{\beta^2}{\lambda l}}. \tag{25}$$

In this α and β are constants, while λ and l represent the wave lengths in free ether and in the medium itself.

In the following tables we shall find under N, n_c, and n_k the refractive indices as observed and calculated by CHRISTOFFEL and KETTELER [1]). Moreover, n' is the refractive index, calculated according to the formula (22), in which the lines B and G are employed to determine the constants. For the wavelengths I have made use of the table given by VAN DER WILLIGEN in the *Archives du Musée Teyler*, Vol. VII, facing page 70, in which 10^{-7} mm is taken as the unit of wavelength.

Phenylhydrate (DALE and GLADSTONE)

$n_0: \sqrt{2} = 1,5220 \qquad 1 + \alpha = 1,52197 \qquad P = 3,2823$

$\lambda_0 = 0,07966$ [1]) $\qquad \beta = 0,03894 \qquad \log Q = 6,68710$

	N	n_c	$N - n_c$	n_k	$N - n_k$	n'	$N - n'$
B	1,5416	—		—		—	
C	1,5433	1,5436	— 3	1,5436	— 3	1,5437	— 4
D	1,5488	1,5492	— 4	1,5491	— 3	1,5493	— 5
E	1,5564	1,5566	— 2	1,5566	— 2	1,5569	— 5
F	1,5639	1,5634	+ 5	1,5633	+ 6	1,5635	+ 4
G	1,5763	—		—		—	
H	1,5886	1,5880	+ 6	1,5877	+ 9	1,5874	+12

[1]) All these values have been borrowed from KETTELER, Beobachtungen über die Farbenzerstreuung der Gase, p. 86.

[2]) Expressed in 10000ths of a Paris inch.

Water (VAN DER WILLIGEN) Temperature 16°, 58 C

n_0: $\sqrt{2} = 1,32445$ $1 + \alpha = 1,32447$ $P = 4,9798$
$\lambda_0 = 0,04874$ $\beta = 0,030075$ $\log Q = 6,61010$

	N	n_c	$N - n_c$	n_k	$N - n_k$	n'	$N - n'$
B	1,3306	—		—		—	
C	1,3314	—		1,3312	+ 2	1,3312	+ 2
D	1,3333	1,3330	+ 3	1,3329	+ 4	1,3329	+ 4
E	1,3355	—		1,3351	+ 4	1,3352	+ 3
F	1,3374	1,3371	+ 3	1,3371	+ 3	1,3371	+ 3
G	1,3408	—		—		—	
H	1,3436	—		1,3439	— 3	1,3439	— 3

Terpentine (FRAUNHOFER)

n_0: $\sqrt{2} = 1,4599$ $1 + \alpha = 1,459911$ $P = 3,6530$
$\lambda_0 = 0,06035$ $\beta = 0,031420$ $\log Q = 6,53235$

	N	n_c	$N - n_c$	n_k	$N - n_k$	n'	$N - n'$
B	1,4705	—		—		—	
C	1,4715	1,4716	— 1	1,4715	0	1,4716	— 1
D	1,4744	1,4745	— 1	1,4744	0	1,4745	— 1
E	1,4784	1,4783	+ 1	1,4783	+ 1	1,4784	0
F	1,4817	1,4818	— 1	1,4817	0	1,4818	— 1
G	1,4882	—		—		—	
H	1,4939	1,4938	+ 1	1,4937	+ 2	1,4937	+ 2

Flint Glass No. 13 (FRAUNHOFER)

n_0: $\sqrt{2} = 1,6092$ $1 + \alpha \doteq 1,608935$ $P = 2,8908$
$\lambda_0 = 0,07570$ $\beta = 0,034461$ $\log Q = 6,53157$

	N	n_c	$N - n_c$	n_k	$N - n_k$	n'	$N - n'$
B	1,6277	—		—		—	
C	1,6297	1,6297	0	1,6296	+ 1	1,6296	+ 1
D	1,6350	1,6349	+ 1	1,6349	+ 1	1,6350	0
E	1,6420	1,6419	+ 1	1,6419	+ 1	1,6421	— 1
F	1,6483	1,6482	+ 1	1,6482	+ 1	1,6484	— 1
G	1,6603	—		—		—	
H	1,6711	1,6711	0	1,6708	+ 3	1,6706	+ 5

It appears from these results that the discrepancies are somewhat greater in the case of the formula (22) than in the case of the two others, but yet small enough to apply (22) in first approximation.

For gases (22) changes to (25) which formula was formulated by KETTELER expressly with reference to his measurements for these substances. For since n differs here only very little from unity, so that we can neglect the second and higher powers of $n - 1$, we can write $2(n - 1)/3$ for the left hand member of (22), while on the other hand the product λl can be replaced by the second power of the wavelength in vacuo.

I have also applied the formula (23) to a single case, i.e., to the refractive indices of carbon disulphide, as determined by VAN DER WILLIGEN. In the following table, under I we shall find several lines of FRAUNHOFER given according to the notation of VAN DER WILLIGEN, under II the refractive index n for 18.75 °C., under III the differences $n' - n$, in which n' is calculated by VAN DER WILLIGEN by means of the formula

$$n' = 1{,}583671 + 1483490\,\lambda^{-2} + 786867(10)^6\,\lambda^{-4} + 79422900(10)^{12}\lambda^{-6}$$

and finally under IV the differences $n'' - n$, in which n'' is calculated by the formula (23) with the constants

$$P_1 = 3{,}19972; \qquad P_2 = 44{,}6870,$$
$$\log Q_1 = 6{,}703390; \qquad \log Q_2 = 8{,}487845.$$

In order to determine these constants I, like VAN DER WILLIGEN, have made use of the rays 1β, 14α, 40 and 51α, in which, in order to get a better correspondence the observed refractive index of 40 has been diminished by 0,00011. I must, meanwhile, call attention to the fact that we cannot sharply determine the four constants, since in a preliminary calculation, in which the index of refraction of 40 was not altered, I found
$$P_1 = 3{,}48363; P_2 = 20{,}8700; \log Q_1 = 6{,}657048; \log Q_2 = 8{,}065316.$$

I	II	III	IV	I	II	III	IV	I	II	III	IV
1β	1,60995	—1	+1	14α	1,62885	0	0	40	1,67818	— 5	—11
3α	1,61316	+8	+8	22α	1,64174	+ 2	+ 5	41{$^{\alpha}_{\beta}$}	1,68011	+11	+ 5
4β	1,61615	+5	+4	27α	1,64440	— 1	+ 2	43	1,68295	+ 3	— 4
5	1,61945	+5	+4	34	1,65379	— 1	+ 1	46	1,69115	— 1	— 7
11	1,62508	—2	—2	36β	1,66697	—15	+16	51α	1,70112	+ 1	— 0

[1]) Archives du Musée Teyler, Vol. III, Table A, facing page 62, 1874.

Finally it must be remarked that the formula (23) is so trouble-some in practical application that, even were its theoretical accuracy proved (which, according to §§ 9—11 is not the case), the formula of Cauchy could still be retained as a far more practicable interpolation formula.

IV

CONCERNING THE RELATIONS BETWEEN THE REFRACTIVE INDICES AND THE DENSITY AND COMPOSITION OF MEDIA

§ 1. The formulae which our theoretical investigation has given us for the connexion between refractive index and density must yet be compared with experimental results. We shall, in doing so, discuss a few other formulae which have been employed to express this connexion. The first is the familiar equation

$$\frac{n^2 - 1}{d} = \text{const.,} \tag{A}$$

which was first deduced from the theory of emission, but, as Hoek has demonstrated, can also be obtained from the formerly accepted theory of undulation. The second of the equations in question,

$$\frac{n - 1}{d} = \text{const.,} \tag{B}$$

which in most cases agrees better with the facts than (A), has, as far as I know, never been obtained by theoretical means.

In the case of gases the difference $n - 1$ is so small, that at any rate with the accuracy generally attained in the measurements of the refractive index, we can neglect its second and higher powers. In consequence of this $n^2 - 1 = 2(n - 1)$ and $(n^2 - 1)/(n^2 + 2) = 2(n - 1)/3$, so that both the formula (A) and our formula

$$\frac{n^2 - 1}{(n^2 + 2)d} = \text{const.} \tag{C}$$

change into the equation (B). As is known, the accuracy of this equation has been shown from the measurements of BIOT and ARAGO, while KETTELER [1]) has demonstrated that it holds good for every definite wavelength.

MASCART [2]) has lately subjected the equation (B) to an extensive examination. He deduced from his experiments that the relation which exists between the refractive index and the pressure H, when the temperature is constant, can be represented for every gas by the equation

$$n - 1 = CH\,(1 + BH), \qquad (1)$$

in which C and B are constants. On the other hand, according to the experiments of REGNAULT we may put

$$d = C'H\,(1 + B'H)$$

(C' and B' being constants). According to (B) therefore,

$$B = B'$$

The following table contains the values of $B'\,10^4$ and $B\,10^4$, resulting from the experiments of REGNAULT and MASCART, for a number of gases, in which the unit of pressure is assumed to be that of a column of mercury 1 m high.

	Air	N	O	H	CO	CO_2	N_2O	NO	C_2N_2	SO_2
$B'\,10^4$	12,0	7,2	16,5	—4,8	38	87	80	20	316	333
$B\,10^4$	7,2	8,5	11,1	—8,6	8,9	72	88	7	277	250

MASCART believes that he may ascribe the discrepancies (apart from carbonic oxide and nitric oxide) to errors in observations.

It is worthy of mention in this connexion, that as soon as the measurements are accurate enough, to ascertain the quantity B, we can no longer neglect the second power of $n - 1$ and thus the formulae (A), (B), (C) no longer agree with each other.

---

[1]) KETTELER, Beobachtungen über die Farbenzerstreuung der Gase, p. 44.
[2]) Pogg. Ann. **153**, 154, 1874 and Beiblätter. **1**, 257, 1877.

If we retain the terms BCH^2 and C^2H^2, but ignore the terms BC^2H^3 etc., it follows from (1) that

$$\frac{n^2-1}{n^2+2} = \frac{2}{3}CH\left\{1 + \left(B - \frac{1}{6}C\right)H\right\}$$

so that, according to our formula (C)

$$B' = B - \frac{1}{6}C$$

must hold good. Now $10^4C/6$, in the case of most of the gases investigated, is a little less than 1, in some cases only (e.g. C_2N_2) almost 2 and if for B 10^4 we substitute, $(B - C/6)10^4$ the difference with $B'10^4$ becomes, in the case of most gases, a little, though very little greater.

Let it be finally observed that the discrepancies (excepting N_2 and N_2O) are in this sense, that the refractive index increases by compression a little less than would be the case according to (C).

MASCART has also investigated the influence which an increase of temperature exercises upon the refractive index. He concludes from his experiments that for air, H, N_2O, CO_2, SO_2 and C_2N_2 the refractive index decreases more rapidly with increasing temperature than the formula (B) indicates. If, for instance, we calculate the coefficient of expansion from the alteration of n by means of this formula, then we shall find for air 0,00382 instead of 0,00367.

For air V. v. LANG [1]), however, comes to a contrary conclusion. If we take 1,0002945 as the refractive index for air at 0° C, it will then follow from (B), if we put 0,00367 for the coefficient of expansion, that $n = 1,000215$ for 100°, while according to v. LANG $n = 1,000228$. We see how according to this physicist the refractive index diminishes slightly less with an increase of temperature than would follow from the formula.

§ 2. Only for one fluid, that is for water, has the increase of the refractive index by compression been investigated, but the number of determinations of the connexion between the refractive index and the temperature, is greater. We shall compare some of these determinations with the formula (C), but in doing

[1]) Pogg. Ann., **153**, 448, 1874.

so we must at once observe that we can expect no absolute agreement. To begin with it is assumed in deducing this formula that though the density alters, the molecules themselves remain unaltered, but this is not very probable. Secondly we have supposed that the ether between the molecules has the same properties as in vacuo, but if the particles fill up a large part of space, this is perhaps no longer the case. It is moreover possible that the ordinary laws for the action of electricity at distances as small as those between the particles in a fluid no longer hold good. Finally, we can imagine that the force which is exercised to oppose the separation of the electricities in a particle, originates no longer entirely in the particle itself but also partly in those surrounding it and as soon as this is the case the quantity k (II, § 30), which we have hitherto regarded as constant, will become dependent on the density.

§ 3. I have first of all examined the results which WUELLNER [1]) has obtained for a number of fluids and mixtures of fluids. He determined for various temperatures, for the most part below 40° C. the density d and the refractive indices n_α, n_β, n_γ, for the three lines H_α, H_β, H_γ of the hydrogen spectrum. It appeared here that within the chosen limits of temperature d, n_α, n_β, n_γ could be represented as linear functions of the temperature T. In table I we shall find d, n_α, n_γ given in this manner, and moreover the constant term A of the dispersion formula of CAUCHY. WUELLNER employed for the first fifteen fluids this formula with two, for the rest with three terms. (See p. 92).

§ 4. As a rule the formulae (A) and (B) are only applied for the refractive index A for rays with infinite wavelength and I have therefore first of all compared the values given above for this quantity with the formulae (A), (B) and (C). In doing so I have taken the following course.

If for any temperature T the density is d_0 and the constant in question A_0, then, according to the formula (C) for any other temperature T we should have

$$\frac{A^2 - 1}{A^2 + 2} = \frac{A_0^2 - 1}{A_0^2 + 2}\frac{d}{d_0} = \frac{A_0^2 - 1}{A_0^2 + 2}\left\{1 - \frac{q}{d_0}(T - T_0)\right\}$$

[1]) Pogg. Ann., **133**, 1, 1868.

I.

	d	n_α	n_γ	A
Glycerol a	1,23454—0,000630 T.	1,453177—0,000265 T.	1,465064—0,000267 T.	1,443978—0,000263 T.
1 Water; 3,7 glycerol a	1,18589—0,000557 "	1,426172—0,000231 "	1,437604—0,000233 "	1,417306—0,000229 "
1 " ; 1 "	1,11500—0,000444 "	1,389760—0,000185 "	1,400239—0,000187 "	1,381627—0,000183 "
1 " ; 0,5 "	1,07549—0,000365 "	1,369609—0,000154 "	1,379567—0,000156 "	1,361916—0,000152 "
Water		1,333138—0,000099 "	1,342290—0,000099 "	1,326067—0,000099 "
Glycerol b	1,25073—0,000635 "	1,463651—0,000270 "	1,475732—0,000272 "	1,454262—0,000268 "
1 Alcohol a; 4 glycerol b	1,14155—0,000660 "	1,442453—0,000292 "	1,454235—0,000206 "	1,433283—0,000289 "
1 Alcohol a; 2 glycerol b	1,07420—0,000725 "	1,428029—0,000305 "	1,439160—0,000310 "	1,419385—0,000301 "
1 Alcohol a; 0,998 glycerol b	0,99748—0,000750 "	1,411538—0,000330 "	1,422213—0,000336 "	1,403238—0,000325 "
1 Alcohol a; 0,4997 glycerol b	0,93710—0,000805 "	1,398365—0,000356 "	1,408848—0,000363 "	1,390209—0,000350 "
Alcohol a	0,81281—0,00085 "	1,368431—0,000389 "	1,378158—0,000395 "	1,360860—0,000384 "
Saturated solution of zinc chloride	1,96816—0,001153 "	1,509257—0,000288 "	1,528169—0,000291 "	1,494538—0,000286 "
1 Water; 3,997 saturated solution of zinc chloride	1,68519—0,000992 "	1,460379—0,000266 "	1,476405—0,000268 "	1,447911—0,000265 "
1 Water; 1,996 saturated solution of zinc chloride	1,52457—0,000882 "	1,433093—0,000258 "	1,447567—0,000261 "	1,421859—0,000256 "
1 Water; 0,9998 saturated solution of zinccchloride	1,36623—0,000793 "	1,404593—0,000250 "	1,417494—0,000252 "	1,394583—0,000249 "
Carbon disulphide	1,29366—0,001506 "	1,634066—0,000780 "	1,692149—0,000850 "	1,601500—0,000754 "
1 Alcohol b; 3,955 carbon disulphide	1,14913—0,001373 "	1,551274—0,000678 "	1,594015—0,000750 "	1,526409—0,000646 "
1 Alcohol b; 2,12836 carbon disulphide	1,08013—0,001294 "	1,512477—0,000626 "	1,547691—0,000680 "	1,491031—0,000593 "
1 Alcohol b; 1,03111 carbon disulphide	0,99533—0,001178 "	1,465695—0,000560 "	1,492206—0,000590 "	1,449166—0,000544 "
Alcohol b	0,81328—0,00085 "	1,368431—0,000389 "	1,378158—0,000395 "	1,361141—0,000389 "

in which q represents the diminution in density for an increase of temperature of 1° C. If $T - T_0$ is not too large, we can deduce A from this equation in the form of a series arranged according to ascending powers of $q(T - T_0)/d_0$. Of this the first terms will be

$$A = A_0 - \frac{(A_0^2 - 1)\,(A_0^2 + 2)}{6\,A_0}\,\frac{q}{d_0}\,(T - T_0) +$$
$$+ \frac{(A_0^2 - 1)^2\,(3A_0^2 - 2)\,(A_0^2 + 2)}{72\,A_0^3}\,\frac{q^2}{d_0^2}\,(T - T_0)^2 .\ (2)$$

Now the greatest value which A_0 ever assumes in table I is 1,6015 and then the coefficient of $q^2(T - T_0)^2/d_0^2$ becomes 0,215 while for all smaller values of A this fraction also becomes smaller.

Furthermore in the case of all substances investigated $q/d_0 < 0,0012$. If now for every substance we take T_0 to be the mean temperature which occurs in the experiments of WUELLNER, then $T - T_0$ is never greater than 12°. From this it follows that the last term in (2) must invariably amount to less than 0,215 × (0,0012)² × 12², or less than 0,00005. Since we are only certain of the fourth decimal [1]) place in the case of WUELLNER's experiments, we can safely omit the last term in (2) and thus regard A as a linear function of T. The decrease of A with an increase of temperature of 1° C. would then be, according to the formula (C)

$$\frac{(A_0^2 - 1)\,(A_0^2 + 2)}{6\,A_0}\,\frac{q}{d_0}$$

and can therefore be calculated from the observed values of A_0, q and d_0 [2]). In the same way we can calculate this decrease from the formulae (A) and (B). In table II we find the observed value of the diminution in question and also the values calculated in this way. I have in doing so only given the numbers in full in the first column, and left out the decimal points and the noughts in the others. For every substance the temperature taken for T_0 is given in brackets; it would after all only make a small difference if we had simply put $T_0 = 0°$.

---

[1]) WÜLLNER, l.c., p. 30.

[2]) The formula (C) can actually only hold good for the *absolute* refractive indices, but I have convinced myself that by applying the formula, in the case of rigid bodies and fluids, to the refractive indices with respect to the air one obtains errors in the calculated decreases which may safely be ignored.

II

	Observed	Calculated according to (A)	Observ. — Calc.	Calculated according to (B)	Observ. — Calc.	Calculated according to (C)	Observ. — Calc.
Glycerol *a* . . . . . . (20°)	0,000263	192	71	227	36	260	3
1 Water; 3,7 glyc. *a* . . (20°)	0,000229	167	62	196	33	223	6
1 „ ; 1 „ . . (20°)	0,000183	131	52	152	31	170	13
1 „ ; 0,5 „ . . (20°)	0,000152	107	45	123	29	136	16
Glycerol *b* . . . . . (20°)	0,000268	195	73	231	37	266	2
1 Alc. *a*; 4 glyc. *b* (20°)	0,000289	213	76	251	38	286	3
1 „ ; 2 „ (20°)	0,000301	241	60	283	18	322	— 21
1 „ ; 0,998 „ (20°)	0,000325	260	65	303	22	342	— 17
1 „ ; 0,4997 „ (20°)	0,000350	288	62	335	15	376	— 26
Alcohol *a* . . . . . . (20°)	0,000384	328	56	377	7	419	— 35
Saturated solution of chloride of zinc (30°)	0,000286	242	44	290	—4	340	— 54
1 Water; 3,997 „ „ (25°)	0,000264	223	41	264	0	303	— 39
1 „ ; 1,996 „ „ (25°)	0,000256	208	48	244	12	278	— 22
1 „ ; 0,9998 „ „ (25°)	0,000249	197	52	229	20	258	— 9
Carbon Disulphide . . (15°)	0,000754	569	185	700	54	860	—106
1 Alc. *b*; 3,955 „ (20°)	0,000646	522	124	629	17	746	—100
1 „ ; 2,12836 „ (20°)	0,000593	493	100	588	5	688	— 95
1 „ ; 1,03111 „ (20°)	0,000544	450	94	532	12	611	— 67

Since the density of water cannot be represented by a linear function of the temperature the above indicated method could not be applied for this fluid. I have, therefore calculated from the value of A observed for 10° that for 20° and 30°, in which the measurements of Kopp have been employed for determining the density. The results will be found in table III. (See p. 95).

In judging the results we must remember that the measurements certainly give the refractive index accurately to four decimal places. In table II, however, in each of the three formulae (A), (B) and (C) differences appear between the observed and the calculated decrease of A for 1° C. which are greater than 0,00001, From this it follows that if we calculate from the value of A for a certain temperature that for a temperature which is only 10°C. higher, this will differ from the observed value in the fourth decimal place. We find similar differences in table III as well. We can therefore conclude that none of the three formulae is in full agreement with facts.

III

A

T	Observed	Calculated according to (A)	Observ. — Calc.	Calculated according to (B)	Observ. — Calc.	Calculated according to (C)	Observ. — Calc.
10°	1,32508						
20°	1,32409	1,32467	— 58	1,32461	— 52	1,32456	— 47
30°	1,32310	1,32396	— 86	1,32380	— 70	1,32368	— 58

The formula (A) tends continually to an over-small alteration of the refractive index and differs more from the truth than either of the other two equations. The differences amount in (A) to even 29% of the observed change of A (in the mixtures of glycerol and water). Of the formulae (B) and (C), the latter agrees best with experiments for glycerol and water; the former for alcohol, zinc chloride solution and carbon disulphide. Expressed in percentage of the observed change of A, the greatest discrepancy in table II in both formulae is 19%; it appears in the last mixture of water and glycerol for the first formula, in the saturated zinc chloride solution for the last formula.

In the case of carbon disulphide the formula (C) already gives differences in the third decimal place for an increase of temperature of 10°C; in the case of the other fluids it can be assumed as a first approximation like the formula (B) if we desire for a small interval of temperature an agreement only to the third decimal place.

In the case of alcohol, zinc chloride solution and carbon disulphide the observed values differ from these calculated by the formula (C) in this sense, that the refractive index changes less than would be the case according to the formula. In the case of water the opposite is the case. Henceforward for the sake of brevity, we shall call a discrepancy in the first sense negative, and one as in the case of water positive.

In accordance with what has been observed in the case of the latter fluid we shall find also in its mixtures with glycerine a positive discrepancy which increases with the percentage of water. The influence of water manifests itself in this fact as well, that the negative discrepancies in solutions of zinc chloride become smaller in proportion as they are more diluted.

§ 5. According to the considerations given in the previous chapter our formula (C) must hold good for every definite wavelength. In table IV, next to the observed diminution for 1° C of n_α and n_γ I have given the diminution which would correspond with the formula (C). In calculating this for T_0 the same temperature is always taken as in table II.

IV

DECREASE FOR 1° C

	Observed	n_α Calculation	Observation −Calculation	Observed	n_γ Calculation	Observation −Calculation
Glycerol a	0,000265	267	— 2	0,000267	275	— 8
1 Water; 3,7 glyc. a. . .	0,000231	228	+ 3	0,000233	235	— 2
1 „ ; 1 „ . .	0,000185	174	+ 11	0,000187	180	+ 7
1 „ ; 0,5 „ . .	0,000154	140	+ 14	0,000156	144	+ 12
Glycerol b	0,000270	273	— 3	0,000272	281	— 9
1 Alc. a; 4 glyc. b .	0,000292	293	— 1	0,000296	303	— 7
1 „ ; 2 „ .	0,000305	330	— 25	0,000310	340	— 30
1 „ ; 0,998 „ .	0,000330	350	— 20	0,000336	361	— 25
1 „ ; 0,4997 „ .	0,000356	386	— 30	0,000363	397	— 34
Alcohol A	0,000389	429	— 40	0,000395	442	— 47
Saturated solution of zinc chloride	0,000288	353	— 65	0,000291	369	— 78
1 Water; 3,997 sat. sol.	0,000266	314	— 48	0,000268	327	— 59
1 „ ; 1,996 „ „	0,000258	287	— 29	0,000261	298	— 37
1 „ ; 0,9998 „ „	0,000250	265	— 15	0,000252	275	— 23
Carbon Disulphide . .	0,000780	920	—140	0,000850	1032	—182
1 Alc. b; 3,955 Carb. Dis.	0,000678	790	—112	0,000750	867	—117
1 „ ; 2,12836 „ „	0,000626	724	— 98	0,000680	786	—106
1 „ ; 1,03111 „ „	0,000560	638	— 78	0,000590	682	— 92

In the same way we shall find in table V the observed values of n_α and n_γ for water for 20° and 30° compared with those calculated from the refractive index for 10° by the formula (C).

V

WATER

T	n_α		Observation — Calculation	n_γ		Observation — Calculation
	Observed	Calculated		Observed	Calculated	
10°	1,33215			1,34130		
20°	1,33116	1,33162	— 46	1,34031	1,34076	— 45
30°	1,33017	1,33071	— 54	1,33932	1,33982	— 50

§ 6. Those fluids which exhibited a negative discrepancy in table II do so as well in table IV. If we compare, however, the differences *observation — calculation* which we have found for A, n_α and n_γ, then it appears that the negative discrepancies in question increase in proportion as we consider the refractive index for a shorter wavelength. In accordance with this, glycerol also shows in II a very small positive, while in IV a negative discrepancy. We conclude thus that in the case of glycerol, alcohol, zinc chloride solution and carbon disulphide causes exist by which the refractive index diminishes less with increasing temperature than would be the case according to the equation (C) and that these causes have the greatest influence in the case of short wavelength.

But even in the case of water the same causes appear to exist; for the discrepancy in the case of this fluid remained positive in table V, but decreases in proportion as the wavelength diminishes.

It should be observed in this connexion that the discrepancy in the case of water actually becomes negative if we consider the change which the refractive index undergoes by compression. JAMIN [1]) arrived at the conclusion that this change follows the

---

[1]) Ann. de chim. et de phys. **52**, 163, 1858.

formula (A). When he deduced the coefficient of compressibility (for 1 atmosphere) from the observed change of n by this formula, he obtained for ordinary distilled water $\mu = 0{,}0000500$, for water free of air $\mu = 0{,}0000511$, while according to GRASSI, $\mu = 0{,}0000504$ for $0°$ C. MASCART [1]), however, who repeated the experiments of JAMIN, remarks that the temperature in these experiments was probably about $15°$ and then, according to GRASSI $\mu = 0{,}0000471$. For this temperature MASCART finds from his optical experiments $\mu = 0{,}0000518$ by means of (A), $\mu = 0{,}0000453$ by means of (B), while the formula (C) applied to the experiments gives $\mu = 0{,}0000401$. From this we see how at any rate the refractive index varies less than would be the case according to our formula.

While water thus differs from the formula (C) in a negative direction when the density alters while the temperature is constant, it seems that the positive discrepancy which we observed in tables III and V, must be attributed to the change of temperature. By this I mean that the discrepancies are not probably to be ascribed directly to a change in density, but more probably to a change which the molecules undergo with an increase of temperature, in the sense that the quantity $\varkappa$ (II, § 2) is not constant for a molecule but decreases with an increase of temperature. The behaviour of water below $4°$ C also supports this opinion. JAMIN [2]) has demonstrated that in this case too the refractive index decreases with an increase in temperature, although here this is accompanied by a contraction. We can very well imagine that the above implied change of the molecules also takes place below $4°$, so that then $\varkappa$ also decreases with an increase of temperature. It is moreover quite possible that this circumstance has more influence on the refractive index than the contraction, and provided this is the case, in spite of the contraction the refractive index will decrease with an increase of temperature.

Finally let us also observe that the positive discrepancy in the case of water almost ceases above $20°$, which appears from the following that in the tables III and V the differences *observation—calculation* for $30°$ are but little more than for $20°$.

---

[1]) Pogg. Ann., **153**, 154, 1874.
[2]) Comptes rendus, **43**, 1191, 1856.

VI

	refractive index					refractive index		
	T	Obs.	Calc.	Obs.—Calc.		T	Obs.	Calc.	Obs.—Calc.
Ethyl acetate H and O (D)	10°	1,3776			(H$_\alpha$) Propionic acid	18°	1,3854		
	40°	1,3621	1,3608	13		24°	1,3830	1,3826	4
	70°	1,3465	1,3433	32		28°	1,3814	1,3807	7
Ethyl benzoate H and O (D)	10°	1,5107			L (H$_\gamma$)	18°	1,3960		
	50°	1,4921	1,4904	17		24°	1,3936	1,3931	5
	100°	1,4688	1,4641	47		28°	1,3920	1,3911	9
Ethyl oxalate H and O (D)	10°	1,4151			(H$_\alpha$) Amylalcohol	16°	1,4073		
	60°	1,3927	1,3904	23		20°	1,4057	1,4056	1
	110°	1,3697	1,3646	51		26°	1,4034	1,4030	4
(A) Ethyl formate	22°	1,3540			L (H$_\gamma$)	16°	1,4186		
	31°	1,3500	1,3491	9		20°	1,4169	1,4168	1
	40°	1,3456	1,3441	15		26°	1,4143	1,4142	1
D and G (H)	22°	1,3694			(H$_\alpha$) Acetaldehyde	6°	1,3379		
	31°	1,3652	1,3642	10		12°	1,3344	1,3343	1
	40°	1,3608	1,3590	18		20°	1,3298	1,3293	5
(A) Ethyl iodide	23°,5	1,5003			L (H$_\gamma$)	6°	1,3480		
	36°	1,4918	1,4915	3		12°	1,3443	1,3442	1
	48°	1,4841	1,4828	13		20°	1,3394	1,3391	3
D and G (H)	23°,5	1,5420			(H$_\alpha$) Almond Oil, Benzaldehyde	16°	1,5412		
	36°	1,5326	1,5323	3		20°	1,5392	1,5388	4
	48°	1,5250	1,5227	23		26°	1,5361	1,5353	8
(A) Benzol	10°,5	1,4879			L (H$_\gamma$)	16°	1,5796		
	23°	1,4806	1,4794	12		20°	1,5775	1,5770	5
	39°	1,4703	1,4686	17		26°	1,5742	1,5732	10
D and G (H)	10°,5	1,5305							
	23°	1,5225	1,5211	14					
	39°	1,5108	1,5091	17					

§ 7. Various physicists have made such a large number of measurements of the refractive indices for fluids that we can only take a few of these measurements as examples. In table VI we shall find the results of certain calculations with reference to measurements by HOEK and OUDEMANS [1]), DALE and GLAD-

---

[1]) HOEK et OUDEMANS, Recherches sur la quantité d'éther contenue dans les liquides p. 66.

STONE [1]), and LANDOLT [2]). In the first column, besides the name of the fluid, that of the observers and, in brackets, that of the spectral line are given. The values of the refractive index indicated as calculated have been derived by means of the formula (C) from the refractive index for the lowest of the given temperatures. In this derivation use is made of the densities determined by KOPP [3]).

We can see that in all these fluids as well, the refractive index decreases less with an increase in temperature than would be the case according to the formula (C). With the exception of amylalcohol and acetaldehyde the negative discrepancies are again greater in proportion as the wavelength becomes smaller.

We must finally discuss the behaviour of the rigid bodies. FIZEAU [4]) was the first who determined the alterations which their refractive index undergoes with an increase of temperature. He found that in the case of St. Gobain glass, of ordinary and heavy flint glass, the refractive index for sodium light increases with the temperature. In the case of fluorite the refractive index decreases with increasing temperature, while that of crown glass changes so little that it cannot be determined whether it increases or decreases. The results of FIZEAU are derived from the observation of interference bands (NEWTON's rings) in thick plates, but they have been confirmed later by direct measurements, among others by VAN DER WILLIGEN [5]). The most extensive investigation, however, which I know of for this subject is that of BAILLE [6]). This physicist determined directly the refractive index for various spectral lines at widely different temperatures. Of all the substances investigated, only fluorite, potassium alum, and rock salt have a refractive index for light of all wavelengths which decreases with increasing temperature in the same way as is the case with fluids.

Let us first consider fluorite. BAILLE obtained the following refractive indices for this substance:

---

[1]) Phil. Trans. **153**, 317, 1863.
[2]) Pogg. Ann. **117**, 353, 1862. **122**, 545, 1864.
[3]) WUELLNER, Experimentalphysik, Bd. III 79 (third edition).
[4]) Pogg Ann. **119**, 87, 1863.
[5]) Archives du Musée Teyler. **1**, 68, 1868. **2**, 191, 1869.
[6]) BAILLE, Recherches sur les indices de refraction (Thèse prés. à la Fac. des Sc. de Paris, 1864).

Spectral Line	14°	99°	Difference
Li (α) (in vicinity of B)	1,432575	1,431559	— 1016
H$_\alpha$ (coinciding with C)	1,432651	1,431639	— 1012
Na („ „ D)	1,433272	1,432288	— 984
H$_\beta$ („ „ F)	1,436033	1,435175	— 858
Line of copper spectrum near G . .	1,438994	1,438278	— 704

According to BAILLE the error in the refractive indices amounts at most to 5 units of the last decimal point. How large the error can have been in determining the highest temperature is difficult to state. The comparison of the results given here with those of FIZEAU is fairly satisfactory. For the sodium line, according to BAILLE the decrease of the refractive index for 1° is 0,0000120. FIZEAU found for the decrease, in his first experiments, 0,0000136 and, as BAILLE states, from later experiments 0,0000110.

Since, according to KOPP the linear coefficient of expansion of fluorite is 0,0000207 [1]) we can calculate from the refractive index for 14° that for 99° by means of the formula (C). This gives the following results for the five spectral lines employed.

	Observed	Calculated	Observation — calculation
Li$_\alpha$ . . .	1,43156	1,42997	159
H$_\alpha$ . . .	1,43164	1,43004	160
Na . . .	1,43229	1,43066	163
H$_\beta$ . . .	1,43518	1,43340	178
Cu . . .	1,43829	1,43634	195

The discrepancies are thus again negative, just as we found in the case of all fluids excepting water, and they are also greater again in proportion as the wavelength becomes shorter. Just as in the case of fluids, causes must exist in the case of fluorite which, acting alone, would cause the refractive index to increase

---

[1]) I have taken this estimate from FIZEAU, l.c., p. 111.

as the density diminishes and exercise all the more influence in proportion as we consider light with a shorter wavelength. These causes are outweighed in the case of fluorite by those which are brought into consideration in the deduction from the formula (C) so that the refractive index diminishes continuously with increasing temperature, but the negative discrepancies, compared with the observed change of n, increase (so that they exceed even this change). This appears as well from the following consideration. According to the formula (C) the refractive index for the rays with short wavelength would diminish most. This is also the case with fluids, in spite of the negative discrepancies which become largest just for these rays. But in the case of fluorite the discrepancies become so great that the refractive index for the rays of the shortest wavelength is just that which decreases least.

This last is, according to the measurements of BAILLE, also the case with potassium alum and rock salt. I suspect, therefore, that what has been said of fluorite also holds good for these substances, but I am unable to test this supposition as I do not know the coefficient of expansion.

We can now very well imagine that the causes which, working alone, would cause the refractive index to increase with diminishing density, entirely preponderate. Actually, according to FIZEAU, VAN DER WILLIGEN and BAILLE, in the case of various sorts of flint glass, and according to the last named physicist, also in the case of crown glass with a large proportion of silicon (crown chargé de silice), diamond, blende and senarmontite, the refractive index increases with increasing temperature. It should be observed in this connexion that VAN DER WILLIGEN and BAILLE have found that this increase is greater in proportion as the wavelength becomes smaller. According to the formula (C) the indices should decrease and most of all for the smallest wavelengths. For these therefore the discrepancies are greatest, entirely in accordance with what we have discovered in the case of fluids.

Finally BAILLE finds for ordinary glass and glass containing zinc (crown de zinc), that the refractive index for large wavelengths decreases by increasing temperature but that this decrease becomes less in proportion as we consider smaller wavelengths, to change finally into an increase which increases further towards the violet end of the spectrum. It will be superfluous to indicate how here the discrepancies agree, as far as concerns the sence and the dependence on wavelength, with those of the bodies discussed earlier.

It is exactly this circumstance, that the formula (C) differs in the same sense from the experimental results in the case of fluids and rigid bodies alike, which seems to me to confirm the conclusion that the problem of the connexion between n and d is, *in part*, correctly solved. But in making deferences from (C) other circumstances have necessarily been left out of account which have the influence on the refractive indices already frequently mentioned. Certain circumstances, which perhaps must be considered here, I have indicated in § 2, but I shall not now attempt to subject these to a closer examination.

§ 9. We can also test the formula (C) by comparing the refractive index of certain substances in the fluid and gaseous states. For this purpose I have derived, by means of the formula, from the refractive index for sodium light of the first state, that of the second state, for the case in which the pressure amounts to 760 mm and the temperature to 0°. (For those vapours with which this case cannot be realized the given refractive indices have the significance which under the assumption that the laws of BOYLE and GAY-LUSSAC hold good we can infer by (A), (B), (C), from the refractive index for cases which actually occur). See p. 104 for the results obtained.

The refractive index decreases less here also, in the change from the fluid to the gaseous state, than would be the case according to the formula (C).

§ 10. Finally we can compare the refractive indices for sulphur and phosphorus in the solid state with those of their vapours which have been determined by LE ROUX [1]).

For solid sulphur the refractive index (for red rays) is 2,053, the density is 2,065. Since the density (with respect to air) for sulphur vapour is 6,617, it follows from the formula (C) that the refractive index of the vapour (at 0° and 760 mm) is 1,0032. In the same way we find for phosphorous vapour 1,0020 in which for the density in solid form is taken 1,823 for the refractive index 2,106, and for the density of the vapour 4,355.

---

[1]) Ann. de chim. et de phys. **61**, 385 1861.

	Fluid		Gas		
	Density	n	Density with respect to air	Observed n	Calculated
Water	1 (4°)	1,3345 (4°) WUELLNER	0,622	1,000261 JAMIN [1]	1,000249
Carbon Disulphide .	1,2702 (15°,6)	1,6308 (15°,6) BADEN POWELL	2,644	1,00150 DULONG	1,00144
Ether	0,7166 (20°)	1,3529 (20°) LANDOLT	2,580	1,00153 ,,	1,00151
Sulphur Dioxide . .	0,4821	1,3384 KETTELER [2]	2,216	{ 1,000665 ,, { 1,000686 KETTELER	1,00151 1,000605

[1] Ann. de chim. et de phys. **52**, 171, 1852.
[2] KETTELER, Beobachtungen über die Farbenzerstreuung der Gase.

LE ROUX finds for sulphur and phosphorus vapour $n = 1,001629$ and $n = 1,001364$ respectively, so that we should here have discrepancies from the formula (C) in the opposite direction to those in the case of the previously investigated substances.

It appears to me, however, that the results of LE ROUX need an important correction. In his experiments the vapour of the substance under investigation was in a prism and outside it atmospheric air, while at both sides of the prism atmospheric pressure and the same high temperature t prevailed. The experiments at once gave the refractive index N of the enclosed vapour in relation to the surrounding air. LE ROUX now supposes that the refractive index is independent of t and so the value found also holds good when the air and the vapour are taken at a temperature of 0° and a pressure of 760 mm. By then multiplying the value in question by 1,000294 (absolute refractive index of air for 0° and 760 mm) the number given above was obtained.

The assumption made here, however is not accurate. On the contrary, we can easily infer from the formula (B) that the relative refractive indices of two gases must decrease with increasing temperature (if the pressure remains constant). I believe accordingly that we must derive the desired absolute refractive index n_0 of the vapour for 0° and 760 mm from the experiments of LE ROUX in the following manner.

Let n_t be this refractive index for $t°$ and 760 mm and n'_t the absolute refractive index of the air under the same circumstances, then

$$\frac{n_t}{n'_t} = N.$$

Furthermore, if α represents the coefficient of expansion of the air, which in this calculation is also assumed for the vapour, then according to the formula (B) or one of the formulae (A) and (C),

$$n'_t = 1 + \frac{0,000294}{1 + \alpha t},$$

$$n_t = 1 + \frac{n_0 - 1}{1 + \alpha t}.$$

Therefore, since the fractions appearing here are very small,

$$N = 1 + \frac{n_0 - 1{,}000294}{1 + \alpha t},$$

$$n_0 = 1{,}000294 + (N - 1)\,(1 + \alpha t).$$

The value calculated by LE ROUX, however, is

$$n'_0 = 1{,}000294\,N = 1{,}000294 + (N - 1),$$

so that

$$n_0 - 1{,}000294 = (n'_0 - 1{,}000294)\,(1 + \alpha t).$$

Let us now, for want of other data as to the temperature, put for t the boiling point of the substances investigated (400° and 290° respectively), then from the values given by LE ROUX for n'_0 we shall find that for sulphur $n_0 = 1{,}00359$ and for phosphorus $n_0 = 1{,}00250$. The discrepancies between the values calculated by the formula (C) and the refractive index in the solid form have again the same sense as in the case of the previously investigated substances.

For the rest we must not rely too much on the values of n_0 obtained in this way, since it appears to me to be doubtful whether in LE ROUX's experiments all the air in the prism was replaced by vapour. Owing to this n_0 will however turn out too small, so that the discrepancies from our formula retain the sense just found.

§ 11. We have lastly still to trace how far the formula which we deduced in the previous chapters for the refractive index of mixtures agrees with the facts. This formula can be written in the following form. If the refractive indices for two substances are n_1 and n_2 the densities d_1 and d_2 and if the refractive index for a mixture whose unit of weight consists of the quantities a_1 and a_2 of these substances, is n and its density d, then

$$\frac{n^2 - 1}{(n^2 + 2)d} = a_1\,\frac{n_1^2 - 1}{(n_1^2 + 2)d_1} + a_2\,\frac{n_2^2 - 1}{(n_2^2 + 2)d_2} \qquad (C')$$

Just as this equation corresponds with (C), the formulae

$$\frac{n^2 - 1}{d} = a_1 \frac{n_1^2 - 1}{d_1} + a_2 \frac{n_2^2 - 1}{d_2} \qquad \text{(A')}$$

and

$$\frac{n - 1}{d} = a_1 \frac{n_1 - 1}{d_1} + a_2 \frac{n_2 - 1}{d_2} \qquad \text{(B')}$$

correspond with (A) and (B).

For gas mixtures n_1, n_2 and n differ so little from unity that both the first formulae change into the third, which, as we know, has been verified by the measurements of BIOT and ARAGO.

With fluids the case is different. We shall see that there the three formulae lead to different results which, as a matter of fact, are none of them absolutely correct.

In this connexion there is something more to be noticed. The changes in the refractive index investigated in the previous §§ were caused by a rise in temperature. We could therefore a-scribe the discrepancies which we have discovered between the formula (C) and the experimental results to a change in the molecules with temperature. If this were the case, there would be a chance that the formula (C') still held good if we only took n_1, n_2, and n, d_1, d_2, and d all at the same temperature. If it now appears that discrepancies still occur, then it will be probable that, in order to arrive at an entirely correct theory, we should have to take account of something other than a change in the molecules with temperature. For water this appears already from the experiments on the alteration of the refractive index by compression.

§ 12. I have again compared first the three formulae (A'), (B'), (C') with the measurements of WUELLNER, the results of which have been collected in table I. In table VII we shall find next the observed value of A for 20° C and for every mixture that which has been deduced from the value of A (at the same temperature) for both mixed substances by means of the formulae (A'), (B'), (C').

VII

	Observed	Calculated according to (A′)	Obs. — Calc.	Calculated according to (B′)	Obs. — Calc.	Calculated according to (C′)	Obs. — Calc.
Glycerol a	1,4387						
1 Water; 3,7 glycerol a . .	1,4127	1,4136	— 9	1,4133	— 6	1,4127	0
1 „ ; 1 „ .	1,3780	1,3790	— 10	1,3782	— 2	1,3773	+ 7
1 „ ; 0,5 „ .	1,3589	1,3598	— 9	1,3591	— 2	1,3583	+ 6
Water	1,3241						
Glycerol b	1,4489						
1 Alcohol a; 4 glycerol b .	1,4275	1,4273	+ 2	1,4275	0	1,4276	— 1
1 Alcohol a; 2 glycerol b .	1,4134	1,4129	+ 5	1,4130	+ 4	1,4129	+ 5
1 Alcohol a; 0,998 glyc. b	1,3967	1,3962	+ 5	1,3962[1])	+ 5	1,3961	+ 6
1 Alcohol a; 0,4997 glyc. b	1,3832	1,3834	— 2	1,3838	— 6	1,3841	— 9
Alcohol a	1,3532						
Saturated sol. of zinc chloride	1,4888						
1 Water; 3,997 sat. sol. . .	1,4426	1,4438	— 12	1,4430	— 4	1,4420	+ 6
1 Water; 1,996 sat. sol. . .	1,4167	1,4168	— 1	1,4155	+ 12	1,4142	+ 25
1 Water; 0,9998 sat. sol.	1,3896	1,3901	+ 5	1,3889	+ 7	1,3878	+ 18
Carbon disulphide . . .	1,5864						
1 Alcohol b; 3,955 CS_2 . .	1,5135	1,5202	— 67	1,5160	— 25	1,5111	+ 24
1 Alcohol b; 2,12836 CS_2 .	1,4792	1,4876	— 84	1,4824	— 32	1,4768	+ 24
1 Alcohol b; 1,03111 CS_2 .	1,4383	1,4463	— 80	1,4413	— 30	1,4361	+ 22
Alcohol b	1,3534						

[1]) WUELLER gives for this 1,3966.

Table VIII gives in the same way a comparison of the formula (C') with the measurements for the rays H_α and H_γ.

VIII

	n_α		Obs. — Calc.	n_γ		Obs. — Calc.
	Observed	Calculated	Calc.	Observed	Calculated	Calc.
Glycerol *a*	1,4479			1,4597		
1 Water; 3,7 glycerol . .	1,4216	1,4214	+ 2	1,4329	1,4327	+ 2
1 „ ; 1 „ . .	1,3861	1,3853	+ 8	1,3965	1,3957	+ 8
1 „ ; 0,5 „ . .	1,3665	1,3660	+ 5	1,3764	1,3759	+ 5
Water	1,3312			1,3403		
Glycerol *b*	1,4583			1,4703		
1 Alcohol; 4 glycerol . .	1,4366	1,4365	+ 1	1,4483	1,4480	+ 3
1 Alcohol; 2 glycerol . .	1,4219	1,4216	+ 3	1,4330	1,4327	+ 3
1 Alcohol; 0,998 glycerol.	1,4049	1,4044	+ 5	1,4155	1,4152	+ 3
1 Alcohol; 0,4997 glyc. *b* .	1,3912	1,3922	— 10	1,4016	1,4027	— 11
Alcohol (*a* and *b*) . .	1,3607			1,3703		
Saturated solution of zinc						
chloride	1,5035			1,5224		
1 Water; 3,997 sat. sol. .	1,4551	1,4543	+ 8	1,4710	1,4700	+ 10
1 Water; 1,996 sat. sol. .	1,4279	1,4252	+ 27	1,4423	1,4393	+ 30
1 Water; 0,9998 sat. sol. .	1,3996	1,3976	+ 20	1,4125	1,4101	+ 24
Carbon Disulphide . . .	1,6185			1,6752		
1 Alcohol; 3,955 CS_2 . .	1,5377	1,5348	+ 29	1,5790	1,5754	+ 36
1 Alcohol; 2,12836 CS_2. .	1,5000	1,4969	+ 31	1,5341	1,5304	+ 37
1 Alcohol; 1,03111 CS_2. .	1,4545	1,4519	+ 26	1,4804	1,4773	+ 31

It appears from table VII, as has already been observed, that none of the three formulae employed is absolutely correct, since differences appear between the observed and the calculated refractive index for the mixtures in the fourth, sometimes even in the third, decimal place. Only by a rough approximation can we, as various physicists have done, accept the empirical formula (B'), but we can also make use of our theoretical formula (C') almost as well, and that both for infinitely long and for shorter wavelengths.

The discrepancies which the formula (C') exhibits compared with experience, are no longer subject to such a simple rule as those which we met in discussing the formula (C) and this was not to be expected, since the mixture of two substances is a far more complicated phenomenon than the change in density of one substance. Meanwhile it is worth mentioning that, according to tables VII and VIII, the discrepancies increase in proportion as we consider light of shorter wavelength. Only a few mixtures of alcohol and glycerol form an exception to this, but we can perhaps rely very little on the small changes which the discrepancies in question undergo with a change of wavelength. And this circumstance gives some support to the supposition that the discrepancies which appear in the formula for the mixtures must be ascribed to the same or similar causes as the previously discussed negative discrepancies of the formula (C).

§ 13. Finally, I have compared the formula (C') again with certain measurements of van der WILLIGEN for mixtures of sulphuric acid and water, alcohol and water and for solutions of calcium chloride, sodium chloride and ammonium chloride. I have, for this purpose, deduced from the refractive index of water and from that of the mixture with the greatest proportion of sulphuric acid, alcohol etc., by means of the formula mentioned, that of the other mixtures. Putting the quantity $(n^2 - 1)/(n^2 + 2)d$ for water as k_1, for example, for water-free H_2SO_4 as k_2 and for any mixture of both substances as k, then, according to (C'), if this mixture contains $p\%$ H_2SO_4

$$k = \left(1 - \frac{p}{100}\right) k_1 + \frac{p}{100}\, k_2 = k_1 + C p\,, \qquad (3)$$

if we put $(k_2 - k_1)/100 = C$. This quantity has now the same value for all mixtures of water and sulphuric acid. In order to determine this we can make use of the refractive index for the mixture with the greatest amount of H_2SO_4, and we can then derive k and n from the value of C determined in this way. In the same manner we can also proceed with the other substances mentioned above. We shall find in tables IX to XIII the results of these calculations for the lines D and H of FRAUNHOFER.

In the case of the mixtures of sulphuric acid and water another pecularity occurs. If, to beginn with water, we allow the amount of H_2SO_4 to increase the refractive indices first grow larger to reach a maximum for a concentration of 84 to 85%, and then decrease. Although now the formula (C′) appears not to be absolutely accurate, it tends towards a course of this kind for the refractive indices, as appears from table IX, although the density d exhibits no maximum but increases steadily together with p. The phenomenon in question is connected with the fact, that the quantity $(n^2 - 1)/(n^2 + 2) d$ is less for the mixture with the greatest concentration than for water. The result of this is that the constant C becomes negative in the equation (C) and that therefore k decreases as p increases. Now, however $n^2 = (1 + 2kd)/(1 - kd)$. If then as p increases, k becomes smaller and d larger, it is possible that for a definite value of p the product kd, and therefore n assumes a maximum value. This would naturally never take place if k and d varied in the same sense.

In the mixtures of alcohol and water something of this sort takes place as it does in the mixtures of sulphuric acid and water. Here k is larger in proportion as the amount of alcohol increases, but d in this case decreases, so that both quantities vary here in a contrary sense as well.

For the rest it must not be left unnoticed that the formulae (A′) and (B′) tend to a similar course for the refractive index as that here discussed.

The refractive indices are taken from the *Archives du Musée Teyler*, Vol. I, Table BB, pages 116 and 117, 1868.

The densities are calculated from the data of Table C opposite page 116 in the same volume. In this calculation the mean density is taken for each mixture before and after it had been used for the experiments in refraction. All densities are given with respect to that of water at 0° C. In the following tables, however, the density of water at 4° C. has been taken as unit. For the density of water itself use is made, in Table IX as in all those subsequent, of the data of JOLLY (WUELLNER, Experimentalphysik III, p. 72).

The density and refractive indices of the salt solutions which appear in this and the two subsequent tables, will be found in the *Archives du Musée Teyler*, Vol. II, Table E, facing page 236. The refractive indices of water are taken from the *Archives* du Musée Teyler, Vol. I, Table V (column IV), facing page 238.

IX

MIXTURES OF SULPHURIC ACID AND WATER. $T = 18°,3$

Concen-tration of H_2SO_4	Density	Line D n			Line H n		
		Ob-served	Calcu-lated	Obs.—Calc.	Ob-served	Calcu-lated	Obs.—Calc.
0%	0,9987	1,33327			1,34377		
4,46%	1,0284	1,3386	1,3386	0	1,3494	1,3493	+ 1
23,29%	1,1669	1,3620	1,3623	— 3	1,3732	1,3735	— 3
38,78%	1,2920	1,3808	1,3808	0	1,3924	1,3924	0
56,25%	1,4588	1,4031	1,4042	— 11	1,4151	1,4162	— 11
71,97%	1,6343	1,4247	1,4266	— 19	1,4370	1,4390	— 20
81,41%	1,7450	1,4360	1,4384	— 24	1,4484	1,4509	— 25
85,94%	1,7877	1,4381	1,4400	— 19	1,4504	1,4525	— 21
88,97%	1,8123	1,4367	1,4398	— 31	1,4488	1,4522	— 34
94,72%	1,8324	1,43163			1,44347		

X

MIXTURES OF ALCOHOL AND WATER. $T = 23°,0$

(*Archives du Musée Teyler*, Vol. II, table B, facing p. 208)

Concen-tration of alcohol	Density	Line D n			Line H n		
		Observed	Calcu-lated	Obs.—Calc.	Observed	Calcu-lated	Obs.—Calc.
0 %	0,9976	1,33273			1,34319		
38,8 %	0,9352	1,3569	1,3577	— 8	1,3680	1,3694	— 14
53,9 %	0,9033	1,3613	1,3623	— 10	1,3725	1,3743	— 18
86,8 %	0,8243	1,3634	1,3634	0	1,3747	1,3756	— 9
98,9 %	0,7909	1,36070			1,37193		

XI

SOLUTIONS OF CALCIUM CHLORIDE. $T = 24°,0$

Concentration of $Ca Cl_2$	Density	Line D n			Line H n		
		Observed	Calculated	Obs.—Calc.	Observed	Calculated	Obs.—Calc.
0 %	0,9974	1,33264			1,34309		
16,75%	1,1435	1,3739	1,3729	+ 10	1,3870	1,3856	+ 14
24,38%	1,2241	1,3963	1,3956	+ 7	1,4106	1,4095	+ 11
31,79%	1,2970	1,4161	1,4150	+ 11	1,4318	1,4302	+ 16
40,64%	1,3995	1,44313			1,46035		

XII

SOLUTIONS OF SODIUM CHLORIDE, $T = 25°,75$

Concentration of Na Cl	Density	Line D n			Line H n		
		Observed	Calculated	Obs.—Calc.	Observed	Calculated	Obs.—Calc.
0%	0,99697	1,33248			1,34293		
8,65%	1,05794	1,3470	1,3470	0	1,3585	1,3585	0
15,85%	1,11194	1,3598	1,3597	+ 1	1,3722	1,3721	+ 1
16,61%	1,11745	1,3612	1,3609	+ 3	1,3738	1,3735	+ 3
20,73%	1,15019	1,3687	1,3685	+ 2	1,3818	1,3817	+ 1
21,69%	1,15785	1,3705	1,3703	+ 2	1,3836	1,3836	0
22,78%	1,16731	1,3726	1,3725	+ 1	1,3862	1,3860	+ 2
26,58%	1,19845	1,37963			1,39365		

In these tables one also sees that the discrepancies between the observed and the calculated refractive index, as soon, at any rate, as they attain a noticeable amount, assume the greatest value for light with the shortest wavelength entirely in accordance with the supposition expressed in the preceding §. This supposition is further confirmed by the fact that in Table IX the calculated maximum value of the refractive index is too high, since it agrees entirely with the previously obtained result that the refractive index increases less with increasing density than would be the case according to our theory. In mixtures of alcohol and water discrepancies in the same sense appear as in the case of sulphuric acid and water, although in table X the mixture with the greatest refractive index is the very one which shows no variation for the line D.

XIII

SOLUTIONS OF AMMONIUM CHLORIDE. $T = 26°,30$

Concen-tration NH_4 Cl	Density	Line D n			Line H n		
		Observed	Calcu-lated	Obs.—Calc.	Observed	Calcu-lated	Obs.—Calc.
0%	0,99684	1,33243			1,34288		
9,72%	1,02597	1,3510	1,3509	+ 1	1,3629	1,3627	+ 2
11,79%	1,03202	1,3550	1,3549	+ 1	1,3672	1,3669	+ 3
14,51%	1,04004	1,3602	1,3601	+ 1	1,3727	1,3726	+ 1
19,58%	1,05364	1,3695	1,3696	— 1	1,3827	1,3828	— 1
19,68%	1,05399	1,3698	1,3698	0	1,3830	1,3830	0
24,83%	1,06757	1,37947			1,39347		

We arrive at similar results if we calculate from the data in Table XII the refractive index of sodium chloride in solid form by means of the formula (C'). For the solutions of this substance also an equation of the form (3) holds good, and we have in this formula to put $p = 100$ to find the quantity k for water-free sodium chloride. If we also know d for solid salt we can calculate n. Now, according to HOEK and OUDEMANS[1]) $d = 2,162$ for rock salt at 15° C and I find from this $n = 1,596$ for the line D. According to the measurements of the physicists mentioned, how-ever, $n = 1,544$, so that here too the theory gives too large a value if we derive from the refractive index of a substance in one state that for another, denser state.

---

[1]) HOEK and OUDEMANS, Recherches sur la quantité d'éther contenue dans les liquides, p. 31.

§ 14. It has been demonstrated by several physicists that we can calculate the refractive index of a number of chemical compounds from their composition in the same way as is possible in the case of mixtures. So SCHRAUF, for instance, has applied to compounds a formula corresponding with (A'), LANDOLT and DALE and GLADSTONE an equation which may be regarded as an extension of (B'). We may attempt something of the sort with the formula (E') of the second chapter, although, as this is not quite accurate for mixtures, we cannot expect in any case more than a rough approximation. I have therefore only compared the refractive indices of a number of compounds of carbon, hydrogen and oxygen which have been investigated by LANDOLT with the formula in question. We shall find in table XIV, next to refractive indices for line α of the hydrogen spectrum, measured by LANDOLT [1]), those which have been calculated by the formula.

In doing so I have set to work in the following manner. If the constant $(n^2 - 1)/(n^2 + 2) d$ is represented for carbon, hydrogen and oxygen by k_1, k_2, k_3 respectively then, according to the formula (E) of the second chapter, for a compound whose unit of weight contains the quantities a_1, a_2, a_3, of the three elements,

$$\frac{n^2 - 1}{(n^2 + 2)d} = a_1 k_1 + a_2 k_2 + a_3 k_3. \qquad (4)$$

If a molecule of this compound consists of p_1 C-atoms, p_2 H-atoms, p_3 O-atoms, then its molecular weight is

$$P = 12 p_1 + p_2 + 16 p_3$$

and we have

$$a_1 = \frac{12 p_1}{P}, \quad a_2 = \frac{p_2}{P}, \quad a_3 = \frac{16 p_3}{P}.$$

Putting, accordingly $12 k_1 = l_C$, $k_2 = l_H$ and $16 k_3 = l_O$, then the formula is changed into

$$\frac{n^2 - 1}{(n^2 + 2)d} = \frac{p_1 l_C + p_2 l_H + p_3 l_O}{P}. \qquad (5)$$

To determine l_C, l_H and l_O the values of n and d give an equation for each of the substances investigated and I have determined

[1]) Pogg Ann. **122**, 545, 1864. **123**, 595, 1864.

the values of l_C, l_H and l_O which best satisfy all these equations. The values are

$$l_C = 3,045; \quad l_H = 0,796; \quad l_O = 1,830$$

and these have further served to calculate n.

For comparison the last column of table XIV contains the values which have been calculated by LANDOLT. He employed for this the formula

$$\frac{n-1}{d} = \frac{p_1 l'_C + p_2 l'_H + p_3 l'_O}{P}, \tag{6}$$

which may be regarded as an extension of (B′) and in which

$$l'_C = 5,00; \quad l'_H = 1,30; \quad l'_O = 3,00.$$

In this table the values calculated by (5) give large discrepancies from those observed, so great indeed that the empirical formula (6) leads to better results. At the same time the sense of the discrepancies agrees again with that which we have found before in several cases. Since on the whole our formula in table XIV gives the small indices as too small and the large as too large, which agrees with the circumstance that our theory leads, when the density is changed, to an overlarge change in the refractive index.

We can finally attempt to derive the refractive indices of the elements C, H and O in their free state from the refractive indices of their compounds. According to the theory here developed we should find in this way for carbon, if d is the density,

$$n^2 = \frac{1 + \frac{1}{6} l_c d}{1 - \frac{1}{12} l_c d}.$$

If we calculate in this manner the refractive index for diamond, then we derive from the index for carbon at densities, such as it possesses in the compounds investigated, that at a greater density; so that, if the discrepancies are in the same sense here as above, the calculated value will turn out too high. If, on the contrary, we calculate the refractive index for free hydrogen and oxygen from the values of l_H and l_O we shall then inevitably obtain too small results. This is actually the case, as appears from the figures following on page 118.

XIV

	Formula	Density	Refractive index		
			Observed	Calc. by (5)	Calc. by (6)
Methylalcohol . . .	C H$_4$ O	0,7964	1,328	1,324	1,328
Ethylalcohol . . .	C$_2$ H$_6$ O	0,8011	1,361	1,361	1,362
Propylalcohol . . .	C$_3$ H$_8$ O	0,8042	1,379	1,381	1,381
Butylalcohol . . .	C$_4$ H$_{10}$O	0,8074	1,394	1,395	1,393
Amylalcohol	C$_5$ H$_{12}$O	0,8135	1,406	1,407	1,403
Formic acid	C H$_2$ O$_2$	1,2211	1,369	1,359	1,361
Oxalic acid	C$_2$ H$_4$ O$_2$	1,0514	1,370	1,371	1,371
Propionic acid . . .	C$_3$ H$_6$ O$_2$	0,9963	1,385	1,389	1,388
Butyric acid . . .	C$_4$ H$_8$ O$_2$	0,9610	1,396	1,400	1,397
Valeric acid	C$_5$ H$_{10}$O$_2$	0,9313	1,402	1,405	1,402
Capric acid	C$_6$ H$_{12}$O$_2$	0,9252	1,412	1,416	1,412
Oenanthylic acid . .	C$_7$ H$_{14}$O$_2$	0,9175	1,419	1,423	1,418
Methyl oxolate. . .	C$_3$ H$_6$ O$_2$	0,9053	1,359	1,350	1,352
Ethyl formate . . .	C$_3$ H$_6$ O$_2$	0,9078	1,358	1,351	1,353
Ethyl oxalate . . .	C$_4$ H$_8$ O$_2$	0,9021	1,371	1,373	1,373
Methyl butyrate . .	C$_5$ H$_{10}$O$_2$	0,8976	1,387	1,388	1,387
Amyl formate . . .	C$_6$ H$_{12}$O$_2$	0,8816	1,396	1,394	1,392
Ethyl butyrate. . .	C$_6$ H$_{12}$O$_2$	0,8906	1,394	1,399	1,396
Methyl isovalerate .	C$_6$ H$_{12}$O$_2$	0,8809	1,393	1,394	1,392
Ethyl isovalerate. .	C$_7$ H$_{14}$O$_2$	0,8674	1,395	1,397	1,395
Isoamyl isovalerate.	C$_{10}$H$_{20}$O$_2$	0,8581	1,410	1,413	1,409
Acetaldehyde . . .	C$_2$ H$_4$ O	0,7810	1,330	1,318	1,326
Aceton	C$_3$ H$_6$ O	0,7931	1,357	1,350	1,353
Valeral	C$_5$ H$_{10}$O	0,7995	1,386	1,382	1,381
Ethylether.	C$_4$ H$_{10}$O	0,7166	1,351	1,346	1,349
Acetic anhydride. .	C$_4$ H$_6$ O$_3$	1,0836	1,388	1,393	1,391
Ethylene alcohol . .	C$_2$ H$_6$ O$_2$	1,1092	1,425	1,433	1,426
Glycerol	C$_3$ H$_8$ O$_3$	1,2615	1,471	1,488	1,471
Lactic acid	C$_3$ H$_6$ O$_3$	1,2427	1,439	1,448	1,439

	Density	Refractive index	
		Observed	Calculated
Diamond . .	3,55	2,43 (SCHRAUF)	5,3
Hydrogen . .	0,06927 : 773	1,000138 (DULONG)	1,000107
Oxygen . . .	1,10561 : 773	1,000272 „	1,000246

Although much is lacking in our knowledge of the relation between the refractive index and chemical composition, the sense of the discrepancies found gives some support to the supposition that, as soon as the causes of these discrepancies are known in the case of varying density of one substance and in mixtures of several substances, we shall be able more accurately to calculate the refractive indices of the compounds here investigated.

If it should appear in this way that the refractive index of these compounds can be calculated in the same manner as it can be in a mixture, we should be able to explain this by assuming that an electric moment can be excited in every atom of a chemical compound, just as in every particle of two substances mixed together.

It cannot be ignored that in some compounds discrepancies from our formulae appear, such as are not met with in mixtures. We can calculate the refractive indices for gas mixtures by one of the coincident formulae (A'), (B'), (C'), but this is no longer possible for a number of compounds of gases, even though they are of gaseous form themselves.

As a matter of fact, even if we assume that an electric moment can be excited in every atom of a compound, then the refractive index of such a body need not yet be the same as though the atoms were simply mixed together. This may be expected in cases when the atoms of a molecule are separated by distances not much less than the mutual distances of the molecules. But no sooner are the atoms placed at a very small distance from each other than we shall have to take into account a correction, which is produced by the mutual action of the components of a molecule and must naturally closely depend upon the structure of the latter.

Finally it is still possible that positive and negative electricity can move from one atom to another, or that the atoms already provided with positive or negative electricity (the theory of electrolysis should be remembered) are moved with respect to each other, and we shall also have to take this into account in our investigation of the movement of light.

LES FORMULES FONDAMENTALES
DE L'ÉLECTRODYNAMIQUE [1])

§ 1. Dans sa „Théorie générale des forces pondéromotrices" [2]),
M. Korteweg a cherché la loi la plus générale qui puisse être admise pour l'action électrodynamique de deux éléments de courants. Quelques hypothèses, si naturelles qu'elles semblent à l'abri
de toute objection, conduisent d'abord, pour cette action, à des
expressions contenant un certain nombre de fonctions inconnues.
Celles-ci sont ensuite déterminées, autant que possible, par la considération des cas où l'action électrodynamique est entièrement
connue.

J'ai trouvé qu'on peut arriver à ces mêmes résultats par une
autre voie, qui n'implique pas l'introduction de plus de fonctions
inconnues qu'il n'en reste subsister dans l'expression finale. Cette
méthode, que je vais développer, le cède à celle de M. Korteweg
en ce qu'elle a besoin, comme point de départ, d'une loi particulière pour l'action des éléments de courants; mais elle présente, au
moins pour des éléments incomplets [3]), l'avantage d'être plus
simple. Pour les éléments complets, elle a l'inconvénient d'en
faire reposer la considération sur celle des éléments incomplets,
tandis que M. Korteweg traite les deux cas indépendamment
l'un de l'autre.

Naturellement, il doit être fait usage de l'action entièrement
connue d'un courant fermé sur un élément (incomplet) d'un autre
courant. J'ai donc, dans les premiers §§, indiqué comment on peut
avec certitude déduire cette action des observations, sans recourir
à une formule représentant l'action mutuelle de deux éléments. Je

---

[1]) Arch. Néerl. **17**, 83, 1882.

[2]) Korteweg. Algemeene theorie der ponderomotorische krachten, dans Verhand.
K. Akad. Wet. Amsterdam. **20**, 1, 1880 et plus tard, sous une forme simplifiée, due
aux remarques de M. van der Waals, dans Crelle's Journal für Mathematik **90**, 49,
1881.

[3]) La distinction entre éléments complets et éléments incomplets est expliquée à la
page 134.   (note de l'éditeur)

donne ensuite, à partir du § 8, le développement des expressions générales pour cette dernière action.

§ 2. Les mesures les plus exactes, que nous possédions sur les phénomènes électrodynamiques, ont appris que l'action mutuelle de deux circuits linéaires fermés, qui se comportent comme des corps solides de forme invariable, et qui ne peuvent par conséquent éprouver que des déplacements et des rotations, est exactement égale à celle de deux couches magnétiques doubles. Pour obtenir celles-ci, figurons-nous pour chaque circuit une surface limitée dont il forme le contour, puis une seconde surface située partout à une distance infiniment petite de la première, et distribuons sur ces surfaces respectivement du magnétisme nord et du magnétisme sud, de telle sorte qu'à chaque quantité de magnétisme nord sur l'une corresponde une quantité égale de magnétisme sud sur l'autre, et que le produit de la densité superficielle par la distance des deux surfaces (le moment de la couche double) soit partout égal à l'intensité du courant, exprimée en unités électromagnétiques. Le magnétisme nord devra être appliqué à ce côté de la couche d'où la direction du courant paraît opposée à celle des aiguilles d'une montre. Une pareille direction de rotation sera appelée positive, celle des aiguilles d'une montre négative. En général, nous dirons que la direction d'une rotation et celle d'une droite perpendiculaire à son plan concordent, lorsque la droite est dirigée vers le côté d'où la rotation est vue positive. Par cette règle sera déterminé, par exemple, la direction de l'axe d'un couple. Enfin, nous emploierons toujours un système d'axes de coordonnées où la direction de OZ correspond à celle d'une rotation de OX vers OY (par un angle droit).

Nous désignerons, dans la suite, les deux circuits par s et s', les deux couches doubles par S et S', les éléments de ces lignes et de ces surfaces par ds, etc. Les normales élevées sur S et S', du côté positif, seront n et n'. Comme nous admettons d'ailleurs que toute les actions sont proportionnelles aux intensités des courants, nous pouvons nous borner au cas où ces intensités, et par conséquent les moments des couches doubles, sont égales à 1.

§ 3. L'action réciproque de deux aimants est, comme on sait, entièrement déterminée par leur potentiel mutuel; pour deux courants fermés, il doit donc aussi exister une semblable fonction, dont la diminution à chaque déplacement ou rotation des conduc-

teurs (l'intensité du courant étant maintenue constante) représente le travail des forces électrodynamiques.

Si φ est la fonction potentielle magnétique résultant du courant
qui parcourt s' (ou de la couche double S'), le potentiel mutuel des
deux courants est

$$P = \int \frac{\partial \varphi}{\partial n}\, dS, \tag{1}$$

expression qui doit être étendue sur toute la couche double S. Au
moyen de quelques transformations on peut en déduire:

$$P = -\iint \frac{\cos \varepsilon}{r}\, ds\, ds', \text{ }^1) \tag{2}$$

---

[1]) Déduction de la formule (2).

Le potentiel dans un point $P\ (xyz)$ d'un circuit fermé quelconque s' s'exprime par

$$\varphi = i\omega,$$

ω étant l'angle solide soustendu par le circuit s' au point P; le signe de ω sera positif
lorsque le sens de la circulation, vue du point P, est opposé à celui des aiguilles de
montre.

Pour déduire la composante $\partial\varphi/\partial x$ du grad φ on peut, au lieu de soumettre P à un
petit déplacement Δx, donner au circuit s' un petit déplacement $-\Delta x$.

Le changement d'angle solide élémentaire $\Delta\alpha$ dû au déplacement $-\Delta x$ de l'élément $ds'\ (dx',\ dy',\ dz')$ du circuit s'exprime par

$$\tfrac{1}{3} r^3\, \Delta\alpha = \tfrac{1}{3} \begin{vmatrix} x-x' & y-y' & z-z' \\ dx' & dy' & dz' \\ \Delta x & 0 & 0 \end{vmatrix},$$

d'où vient

$$\Delta\alpha = -\begin{vmatrix} \dfrac{\partial}{\partial x}\left(\dfrac{1}{r}\right) & \dfrac{\partial}{\partial y}\left(\dfrac{1}{r}\right) & \dfrac{\partial}{\partial z}\left(\dfrac{1}{r}\right) \\ dx' & dy' & dz' \\ \Delta x & 0 & 0 \end{vmatrix},$$

$$\Delta\alpha = \Delta x \left\{ dy'\, \frac{\partial}{\partial z}\left(\frac{1}{r}\right) - dz'\, \frac{\partial}{\partial y}\left(\frac{1}{r}\right) \right\}.$$

Le changement total $\Delta\omega$ de l'angle solide s'exprime par

$$\Delta\omega = \Delta x \int \left\{ dy'\, \frac{\partial}{\partial z}\left(\frac{1}{r}\right) - dz'\, \frac{\partial}{\partial y}\left(\frac{1}{r}\right) \right\},$$

où l'intégration doit s'étendre le long de la courbe s'. On trouve donc

$$\frac{\partial\varphi}{\partial x} = i \int \left\{ dy'\, \frac{\partial}{\partial z}\left(\frac{1}{r}\right) - dz'\, \frac{\partial}{\partial y}\left(\frac{1}{r}\right) \right\}.$$

De la même manière on trouve:

$$\frac{\partial\varphi}{\partial y} = i \int \left\{ dz'\, \frac{\partial}{\partial x}\left(\frac{1}{r}\right) - dx'\, \frac{\partial}{\partial z}\left(\frac{1}{r}\right) \right\},$$

$$\frac{\partial\varphi}{\partial z} = i \int \left\{ dx'\, \frac{\partial}{\partial y}\left(\frac{1}{r}\right) - dy'\, \frac{\partial}{\partial x}\left(\frac{1}{r}\right) \right\}.$$

On peut donc écrire

où ε désigne l'angle entre les éléments ds et ds' situés à la distance r l'un de l'autre, et où l'intégration doit être étendue le long des deux conducteurs.

Pour le but que nous avons en vue, la forme (1) est toutefois celle qui convient le mieux. On peut y attacher une signification simple. En indiquant par F_n la composante, suivant la direction n, de la force magnétique (provenant du courant en s'), on peut écrire au lieu de (1):

$$P = -\int F_n \, dS. \tag{3}$$

Si, dans le champ magnétique dépendant du courant en s', par tous les points d'une ligne fermée on mène des lignes de force, la surface tubulaire formée par celles-ci possédera la propriété que pour toutes ses sections l'intégrale

$$\int F_n \, dS$$

aura la même valeur. On peut diviser l'espace en un grand nombre de tubes de ce genre, de telle sorte que, pour chacune de leurs sections, l'intégrale ait la valeur 1. L'équation (3) montre que P est alors le nombre, pris en signe contraire, de ceux de ces *tubes de force*, provenant de s', qui passent par S ou sont embrassés par s. Dans la supputation de ce nombre, les tubes de force doivent être portés en compte comme positifs ou comme négatifs, suivant que (pris dans la direction de la force magnétique) ils vont vers le côté positif ou négatif de S.

De ce qui vient d'être dit, il suit encore que, à chaque déplacement ou rotation du circuit s, le travail des forces électrodynamiques, qui agissent sur lui, est égal au nombre des tubes de force que s traverse dans son mouvement. On trouve ce nombre en faisant la somme algébrique des nombres des tubes de force coupés par

---

$$\text{grad } \varphi = \text{rot } A, \quad \text{où} \quad A = -i \int \frac{ds'}{r}.$$

Dans le cas considéré, où $i = 1$, on aura

$$A = -\int \frac{ds'}{r}.$$

L'intégral de surface $\int (\partial\varphi/\partial n) \, dS$ se transforme au moyen du théorème de STOKES:

$$\int \frac{\partial\varphi}{\partial n} \, dS = \int (\text{rot } A \, . \, dS) = \int (A \, . \, ds) = -\iint \frac{(ds' \, . \, ds)}{r} = -\iint \frac{\cos \varepsilon}{r} \, ds \, ds'.$$

(note de l'éditeur)

les différents éléments de s. Lorsqu'un élément AB (parcouru par le courant dans la direction de A vers B) est déplacé vers $A'B'$, le nombre des tubes de force qu'il coupe doit être pris positif ou négatif, selon que la force magnétique a la direction qui correspond à la rotation $BAA'B$, ou la direction opposée.

§ 4. Le premier pas à faire maintenant, pour la décomposition ultérieure de l'action électrodynamique, c'est de partager en éléments l'un des deux courants, par exemple s, et de chercher les forces qu'un semblable élément éprouve du courant en s'. Pour arriver à la connaissance de ces forces, on peut faire usage de toutes les expériences qui ont pour objet l'action électrodynamique sur les parties d'un circuit, lorsque celles-ci sont mobiles les unes par rapport aux autres. Une seule de ces expériences est toutefois suffisante, à savoir celle d'Ampère, répétée plus tard par VON ETTINGHAUSEN, par laquelle il a été prouvé qu'un arc de cercle parcouru par un courant, et qui peut tourner autour de son axe, n'est jamais mis en mouvement par un circuit fermé quelconque placé dans son voisinage.

Lorsqu'un élément ds est soumis à l'influence du courant s', toutes les forces qui agissent sur lui pourront toujours être transportées en un même point, pour lequel nous choisissons le milieu de ds; on obtiendra ainsi une force résultante et un couple. Or, le résultat de l'expérience d'Ampère et de VON ETTINGHAUSEN subsistant pour tous les conducteurs en forme d'arc de cercle, il doit s'appliquer aussi aux éléments de courant, puisqu'on peut considérer ceux-ci comme de petits arcs circulaires. Toute droite, située dans le plan qui passe perpendiculairement par le milieu de l'élément, peut alors être prise pour l'axe de l'arc de cercle; autour d'aucune de ces droites, l'élément ne peut donc acquérir de rotation par l'action de circuits fermés. Il suit de là que la force résultante susmentionnée doit être perpendiculaire à l'élément et que l'axe du couple doit avoir la direction de cet élément.

§ 5. Pour déterminer d'abord la force, nous introduirons l'hypothèse que l'élément ds peut être remplacé par ses composantes dx, dy, dz. La première ne peut éprouver qu'une force parallèle au plan yz; les composantes de cette force, parallèles à l'axe des y et à l'axe des z, étant respectivement désignées par $k_z dx$ et $k'_y dx$, k_z et k'_y ne peuvent être que des fonctions des coordonnées x, y, z du point où l'élément est situé, fonctions qui doivent avoir des valeurs déterminées, dès que la forme et la position du courant s' sont données. De la même manière dy éprouve les forces $k_x dy$ et $k'_z dy$, dans la direction de l'axe des z et de l'axe des x; dz les forces $k_y dz$ et $k'_x dz$, dirigées parallèlement à l'axe des x et à l'axe des y. La force totale, qui agit sur ds, doit donc avoir les composantes

$$X = k'_z dy + k_y dz, \quad Y = k'_x dz + k_z dx, \quad Z = k'_y \, dx + k_x dy.$$

Or, pour que cette force soit perpendiculaire à ds, il faut qu'on ait

$$X \, dx + Y \, dy + Z \, dz = 0$$

ou

$$(k'_x + k_x) \, dy dz + (k'_y + k_y) \, dz dx + (k'_z + k_z) \, dx dy = 0.$$

Mais cela n'est possible, pour toutes les positions de l'élément, que si

$$k_x = - k'_x, \ k_y = - k'_y, \ k_z = - k'_z,$$

de sorte qu'il vient :

$$X = k'_z dy - k'_y dz, \quad Y = k'_x dz - k'_z dx, \quad Z = k'_y dx - k'_x dy. \quad (4)$$

En chaque point de l'espace on peut construire une droite terminée ρ dont k'_x, k'_y, k'_z sont les composantes. Les équations (4) montrent alors que la force, éprouvée par ds, est perpendiculaire au plan mené par ds et ρ, et égale à l'aire du parallélogramme ayant ces deux lignes pour côtés. La direction de la force correspond à la rotation de ds vers ρ.

§ 6. Nous ferons voir maintenant que la droite ρ représente la force magnétique résultant du courant s' et dont les composantes peuvent être représentées par K_x, K_y, K_z.

Considérons, à cet effet, un rectangle infiniment petit, dont les côtés dx, dy sont parallèles aux axes des x et des y, et admettons que son contour soit parcouru dans le sens positif par un courant. Pour la force qui agit sur lui dans la direction de l'axe des x, on trouve alors facilement

$$\frac{\partial k'_z}{\partial x} \, dx dy \, .$$

D'autre part, cette action est entièrement connue par ce qui a été dit au § 3. Si l'on imprime au rectangle un déplacement infiniment petit ε dans la direction de l'axe des x, le travail des forces électrodynamiques est

$$\varepsilon \frac{\partial K_z}{\partial x} dx dy \,.$$

On doit donc avoir

$$\frac{\partial k'_z}{\partial x} = \frac{\partial K_z}{\partial x} \,.$$

De la même manière, on prouve que

$$\frac{\partial k'_z}{\partial y} = \frac{\partial K_z}{\partial y} \,,$$

de sorte que $k'_z - K_z$ ne peut être qu'une fonction de z. Si l'on fait attention, toutefois, que pour x ou $y = \infty$ toute action magnétique et électrodynamique doit disparaître, il devient évident que partout on doit avoir $k'_z - K_z = 0$. De même, on trouve $k'_x = K_x$ et $k'_y = K_y$.

Par là il est bien démontré que dans le théorème du § précédent on doit entendre par ρ la force magnétique.

§ 7. Il s'agit encore de savoir si, en outre de la force déterminée par ce théorème, ds peut éprouver l'action d'un couple de la nature indiquée au § 4. Pour répondre à cette question, remarquons que, dans une rotation du rectangle considéré au paragraphe précédent, les *forces* trouvées accomplissent à elles seules un travail égal au nombre des tubes de force coupés, égal par conséquent à la valeur que l'observation fournit pour le travail électrodynamique total. Les couples, s'ils existent, ne doivent donc, même en cas de rotation, accomplir aucun travail.

Le moment du couple qui agit sur un élément dx étant désigné par $L dx$, où L est une fonction de x, y, z, il suit de la condition qui vient d'être trouvée, si on l'applique à une rotation du rectangle $dx dy$ autour de l'axe des x,

$$\frac{\partial L}{\partial y} = 0 \,.$$

On trouve de même

$$\frac{\partial L}{\partial z} = 0,$$

et comme L doit en tout cas disparaître à une distance infinie, on a partout

$$L = 0.$$

Ce résultat étant indépendant de la direction attribuée à l'axe des x, il n'existe jamais de couple et le théorème du § 5 détermine l'action totale exercée par s' sur l'élément ds.

Il résulte encore de ce théorème, que, dans le cas où les parties d'un circuit peuvent exécuter des mouvements quelconques les unes par rapport aux autres, il existe entre les tubes de force et le travail électrodynamique la même relation que dans le cas de déplacements et rotations d'un circuit de forme invariable. Ce résultat a été confirmé, entre autres, par des expériences de BOLTZMANN [1]), de VON ETTINGHAUSEN [2]) et DE NIEMÖLLER [3]).

§ 8. Après avoir partagé en éléments le circuit s, il faut exécuter la même division pour s', afin d'apprendre à connaître l'action que ds éprouve de la part d'un élément ds'. Pour trouver l'expression la plus générale de cette action partiellement indéterminée, nous ferons d'abord une hypothèse particulière, après quoi nous chercherons quelles autres forces, outre celles trouvées par ce moyen, peuvent encore être admises. Il est indifférent, pour cette recherche, que nous partions de telle loi particulière d'action ou de telle autre, attendu que toutes ces lois n'en seront pas moins comprises dans le résultat final.

Nous choisissons donc l'hypothèse qui, après les développements précédents, paraît la plus naturelle. Elle consiste à diviser l'action magnétique exercée par s' en parties émanant des différents éléments ds' et à admettre que l'action électrodynamique et l'action magnétique d'un pareil élément sont liées entre elles suivant la règle du § 5. On sait qu'on peut rendre compte de l'action magnétique d'un courant fermé, si l'on admet que la force magnétique, exercée par l'élément ds' en un point P situé à la distance r,

[1]) Wiener Sitz. Ber. **60**, 69, 1870.
[2]) Wiener Sitz. Ber. **77**, 109, 1878.
[3]) WIEDEMANN's Annalen. **5**, 433, 1878.

a une direction perpendiculaire au plan (P, ds') et correspondant à la rotation de ds' vers r, et une intensité déterminée par

$$\frac{\sin (r, ds') \cdot ds'}{r^2}$$

En conséquence, nous posons pour les composantes de la force magnétique exercée par ds' sur le point (x, y, z), quand ds' lui-même est placé au point (x', y', z'),

$$\frac{z-z'}{r^3} dy' - \frac{y-y'}{r^3} dz', \text{ etc.,}$$

et pour les composantes de l'action électrodynamique de ds' sur ds:

$$\left[\frac{y-y'}{r^3} dx' - \frac{x-x'}{r^3} dy' \right] dy - \left[\frac{x-x'}{r^3} dz' - \frac{z-z'}{r^3} dx' \right] dz, \text{ etc.,}$$

ou, après quelques réductions,

$$- \left[\frac{x-x'}{r^3} \cos \varepsilon + \frac{dx'}{ds'} \frac{\partial (1/r)}{\partial s} \right] ds\, ds', \text{ etc.} \tag{5}$$

Il est facile de voir que ces expressions correspondent à la loi de GRASSMANN.

§ 9. Quelle que soit l'action entre les deux éléments de courant, on pourra toujours la représenter comme composée des forces données par (5) et de quelque autre action, qui peut consister en forces et en couples. Pour déterminer cette „action secondaire", nous n'avons que la condition qu'elle s'évanouit dès que s' est fermé, puisque les forces (5), à elles seules, rendent entièrement compte de l'action d'un pareil courant.

En vertu de cette condition, l'action secondaire exercée par un élément ds' peut être déduite de celle d'un courant qui vient d'une distance infinie et se termine en un point P', ayant pour coordonnées x', y', z'. D'abord, dès que l'élément ds est donné, cette action ne peut dépendre que du lieu de P', vu que, pour deux courants qui viennent d'une distance infinie et s'arrêtent tous les deux en ce point, elle doit être la même. En effet, si l'on renverse la direction d'un de ces courants, ils forment ensemble un courant qui peut être regardé comme fermé et qui n'exerce par conséquent aucune action secondaire. Ensuite, aussitôt que l'action secondaire en question est connue comme fonction de x', y', z', il suffit de différentier celle-ci par rapport à s' pour obtenir l'action secondaire d'un élément quelconque ds', placé en P'. Car un pareil élément $P'Q'$ peut être regardé comme la différence de deux courants venant tous les deux d'une distance infinie et terminés, l'un en P', l'autre en Q'.

§ 10. Pour déterminer l'action secondaire que l'élément ds au point P (x, y, z) éprouve de la part du courant terminé en P', nous pouvons nous représenter celui-ci dirigé suivant le prolongement de la droite PP'. Nous admettrons, en outre, que toutes les forces agissant sur ds sont transportées en son milieu, et nous déterminerons la force résultante et le couple, ainsi obtenus, par l'hypothèse qu'entre les images spéculaires (par rapport à quelque plan fixe) de deux courants électriques agissent les images des forces. Si l'on décompose alors ds en deux composantes $(ds)_1$ et $(ds)_2$, respectivement dirigées suivant PP' et suivant une perpendiculaire à cette droite, il suit de notre hypothèse que sur chacune de ces dernières ne peut agir qu'une force secondaire dans sa propre direction. Ces forces seront proportionelles à la longueur de $(ds)_1$ et de $(ds)_2$ et ne pourront dépendre, du reste, que de la distance $PP' = r$, de sorte que nous pouvons les représenter respectivement par $R(ds)_1$ et $R_1(ds)_2$, R et R_1 étant des fonctions inconnues de r. Nous prenons celles-ci positives lorsque les forces ont les directions de $(ds)_1$ et de $(ds)_2$.

Il est toujours permis de poser $R = R_1 + R_2$, R_2 étant une nouvelle fonction inconnue. Après ce dédoublement, les deux forces $R_1(ds)_1$ et $R_1(ds)_2$, qui agissent sur $(ds)_1$ et $(ds)_2$, peuvent être composées en une force $R_1 ds$ dirigée suivant ds; il existe alors, en outre, la force $R_2(ds)_1$ dans la direction de $(ds)_1$.

Pour les composantes de la force secondaire cherchée, qui agit sur ds, on obtient ainsi

$$\left(R_1 \frac{dx}{ds} + R_2 \frac{\partial r}{\partial s} \frac{x-x'}{r} \right) ds \text{, etc.}$$

§ 11. Dans la recherche du couple résultant de l'action du courant terminé en P' sur ds, on peut également faire usage de l'hypothèse des images spéculaires; seulement, il ne faut pas oublier que lorsqu'on prend l'image d'un couple, son axe n'est pas l'image de l'axe primitif, mais a une direction opposée à celle de cette image. On trouve alors facilement que sur la composante $(ds)_1$ il ne peut pas agir de couple, et que sur $(ds)_2$ il ne peut agir qu'un couple ayant son axe perpendiculaire au plan (P', ds). Le moment de ce couple s'obtient en multipliant $(ds)_2$ par une fonction inconnue de r; nous appellerons celle-ci K, et regarderons comme positive la rotation de ds vers r. Les composantes du couple deviennent alors

$$\frac{K}{r}\left[(y-y')\frac{dz}{ds}-(z-z')\frac{dy}{ds}\right]ds\,,\ \text{etc.}$$

§ 12. Les résultats des deux paragraphes précédents donnent, à l'aide d'une différentiation par rapport à s', l'action secondaire de ds' sur ds, et en ajoutant à celle-ci l'action que nous avons appris à connaître au § 8, on trouve pour la force totale, que ds éprouve de la part de ds', les composantes

$$\left[-\frac{x-x'}{r^3}\cos\varepsilon-\frac{dx'}{ds'}\frac{\partial(1/r)}{\partial s}+\frac{\partial}{\partial s'}\left(R_1\frac{dx}{ds}+R_2\frac{\partial r}{\partial s}\frac{x-x'}{r}\right)\right]dsds',$$
$$\text{etc.}$$

Ces expressions deviennent encore un peu plus simples si au lieu de R_2 on introduit la fonction R_3, à l'aide de la relation

$$\frac{R_2}{r}=\frac{dR_3}{dr}\,,$$

ou de

$$R_3=-\int\limits_{r}^{\infty}\frac{R_2}{r}\,dr\,.$$

Les composantes de la force deviennent alors

$$\left[\left(-\frac{\cos\varepsilon}{r^3}+\frac{\partial^2 R_3}{\partial s\,\partial s'}\right)(x-x')+\frac{\partial R_1}{\partial s'}\frac{dx}{ds}-\frac{\partial(1/r+R_3)}{\partial s}\frac{dx'}{ds'}\right]dsds',\ \text{etc. (6)}$$

Le couple qui agit sur ds a pour composantes

$$\frac{\partial}{\partial s'}\left\{\frac{K}{r}\left[(y-y')\frac{dz}{ds}-(z-z')\frac{dy}{ds}\right]\right\}dsds',\ \text{etc.} \qquad (7)$$

§ 13. Ces expressions, avec les trois fonctions inconnues R_1, R_3, K, déterminent l'action la plus générale qui puisse être admise entre les deux éléments de courants. Elles reçoivent encore une simplification si l'on introduit la condition que l'action et la réaction seront égales et opposées. Par l'échange des lettres pourvues d'accent et de celles qui en sont dépourvues, (6) et (7) donnent les expressions relatives à l'action exercée par ds sur ds'. Veut-on alors, en premier lieu, que les forces agissant sur les deux éléments soient égales et opposées, on doit avoir, comme on le trouve immédiatement,

$$R_1 = \frac{1}{r} + R_3, \qquad (\alpha)$$

relation qui transforme (6) en

$$\left[\left(-\frac{\cos\varepsilon}{r^3} + \frac{\partial^2\,(-1/r + R_1)}{\partial s\,\partial s'}\right)(x-x') + \frac{\partial R_1}{\partial s'}\frac{dx}{ds} - \frac{\partial R_1}{\partial s}\frac{dx'}{ds'}\right]ds\,ds'. \quad (8)$$

Une seconde condition concerne les couples. Pour que l'action soit égale à la réaction, il faut que le système des deux éléments, quand ils sont liés invariablement l'un à l'autre, ne puisse prendre aucune rotation par l'effet des forces intérieures; le transport de toutes les forces en un même point ne doit donc donner lieu à aucun couple. Si l'on choisit pour ce point le milieu de ds et qu'on fasse usage pour les forces des expressions (8), on trouve pour les composantes du couple

$$\frac{\partial}{\partial s'}\left\{\frac{K}{r}\left[(y-y')\frac{dz}{ds} - (z-z')\frac{dy}{ds}\right]\right\} + \frac{\partial}{\partial s}\left\{\frac{K}{r}\left[(y'-y)\frac{dz'}{ds'} - (z'-z)\frac{dy'}{ds'}\right]\right\} +$$

$$+ \left(\frac{\partial R_1}{\partial s'}\frac{dy}{ds} - \frac{\partial R_1}{\partial s}\frac{dy'}{ds'}\right)(z'-z) - \left(\frac{\partial R_1}{\partial s'}\frac{dz}{ds} - \frac{\partial R_1}{\partial s}\frac{dz'}{ds'}\right)(y'-y),$$

ou

$$\frac{\partial(R_1 + K/r)}{\partial s'}\left[\frac{dz}{ds}(y-y') - \frac{dy}{ds}(z-z')\right] +$$

$$+ \frac{\partial(R_1 + K/r)}{\partial s}\left[\frac{dz'}{ds'}(y'-y) - \frac{dy'}{ds'}(z'-z)\right], \text{ etc.}$$

Pour que le couple soit toujours zéro, il faut qu'on ait

$$K = - R_1\, r.\tag{\beta}$$

L'égalité de l'action et de la réaction réduit donc les fonctions inconnues à une seule, R_1.

§ 14. Les résultats que nous venons d'obtenir concordent de tout point avec ceux auxquels M. KORTEWEG est arrivé pour des éléments de courant „incomplets". Pour l'action de pareils éléments, il introduit sept fonctions inconnues, entre lesquelles, lorsque l'égalité de l'action et de la réaction n'est pas admise, il trouve quatre relations, de sorte que, tout comme dans nos formules, il reste trois fonctions inconnues, indépendantes les unes des autres. Or il n'est pas difficile, en appliquant (6) et (7) à des cas particuliers, d'exprimer les fonctions de M. KORTEWEG en R_1, R_3 et K; on trouve ainsi

$$B = - \frac{dR_1}{dr} - \frac{dR_3}{dr} - r\, \frac{d^2 R_3}{dr^2},$$

$$C = \frac{1}{r^2} + \frac{dR_3}{dr},$$

$$(D) = \frac{K}{r},$$

$$E = - \frac{dR_1}{dr},$$

$$(F) = \frac{K}{r} + r\, \frac{d}{dr}\left(\frac{K}{r}\right),$$

$$G = \frac{1}{r^2} - \frac{dR_3}{dr},$$

$$(H) = - \frac{K}{r},$$

valeurs qui satisfont réellement aux relations qui doivent exister entre B, C, etc. [1]).

---

[1]) Il faut, pour cela, poser dans les formules de M. Korteweg $A = 1$, vu que dans nos équations tout est exprimé en unités électromagnétiques.

§ 15. D'après (6), la force qui agit sur l'élément ds peut être regardée comme composée de trois forces, dont la première est une attraction

$$\left[\frac{\cos \varepsilon}{r^2} - r\,\frac{\partial^2 R_3}{\partial s\,\partial s'}\right] ds\,ds' ,$$

tandis que la seconde et la troisième ont respectivement les directions de ds et ds' et sont données par

$$\frac{\partial R_1}{\partial s'}\,ds\,ds'$$

et

$$-\,\frac{\partial\,(1/r + R_3)}{\partial s}\,ds\,ds' .$$

Si l'on pose $R_1 = 0$ et $R_3 = -\,1/r$, il ne reste que l'attraction, dont la valeur devient

$$\left[-\,\frac{2}{r}\,\frac{\partial^2 r}{\partial s\,\partial s'} + \frac{1}{r^2}\,\frac{\partial r}{\partial s}\,\frac{\partial r}{\partial s'}\right]$$

On a alors retrouvé, si l'on pose encore $K = 0$, la loi d'AMPÈRE.

Comme on le sait, M. STEFAN a établi une théorie qui embrasse celles d'AMPÈRE et DE GRASSMANN. Cette théorie n'admet pas de couples, et suppose que toutes les actions électrodynamiques sont en raison inverse du carré de la distance. Cela revient à poser $R_1 = \alpha/r$, $R_3 = \beta/r$, $K = 0$.

Il est à peine besoin de dire que, au lieu de la loi de GRASSMANN, on aurait pu prendre tout aussi bien, comme point de départ de la théorie générale, la loi d'AMPÈRE ou quelque autre. La recherche de l'action secondaire serait restée tout à fait la même.

§ 16. Quand on se pose la question de savoir si les fonctions R_1, R_3, K, dans (6) et (7), peuvent être déterminées de telle sorte que pour l'action mutuelle de deux éléments de courants il existe un potentiel, on trouve que cela n'est pas possible, ainsi qu'on pouvait d'ailleurs le prévoir en tenant compte des expériences bien connues sur la rotation électrodynamique. Pourtant, si l'on envisage la question d'une manière un peu différente, l'établissement d'un potentiel devient possible. A cet effet, on distinguera, comme le fait M. KORTEWEG, des éléments de courant *complets* et *incomplets*. Un élément de la première espèce forme un tout limité ;

l'électricité en mouvement y tombe au repos à l'une des extrémités, tandis qu'à l'autre extrémité l'électricité se met en mouvement. Dans un élément incomplet, au contraire, l'électricité entre
à l'une des extrémités et sort à l'autre. Un courant fermé pourra
être considéré, à volonté, comme formé d'éléments complets dont
les terminaisons de courants se neutralisent réciproquement, ou
comme composé d'éléments incomplets; une portion mobile d'un
pareil courant ne pourra toutefois être regardée que comme une
somme d'éléments incomplets, puisqu'il ne s'y trouve pas de terminaisons de courants [1]).

Il suit de là que dans les développements des paragraphes précédents l'élément actif ds' peut aussi bien être complet qu'incomplet,
mais que ds peut seulement être incomplet, vu qu'on a fait usage
de l'expérience d'AMPÈRE et de VON ETTINGHAUSEN. Dès que l'élément qui éprouve l'action est complet, il y a lieu d'admettre des
actions non comprises dans (6) et (7). Aussi M. KORTEWEG ne
trouve-t-il, dans ce cas, que deux relations entre les sept fonctions
inconnues, de sorte que cinq de ces fonctions restent indétermi-
nées; il montre que celles-ci peuvent alors être choisies de façon
qu'il existe un potentiel.

§ 17. Si l'on a adopté la méthode des §§ 9—12, on pourra maintenant raisonner de la manière suivante. L'action que l'élément ds'
(qu'on peut se figurer complet ou incomplet) exerce sur l'élément incomplet ds, sera donnée par (6) et (7). Si ds devient complet, il ne pourra s'ajouter à cette action que des forces agissant
sur les extrémités de ds; ces forces sont donc les seules que nous
ayons encore à considérer.

D'abord, de l'hypothèse que le renversement du courant en-
traîne aussi le renversement de l'action électrodynamique, on
peut déduire que les forces agissant, au même point du même élément, d'abord sur une origine puis sur une terminaison de courant,
sont égales et opposées. Nous n'avons donc à nous occuper que des
forces agissant sur des *terminaisons* de courants.

En introduisant ensuite l'hypothèse que l'action éprouvée par
un courant non fermé, à terminaisons, approche de zéro quand la
longueur diminue indéfiniment, et cela quelque forte que soit la

---

[1]) A présent cette distinction n'a qu'un intérêt historique, parce qu'on admet que
tous les courants sont fermés eu regard aux courants de déplacement dans les milieux
diélectriques. Par conséquent il est permis de considérer tous les éléments comme des
éléments incomplets.   (note de l'éditeur)

courbure du conducteur, on peut démontrer que l'action de ds' sur une terminaison de courant, placée au point P, doit être indépendante de la direction du courant auquel cette terminaison appartient, et par conséquent ne peut dépendre que de la place de P par rapport à ds'.

Or, si l'on décompose cet élément en une composante $(ds')_1$ suivant la ligne de jonction $P'P$ et une composante $(ds')_2$ perpendiculaire à la première, il suit de l'hypothèse des images spéculaires, que chacune de ces composantes ne peut exercer, sur la terminaison de courant située en P, qu'une force dans sa propre direction.

On pourra représenter ces forces respectivement par $T(ds')_1$ et $T_1(ds')_2$, T et T_1 étant des fonctions inconnues de r. Si l'on introduit en outre la nouvelle fonction $T - T_1 = T_2$, l'action peut aussi être conçue comme formée d'une force $T_1\,ds'$ dans la direction de ds' et d'une force $T_2\,(ds')_1$ dans la direction de $(ds')_1$. Les composantes de la force totale deviennent donc

$$\left(T_1 \frac{dx'}{ds'} + T_2 \frac{\partial r}{\partial s'} \frac{x' - x}{r} \right) ds', \text{ etc.}$$

Les forces qui agissent sur les deux extrémités de ds étant alors transportées au milieu de cet élément, il en résulte une force

$$\frac{\partial}{\partial s} \left(T_1 \frac{dx'}{ds'} + T_2 \frac{\partial r}{\partial s'} \frac{x' - x}{r} \right) ds\,ds', \text{ etc.}$$

et un couple

$$\left\{ \left(T_1 \frac{\partial z'}{\partial s'} + T_2 \frac{dr}{ds'} \frac{z' - z}{r} \right) \frac{dy}{ds} - \left(T_1 \frac{dy'}{ds'} + T_2 \frac{\partial r}{\partial s'} \frac{y' - y}{r} \right) \frac{dz}{ds} \right\} ds\,ds',$$
$$\text{etc.}$$

En ajoutant enfin ces expressions à (6) et (7), on obtient les valeurs les plus générales qui puissent être admises pour les composantes de la force et du couple, quand ds est un élément complet. Les résultats sont de nouveau conformes à ceux de M. Korteweg, de sorte que, après sont étude approfondie, il nous paraît superflu de montrer encore que les fonctions R_1, R_3, K, T_1 et T_2 peuvent être choisies de manière qu'il existe maintenant un potentiel.

LE PHÉNOMÈNE DÉCOUVERT PAR HALL ET LA ROTATION ÉLECTROMAGNÉTIQUE DU PLAN DE POLARISATION DE LA LUMIÈRE [1])

§ 1. Partant de l'idée que peut-être un aimant n'agirait pas seulement sur le conducteur d'un courant électrique, mais aussi directement sur le courant lui-même transmis par ce conducteur, M. HALL, de BALTIMORE, a fait, en 1879, une découverte importante [2]). Après quelques expériences qui n'avaient conduit à aucun résultat, il plaça une mince feuille d'or, fixée sur une plaque de verre, entre les deux pôles d'un fort électro-aimant, de façon qu'elle fût perpendiculaire aux lignes de force du champ magnétique. Par la feuille d'or, qui avait la forme d'un rectangle, passait, d'un des côtés courts à l'autre, le courant de quelques éléments de BUNSEN (le *courant principal*), et deux points, situés vis-à-vis l'un de l'autre sur les côtés longs, étaient reliés à un galvanomètre sensible.

Avant la mise en action de l'électro-aimant, ces deux points avaient été déterminés de telle sorte qu'ils fussent équipotentiels et que par conséquent, à l'établissement ou à la rupture du courant principal, aucun changement ne fût observé dans la position de l'aiguille du galvanomètre. Un courant étant alors admis dans le fil de l'électro-aimant, l'aiguille éprouvait une déviation, qui persistait tant que durait la force magnétique, et qui ne pouvait donc être attribuée à un phénomène d'induction. En d'autres termes, dès que la feuille d'or, traversée par le courant principal, est placée dans un champ magnétique, perpendiculaire aux lignes de force, il apparaît une force électromotrice dans une direction transversale, perpendiculaire aussi bien à la direction du courant principal qu'à celle de la force magnétique.

---

[1]) Arch. Néerl. **19**, 123, 1884.
[2]) American Journal of Science and Arts **19**, 200, 1879; **20**, 161, 1880. Phil. Mag. **9**, 225, 1880; **10**, 301. 1880.

§ 2. Le phénomène n'avait d'ailleurs qu'une faible intensité; dans les différentes expériences, la force électromotrice transversale varia de 1/3000 à 1/6500 de la force électromotrice longitudinale qui est la cause du courant principal. Il fut reconnu, en outre, que le phénomène ne pouvait être observé que dans des feuilles métalliques très minces, et le matériel ne se prêtait donc pas à des mesures exactes. Néanmoins, M. HALL réussit à faire quelques déterminations quantitatives, indiquant que dans une même feuille métallique la force électromotrice transversale est proportionnelle tant à l'intensité du courant principal (ou à la force électromotrice qui entretient celui-ci) qu'à la puissance du champ magnétique. Ce résultat a été confirmé par des expériences postérieures de M. v. ETTINGSHAUSEN [1]), lesquelles s'accordent aussi d'une manière satisfaisante avec celles de M. HALL en ce qui concerne l'intensité de l'effet. M. v. ETTINGSHAUSEN a trouvé, dans différents cas, les valeurs 1/7700 et 1/2500 pour le rapport des forces électromotrices transversale et longitudinale.

M. HALL a aussi essayé l'argent, le fer, le nickel, le platine et l'étain, et il y a observé le même phénomène, dont toutefois la direction n'était pas toujours la même.

§ 3. Dans l'or la direction peut être indiquée de la manière suivante. Si, selon l'usage ordinaire, on entend par la direction d'un courant celle que suit l'électricité positive, la direction de la force électromotrice transversale s'obtient en faisant tourner la direction du courant principal d'un angle de 90° dans le sens du courant qui circule dans la bobine de l'électro-aimant. Lorsque, comme dans les expériences de M. HALL, les deux points situés en face l'un de l'autre sur les côtés longs de la feuille métallique sont reliés au galvanomètre, la règle énoncée détermine la direction du courant observée dans cet instrument. La communication avec le galvanomètre n'existe-t-elle pas, la force électromotrice transversale produira naturellement une accumulation d'électricité positive à l'un des bords de la feuille métallique et d'électricité négative à l'autre bord, jusqu'à ce que la force électromotrice qui en résulte fasse équilibre à celle qui provient de l'aimant. Dans ce cas, la règle donnée détermine la direction allant du côté négatif au côté positif de la feuille métallique.

---

[1]) Wiener Sitzungsberichte. **81**, 441, 1880.

La règle trouvée pour l'or s'applique aussi aux autres métaux étudiés par M. HALL, à l'exception du fer; dans ce métal le phénomène se produit en sens inverse.

§ 4. Sans vouloir donner une *explication* de l'action décrite, nous pouvons envisager celle-ci au point de vue de quelques propositions générales concernant la nature des forces physiques.

Une première proposition de ce genre est relative au mouvement de deux systèmes matériels A et A' pouvant être regardés, par rapport à un plan fixe, comme l'image par réflexion l'un de l'autre. Nous entendons par là que les points matériels de A et A', qui sont l'image l'un de l'autre, sont aussi de même nature physique, et que les points de A agissent réciproquement suivant les mêmes lois que ceux de A'. Le théorème en question dit alors que, s'il existe en A (sous l'influence des forces intérieures) un certain état de mouvement, il peut exister en A' un état de mouvement tel que A' *reste* l'image de A. Tous les phénomènes que nous connaissons plaident en faveur de ce théorème; il cesserait seulement d'être vrai si l'on voulait supposer concurremment des matières électriques et des matières magnétiques. Mais dès qu'on adopte la théorie d'AMPÈRE sur la nature du magnétisme, l'image d'un pôle magnétique devient un pôle contraire et la proposition peut être admise aussi dans le domaine de l'électromagnétisme.

En prenant maintenant, dans l'expérience de HALL, les images, par rapport à un plan quelconque, de la plaque métallique (c'est-à-dire de tous ses points matériels), du courant magnétisant, du courant principal et du courant du circuit galvanométrique (ou, si ce dernier manque, de l'électricité libre aux bords de la feuille métallique), on obtient une seconde expérience, dans laquelle, comme il est facile de le voir, la direction du phénomène est de nouveau déterminée par la règle du paragraphe précédent. Il en résulte que l'image d'un morceau de métal a exactement les mêmes propriétés (au moins en tant qu'il y a lieu d'en tenir compte ici) que ce métal lui-même.

On sait que cela ne peut être dit de tous les corps; il existe des matières dont l'image possède d'autres propriétés que la matière elle-même, et dont les parties constituantes doivent avoir un arrangement tel que, même si l'on prend l'image de chaque point matériel, l'image totale ne peut pas être superposée à la matière originale. Ces matières sont celles qui présentent la rotation *naturelle* du plan de polarisation, car, de la proposition mentionnée au commencement de ce paragraphe, il suit aisément que l'image d'une matière dextrogyre doit être lévogyre. Dans les matières telles que le quartz dextrogyre et lévogyre la nature nous présente des corps qui, en ce qui concerne leur structure moléculaire, montrent la même différence qu'un objet et son image, différence qui se manifeste d'ailleurs dans la forme cristalline extérieure. Le raisonnement ci-dessus prouve que le phénomène observé par HALL est, en tout cas, entièrement indépendant des causes qui donnent lieu à la rotation naturelle du plan de polarisation.

§ 5. Une seconde proposition est celle-ci: lorsque, dans un système matériel, la vitesse de chaque point est subitement invertie, ces points parcourent exactement les mêmes trajectoires qu'avant le renversement, avec les mêmes vitesses, seulement en direction opposée. Cette proposition ne peut être vraie que pour certaines catégories de forces. Sans rechercher si toutes les forces physiques connues appartiennent à ces catégories, nous remarquerons ici que le théorème en question est applicable dans la théorie de l'électricité, si un état électrostatique est regardé comme un état réel de repos, un courant électrique, au contraire, comme un phénomène de mouvement, dont l'inversion produit le renversement de la direction du courant, et si l'on suppose seulement des forces telles que des attractions et des répulsions, qui sont des fonctions de la distance ou qui sont déterminées par la loi de WEBER ou par celle de CLAUSIUS, ou enfin des pressions et des tensions, indépendantes des vitesses.

Figurons-nous maintenant l'expérience de HALL disposée de façon qu'il n'existe pas de communication des bords de la lame métallique avec le galvanomètre et qu'il y ait par conséquent, à ces bords, une accumulation d'électricité libre [1]). Si l'on renverse alors toutes les directions de mouvement, le courant principal acquiert une direction contraire, l'aimant une polarité contraire, tandis que rien n'est changé à la charge électrostatique des bords de la feuille métallique. On obtient donc un état qui, tout comme

---

[1]) La proposition susdite s'applique seulement dans le cas où les forces dépendent des vitesses au moyen d'une fonction de degré pair.

On satisfait à cette condition dès que les bords de la lame ne sont pas liés par un fil conducteur.   (note de l'éditeur)

l'état primitif, satisfait à la règle du § 3; celle-ci implique, en effet, qu'en cas de renversement simultané des pôles magnétiques et du courant principal, l'effet conserve le même signe. Nous pouvons donc conclure que le phénomène observé par M. HALL est en complet accord avec le théorème énoncé dans le présent paragraphe.

Ce théorème étant admis, un raisonnement simple montre qu'une autre expérience de M. HALL [1]), faite avec un isolateur, ne pouvait conduire à aucun résultat. A partir des quatre côtés d'une plaque de verre à glace et jusqu'à une petite distance du centre avaient été forés des canaux parallèles aux faces latérales. Dans ces canaux étaient introduites des électrodes bien isolées, dont deux, situées vis-à-vis l'une de l'autre, communiquaient avec les armatures d'un condensateur chargé, tandis que les deux autres étaient reliées à un électromètre à quadrant. La plaque de verre étant placée, comme précédemment la feuille métallique, entre les pôles d'un électro-aimant, on reconnut que le renversement de ces pôles n'avait pas d'influence sur l'indication de l'électromètre. M. HALL avait présumé que peut-être une pareille influence se produirait, en conséquence de ce que, comme dans le métal les lignes de courant, ici les lignes de force pouvaient subir une rotation, ce qui aurait effectivement pour résultat un changement de la différence de potentiel entre les deux électrodes reliées à l'électromètre.

Mais, si une pareille action existait, le renversement de toutes les directions de mouvement du système entier donnerait seulement lieu à l'interversion des pôles, tandis que dans la plaque de verre, où tout est en repos, rien ne changerait. Or, comme il est impossible qu'en cas d'interversion des pôles l'action reste la même, il faut ou bien que le théorème mentionné dans ce paragraphe soit inexact, ou bien que le résultat cherché par M. HALL soit impossible.

§ 6. Dans beaucoup de phénomènes électriques on peut admettre, et telle est la troisième des propositions que nous avions en vue, que l'électricité positive et négative (regardées ici comme des matières) se comportent de la même façon, qu'elles éprouvent donc les mêmes forces non seulement de la part de l'électricité de même signe ou de signe contraire mais aussi de

---

[1]) American Journal of Science and Arts. **20**, 161, 1880.
Phil. Mag. **10**, 301, 1880.

la part de la matière ordinaire. La plupart des phénomènes électrostatiques sont en accord avec cette proposition, et il en est de même de beaucoup d'actions où intervient le courant galvanique; celui-ci peut souvent être conçu, indifféremment, soit comme un mouvement d'électricité positive vers un côté, soit comme un mouvement d'électricité négative vers le côté opposé. La preuve, toutefois, que la proposition énoncée n'est pas d'une vérité générale, est fournie, entre autres, par les phénomènes de décharge, par l'électrolyse et par la différence de potentiel entre des corps mis en contact. Or, il convient de remarquer que l'expérience de HALL est également en désaccord avec la proposition. En effet, si celle-ci était exacte, de tout état de mouvement de particules électriques dans un système de corps on pourrait déduire un second état, pareillement possible, en remplaçant simplement chaque particule électrique positive par une égale particule négative, et réciproquement; d'un courant électrique il naîtrait ainsi un courant dirigé en sens contraire. Ceci étant appliqué à l'expérience de HALL, dans la forme, par exemple, où une accumulation d'électricité libre se produit aux bords de la feuille métallique, on devrait, en renversant les pôles magnétiques et le courant principal, obtenir aussi un effet opposé, tandis qu'en réalité l'effet conserve alors le même signe.

Pour toutes les théories qui cherchent à expliquer les phénomènes par les mouvements de particules électriques, il suit donc, de l'expérience de HALL, ou bien que dans un courant électrique les deux électricités ne se meuvent pas de la même manière (de sorte que leur substitution réciproque fait naître quelque chose qui n'est pas un courant électrique ordinaire), ou bien qu'il doit exister quelque autre différence dans la façon dont les électricités positive et négative se comportent.

Aussi, lorsque M. BOLTZMANN [1]), peu de temps après que M. HALL eut fait connaître ses expériences, fonda sur elles une méthode pour déterminer la vitesse de l'électricité dans un courant galvanique, il admit que dans la feuille métallique une seule des deux électricités se déplace. Une grave objection à cette hypothèse est fournie, comme l'a remarqué M. HALL [2]),

[1]) Phil. Mag. **9**, 308, 1880.
[2]) American Journal of Science and Arts. **20**, 52, 1880.
Phil. Mag. **10**, 136, 1880.

par la direction du phénomène dans le fer, laquelle est opposée à celle dans les autres métaux. Mais, qu'on accepte ou non l'hypothèse de M. BOLTZMANN, l'une ou l'autre différence entre les deux électricités sera toujours nécessaire pour expliquer l'expérience de HALL.

§ 7. Sans essayer une pareille *explication,* on peut donner une *description mathématique* du phénomène. M. HOPKINSON [1]) a fait remarquer que cette description est déjà contenue dans un système d'équations établi antérieurement par MAXWELL [2]).

En effet, tout ce qu'a observé M. HALL peut être déduit si l'on fait subir aux équations

$$X = \varkappa u, \ Y = \varkappa v, \ Z = \varkappa w,$$

qui dans les cas ordinaires expriment la relation entre la force électromotrice (X, Y, Z) et le courant (u, v, w), une légère modification, savoir si, pour un conducteur placé dans un champ magnétique homogène, dont les lignes de force sont dans la direction de l'axe des z, on pose

$$X = \varkappa u + hv, \ Y = \varkappa v - hu, \ Z = \varkappa w. \qquad (1)$$

(X, Y, Z) doit alors être la force électromotrice qui existe indépendamment du phénomène de HALL, tandis que h est un coefficient proportionnel à la force magnétique.

Les équations (1) s'obtiennent facilement, si l'on remarque que la force électromotrice totale dans la direction de l'axe des x est composée de X et de la force électromotrice qui, d'après la règle du § 3, doit son origine au „courant principal" v et à la force magnétique. Cette force électromotrice *accessoire* peut être représentée par hv, et la force totale, à laquelle le courant u doit être proportionnel, devient alors $X \pm hv$; de la même manière on a, parallèlement à l'axe des y, la force électromotrice $Y \mp hu$. Le choix des signes est subordonné à la nature du système de coordonnées qu'on emploie. Nous admettrons que lorsque l'axe positif des x tourne de 90° vers l'axe positif des y, cette rotation concorde, pour un spectateur placé du côté des z négatifs, avec le mouvement des aiguilles d'une montre. Il suit alors, de ce qui a été dit au § 3, que dans (1), h est positif pour le fer, négatif pour les autres métaux étudiés.

---

[1]) Phil. Mag. **10**, 430, 1880.
[2]) Electricity and Magnetism, I, p. 349.

De la faiblesse des actions observées dans l'expérience de HALL on peut d'ailleurs conclure que, même dans un champ magnétique très puissant, la quantité h est très petite comparativement à $\varkappa$. Aussi, dans tous les calculs suivants, négligerons-nous les puissances deuxième et supérieures de h.

§ 8. Les équations (1) peuvent d'abord servir à étudier en détail le phénomène observé par M. HALL. Remarquons, à cet effet, que dans la mince feuille métallique, placée perpendiculairement à l'axe des z, il est permis de poser $Z = 0$ et $w = 0$, de sorte que nous n'avons affaire qu'aux deux premières équations. Si maintenant l'axe des x coïncide avec la longueur de la feuille métallique, u est le courant principal, et si les bords ne sont *pas* reliés au galvanomètre, l'équilibre se produit quand on a $v = 0$ et par conséquent, à la fois,

$$X = \varkappa u \text{ et } Y = - hu.$$

La quantité

$$Y = - \frac{h}{\varkappa} X$$

détermine la force électromotrice qui, dans l'état d'équilibre, existe par suite de la charge électrostatique des bords, et, si b est la largeur de la lame, la différence de potentiel entre les bords devient

$$\frac{h}{\varkappa} bX.$$

Quant à l'intensité i du courant qui peut être observé dans le galvanomètre, elle est donnée par

$$i = \frac{h}{\varkappa} \frac{bX}{r},$$

lorsque r est la résistance du circuit galvanométrique.

En désignant par I l'intensité du courant principal, et par δ l'épaisseur de la feuille métallique, on a

$$X = \frac{\varkappa I}{b\delta},$$

donc

$$i = \frac{hI}{\delta r}.$$

Au lieu de I, nous pouvons encore introduire la force électromotrice E de la pile qui nous fournit le courant principal. Si l'on désigne par α une quantité dépendant de la longueur et de la largeur de la feuille métallique et de la place des électrodes, la résistance que la feuille métallique oppose au courant principal peut être représentée par α/δ, de sorte que, R étant la résistance dans le courant principal en dehors de la feuille métallique, on a

$$I = \frac{E}{R + \alpha/\delta}.$$

De même, on aura

$$r = r_g + \frac{\alpha'}{\delta},$$

si r_g est la résistance dans le circuit galvanométrique en dehors de la feuille métallique et α' une quantité analogue à α. La formule

$$i = \frac{hE}{\delta\,(R + \alpha/\delta)\,(r_g + \alpha'/\delta)}$$

montre comment le courant dans le galvanomètre varie avec δ. Ce courant devient maximum lorsque

$$\frac{\alpha\alpha'}{\delta^2} = R r_g,$$

c'est-à-dire, lorsque le produit des deux résistances de la feuille métallique, dont il y a à tenir compte, est égal à celui des résistances extérieures. Bien entendu, cela exige une épaisseur très faible.

§ 9. Nous examinerons encore de plus près jusqu'à quel point une modification peut être introduite dans la marche des courants électriques par les termes $+\,hv$ et $-\,hu$ qui entrent dans les équations (1). Bornons-nous au cas d'une mince feuille métallique de forme quelconque, placée dans le plan xy, et limitée en partie par des bords où il ne peut entrer ni sortir d'électricité (bords *libres*), en partie par des bords (ou portions de bords) donnant accès ou issue à l'électricité et que nous supposerons maintenus ainsi chacun à un potentiel constant. Supposons qu'il y ait deux pareilles électrodes, s_1 et s_2, aux potentiels φ_1 et φ_2, et tâchons de déterminer la distribution du courant dans la lame.

Lorsque aucune force magnétique n'agit, nous avons, φ désignant la fonction potentielle en un point quelconque,

$$u = \frac{1}{\varkappa}\frac{\partial\varphi}{\partial x}, \ v = -\frac{1}{\varkappa}\frac{\partial\varphi}{\partial y} \tag{2}$$

et dans l'état stationnaire

$$\frac{\partial^2\varphi}{\partial x^2} + \frac{\partial^2\varphi}{\partial y^2} = 0, \tag{3}$$

tandis qu'aux électrodes on doit avoir

$$\varphi = \varphi_1 \ \text{ et } \ \varphi = \varphi_2$$

et au bord libre

$$u\cos\alpha + v\sin\alpha = 0,$$

ou

$$\frac{\partial\varphi}{\partial n} = 0;$$

n représente ici la normale au contour de la lame, et α l'angle (nx). Nous nous figurons la normale dirigée vers l'extérieur [1]).

Quand φ est déterminée par ces conditions, la quantité d'électricité qui dans l'unité de temps passe de s_1 à la lame et de celle-ci à s_2 (nous supposons $\varphi_1 > \varphi_2$), est donnée par

$$e = -\delta\int(u\cos\alpha + v\sin\alpha)ds_1,$$

où l'intégration doit s'étendre à toute l'électrode.

Supposons maintenant qu'une force magnétique agisse et qu'il y ait par conséquent lieu d'appliquer les équations (1). En continuant d'attribuer à φ, u, v la signification antérieure, nous pouvons, dans ce nouveau problème, écrire pour la fonction potentielle et pour les composantes du courant: $\varphi + \varphi'$, $u + u'$, $v + v'$; φ', u', v' sont ici, comme h, de très petites quantités.

La première des équations (1) donne alors

$$-\frac{\partial(\varphi + \varphi')}{\partial x} = \varkappa(u + u') + h(v + v'),$$

---

[1]) L'angle α doit être pris de l'axe des x vers la normale dans une direction qui concorde avec le mouvement de l'axe des x vers l'axe des y.   (note de l'éditeur)

ou, en négligeant des quantités du second ordre et en ayant égard à (2),

$$u' = -\frac{1}{\varkappa}\frac{\partial \varphi'}{\partial x} + \frac{h}{\varkappa^2}\frac{\partial \varphi}{\partial y},$$

de même, on a

$$v' = -\frac{1}{\varkappa}\frac{\partial \varphi'}{\partial y} - \frac{h}{\varkappa^2}\frac{\partial \varphi}{\partial x}. \tag{5}$$

De ces équations, combinées avec

$$\frac{\partial u'}{\partial x} + \frac{\partial v'}{\partial y} = 0,$$

on déduit pour l'état stationnaire

$$\cdot\frac{\partial^2\varphi'}{\partial x^2} + \frac{\partial^2\varphi'}{\partial y^2} = 0. \tag{6}$$

Comme d'ailleurs, aux électrodes, φ prend déjà les valeurs prescrites, il faut qu'on y ait

$$\varphi' = 0,$$

tandis qu'au bord libre nous obtenons la condition

$$u' \cos\alpha + v' \sin\alpha = 0,$$

ou, en vertu de (4) et (5),

$$\frac{\partial \varphi'}{\partial n} = \frac{h}{\varkappa}\left(\frac{\partial \varphi}{\partial y}\cos\alpha - \frac{\partial \varphi}{\partial x}\sin\alpha\right).$$

La dernière équation peut être remplacée par

$$\frac{\partial \varphi'}{\partial n} = \frac{h}{\varkappa}\frac{\partial \varphi}{\partial s}, \tag{7}$$

lorsque s est compté le long du bord et pris positif dans une direction telle, qu'une rotation de la normale n vers la direction s corresponde à une rotation de l'axe des x vers l'axe des y.

φ' différant maintenant de zéro, comme le confirment les expériences de M. HALL, il s'agit de savoir si la quantité d'électricité, qui par unité de temps s'écoule de s_1 sur la lame, est changée. En écrivant pour cette quantité $e + e'$, on a

$$e' = - \delta \int (u' \cos \alpha + v' \sin \alpha) ds_1,$$

donc, en vertu de (4) et (5),

$$e' = \frac{\delta}{\varkappa} \int \frac{\partial \varphi'}{\partial n} ds_1,$$

puisque, le long de s_1, il vient

$$\frac{\partial \varphi}{\partial s} = 0.$$

L'état étant supposé stationnaire, la quantité e' doit, en tout cas, quitter la lame à la seconde électrode, de sorte qu'on a aussi

$$e' = - \frac{\delta}{\varkappa} \int \frac{\partial \varphi'}{\partial n} ds_2.$$

Nous démontrerons maintenant que $e' = 0$. A cet effet, nous faisons usage de la formule connue

$$\int \varphi \left(\frac{\partial^2 \varphi'}{\partial x^2} + \frac{\partial^2 \varphi'}{\partial y^2} \right) d\omega - \int \varphi' \left(\frac{\partial^2 \varphi}{\partial x^2} + \frac{\partial^2 \varphi}{\partial y^2} \right) d\omega =$$

$$= \int \varphi \frac{\partial \varphi'}{\partial n} ds - \int \varphi' \frac{\partial \varphi}{\partial n} ds,$$

où $d\omega$ représente un élément de surface de la feuille métallique et où les deux premières intégrales doivent être prises sur toute l'étendue de cette feuille, les deux dernières le long du bord libre et des électrodes. Or, en vertu de (3) et de (6), les deux premières intégrales s'évanouissent, et la quatrième est également zéro, parce qu'aux électrodes on a $\varphi' = 0$ et au bord libre $\partial \varphi / \partial n = 0$. On obtient donc

$$\int \varphi \frac{\partial \varphi'}{\partial n} ds = 0. \tag{8}$$

Etendue à la première électrode, cette intégrale donne

$$\varphi_1 \int \frac{\partial \varphi'}{\partial n} ds_1 = \frac{\varkappa}{\delta} \varphi_1 e', \tag{9}$$

et pareillement, étendue à la seconde électrode,

$$\varphi_2 \int \frac{\partial \varphi'}{\partial n} ds_2 = - \frac{\varkappa}{\delta} \varphi_2 e' . \tag{10}$$

Pour la troisième partie de l'intégrale (8), partie qui doit être prise le long du bord libre, il est permis d'écrire, en vertu de (7),

$$\frac{h}{\varkappa} \int \varphi \frac{\partial \varphi}{\partial s} ds = \frac{h}{2\varkappa} \int \frac{\partial(\varphi^2)}{\partial s} ds$$

et nous pouvons étendre cette intégration au contour entier, puisque le long des électrodes on a $\partial \varphi/\partial s = 0$. Or, si l'on considère que le contour consiste en une ou plusieurs lignes fermées, dont chacune doit être parcourue en entier quand on veut évaluer l'intégrale (voir ce qui a été dit ci-dessus concernant la direction positive le long de s), on reconnaît que la dernière intégrale disparaît. L'équation (8) se réduit donc à ceci, que la somme de (9) et (10) s'annule, et de là suit $e' = 0$.

Si les équations (1) sont exactes, il passera donc par la lame, sous la différence de potentiel $\varphi_1 - \varphi_2$, la même quantité d'électricité, que la lame se trouve ou non dans le champ magnétique; en d'autres termes, la force magnétique ne déterminera aucun changement dans la *résistance* de la lame. Les expériences entreprises par M. HALL et par d'autres [1]), en vue de la découverte d'un pareil changement, ne pouvaient donc fournir aucun résultat ou du moins ne faire trouver qu'un changement de résistance d'un ordre supérieur à h.

§ 10. Immédiatement après que M. HALL eut exécuté ses premières expériences, M. ROWLAND [2]) fit remarquer que l'action dont elles accusaient l'existence pouvait conduire à une explication de la rotation électromagnétique du plan de polarisation de la lumière. En effet, si sous l'influence d'un aimant un courant est dévié de sa direction, par suite de l'apparition d'une composante transversale, on comprend que les vibrations lumineuses, qui selon la théorie de MAXWELL sont des mouvements de même nature que les courants électriques, éprouvent également une

---

[1]) Phil. Mag. **9**, 226, 1880; **10**, 301, 1880.
[2]) Phil. Mag. **9**, 432, 1880.

rotation dans un champ magnétique. Plus tard, M. ROWLAND a publié un mémoire étendu [1]), dans lequel il étudie la question de plus près, en se bornant aux corps isolants. Il est vrai que dans son expérience sur un isolateur M. HALL n'a pu constater une rotation des lignes de force, et que des raisons théoriques nous ont aussi fait regarder une semblable action comme peu probable; mais rien n'empêche de supposer que dans les isolateurs il se produit d'une autre manière une action analogue à celle que M. HALL a observée dans les métaux. On peut en effet admettre que, dans un champ magnétique, tout *mouvement* d'électricité dans l'isolateur (le *displacement-current* de MAXWELL) provoque une force électromotrice transversale. Telle est l'hypothèse qui a servi de point de départ à M. ROWLAND dans le mémoire cité en dernier lieu.

Les expériences de HALL n'ayant montré le nouveau phénomène que dans les métaux, j'ai cru que précisément chez ces corps il était opportun d'étudier l'influence du magnétisme sur le mouvement lumineux. Cette étude m'a paru offrir d'autant plus d'intérêt que les expériences de M. KERR, sur la lumière réfléchie par un pôle magnétique, ont fait connaître des phénomènes qui sont indubitablement dans une relation intime avec la rotation du plan de polarisation dans les corps transparents.

§ 11. Imaginons qu'un milieu quelconque, conducteur ou non, dans lequel se manifeste l'effet observé par M. HALL, soit placé dans un champ magnétique homogène, à lignes de force parallèles à l'axe des z. Lorsque des mouvements électriques ont lieu dans ce corps, la force électromotrice $(\mathbf{X}, \mathbf{Y}, \mathbf{Z})$, qui au temps t agit en un point (x, y, z), sera composée de deux parties, à savoir, de la force (X, Y, Z) imputable à l'action électrostatique et à l'induction, et de la force électromotrice accessoire, découverte par M. HALL. Comme nous devons admettre, pour pouvoir expliquer aussi dans les isolateurs la rotation du plan de polarisation, que le *displacement-current* produit une action analogue à celle du courant ordinaire de conduction nous supposerons que la force électromotrice transversale dépend de la manière indiquée au § 7 des composantes totales du courant. Celles-ci

---

1) Amer. Journal of Math. **3**, 89, 1880.
De ce mémoire je ne connais que l'extrait donné dans les Beiblätter zu Wied. Ann. **5**, 313, 1881.

étant représentées par u, v, w, nous posons donc

$$\mathbf{X} = X - hv, \quad \mathbf{Y} = Y + hu, \quad \mathbf{Z} = Z. \qquad (11)$$

§ 12. Rien n'est changé, par l'intervention de l'action nouvelle, ni à la manière dont la force électromotrice (X, Y, Z) dépend des composantes du courant, de la distribution de l'électricité libre et des moments magnétiques qui peuvent être suscités par le courant électrique, ni à la relation de ces dernières quantités entre elles.

En désignant donc par φ et χ les fonctions potentielles électrique et magnétique, par L, M, N les composantes de la force magnétique, les quatre dernières quantités en tant qu'elles sont dues au mouvement électrique, donc avec exclusion de la force magnétique permanente à laquelle le corps est soumis, enfin par ϑ la constante magnétique, on peut appliquer les équations ordinaires [1])

$$\left.\begin{aligned}
\frac{\partial Z}{\partial y} - \frac{\partial Y}{\partial z} &= (1 + 4\pi\vartheta)A\,\frac{\partial L}{\partial t}, \\[1ex]
\frac{\partial X}{\partial z} - \frac{\partial Z}{\partial x} &= (1 + 4\pi\vartheta)A\,\frac{\partial M}{\partial t}, \\[1ex]
\frac{\partial Y}{\partial x} - \frac{\partial X}{\partial y} &= (1 + 4\pi\vartheta)A\,\frac{\partial N}{\partial t},
\end{aligned}\right\} \qquad (\mathrm{I})$$

$$\frac{\partial X}{\partial x} + \frac{\partial Y}{\partial y} + \frac{\partial Z}{\partial z} = -\Delta\varphi + A^2 k\,\frac{\partial^2\varphi}{\partial t^2}, \qquad (\mathrm{II})$$

$$\left.\begin{aligned}
\frac{\partial N}{\partial y} - \frac{\partial M}{\partial z} &= A\left(\frac{\partial^2\varphi}{\partial x\,\partial t} - 4\pi u\right), \\[1ex]
\frac{\partial L}{\partial z} - \frac{\partial N}{\partial x} &= A\left(\frac{\partial^2\varphi}{\partial y\,\partial t} - 4\pi v\right), \\[1ex]
\frac{\partial M}{\partial x} - \frac{\partial L}{\partial y} &= A\left(\frac{\partial^2\varphi}{\partial z\,\partial t} - 4\pi w\right),
\end{aligned}\right\} \qquad (\mathrm{III})$$

---

[1]) HELMHOLTZ, Crelle's Journal. **72**, 57, 1870.
   Voir aussi ma Theorie der terugkaatsing en breking van het licht, Chap. II.
   A et k sont les constantes qui entrent dans la formule de l'induction.

$$\frac{\partial L}{\partial x} + \frac{\partial M}{\partial y} + \frac{\partial N}{\partial z} = - \Delta \chi, \qquad \text{(IV)}$$

$$\frac{\partial u}{\partial x} + \frac{\partial v}{\partial y} + \frac{\partial w}{\partial z} = \frac{1}{4\pi} \frac{\partial}{\partial t} (\Delta \varphi), \qquad \text{(V)}$$

$$\frac{\partial L}{\partial x} + \frac{\partial M}{\partial y} + \frac{\partial N}{\partial z} = \frac{1}{4\pi\vartheta} \Delta \chi, \qquad \text{(VI)}$$

qui avec (11) déterminent le mouvement lumineux, si nous y joignons encore les équations qui expriment la relation entre *u, v, w* et **X, Y, Z**.

§ 13. Bien que cette relation ne soit pas complètement connue, nous pouvons pourtant traiter la question très simplement, en nous bornant à considérer des faisceaux lumineux d'une durée de vibration déterminée et en laissant de côté tous les problèmes qui appartiennent à la théorie de la dispersion.

D'abord nous pouvons admettre que dans un milieu isotrope *u* n'est lié qu'à **X**, *v* à **Y**, *w* à **Z**, et que la forme de ces trois relations est la même. Ensuite, il sera permis de supposer que la relation entre **X** et *u* est exprimée par une équation dans laquelle ces quantités elles-mêmes et un ou plusieurs de leurs coefficients différentiels par rapport à *t* entrent linéairement, avec des coefficients constants, c'est-à-dire qu'on a

$$A\mathbf{X} + B \frac{\partial \mathbf{X}}{\partial t} + \dots = A'u + B' \frac{\partial u}{\partial t} + \dots \qquad (12)$$

où *A, B,...., A', B',....* dépendent de la nature du corps [1]).

On peut facilement déduire de là que, lorsque **X** est donné par une fonction goniométrique du temps, *u* est également représenté par une fonction de ce genre, laquelle toutefois, en général, offrira une certaine différence de phase par rapport

---

[1]) Cette équation comprend, par exemple, le cas où dans un isolateur les composantes de la polarisation diélectrique sont ε**X**, ε**Y**, ε**Z** et où, par conséquent, *u* = ε ∂**X**/∂*t*. De même, elle comprend le cas d'un courant ordinaire de conduction, où l'on a **X** = ϰ*u*. Mais, même en admettant (voir ma Theorie der terugkaatsing en breking van het licht, Chap. V, ainsi que Schlömilch's Zeitschrift, **22**, 1, 205, 1877; **23**, 197, 1877) que dans un métal il existe une polarisation électrique des molécules et que dans un courant une certaine masse est en mouvement, on arrive à des formules qui sont comprises dans l'équation (12). La forme générale de celle-ci a l'avantage d'être indépendante d'hypothèses particulières sur le mécanisme par lequel *u* est excité par **X**.

à **X**. La chose devient encore plus simple si l'on cherche d'abord, ainsi qu'il est permis de le faire pour un système d'équations linéaires, une solution où entrent des fonctions exponentielles, de laquelle on déduira ensuite la solution véritable, en supposant les exposants imaginaires et en prenant seulement les parties réelles.

Si maintenant u et **X** ne contiennent le temps que dans le facteur

$$e^{\gamma t},$$

(où γ sera supposé imaginaire et égal à $-i2\pi/T$), l'équation (12) et les deux équations correspondantes se réduisent à

$$u = p\mathbf{X}, \quad v = p\mathbf{Y}, \quad w = p\mathbf{Z}. \tag{13}$$

La quantité p est en général complexe et comprend les *deux* quantités (par exemple, la vitesse de propagation et le coefficient d'absorption, ou l'angle d'incidence principal et l'azimut principal) par lesquelles peuvent être caractérisées les propriétés optiques du milieu. Il est évident que p dépendra de γ, par conséquent de la durée de vibration T, mais, tant que nous nous bornons à une valeur unique de T, il n'est pas nécessaire d'examiner de plus près cette dépendance.

§ 14. Considérons maintenant le cas d'un faisceau lumineux qui traverse le milieu dans la direction de l'axe des z, donc suivant les lignes de force du champ magnétique. Nous ferons voir que des vibrations transversales sont possibles, mais qu'un mouvement d'électricité doit avoir lieu tant suivant l'axe des x que suivant l'axe des y. En d'autres termes, nous démontrerons que les expressions

$$u = e^{\gamma(t-Rz)}, \quad v = ae^{\gamma(t-Rz)}, \quad w = 0$$

satisfont aux équations du mouvement, lorsque a et R sont convenablement choisis.

Posons, pour abréger:

$$e^{\gamma(t-Rz)} = P,$$

donc

$$u = P, \quad v = aP, \quad w = 0;$$

il suit alors de (13)

$$\mathbf{X} = \frac{1}{p} P, \quad \mathbf{Y} = \frac{a}{p} P, \quad \mathbf{Z} = 0,$$

de (11)

$$X = \left(\frac{1}{p} + ah\right) P, \quad Y = \left(\frac{a}{p} - h\right) P, \quad Z = 0,$$

et de (I)

$$L = \frac{R}{(1 + 4\pi\vartheta)A} Y, \quad M = -\frac{R}{(1 + 4\pi\vartheta)A} X, \quad N = 0.$$

A (II), (IV), (V) en (VI) il sera satisfait par

$$\varphi = 0 \text{ et } \chi = 0,$$

tandis que la troisième des équations (III) donne alors $0 = 0$ et que les deux premières fournissent deux conditions. Si l'on pose

$$4\pi A^2(1 + 4\pi\vartheta) = B, \tag{14}$$

ces deux conditions sont

$$\gamma\left(\frac{1}{p} + ah\right) R^2 = B$$

et

$$\gamma\left(\frac{a}{p} - h\right) R^2 = aB.$$

De là résulte finalement

$$a = \pm i$$

et

$$R^2 = \frac{Bp}{\gamma(1 \pm ihp)}. \tag{15}$$

§ 15. L'apparition des doubles signes montre que *deux* états de vibration, tels que nous les avons supposés, sont possibles et que ces deux états suivent, dans leur propagation, des lois différentes.

Dans le premier, on a

$$u = P, \quad v = iP,$$

d'où, en posant

$$\gamma = - i\, \frac{2\pi}{T}$$

et

$$R = S_1 + iS_2$$

(car R est en général une quantité complexe), et en prenant finalement les seules parties réelles, on déduit

$$u = e^{-\frac{2\pi S_2}{T} z} \cos \frac{2\pi}{T} (t - S_1 z),$$

$$v = e^{-\frac{2\pi S_2}{T} z} \sin \frac{2\pi}{T} (t - S_1 z).$$

Ces équations représentent un faisceau de lumière polarisée circulairement, qui se propage avec la vitesse $1/S_1$ et subit une absorption dont la valeur est déterminée par S_2.

En prenant les signes inférieurs, on obtient un faisceau analogue, mais à polarisation circulaire opposée, et auquel correspondent d'autres valeurs de S_1 et de S_2.

L'équation (15), qui détermine la quantité R pour les deux états de mouvement, peut être mise sous une forme encore plus convenable par l'introduction de la valeur R_0, relative au cas où aucune force magnétique n'agit sur le corps. On a évidemment

$$R_0^2 = \frac{Bp}{\gamma}, \quad p = \gamma \frac{R_0^2}{B},$$

de sorte que (15) devient

$$R^2 = \frac{R_0^2}{1 \pm i\gamma \dfrac{R_0^2 h}{B}},$$

où, vu la faible valeur de h,

$$R = R_0 \left(1 \mp \tfrac{1}{2} i\gamma \frac{R_0^2 h}{B} \right). \tag{16}$$

Dans un isolateur, p est une quantité purement imaginaire et, puisque γ l'est également, R_0 est réel; d'après (16), R prendra de même une valeur réelle. Aucun des deux rayons polarisés circulairement ne subit donc, dans ce cas, une absorption; il n'y a à considérer que leurs vitesses de propagation, et de la différence de celles-ci on conclut, de la manière connue, à la rotation du plan de polarisation. Après le travail de M. ROWLAND, nous n'avons toutefois pas à nous occuper de cette question.

§ 16. Chez les métaux, rien jusqu'ici n'a été constaté directement quant aux différences d'absorption et de vitesse de propagation que doivent présenter les deux faisceaux lumineux dont il vient d'être question. Mais, comme en général chaque particularité dans la manière dont la lumière se propage dans un corps se dévoile dans les propriétés de la lumière réfléchie, il a été prouvé par les expériences de M. KERR que le fer, placé dans un champ magnétique, réfléchit la lumière suivant d'autres lois que le fer non magnétisé.

La théorie exposée plus haut permet de traiter la réflexion dans un champ magnétique [1]). Nous admettrons, à cet effet, que le phénomène observé par M. HALL existe seulement dans le second milieu, que par conséquent dans le premier, qui en outre sera transparent, le plan de polarisation n'est pas dévié. Nous nous bornons d'ailleurs au cas le plus simple, celui où le plan de séparation est perpendiculaire aux lignes de force et où la lumière a une incidence normale. Dans le second milieu il n'y aura alors qu'une propagation suivant les lignes de force, propagation à laquelle, si l'axe positif des z est dirigé du côté de ce milieu, s'appliquent immédiatement les formules établies dans les derniers paragraphes.

Pour trouver comment est réfléchi un mouvement incident donné, nous commençons par un problème plus simple, à savoir celui-ci: comment la lumière incidente doit-elle être constituée pour que dans le second milieu il ne se forme qu'un seul des deux faisceaux polarisés circulairement que nous avons appris à connaître, et quelles sont alors les propriétés de la lumière réfléchie? Ce problème offre deux cas, suivant qu'on veut ne se laisser former dans le second milieu que le faisceau polarisé à droite ou le faisceau polarisé à gauche, mais, les formules

---

[1]) Avant que M. HALL eût publié ses expériences, M. FITZGERALD avait déjà donné une théorie des expériences de M. KERR, dans laquelle, toutefois, il n'était pas tenu compte de l'absorption. (Phil. Trans. **171**, 691, 1880)

relatives à ces deux cas ne différant entre elles que par quelques signes, nous pouvons traiter les deux cas simultanément. En combinant les résultats obtenus, nous pourrons ensuite trouver la solution pour le cas où le mouvement incident est donné.

§ 17. Lorsque dans aucun des deux milieux n'existe l'effet de HALL, les forces électromotrices X, Y et les forces magnétiques L, M parallèles au plan de séparation varient d'une manière continue quand on passe du premier milieu au second [1]). Cette continuité étant une conséquence de la manière dont les susdites quantités dépendent des mouvements électriques et des moments magnétiques, les mêmes conditions limites s'appliqueront encore au cas actuel, pourvu qu'on attribue à X et Y la signification indiquée au § 11. Ces conditions limites sont d'ailleurs les seules dont il y ait à tenir compte, car il est clair que, dans le cas simple auquel nous nous bornons, il se produira un état de mouvement purement transversal, et que ni mouvement électrique, ni moments magnétiques, ni force électrique ou magnétique n'apparaîtront dans la direction de l'axe des z.

§ 18. En distinguant par les indices 1 et 2 les quantités qui ont rapport au premier et au second milieu, on peut écrire pour le mouvement dans ce dernier (§ 14)

$$u_2 = P_2, \quad v_2 = \pm\, iP_2,$$

$$X_2 = \left(\frac{1}{p_2} \pm ih\right)P_2, \quad Y_2 = \left(\pm\, \frac{i}{p_2} - h\right)P_2,$$

$$L_2 = \frac{R_2}{(1 + 4\pi\vartheta_2)A}\, P_2, \quad M_2 = -\frac{R_2}{(1 + 4\pi\vartheta_2)A}\, X_2,$$

$$P_2 = e^{\gamma(t - R_2 z)}.$$

Nous n'avons pas ajouté un facteur indéterminé (amplitude) à v_2, parce que l'intensité du faisceau qu'on veut faire apparaître peut naturellement être choisie arbitrairement. Alors toutefois l'intensité, non seulement de la lumière réfléchie, mais encore de la lumière incidente, devient une quantité inconnue.

De même que dans le second milieu, un mouvement, tant dans la direction de l'axe des x que dans celle de l'axe des y, devra

[1]) HELMHOLTZ, l. c. Voir aussi ma Theorie der terugkaatsing en breking, p. 66 et 158 .

avoir lieu dans le premier milieu. Le mouvement incident consistera donc en deux composantes u_1 et v_1, que nous pouvons représenter par

$$u = sP_1, \quad v = \sigma P_1,$$

$$P_1 = e^{\gamma(t - R_1 z)}$$

On aura ensuite, d'après les équations du mouvement pour le premier milieu,

$$X_1 = \frac{s}{p_1} P_1, \quad Y_1 = \frac{\sigma}{p_1} P_1,$$

$$L_1 = \frac{R_1}{(1 + 4\pi\vartheta_1)A} Y_1, \quad M_1 = -\frac{R_1}{(1 + 4\pi\vartheta_1)A} X_1.$$

Les quantités s et σ sont des constantes inconnues.

La lumière réfléchie aura une constitution semblable à celle de la lumière incidente. Affectant donc d'un accent les quantités qui appartiennent à ce faisceau, pour les distinguer de celles qui ont rapport à la lumière incidente, nous représentons le mouvement réfléchi, s' et σ' étant deux nouvelles constantes, par

$$u'_1 = s'P'_1, \quad v'_1 = \sigma'P'_1,$$

$$X'_1 = \frac{s'}{p_1} P'_1, \quad Y'_1 = \frac{\sigma'}{p_1} P'_1,$$

$$L'_1 = -\frac{R_1}{(1+4\pi\vartheta_1)A} Y'_1, \quad M'_1 = +\frac{R_1}{(1+4\pi\vartheta_1)A} X'_1,$$

$$P'_1 = e^{\gamma(t + R_1 z)}$$

§ 19. A la surface de séparation, où nous supposons $z = 0$, on aura

$$P_1 = P'_1 = P_2$$

et la continuité de X, Y, L et M donne successivement

$$\frac{s + s'}{p_1} = \frac{1}{p_2} \pm ih, \tag{17}$$

$$\frac{\sigma + \sigma'}{p_1} = \pm \frac{i}{p_2} - h,$$

$$\frac{R_1}{1 + 4\pi\vartheta_1} \frac{\sigma - \sigma'}{p_1} = \frac{R_2}{1 + 4\pi\vartheta_2}\left(\pm \frac{i}{p_2} - h\right),$$

$$\frac{R_1}{1 + 4\pi\vartheta_1} \frac{s - s'}{p_1} = \frac{R_2}{1 + 4\pi\vartheta_2}\left(\frac{1}{p_2} \pm ih\right). \tag{18}$$

De ces équations il résulte d'abord

$$\sigma = \pm is, \quad \sigma' = \pm is',$$

de sorte que, pour qu'un seul faisceau de lumière apparaisse dans le second milieu, la lumière incidente doit être polarisée circulairement, et que dans ce cas la lumière réfléchie possédera la même propriété.

Ensuite, on tire de (17) et (18)

$$s' = \frac{\dfrac{R_1}{1 + 4\pi\vartheta_1} - \dfrac{R_2}{1 + 4\pi\vartheta_2}}{\dfrac{R_1}{1 + 4\pi\vartheta_1} + \dfrac{R_2}{1 + 4\pi\vartheta_2}} s,$$

et il n'y a aucune difficulté à trouver séparément chacune des deux valeurs s et s'.

§ 20. Si nous attribuons maintenant à l'amplitude s de la lumière incidente la valeur 1, celle de la lumière réfléchie devient

$$a = \frac{s'}{s} = \frac{\dfrac{R_1}{1 + 4\pi\vartheta_1} - \dfrac{R_2}{1 + 4\pi\vartheta_2}}{\dfrac{R_1}{1 + 4\pi\vartheta_1} + \dfrac{R_2}{1 + 4\pi\vartheta_2}} \tag{19}$$

et le mouvement total dans le premier milieu est représenté par

$$u_1 = P_1, \quad v_1 = \pm iP_1,$$

$$u_1' = aP_1', \quad v_1' = \pm iaP_1'.$$

Les valeurs de R_2 et de a, pour le cas où aucune force magnétique n'agit, étant désignées par $R_{2(0)}$ et a_0, on a d'après (16)

$$R_2 = R_{2(0)} \mp \tfrac{1}{2}i\gamma \frac{R_{2(0)}^3 h}{B_2}$$

et d'après (19)

$$a = a_0 \pm \delta,$$

où

$$\delta = i\frac{h\gamma}{B_2} \frac{\dfrac{R_1 R_{2(0)}^3}{(1 + 4\pi\vartheta_1)(1 + 4\pi\vartheta_2)}}{\left[\dfrac{R_1}{1 + 4\pi\vartheta_1} + \dfrac{R_{2(0)}}{1 + 4\pi\vartheta_2}\right]^2}.$$

Séparant enfin les deux problèmes traités jusqu'ici concurremment, nous obtenons deux solutions représentées par

$$u_1 = P_1, \quad v_1 = + iP_1,$$

$$u_1' = (a_0 + \delta)P_1', \quad v_1' = + i(a_0 + \delta)P_1'$$

et

$$u_1 = P_1, \quad v_1 = - iP_1,$$

$$u_1' = (a_0 - \delta)P_1', \quad v_1' = - i(a_0 - \delta)P_1'.$$

De la combinaison de ces deux solutions on peut maintenant en déduire une troisième dans laquelle la lumière incidente est polarisée rectilignement. Si l'on veut que les vibrations s'y exécutent dans le plan xz, la lumière incidente conservant d'ailleurs l'amplitude 1, on n'a qu'à prendre la demi-somme des deux solutions. On a alors

$$u_1 = P_1, \quad v_1 = 0,$$

$$u_1' = a_0 P_1', \quad v_1' = i\delta P_1'.$$

§ 21. Tandis que, en dehors du champ magnétique, un faisceau lumineux à incidence normale et polarisation rectiligne ne donne lieu qu'à un faisceau réfléchi ayant la même direction de vibration, ici il apparaît en outre une composante (v_1') polarisée perpendiculairement à la lumière incidente. C'est cette composante qui a été observée dans les expériences de M. KERR. Pour caractériser complètement ce faisceau, on devra déduire de (20)

son amplitude et sa phase comparativement à la lumière incidente, ou comparativement à la composante u'_1. Bornons-nous
en ce moment à l'amplitude; celle-ci calculée, on peut, dans
une certaine mesure, porter un jugement sur le phénomène observé par M. KERR. Cette amplitude s'obtient, comme on sait,
en prenant le module de l'expression complexe que nous venons
de trouver pour v'_1, opération dans laquelle on peut appliquer
la proposition que le module du produit de plusieurs quantités
complexes est le produit des modules de chacun des facteurs.

§ 22. On arrive ainsi à un résultat assez simple, lorsqu'on
admet que dans le métal la valeur de ϑ peut être supposée égale
à la valeur dans le premier milieu. On a alors

$$\delta = i \cdot \frac{h\gamma}{B} \frac{R_1 R_{2(0)}^3}{[R_1 + R_{2(0)}]^2},$$

et en posant

$$\frac{R_{2(0)}}{R_1} = \sigma e^{i\tau}.$$

(σ et τ réels) [1]), on trouve successivement

$$\text{Mod. } [R_{2(0)}] = \sigma R_1,$$

$$\text{Mod. } [R_{2(0)}^3] = \sigma^3 R_1^3,$$

$$\text{Mod. } [R_1 + R_{2(0)}]^2 = R_1^2 (1 + 2\sigma \cos \tau + \sigma^2),$$

par conséquent, à cause de

$$\text{Mod.}(\gamma) = \frac{2\pi}{T},$$

$$\text{Mod.}(\delta) = \frac{2\pi h R_1^2}{BT} \frac{\sigma^3}{1 + 2\sigma \cos \tau + \sigma^2}. \tag{21}$$

Telle est l'amplitude de la composante en question, dans la
lumière réfléchie.

§ 23. Il s'agit maintenant de savoir si ce résultat peut encore
être admis pour le fer et l'acier. Chez ces matières, la constante
magnétique ϑ, dans le cas de forces magnétiques qui agissent
pendant un temps assez long, diffère beaucoup de la constante ϑ_1
pour l'air ($1 + 4\pi\vartheta/1 + 4\pi\vartheta_1$ acquiert même la valeur 400), et
il n'y a pas à douter que la formule (21) serait complètement

---

[1]) σ a ici une autre singification qu'au § 18.

inexacte si le métal avait la même constante magnétique vis-à-vis de forces magnétiques rapidement variables, telles qu'elles se présentent dans les vibrations lumineuses.

Si l'on considère, toutefois, que sous l'influence du magnétisme les molécules du fer subissent une rotation et qu'une certaine masse est donc mise en mouvement, il paraîtra très possible que, pendant les vibrations lumineuses, les molécules n'ont pas le temps de suivre d'une manière appréciable les forces magnétiques et que par conséquent, pour ces mouvements, ϑ n'est pas sensiblement plus grand dans le métal que dans l'air. Effectivement, dans la réflexion ordinaire par l'acier, rien n'a décelé, que je sache, l'influence que devrait avoir, dans ce cas, une forte valeur de ϑ [1]); la réflexion sur l'acier suit les mêmes lois que celle sur tout autre métal.

Dans le problème dont nous nous sommes occupés ici, il y a encore une circonstance de nature à réduire notablement la valeur de ϑ. Le métal, en effet, était placé dans un champ magnétique puissant, et il est facile de voir que lorsque le fer, dans une certaine direction, a déjà acquis complètement ou presque complètement le maximum de moment magnétique, de petites forces accessoires susciteront des moments plus faibles que si la première magnétisation n'existait pas.

J'espère plus tard pouvoir revenir sur ces questions; provisoirement, toutefois, il ne me semble pas improbable que la formule (21) puisse s'appliquer même au fer et à l'acier.

§ 24. On doit remarquer encore que, dans le calcul des §§ 16—22, il n'a pas été introduit, comme supposition nécessaire, que le second milieu soit un métal. Un corps transparent doit également présenter un phénomène semblable à celui que M. KERR a observé dans le fer, et de la formule générale (21) on peut facilement déduire Mod.(δ) pour un pareil corps. Dans ce cas, en effet, $R_{2(0)}/R_1$ est réel et égal à l'indice de réfraction n, de sorte qu'on a $\tau = 0$ et $\sigma = n$ et que le dernier facteur dans (21) devient

$$\frac{n^3}{(1+n)^2}.$$

---

[1]) Cette influence consisterait en ce que chez le fer et l'acier les propriétés de la lumière réfléchie, pour des angles d'incidence différents, ne pourraient être calculées à l'aide de l'angle d'incidence principal et de l'azimut principal, de la même manière que chez les autres métaux.

§ 25. La formule (21) montre que Mod.(δ) pour des matières différentes, est proportionnel, d'abord à la valeur que h a pour ces matières, et, en second lieu, à la fraction

$$F = \frac{\sigma^3}{1 + 2\sigma \cos \tau + \sigma^2}$$

Celle-ci peut être calculée pour chaque corps au moyen de ses propriétés optiques (pour un métal, au moyen de l'angle d'incidence principal A et de l'azimut principal H) [1]. C'est ainsi que je trouve pour l'acier ($A = 76°40'$, $H = 16°48'$) $F = 2,83$; pour l'argent ($A = 72°30'$, $H = 40°9'$) $F = 2,09$; tandis que pour le sulfure de carbone ($n = 1,6$) on a $F = 1,15$.

J'ai calculé la valeur de F pour l'argent, parce que dans les expériences de M. HALL ce métal a montré, après le fer, l'action la plus forte, de sorte qu'il est permis de croire que si, après le fer, quelque autre métal peut présenter un effet sensible dans l'expérience de KERR, ce sera l'argent. M. HALL dit [2] que la valeur de h pour le fer est à celle pour l'argent comme 78 à 8,6 et en combinant ce rapport avec les résultats que nous avons obtenus pour F, on trouve que pour l'argent Mod.(δ) sera environ 12 fois plus petit que pour le fer.

§ 26. Il importera maintenant de savoir si, quant à la grandeur absolue, les phénomènes observés par M. KERR dans ses expériences sur la réflexion sont en accord avec la valeur que M. HALL a trouvée pour h. Pour résoudre cette question, il faut d'abord faire subir une légère modification à la formule (21). Les valeurs réelles des quantités h et A, cette dernière entre dans B en vertu de (14), ne sont en effet pas égales aux valeurs observées h' et A', et cela à cause de la polarisation diélectrique et magnétique de l'air dans lequel les observations qui servent à déterminer ces quantités ont été faites. D'abord, on a [3]

$$A^2 = \frac{A'^2}{(1 + 4\pi\varepsilon_1)(1 + 4\pi\vartheta_1)},$$

ε_1 étant la constante de la polarisation diélectrique dans l'air. En second lieu, d'après (1), h est une quantité analogue à $\varkappa$

---

[1] Voir ma Theorie der terugkaatsing en breking, p. 168 (Collected Papers, T. 1, 183, 374).

[2] Phil. Mag. **10**, 323. 1880.

[3] Theorie der terugkaatsing en breking, p. 69 (Collected Papers, **1**, 74, 265).

(savoir, le rapport d'une force électromotrice et d'un courant électrique), et l'on a donc [1])

$$h = \frac{h'}{1 + 4\pi\varepsilon_1} \cdot$$

Si l'on remarque enfin que R_1 est la valeur inverse de la vitesse de propagation dans l'air, et qu'on peut donc poser $R_1 = A'$, la formule (21) devient

$$\text{Mod.}(\delta) = \frac{h'}{2T} \frac{\sigma^3}{1 + 2\sigma \cos \tau + \sigma^2}$$

et se prêtera alors à la comparaison avec des mesures absolues.

En terminant cette étude il convient de remarquer que dans ses expériences M. KERR n'a qu'une seule fois opéré avec des rayons réfléchis perpendiculairement à la surface. Il est donc nécessaire d'étendre la théorie que nous venons de développer au cas des incidences obliques. C'est ce qu'a fait M. W. van LOGHEM, dans sa *Theorie der terugkaatsing van het licht door magneten*.

---

[1]) Theorie der terugkaatsing en breking, p. 44 (Collected Papers, 1, 46, 237).

LA THÉORIE ÉLECTROMAGNÉTIQUE DE MAXWELL ET SON APPLICATION AUX CORPS MOUVANTS [1]

TABLE DES MATIÈRES

INTRODUCTION

Hypothèses fondamentales

§ 1. Dans un des plus beaux chapitres de son *Traité de l'électricité et du magnétisme*, MAXWELL fait voir comment les principes de la mécanique peuvent servir à élucider les questions
d'électrodynamique et la théorie des courants induits, sans qu'il
soit nécessaire de pénétrer le secret du mécanisme qui produit les
phénomènes. L'illustre savant se borne à un petit nombre d'hypothèses, que tous les physiciens connaissent et dont on me permettra de rappeler ici les principales.

Les anciennes théories opéraient avec un ou deux fluides électriques, qui seraient en repos dans les phénomènes électrostatiques et dont le déplacement constituerait un courant. MAXWELL
admet également que les systèmes dont on s'occupe en électrostatique se trouvent en repos et que ceux où il y a des courants

---

[1] Arch. Néerl. **25**, 363, 1892.

sont le siège d'un véritable mouvement; mais, selon lui, ce dernier n'est pas simplement le déplacement d'une matière électrique et ce qui se passe dans les fils conducteurs ne constitue pas le mouvement entier.

C'est là un point d'une importance fondamentale. On sait que MAXWELL, en suivant la voie tracée par FARADAY, cherche à expliquer par l'intervention du milieu toutes les actions qui semblent s'exercer à distance, le milieu étant tantôt l'éther qui transmet les vibrations de la lumière, tantôt un corps pondérable. Si des fils de métal sont parcourus par des courants électriques, les particules du milieu ambiant sont animées d'un certain mouvement, que j'appellerai le *mouvement électromagnétique* et qui consiste probablement en une rotation autour des lignes de force magnétique. Selon MAXWELL, la force vive de ce mouvement est précisément l'énergie electromagnétique dont, indépendamment de toute théorie, les expériences ont révélé l'existence et fixé la valeur et que la théorie répartit d'une manière déterminée sur les différentes parties de l'espace.

Remarquons, dès à présent, que dans un même élément de volume un courant électrique et un mouvement électromagnétique peuvent exister simultanément.

§ 2. Dans une autre hypothèse de MAXWELL il est question des liaisons entre les différentes parties du système mobile. Figurons-nous un certain nombre de circuits linéaires qui se déplacent d'une manière quelconque et supposons pour un moment qu'il n'y ait aucun courant électrique. Si les fils conducteurs sont entourés d'un milieu pour lequel ils ne sont pas parfaitement perméables, leur mouvement donnera lieu à un déplacement de ce milieu; en outre, dans une théorie générale, il faudrait admettre que des corps quelconques, placés dans le voisinage des conducteurs, peuvent se mouvoir indépendamment de ces derniers. Toutefois, pour simplifier, je me bornerai au cas où, tant qu'il n'y a pas de courants, le mouvement du système entier est connu, lorsque celui des circuits est donné.

Si maintenant, sans rien changer au mouvement des conducteurs, on y établit des courants électriques, les choses se compliqueront davantage: outre les mouvements qui existaient déjà, ceux que nous avons appelés „électromagnétiques" prendront naissance. Je désignerai par P les points matériels qui prennent part à ce nouveau phénomène et je supposerai que, pour un certain moment t_0, on connaisse la position de chaque circuit et celle de tous les points P. Cela posé, l'hypothèse de MAXWELL peut être exprimée en ces termes:

En vertu des liaisons qui existent dans le système, les positions des points P à un instant ultérieur t sont entièrement déterminées dès qu'on connaît les nouvelles positions des circuits et, pour chacun d'eux, la quantité d'électricité qui, entre les moments t_0 et t, a traversé une section.

Cette quantité d'électricité est ici regardée comme une somme algébrique, les signes $+$ et $-$ étant employés pour indiquer si l'électricité se déplace dans un sens ou dans l'autre. Lorsque i est l'intensité d'un courant prise avec un signe qui en détermine la direction, la quantité dont je viens de parler peut être représentée par l'intégrale

$$\int_{t_0}^{t} i\, dt$$

et l'hypothèse elle-même revient à ce qui suit:

(A). Si deux mouvements différents du système s'accordent en ce qui concerne la position primitive du système tout entier, la position finale des circuits conducteurs et les valeurs des intégrales $\int i\, dt$, ces deux mouvements conduiront aux mêmes positions finales des points P.

Un état de repos peut être envisagé comme un cas particulier de mouvement. Or, un tel état, sans aucun courant électrique, peut être substitué à l'un des deux mouvements dont il vient d'être question; pour que cela soit permis, il suffit que dans l'autre mouvement toutes les intégrales $\int i\, dt$ s'annulent et que ce mouvement reconduise les circuits à leurs positions initiales. On arrive ainsi à cette conséquence:

(B). Si, à la suite de déplacements quelconques, tous les circuits se retrouvent dans leurs positions primitives et que, dans le cours de ces déplacements, chaque section ait été traversée dans les deux directions opposées par des quantités égales d'électricité, c'est-à-dire si pour chaque circuit $\int i\, dt = 0$, toutes les particules qui prennent part aux mouvements électromagnétiques se retrouveront dans leurs positions primitives.

Du reste, cet énoncé n'est pas seulement une conséquence de

l'hypothèse (A); l'inverse a également lieu. Un raisonnement bien simple conduit à la proposition (A) si on prend pour point de départ l'assertion (B). Pour abréger ce raisonnement, je désignerai par la lettre U les positions des circuits et par W celles des points P.

Remarquons d'abord que la proposition (B) conduit immédiatement au corollaire suivant: Si, dans un certain mouvement, les circuits et les points P ont les positions initiales U et W et les positions finales U' et W', tandis que les intégrales $\int i\, dt$ ont les valeurs ε, le renversement du mouvement des circuits, c'est-à-dire le déplacement $U' \to U$, lorsqu'il est accompagné de courants tels que $\int i\, dt = -$ ε, impliquera nécessairement le déplacement $W' \to W$.

Cela posé, on peut considérer deux mouvements I et II qui commencent avec les mêmes positions U_0 et W_0 et qui aboutissent, le premier aux positions U_1 et W_1, le second aux positions U_1 et W'_1, l'intégrale $\int i\, dt$ ayant, pour chaque circuit, la même valeur ε dans les deux cas. Or, en commençant par les positions U_1 et W_1, on peut d'abord renverser le mouvement I, ce qui rétablit les positions U_0 et W_0, et on peut faire suivre le mouvement II, ce qui conduit aux positions U_1 et W'_1. Les circuits se retrouvent alors dans leurs positions primitives U_1 et une section d'un d'entre eux a été traversée d'abord par la quantité d'électricité $-$ε et ensuite par la quantité $+$ ε. La proposition (B) exige donc que les positions W_1 et W'_1 coïncident et voilà précisément ce que MAXWELL suppose dans la proposition (A).

Cette hypothèse, qu'on peut à volonté présenter sous l'une ou l'autre des formes (A) et (B), a un défaut. C'est qu'il est difficile d'imaginer un système matériel dans lequel les choses se passent de la manière supposée. Cependant, elle ne semble contenir rien d'impossible. C'est du reste un point sur lequel je reviendrai.

Après avoir posé les principes que je viens de résumer, MAXWELL applique les équations de LAGRANGE; il arrive ainsi à des formules bien connues pour les forces électrodynamiques et pour l'induction des courants. Les forces extérieures qui entrent en jeu sont d'abord des forces ordinaires qu'on fait agir sur la matière pondérable des conducteurs, en second lieu les forces électromotrices telles qu'elles existent dans les éléments voltaïques et les couples thermoélectriques, enfin la résistance qui s'oppose au mouvement de l'électricité et qui peut être comparée à un frottement.

§ 3. Les équations qui déterminent les mouvements de l'électricité dans des corps à trois dimensions ne résultent pas, dans le livre de MAXWELL, d'une application directe des lois de la mécanique; elles reposent sur les résultats qui ont été obtenus pour les conducteurs linéaires.

De plus, elles n'ont pas la forme la plus simple que l'on puisse leur donner; il est même difficile d'y voir clair, à cause d'un certain nombre de quantités auxiliaires qu'on en peut éliminer. C'est ce qu'a remarqué, il y a déjà quelques années, M. HEAVISIDE [1]). Récemment, M. HERTZ [2]) a repris le problème; il a établi, d'abord pour des systèmes en repos, et ensuite pour des córps mobiles, un système d'équations, de forme très-simple, qui peuvent rendre compte des phénomènes observés.

Il y a une différence essentielle entre la méthode de M. HERTZ et celle de MAXWELL. M. HERTZ ne s'occupe guère d'un rapprochement entre les actions électromagnétiques et les lois de la mécanique ordinaire. Il se contente d'une description succincte et claire, indépendante de toute idée préconçue sur ce qui se passe dans le champ électromagnétique. Inutile de dire que cette méthode a ses avantages.

Cependant, on est toujours tenté de revenir aux explications mécaniques. C'est pourquoi il m'a semblé utile d'appliquer directement au cas le plus général la méthode dont MAXWELL a donné l'exemple dans son étude des circuits linéaires. J'avais encore un autre motif pour entreprendre ces recherches. Dans le mémoire où M. HERTZ traite des corps en mouvement, il admet que l'éther qu'ils contiennent se déplace avec eux. Or, des phénomènes optiques ont depuis longtemps démontré qu'il n'en est pas toujours ainsi. Je désirais donc connaître les lois qui régissent les mouvements électriques dans des corps qui traversent l'éther sans l'entraîner, et il me semblait difficile d'atteindre ce but sans avoir pour guide une idée théorique. Les vues de MAXWELL peuvent servir de fondement à la théorie cherchée. Toutefois, avant d'aborder les questions qui m'intéressaient plus spécialement,

---

[1]) Phil. Mag. **22**, 118, 1886.
[2]) Wied. Ann. **40**, 577, 1890; Wied. Ann. **41**, 369, 1890.

j'ai cru devoir considérer les cas que M. HERTZ a aussi étudiés [1]).

Le principe de d'Alembert

§ 4. Comme je me servirai à plusieurs reprises du principe de D'ALEMBERT, je commencerai par lui donner une forme propre aux applications spéciales que je me propose.

Considérons un système matériel dont les points sont assujettis à certaines liaisons. En vertu de ces dernières le système ne peut pas prendre toutes les positions ou configurations imaginables, et, une position déterminée étant donnée, les points matériels ne peuvent pas recevoir des déplacements arbitrairement choisis. Je nommerai $m_1, m_2, \ldots$ les masses de ces points, $x_1, y_1, z_1, x_2, y_2, z_2, \ldots$ leurs coordonnées, $X_1, Y_1, Z_1, X_2, Y_2, Z_2 \ldots$ les composantes des forces auxquelles ils se trouvent soumis, et je supposerai que toutes les variations infiniment petites $\delta x_1, \delta y_1, \delta z_1, \delta x_2, \ldots$ qui peuvent avoir lieu à partir d'une position déterminée par $x_1, y_1, z_1, x_2, y_2, z_2 \ldots$ satisfont à un système d'équations homogènes et linéaires:

$$\left.\begin{array}{l} a_1\delta x_1 + b_1\delta y_1 + c_1\delta z_1 + a_2\delta x_2 + \ldots = 0, \\ a'_1\delta x_1 + b'_1\delta y_1 + c'_1\delta z_1 + a'_2\delta x_2 + \ldots = 0. \end{array}\right\} \quad (1)$$

. . . .

Les coefficients a, b, c dépendront de la position, c'est-à-dire des coordonnées x, y, z, mais je supposerai que le temps t n'y entre pas explicitement.

J'indiquerai par $\dot{x}_1, \dot{y}_1, \dot{z}_1, \dot{x}_2, \ldots$ les vitesses et par $\ddot{x}_1, \ddot{y}_1, \ddot{z}_1, \ddot{x}_2, \ldots$ les accélérations des points matériels dans le mouvement qu'on étudie. Alors le principe de D'ALEMBERT exige que l'on ait

$$\Sigma\,(X\delta x + Y\delta y + Z\delta z) = \Sigma\,m(\ddot{x}\delta x + \ddot{y}\delta y + \ddot{z}\delta z)$$

pour toutes les valeurs des variations qui sont compatibles avec les conditions (1).

---

[1]) Après avoir achevé ce mémoire, j'ai lu une publication récente de M. BOLTZMANN, intitulée: „Vorlesungen über Maxwell's Theorie der Electricität und des Lichtes" (Erster Theil, Ableitung der Grundgleichungen für ruhende, homogene, isotrope Körper), dont l'objet principal est l'explication mécanique inaugurée par MAXWELL. Bien que nous ayons été guidés, M. BOLTZMANN et moi, par la même idée fondamentale et que plusieurs de nos résultats soient équivalents, nous avons souvent employé des méthodes différentes et les questions que nous avions en vue n'étaient pas en général les mêmes.

La dernière formule peut être mise sous la forme

$$\delta A = \Sigma\, m(\ddot{x}\delta x + \ddot{y}\delta y + \ddot{z}\delta z), \tag{2}$$

δA étant le travail des forces qui correspond aux déplacements virtuels δx, δy, δz.

§ 5. L'équation renferme seulement les valeurs de ces déplacements relatives au temps t. On peut cependant attribuer une variation infiniment petite non seulement à la position qu'occupe le système à cet instant, mais aussi aux autres positions qui se succèdent dans le cours du mouvement réel. Les variations des coordonnées doivent dans ce cas être considérées comme des fonctions de t, fonctions que je supposerai continues, et on peut imaginer un mouvement dans lequel le système prend à chaque instant la position variée dont il vient d'être question. Ce nouveau mouvement sera nommé le *mouvement varié*. La variation que subit une fonction quelconque des coordonnées et des vitesses, si, en laissant le temps constant, on passe du mouvement réel au mouvement varié, sera désignée par le signe δ.

Mettons l'équation (2) sous la forme

$$\delta A = \frac{d}{dt}\Sigma\, m(\dot{x}\delta x + \dot{y}\delta y + \dot{z}\delta z) - \Sigma\, m\left(\dot{x}\,\frac{d\delta x}{dt} + \dot{y}\,\frac{d\delta y}{dt} + \dot{z}\,\frac{d\delta z}{dt}\right)$$

et représentons par T l'énergie cinétique du système

$$\Sigma\, \tfrac{1}{2}m(\dot{x}^2 + \dot{y}^2 + \dot{z}^2).$$

Comme on a

$$\frac{d\delta x}{dt} = \delta\dot{x}, \quad \frac{d\delta y}{dt} = \delta\dot{y}, \quad \frac{d\delta z}{dt} = \delta\dot{z},$$

on trouve

$$\Sigma\, m\left(\dot{x}\,\frac{d\delta x}{dt} + \dot{y}\,\frac{d\delta y}{dt} + \dot{z}\,\frac{d\delta z}{dt}\right) = \delta T.$$

D'autre part, l'expression

$$\Sigma m(\dot{x}\delta x + \dot{y}\delta y + \dot{z}\delta z)$$

est évidemment la variation qu'on donnerait à T si on imposait aux vitesses $\dot{x}, \dot{y}, \dot{z}$ les variations $\delta x, \delta y, \delta z$ que subissent en réalité les coordonnées. En indiquant par $\delta' T$ cette variation de T, on trouve

$$\delta A = \frac{d\delta' T}{dt} - \delta T. \tag{3}$$

Dénominations et signes mathématiques employés dans ce mémoire

§ 6. *a*. La direction d'une rotation dans un plan et la direction d'une normale à ce même plan seront dites *correspondre* l'une à l'autre si le premier mouvement est opposé à celui des aiguilles d'une montre posée sur le plan et ayant le cadran tourné vers le même côté que la normale.

b. Les axes des coordonnées, OX, OY, OZ, seront choisis de manière que la direction de OZ corresponde à celle d'une rotation de 90° de OX vers OY.

c. Un espace, une surface et une ligne seront désignés respectivement par τ, σ, et s, les parties infiniment petites dans lesquelles ils peuvent être divisés par $d\tau$, $d\sigma$, ds.

d. La normale à une surface quelconque σ sera toujours dirigée vers un côté déterminé qu'on nommera le côté positif. Dans le cas d'une surface limitée, la direction de la normale et la direction positive le long du contour s seront liées l'une à l'autre par la règle suivante:

Dans un point P de la surface, tout près du bord, la direction de la normale doit correspondre à celle de la rotation que subit la ligne PQ si le point Q parcourt dans le sens positif la partie du contour qui se trouve dans le voisinage de P.

e. La normale à une surface sera toujours désignée par la lettre n, et une direction quelconque dans le plan tangent par la lettre h.

f. Nous aurons à considérer un grand nombre de fonctions qui dépendent des coordonnées x, y, z et peuvent dépendre en outre du temps t. La *distribution* d'une telle fonction, c'est-à-dire la manière dont elle varie d'un point à l'autre, sera déterminée par des équations de deux sortes, les unes relatives aux points de l'espace, c'est-à-dire à tous les points où il n'y a aucune discontinuité, et les autres relatives aux point des surfaces qui séparent deux corps ou milieux différents et où des discontinuités peuvent se présenter.

Pour distinguer dans ces dernières équations les quantités qui se rapportent au premier ou au second corps, on fera usage des indices 1 et 2. Ainsi la continuité d'une fonction φ sera exprimée par l'équation

$$\varphi_1 = \varphi_2.$$

La normale sera toujours dirigée vers le côté qui est indiqué par l'indice 2.

g. Un vecteur sera représenté en général par une lettre grasse et la composante d'un vecteur **A** suivant la direction *l* par le signe $\mathbf{A}_l$.

Pour connaître la distribution d'un vecteur **A** il faut que l'on connaisse la distribution des trois composantes $\mathbf{A}_x$, $\mathbf{A}_y$, $\mathbf{A}_z$.

Un vecteur aux composantes X, Y, Z sera aussi représenté par le signe (X, Y, Z).

h. La distribution d'un vecteur **A** sera dite *solénoïdale* lorsque dans tous les points de l'espace les composantes sont égales à celles de la vitesse dans un mouvement possible d'un fluide incompressible. Pour qu'il en soit ainsi, il faut que

$$\frac{\partial \mathbf{A}_x}{\partial x} + \frac{\partial \mathbf{A}_y}{\partial y} + \frac{\partial \mathbf{A}_z}{\partial z} = 0$$

et

$$(\mathbf{A}_n)_1 = (\mathbf{A}_n)_2.$$

i. L'intégrale

$$\int \mathbf{A}_n \, d\sigma$$

sera nommée l'intégrale du vecteur **A** étendue à la surface σ, et par l'intégrale du vecteur prise le long d'une ligne *s* on entendra l'expression

$$\int \mathbf{A}_s \, ds.$$

j. Le signe Δ aura la signification suivante:

$$\Delta = \frac{\partial^2}{\partial x^2} + \frac{\partial^2}{\partial y^2} + \frac{\partial^2}{\partial z^2}.$$

k. L'expression

$$M \ (=) \ N$$

signifiera que les quantités M et N sont du même ordre de grandeur.

———

CHAPITRE I

Valeur de l'énergie cinétique

§ 7. Considérons un système quelconque de corps, conducteurs
ou diélectriques, homogènes et isotropes ou non et remplissant
l'espace infini, l'un d'entre eux pouvant être l'éther de l'optique.
Dans tous ces corps, même, suivant les idées de MAXWELL, dans
l'éther, le phénomène qu'on appelle un courant électrique peut
avoir lieu. Le courant mesuré en unités électromagnétiques sera
représenté par $\mathbf{C}$, et pour abréger j'écrirai u, v, w, au lieu de
$\mathbf{C}_x$, $\mathbf{C}_y$, $\mathbf{C}_z$. Avec MAXWELL je supposerai que la distribution du
courant est toujours solénoïdale. Il faut donc que l'on ait

$$\frac{\partial u}{\partial x} + \frac{\partial v}{\partial y} + \frac{\partial w}{\partial z} = 0 \tag{4}$$

et

$$(\mathbf{C}_n)_1 = (\mathbf{C}_n)_2. \tag{5}$$

§ 8. L'explication des phénomènes d'induction au moyen de la
masse des particules qui prennent part aux mouvements électromagnétiques constitue un des traits caractéristiques de la théorie
de MAXWELL. Or, dans l'équation (3) qui exprime le principe de
D'ALEMBERT, la masse des points matériels est implicitement ren-
fermée dans le second membre; on est donc amené à considérer
en premier lieu la valeur de l'énergie cinétique T dans un système
où il y a des courants électriques. Suivant MAXWELL, cette énergie n'est autre chose que celle désignée par le nom d'énergie électromagnétique. La valeur en peut être calculée au moyen de deux
vecteurs qu'on appelle la *force magnétique* et *l'induction magnétique*

La force magnétique et ses composantes seront représentées par **H**, α, β, γ, l'induction magnétique et ses composantes par **B**, a, b, c.

§ 9. Voici les propriétés de ces deux vecteurs qui servent à les déterminer dès qu'on connaît la distribution du courant électrique:

1. La distribution de l'induction magnétique est solénoïdale.

2. L'intégrale de la force magnétique, prise le long du contour d'une surface limitée quelconque, est égale au produit par 4π de l'intégrale du courant électrique étendue à cette surface.

3. A chaque point de l'espace les deux vecteurs sont liés l'un à l'autre par des équations linéaires:

$$
\left.
\begin{aligned}
a &= \mu_{x,x}\,\alpha + \mu_{x,y}\,\beta + \mu_{x,z}\,\gamma, \\
b &= \mu_{y,x}\,\alpha + \mu_{y,y}\,\beta + \mu_{y,z}\,\gamma, \\
c &= \mu_{z,x}\,\alpha + \mu_{z,y}\,\beta + \mu_{z,z}\,\gamma,
\end{aligned}
\right\}
\qquad (6)
$$

dans lesquelles on a toujours

$$
\mu_{x,y} = \mu_{y,x}, \quad \mu_{y,z} = \mu_{z,y}; \quad \mu_{z,x} = \mu_{x,z}. \qquad (7)
$$

Les coefficients μ sont des constantes dépendant des propriétés magnétiques du corps dont il s'agit; ils peuvent varier d'un point à l'autre. Dans un corps isotrope, $\mu_{x,x}$, $\mu_{y,y}$ et $\mu_{z,z}$ ont une valeur commune μ et les autres coefficients sont nuls. Dans l'éther on a $\mu = 1$; les deux vecteurs **H** et **B** se confondent par suite en un seul.

En adoptant les équations (6) nous avons exclu les cas où l'aimantation n'est pas proportionnelle à la force magnétique et ceux où il y a du magnétisme permanent.

Quant aux propriétés de l'induction et de la force magnétiques que je viens de rappeler, elles se traduisent par les formules suivantes

$$
\frac{\partial a}{\partial x} + \frac{\partial b}{\partial y} + \frac{\partial c}{\partial z} = 0, \qquad (8)
$$

$$
(\mathbf{B}_n)_1 = (\mathbf{B}_n)_2, \qquad (9)
$$

$$\frac{\partial \gamma}{\partial y} - \frac{\partial \beta}{\partial z} = 4\pi u, \quad \frac{\partial \alpha}{\partial z} - \frac{\partial \gamma}{\partial x} = 4\pi v, \quad \frac{\partial \beta}{\partial x} - \frac{\partial \alpha}{\partial y} = 4\pi w, \quad (10)$$

$$(\mathbf{H}_h)_1 = (\mathbf{H}_h)_2. \tag{11}$$

Par un artifice mathématique que je passerai sous silence on démontre que les vecteurs **B** et **H** sont complètement déterminés par les conditions 1, 2 et 3.

§ 10. Une fois la force et l'induction magnétiques connues, l'énergie cinétique est donnée par la formule

$$T = \frac{1}{8\pi} \int (a\alpha + b\beta + c\gamma)\, d\tau. \tag{12}$$

L'expression $(a\alpha + b\beta + c\gamma)\, d\tau/8\pi$ représente l'énergie ciné-tique qui se trouve dans l'élément $d\tau$.

Cette manière de voir implique deux conditions. Il faut d'abord que la force et l'induction magnétiques aient une telle signifi-cation physique qu'elles puissent déterminer le mouvement électromagnétique dans chaque élément de volume. En second lieu, les coefficients μ dans les équations (6) doivent être tels que l'expression $a\alpha + b\beta + c\gamma$ soit toujours positive. Dans tous les cas connus cette condition est satisfaite.

L'intégrale (12) doit être étendue à l'espace infini, et il en sera de même de plusieurs autres intégrales que nous rencontrerons. Je supposerai que toutes les fonctions qui servent à déterminer un dérangement de l'état naturel du système, telles que u, v, w, α, β, γ, a, b, c sont nulles à l'infini, et qu'à une grande distance el-les diminuent même si rapidement que des intégrales telles que celle de l'expression (12) restent finies.

J'aurai plusieurs fois à appliquer l'intégration par parties à des intégrales relatives à un espace. Si cet espace est contenu dans une surface fermée S, cette opération conduit, comme on sait, à une intégrale étendue à cette surface. Or, je supposerai, une fois pour toutes, que dans les cas que nous aurons à étudier cette in-tégrale tend vers la limite zéro si les points de la surface S s'éloig-nent vers l'infini.

Enfin, dans l'énumération des propriétés qui servent à déterminer telle ou telle fonction, la condition qu'elle s'évanouit à distance infinie sera souvent tacitement admise.

Variation de l'énergie cinétique

§ 11. Supposons que les composantes u, v, w du courant électrique subissent des variations infiniment petites δu, δv, δw qui sont elles-mêmes les composantes d'un vecteur à distribution solénoïdale. Indiquons par le signe δ les variations correspondantes des quantités qui dépendent de u, v, w et calculons la valeur de δT.

L'équation (12) donne

$$\delta T = \frac{1}{8\pi} \int (a\delta\alpha + b\delta\beta + c\delta\gamma + \alpha\delta a + \beta\delta b + \gamma\delta c)\, d\tau,$$

mais en vertu des relations (6) en (7) cette formule peut être remplacée par la suivante:

$$\delta T = \frac{1}{4\pi} \int (a\delta\alpha + b\delta\beta + c\delta\gamma)\, d\tau. \tag{13}$$

§ 12. Introduisons un vecteur auxiliaire dont les composantes F, G, H sont déterminées par les équations:

$$\left.\begin{aligned} \frac{\partial H}{\partial y} - \frac{\partial G}{\partial z} = a, \quad \frac{\partial F}{\partial z} - \frac{\partial H}{\partial x} = b, \quad \frac{\partial G}{\partial x} - \frac{\partial F}{\partial y} = c, \\ \frac{\partial F}{\partial x} + \frac{\partial G}{\partial y} + \frac{\partial H}{\partial z} = 0, \\ F_1 = F_2, \quad G_1 = G_2, \quad H_1 = H_2. \end{aligned}\right\} \tag{14}$$

Grâce à la propriété fondamentale de l'induction magnétique (§ 9, 1), on peut toujours satisfaire à ces conditions; de plus, on ne peut le faire que d'une seule manière. Le vecteur (F, G, H) se trouve donc entièrement déterminé.

L'équation (13) devient

$$\delta T = \frac{1}{4\pi} \int \left[\left(\frac{\partial H}{\partial y} - \frac{\partial G}{\partial z} \right) \delta\alpha + \left(\frac{\partial F}{\partial z} - \frac{\partial H}{\partial x} \right) \delta\beta + \left(\frac{\partial G}{\partial x} - \frac{\partial F}{\partial y} \right) \delta\gamma \right] d\tau,$$

ou, si on applique l'intégration par parties,

$$\delta T = \frac{1}{4\pi} \int \left[F\left(\frac{\partial \delta \gamma}{\partial y} - \frac{\partial \delta \beta}{\partial z} \right) + G\left(\frac{\partial \delta \alpha}{\partial z} - \frac{\partial \delta \gamma}{\partial x} \right) + H\left(\frac{\partial \delta \beta}{\partial x} - \frac{\partial \delta \alpha}{\partial y} \right) \right] d\tau .$$

Dans la dernière opération on a eu égard aux trois dernières des formules (14) et à la condition de continuité

$$(\delta \mathbf{H}_h)_1 = (\partial \mathbf{H}_h)_2,$$

qui découle de l'équation (11).

Des formules (10) on déduit

$$\frac{\partial \delta \gamma}{\partial y} - \frac{\partial \delta \beta}{\partial z} = 4\pi \delta u, \quad \frac{\partial \delta \alpha}{\partial z} - \frac{\partial \delta \gamma}{\partial x} = 4\pi \delta v, \quad \frac{\partial \delta \beta}{\partial x} - \frac{\partial \delta \alpha}{\partial y} = 4\pi \delta w;$$

on trouve donc finalement

$$\delta T = \int (F\delta u + G\delta v + H\delta w)\, d\tau . \tag{15}$$

Quantités qui servent à définir un déplacement virtuel du système

§ 13. Faisons abstraction pour un moment du mouvement réel que nous voulons étudier et portons notre attention sur le fait que le système, à un moment où il occupe une position déterminée W, peut être le siège de mouvements électriques très différents. Soient u', v', w' les composantes du courant dans un de ces mouvements imaginables, les signes u, v, w étant réservés au mouvement réel.

Soit P un quelconque des points matériels qui prennent part au mouvement électromagnétique.

Je suppose qu'en vertu des liaisons entre les parties du système les composantes ξ, η, ζ de la vitesse de ce point sont des fonctions linéaires des valeurs de u', v', w' dans tous les points de l'espace, les coefficients dans ces fonctions dépendant de la position W, c'est-à-dire des coordonnées. Il va sans dire que les fonctions dont il est question pourraient être mises sous forme d'intégrales; cependant, je les présenterai comme des sommes. Si on divise l'espace entier en éléments de volume et qu'on désigne par u', v', w' les valeurs de ces composantes dans le centre ou quelque autre point fixe de chaque élément, on aura

$$
\left.
\begin{aligned}
\xi &= \Sigma \, (Au' \; + Bv' \; + Cw'), \\
\eta &= \Sigma \, (A'u' + B'v' + C'w'), \\
\zeta &= \Sigma \, (A''u' + B''v' + C''w'),
\end{aligned}
\right\}
\qquad (16)
$$

chacune de ces sommes contenant autant de termes qu'il y a d'éléments de volume.

Si l'on prend pour A, B, C, A'.... C'' les valeurs qui correspondent à la position que le système occupe au temps t dans le mouvement réel et qu'on remplace u', v', w' par u, v, w, les formules (16) font connaître la vitesse réelle du point P.

§ 14. Revenons au mouvement imaginaire déterminé par u', v', w'. Supposons que ce mouvement ait lieu pendant un temps dt infiniment petit, les composantes u', v', w' restant constantes.

Comme les coefficients A, B, C, A', ... C'' peuvent être regardés comme invariables pendant l'intervalle dt, on trouve pour les déplacements du point P dans les directions des axes

$$
\left.
\begin{aligned}
\delta x &= \Sigma \, (Au'dt \; + Bv'dt \; + Cw'dt), \\
\delta y &= \Sigma \, (A'u'dt + B'v'dt + C'w'dt), \\
\delta z &= \Sigma \, (A''u'dt + B''v'dt + C''w'dt);
\end{aligned}
\right\}
\qquad (17)
$$

expressions dont les valeurs sont complètement déterminées par les produits $u'dt$, $v'dt$, $w'dt$.

§ 15. Ces produits ont une signification bien simple.

Si C' est le courant électrique en un point de l'élément de surface $d\sigma$, élément fixé dans l'espace, la quantité

$$
C'_n \, dt d\sigma
$$

représente ce qu'on appelle la quantité d'électricité qui, pendant le temps dt, a traversé cet élément dans la direction positive. Pour l'unité de surface la quantité analogue devient $C'_n \, dt$. On voit donc que les produits $u'dt$, $v'dt$, $w'dt$ ne sont autre chose que les quantités d'électricité, rapportées à l'unité de surface, qui ont traversé des éléments perpendiculaires aux axes des coordonnées.

En désignant ces quantités infiniment petites par

$$\mathbf{e}_x, \mathbf{e}_y, \mathbf{e}_z$$

on trouve

$$
\left.
\begin{aligned}
\delta x &= \Sigma \left(A\mathbf{e}_x + B\mathbf{e}_y + C\mathbf{e}_z \right), \\
\delta y &= \Sigma \left(A'\mathbf{e}_x + B'\mathbf{e}_y + C'\mathbf{e}_z \right), \\
\delta z &= \Sigma \left(A''\mathbf{e}_x + B''\mathbf{e}_y + C''\mathbf{e}_z \right).
\end{aligned}
\right\} \qquad (18)
$$

Remarquons que le temps plus ou moins long que les quantités $\mathbf{e}_x$, $\mathbf{e}_y$, $\mathbf{e}_z$ mettent à traverser les éléments de surface dont il vient d'être question, n'entre plus dans ces formules.

§ 16. Ce sont les quantités $\mathbf{e}_x$, $\mathbf{e}_y$, $\mathbf{e}_z$ qui nous serviront à définir un déplacement virtuel du système. Elles doivent être regardées comme des fonctions de x, y et z. La nature du système leur impose la condition que la distribution du vecteur $\mathbf{e}$, dont elles sont les composantes, doit être solénoïdale.

Du reste, $\mathbf{e}_x$, $\mathbf{e}_y$, $\mathbf{e}_z$ peuvent varier avec le temps. Dès que ces quantités ont été choisies comme des fonctions de x, y, z et t, on peut se former une idée du mouvement varié dans lequel se change le mouvement réel qu'on désire étudier. En effet, on peut en pensée arrêter tous les points mobiles dans les positions qu'ils occupent au temps t dans le mouvement réel. A partir de cette configuration on peut déplacer les points de la manière déterminée par $\mathbf{e}_x$, $\mathbf{e}_y$, $\mathbf{e}_z$, on obtient alors la position variée pour le temps t. La position variée pour tout autre moment s'obtient de la même manière, et le mouvement varié n'est autre chose que la succession de toutes les positions variées.

J'ai déjà remarqué que l'équation fondamentale (2) renferme seulement les valeurs de δx, δy, δz relatives au temps t. Il en est de même de la formule (3), qui n'est qu'une transformée de l'équation (2). En effet, les dérivées de δx, δy, δz par rapport au temps, qu'on trouve dans les deux termes du second membre, disparaissent si on développe ces termes.

Il en résulte que les conséquences qui découlent du principe de D'ALEMBERT sont indépendantes de la manière dont δx, δy, δz, ou, dans le cas qui nous occupe, $\mathbf{e}_x$, $\mathbf{e}_y$, $\mathbf{e}_z$ varient avec le temps.

Dans l'application qui va suivre, ces dernières quantités sont supposées indépendantes de t.

Voici encore une remarque importante. Si l'on admet que le seul moyen par lequel on puisse déplacer les points du système consiste à y établir des courants électriques, on obtiendra tous les déplacements virtuels possibles en donnant aux quantités $\mathbf{e}_x$, $\mathbf{e}_y$ et $\mathbf{e}_z$ toutes les valeurs dont elles sont susceptibles.

Application du principe de D'ALEMBERT

§ 17. Pour appliquer la formule (3) je considérerai successivement les variations $\delta'T$, δT et le travail δA.

Par $\delta'T$ nous avons représenté la variation que subit l'énergie cinétique si les vitesses des points matériels éprouvent des variations égales à celles qui sont apportées en réalité aux coordonnées. Or, dans le problème actuel, cette condition se trouve réalisée si, tout en maintenant constante la configuration qui se présente dans le mouvement réel, on augmente de $\mathbf{e}_x$, $\mathbf{e}_y$, $\mathbf{e}_z$ les composantes du courant. En effet, si dans les formules (16) les coefficients A, B, C, A', ... C'' demeurent invariables et que les composantes du courant électrique reçoivent les accroissements $\mathbf{e}_x$, $\mathbf{e}_y$, $\mathbf{e}_z$, les variations de ξ, η et ζ seront

$$\Sigma(A\mathbf{e}_x + B\mathbf{e}_y + C\mathbf{e}_z),$$

$$\Sigma(A'\mathbf{e}_x + B'\mathbf{e}_y + C'\mathbf{e}_z),$$

$$\Sigma(A''\mathbf{e}_x + B''\mathbf{e}_y + C''\mathbf{e}_z);$$

elles deviennent égales aux valeurs que les équations (18) donnent pour δx, δy, δz.

On voit donc que la variation $\delta'T$ peut être calculée au moyen de la formule (15); il faut pour cela remplacer δu, δv, δw par $\mathbf{e}_x$, $\mathbf{e}_y$, $\mathbf{e}_z$. Comme ces quantités sont supposées indépendantes du temps, on trouve

$$\frac{d\delta'T}{dt} = \int\left(\frac{\partial F}{\partial t}\mathbf{e}_x + \frac{\partial G}{\partial t}\mathbf{e}_y + \frac{\partial H}{\partial t}\mathbf{e}_z\right)d\tau,$$

les valeurs de $\partial F/\partial t$, $\partial G/\partial t$, $\partial H/\partial t$ se rapportant au mouvement réel.

§ 18. La variation δT devient zéro, si l'on introduit l'hypothèse suivante, analogue à celle dont MAXWELL s'est servi dans sa théorie des circuits linéaires (§ 2).

La position de chaque point matériel P se trouve déterminée par les quantités d'électricité qui, à partir d'un moment fixe arbitrairement choisi, ont traversé les éléments de surface qu'on peut faire passer par les différents points de l'espace; ou, ce qui revient au même:

Si, après une série de mouvements, chaque élément de surface a été traversé dans les deux directions opposées par des quantités égales d'électricité, tous les points matériels se trouvent ramenés à leurs positions primitives.

Il est presque superflu de dire que la quantité d'électricité qui traverse un élément $d\sigma$ pendant un certain temps dans la direction positive est représentée par l'intégrale $\int C_n \, dt \, d\sigma$ et qu'on parle d'une quantité d'électricité e qui est passée vers le côté négatif, si cette intégrale a la valeur $-e$.

L'hypothèse mentionnée donne lieu à ce théorème:

Si les quantités e_x, e_y, e_z sont indépendantes du temps, le mouvement varié, bien qu'il diffère du mouvement réel par les configurations qui se succèdent, consiste en un système de courants dans lequel u, v, w ont les mêmes valeurs que dans le mouvement réel.

Or, l'énergie cinétique dépend uniquement des valeurs de u, v et w; on trouve donc

$$\delta T = 0.$$

§ 19. Voici comment on démontre le théorème du paragraphe précédent.

Soient W_1 et W_2 les configurations qu'occupe le système dans le mouvement réel aux moments t et $t + dt$, W'_1 et W'_2 les configurations variées correspondantes. Le mouvement varié est celui qui fait passer le système de la position W'_1 à la position W'_2, ce passage s'accomplissant dans le temps dt et tous les points décrivant des lignes droites, infiniment petites.

Si donc on commence par la position W'_2, et qu'on donne successivement au système les déplacements

$$W'_2, \rightarrow W_2, \quad W_2 \rightarrow W_1, \quad W_1 \rightarrow W'_1,$$

le mouvement varié est celui par lequel la position primitive W'_2 se rétablit après un temps dt.

Pendant les trois déplacements, des éléments de surface perpendiculaires aux axes ont été traversés successivement par les quantités d'électricité

$$- \mathbf{e}_x, \quad - \mathbf{e}_y, \quad - \mathbf{e}_z,$$

$$- u dt, \quad - v dt, \quad - w dt,$$

$$+ \mathbf{e}_x, \quad + \mathbf{e}_y, \quad + \mathbf{e}_z,$$

toutes ces quantités ayant été rapportées à l'unité de surface.

Si donc, à partir de la position W'_1, on fait exister pendant un temps dt des courants u, v, w, la somme algébrique des quantités d'électricité qui ont traversé un élément devient zéro et d'après notre hypothèse le système est ramené à la position W'_2. Le système des courants u, v, w constitue donc bien le mouvement varié $W'_1 \rightarrow W'_2$.

§ 20. Reste à considérer le travail δA. Lorsqu'on en veut calculer la valeur, on peut passer sous silence toutes les forces qui servent à maintenir les liaisons du système, c'est-à-dire les forces qui sont mises en jeu, parce que la distribution du courant électrique doit être solénoïdale et parce que l'induction et la force magnétiques qui déterminent les mouvements électromagnétiques sont liées aux courants de la manière qui a été considérée au § 9. Les forces dont il faut bien tenir compte ne sont pas les mêmes dans des corps de nature différente. Cependant, comme on le verra plus loin, on peut dans tous les cas indiquer pour chaque point de l'espace trois quantités X, Y, Z, telles que

$$- \int (X \mathbf{e}_x + Y \mathbf{e}_y + Z \mathbf{e}_z) \, d\tau \qquad (19)$$

représente le travail des forces pour le déplacement virtuel défini par $\mathbf{e}_x$, $\mathbf{e}_y$, $\mathbf{e}_z$.

La formule (3) devient donc

$$- \int (X \mathbf{e}_x + Y \mathbf{e}_y + Z \mathbf{e}_z) d\tau = \int \left(\frac{\partial F}{\partial t} \mathbf{e}_x + \frac{\partial G}{\partial t} \mathbf{e}_y + \frac{\partial H}{\partial t} \mathbf{e}_z \right) d\tau, \quad (20)$$

relation qui renferme à elle seule toutes les équations du mouvement. Pour en tirer toutes les conséquences, il suffit d'exprimer que la formule doit être vraie pour toutes les valeurs admissibles de $\mathbf{e}_x$, $\mathbf{e}_y$, $\mathbf{e}_z$. Cependant, avant de procéder plus loin, il sera utile d'étudier les valeurs de X, Y, Z dans des cas particuliers.

Valeurs de X, Y et Z pour les diélectriques

§ 21. Lorsque quelques-unes des forces qui agissent dans le système dérivent d'une énergie potentielle, le travail de ces forces est égal à la diminution de cette énergie. Or, suivant les idées de MAXWELL, les forces qui agissent dans les corps non conducteurs ou diélectriques possèdent cette propriété.

Dans les diélectriques il existe un état d'équilibre naturel qui est dérangé par tout mouvement de l'électricité, et un tel dérangement donne lieu à une certaine énergie potentielle. Appelons *f*, *g* et *h* les quantités d'électricité qui, à partir de l'état naturel, ont traversé des éléments de surface perpendiculaires à *OX*, *OY* et *OZ*, ces quantités étant ramenées à l'unité de surface; alors on peut écrire pour l'énergie potentielle par unité de volume

$$\tfrac{1}{2}(\nu_{x,x}\, f^2 + \nu_{y,y}\, g^2 + \nu_{z,z}\, h^2 + 2\nu_{x,y}\, fg + 2\nu_{y,z}\, gh + 2\nu_{z,x}\, hf),\quad (21)$$

où les coefficients ν dépendent des propriétés physiques du corps. Dans le cas des diélectriques anisotropes il est en général nécessaire de connaître les valeurs des six coefficients. Pour les corps isotropes la chose est plus simple; les coefficients $\nu_{x,y}$, $\nu_{y,z}$ et $\nu_{z,x}$ s'évanouissent et les trois autres ont une valeur commune ν.

Pour augmenter la symétrie des formules, j'écrirai quelquefois $\nu_{y,x}$, $\nu_{z,y}$, $\nu_{x,z}$ au lieu de $\nu_{x,y}$, $\nu_{y,z}$, $\nu_{z,x}$.

§ 22. Les quantités *f*, *g* et *h* peuvent être regardées comme les composantes d'un vecteur que je représenterai par **D** et que MAXWELL nomme le *déplacement diélectrique*. En se rappelant la définition de *f*, *g* et *h* on s'assure facilement que la distribution de ce vecteur doit être solénoïdale, ce qui s'exprime par les formules [1])

$$\frac{\partial f}{\partial x} + \frac{\partial g}{\partial y} + \frac{\partial h}{\partial z} = 0,\quad (22)$$

$$(\mathbf{D}_n)_1 = (\mathbf{D}_n)_2.\quad (23)$$

S'il y a mouvement de l'électricité, les valeurs de *f*, *g* et *h* changent avec le temps et les composantes du courant sont évidemment données par les formules:

$$u = \frac{\partial f}{\partial t},\quad v = \frac{\partial g}{\partial t},\quad w = \frac{\partial h}{\partial t}.\quad (24)$$

---

[1]) Ces formules cessent d'être vraies s'il y a une „charge électrique" à l'intérieur d'un isolateur ou à la surface qui sépare deux de ces corps. Je reviendrai sur ce cas au § 43.

D'une manière analogue, les quantités $\mathbf{e}_x$, $\mathbf{e}_y$, $\mathbf{e}_z$ qui déterminent un déplacement virtuel doivent être considérées comme des
variations de f, g et h.

§ 23. Cette dernière remarque conduit à la valeur suivante de δA,
en tant que ce travail dépend des forces qui agissent à l'intérieur d'un diélectrique,

$$-\int \{(\nu_{x,x} f + \nu_{x,y} g + \nu_{x,z} h) \mathbf{e}_x +$$
$$+ (\nu_{y,x} f + \nu_{y,y} g + \nu_{y,z} h) \mathbf{e}_y + (\nu_{z,x} f + \nu_{z,y} g + \nu_{z,z} h) \mathbf{e}_z\} d\tau.$$

En identifiant ceci avec l'expression (19), on trouve

$$\left.\begin{array}{l} X = \nu_{x,x} f + \nu_{x,y} g + \nu_{x,z} h, \\ Y = \nu_{y,x} f + \nu_{y,y} g + \nu_{y,z} h, \\ Z = \nu_{z,x} f + \nu_{z,y} g + \nu_{z,z} h. \end{array}\right\} \qquad (25)$$

Valeurs de X, Y et Z pour les conducteurs

§ 24. Le développement de chaleur qui accompagne les courants électriques dans les conducteurs prouve que dans ces corps
il y a des causes qui tendent à diminuer l'énergie électromagnétique. Il faut donc admettre qu'il existe des forces, comparables
au frottement de la mécanique ordinaire, dont le travail est négatif dans tous les mouvements réels.

La quantité de chaleur qui est dégagée dans un fil conducteur
étant proportionnelle au carré de l'intensité du courant, il est
naturel de supposer que dans un conducteur quelconque le développement de chaleur est une fonction homogène du second degré de u, v et w. J'écrirai donc pour le travail de la résistance par
unité de volume, pendant le temps dt,

$$-(x_{x,x} u^2 + x_{y,y} v^2 + x_{z,z} w^2 + 2x_{x,y} uv + 2x_{y,z} vw + 2x_{z,x} wu)\, dt$$

ou

$$-[(x_{x,x} u + x_{x,y} v + x_{x,z} w)\, udt + (x_{y,x} u + x_{y,y} v + x_{y,z} w)\, vdt +$$
$$+ (x_{z,x} u + x_{z,y} v + x_{z,z} w)\, wdt],$$

les constantes x dépendant de la nature du conducteur et
$x_{y,x}$, $x_{z,y}$, $x_{x,z}$, désignant la même chose que $x_{x,y}$, $x_{y,z}$, $x_{z,x}$.

Si le conducteur est isotrope, on a $\varkappa_{x,y} = \varkappa_{y,z} = \varkappa_{z,x} = 0$, et les coefficients $\varkappa_{x,x}$, $\varkappa_{y,y}$ et $\varkappa_{z,z}$ ont une valeur commune $\varkappa$.

Les produits udt, vdt, wdt représentent pour le mouvement réel ce que nous avons indiqué dans le cas général par e_x, e_y, e_z. On voit donc que, tant qu'il s'agit d'un mouvement réel, le travail des forces peut être calculé au moyen de la formule (19) si l'on pose

$$\left.\begin{aligned}
X &= \varkappa_{x,x}\, u + \varkappa_{x,y}\, v + \varkappa_{x,z}\, w, \\
Y &= \varkappa_{y,x}\, u + \varkappa_{y,y}\, v + \varkappa_{y,z}\, w, \\
Z &= \varkappa_{z,x}\, u + \varkappa_{z,y}\, v + \varkappa_{z,z}\, w.
\end{aligned}\right\} \tag{26}$$

Or, je supposerai que, si on emploie ces valeurs, le travail des forces dans un déplacement virtuel peut également être mis sous la forme (19); hypothèse, du reste, qui est confirmée par le fait que les conséquences qui en découlent s'accordent avec l'expérience.

Il n'y a qu'un seul cas où l'on a eu recours à des valeurs de X, Y et Z différentes de celles que je viens d'indiquer.

Pour expliquer le phénomène de HALL, qui se produit dans des feuilles métalliques placées dans un champ magnétique, on a ajouté aux derniers membres des équations (26) des termes de la forme

$$l_3 v - l_2 w, \quad l_1 w - l_3 u, \quad l_2 u - l_1 v.$$

Mais le phénomène de HALL ne sera pas considéré dans ce mémoire.

Equations du mouvement

§ 25. Revenons maintenant à l'équation (20), qui peut être remplacée par

$$\int \left[\left(X + \frac{\partial F}{\partial t} \right) p + \left(Y + \frac{\partial G}{\partial t} \right) q + \left(Z + \frac{\partial H}{\partial t} \right) r \right] \mathbf{e}\, d\tau = 0,$$

si on désigne par p, q et r les cosinus directeurs du vecteur $\mathbf{e}$, dont e_x, e_y, e_z sont les composantes.

Il faut appliquer cette condition à tous les déplacements virtuels qui sont compatibles avec la condition que la distribution du vecteur $\mathbf{e}$ doit être solénoïdale.

Concevons un tube annulaire d'une section infiniment petite; l'axe de ce tube, c'est-à-dire la ligne fermée s qui passe par les centres de gravité de toutes les sections droites, peut être de forme quelconque. Désignons par ω la surface d'une de ces sections, et prenons $\mathbf{e}=0$ dans tous les points à l'extérieur du tube. Supposons aussi qu'à l'intérieur le vecteur $\mathbf{e}$ ait partout la direction d'une circulation le long de la ligne s, que $\mathbf{e}$ ait une même valeur dans tous les points d'une même section droite et que le produit $\mathbf{e}\omega$ ne change pas d'une section à l'autre. On reconnaîtra immédiatement que la distribution de $\varkappa$ est alors solénoïdale. En substituant dans la formule précédente

$$d\tau = \omega ds$$

et en divisant par $\mathbf{e}\omega$, on trouve

$$\int \left[\left(X + \frac{\partial F}{\partial t} \right) p + \left(Y + \frac{\partial G}{\partial t} \right) q + \left(Z + \frac{\partial H}{\partial t} \right) r \right] ds = 0 , \quad (27)$$

équation qui doit être vraie pour une ligne fermée quelconque, et dans laquelle p, q, r sont maintenant les cosinus directeurs d'un élément de cette ligne.

§ 26. Si l'on prend pour la ligne fermée le contour d'un rectangle infiniment petit dont les côtés sont parallèles à deux des axes des coordonnées et qui n'est pas coupé par une surface de discontinuité, on trouve

$$\left. \begin{aligned} \frac{\partial Y}{\partial z} - \frac{\partial Z}{\partial y} &= \frac{\partial}{\partial t} \left(\frac{\partial H}{\partial y} - \frac{\partial G}{\partial z} \right), \\[2mm] \frac{\partial Z}{\partial x} - \frac{\partial X}{\partial z} &= \frac{\partial}{\partial t} \left(\frac{\partial F}{\partial z} - \frac{\partial H}{\partial x} \right), \\[2mm] \frac{\partial X}{\partial y} - \frac{\partial Y}{\partial x} &= \frac{\partial}{\partial t} \left(\frac{\partial G}{\partial x} - \frac{\partial F}{\partial y} \right). \end{aligned} \right\} \quad (28)$$

On peut considérer en second lieu une ligne fermée qui se trouve moitié d'une part et moitié d'autre part d'une surface de discontinuité. Soit s une ligne quelconque non fermée située dans cette surface; le contour auquel j'appliquerai la formule (27) sera composé de deux lignes s_1 et s_2, situées des deux côtés de la surface à une distance infiniment petite de la ligne s, et de deux lignes infiniment petites qui joignent les extrémités de s_1 et s_2. Comme les fonctions F, G et H sont continues (§ 12), la formule (27) revient à la condition que les intégrales du vecteur (X, Y, Z), prises le long des lignes s_1 et s_2, doivent être égales entre elles. Or, ceci exige que, si $\mathbf{R}$ représente ce vecteur, on ait, pour toute direction h située dans le plan tangent

$$(\mathbf{R}_h)_1 = (\mathbf{R}_h)_2. \tag{29}$$

Il est facile de s'assurer que la condition (20) sera remplie pour tous les déplacements admissibles, dès que les composantes X, Y, Z satisfont aux équations (28) et (29). Nous avons donc trouvé le système complet des équations de mouvement.

§ 27. En ayant égard aux formules (14) on peut donner aux équations (28) la forme

$$\left.\begin{aligned}
\frac{\partial Y}{\partial z} - \frac{\partial Z}{\partial y} &= \frac{\partial a}{\partial t}, \\[2mm]
\frac{\partial Z}{\partial x} - \frac{\partial X}{\partial z} &= \frac{\partial b}{\partial t}, \\[2mm]
\frac{\partial X}{\partial y} - \frac{\partial Y}{\partial x} &= \frac{\partial c}{\partial t},
\end{aligned}\right\} \tag{30}$$

ce qui présente l'avantage que les fonctions F, G et H ont disparu. Tous les problèmes spéciaux peuvent être traités au moyen de formules qui ne contiennent que le courant électrique, le déplacement diélectrique, les fonctions X, Y et Z et enfin la force et l'induction magnétiques. Les équations (4), (5), (6), (8), (9), (10), (11), (22) et (23) expriment les liaisons entre les parties du système; les équations (24) résultent de la définition même de f, g et h; dans les formules (25) et (26) on a résumé ce que l'expérience nous apprend sur les forces agissant dans le système; enfin les relations (30) et (29) sont les équations du mouvement proprement dites. Tout comme dans la mécanique ordinaire, elles nous font connaître la dépendance mutuelle des forces et des accélérations. En effet, les valeurs de la force et de l'induction magnétiques déterminent les vitesses des mouvements électromagnétiques; les accélérations se trouvent par conséquent renfermés dans les dérivées $\partial a/\partial t$, $\partial b/\partial t$, $\partial c/\partial t$.

Formules de l'électrostatique

§ 28. S'il y a équilibre électrique, on a $u = v = w = 0$, et par conséquent la force magnétique, l'induction magnétique et le vecteur (F, G, H) disparaissent. La formule (27) exige alors que pour toute ligne fermée on ait

$$\int (Xp + Yq + Zr)\, ds = \int \mathbf{R}_s ds = 0, \qquad (31)$$

condition qui se laisse encore énoncer comme il suit :

Pour toutes les lignes qu'on peut mener entre deux points A et P l'intégrale

$$\int_A^P \mathbf{R}_s\, ds \qquad (32)$$

doit avoir la même valeur.

Prenons pour A un point situé à l'infini; la valeur de l'intégrale prise avec le signe — est alors appelée le *potentiel* au point P. Cette fonction sera représentée par φ.

De cette définition et de la circonstance qu'à l'intérieur d'un conducteur X, Y, Z ont, dans le cas de l'équilibre, la valeur zéro, on déduit les propositions suivantes :

a. Le potentiel est zéro à distance infinie.

b. Dans tous les points d'un même conducteur il a la même valeur.

c. Il est continu à chaque surface de discontinuité.

d. Les fonctions X, Y et Z sont données par les formules :

$$X = -\frac{\partial \varphi}{\partial x}, \quad Y = -\frac{\partial \varphi}{\partial y}, \quad Z = -\frac{\partial \varphi}{\partial z}. \qquad (33)$$

§ 29. Les équations (25) peuvent être mises sous la forme

$$f = v'_{x,x}\, X + v'_{x,y}\, Y + v'_{x,z}\, Z,$$

$$g = v'_{y,x}\, X + v'_{y,y}\, Y + v'_{y,z}\, Z,$$

$$h = v'_{z,x}\, X + v'_{z,y}\, Y + v'_{z,z}\, Z,$$

les coefficients v' étant déterminés par les valeurs des coefficients v, et $v'_{y,x}$, $v'_{z,y}$, $v'_{x,z}$ étant respectivement égaux à $v'_{x,y}$, $v'_{y,z}$, $v'_{z,x}$.

En substituant dans ces formules les valeurs de X, Y et Z données dans le paragraphe précédent et en portant les valeurs de f, g et h dans les équations (22) et (23), on trouve des équations différentielles qui, jointes aux conditions déjà trouvées, suffisent à la détermination du potentiel φ dès que la valeur en est connue pour chaque conducteur du système.

Dans le cas d'un diélectrique homogène et isotrope, la formule (22) conduit à l'équation connue de LAPLACE.

§ 30. Supposons qu'au moyen des valeurs de φ dans les différents conducteurs du système on ait calculé pour tous les points de l'espace les valeurs de φ, f, g et h. Quelle est alors la grandeur de la *charge* de chaque conducteur? Ce qu'on appelle ainsi, c'est la quantité d'électricité E qu'il faut enlever au conducteur, au moyen d'un fil métallique par exemple, si l'on veut ramener le système à l'état naturel.

Soit σ une surface fermée, enveloppant le conducteur et traversant le fil conducteur qui sert à opérer la décharge. Distinguons par les indices d et f les intégrales qui se rapportent aux parties de la surface situées dans le diélectrique et dans le fil. En vertu de la propriété fondamentale des courants électriques, il faut qu'à chaque instant pendant la décharge

$$\int_f \mathbf{C}_n \, d\sigma + \int_d \mathbf{C}_n \, d\sigma = 0,$$

ou bien, comme dans le diélectrique

$$\mathbf{C}_n = \frac{d\mathbf{D}_n}{dt},$$

$$\int_f \mathbf{C}_n \, d\sigma = -\frac{d}{dt} \int_d \mathbf{D}_n \, d\sigma.$$

Je suppose la normale n dirigée vers l'extérieur de la surface.

Multiplions par dt l'équation précédente et intégrons sur toute la durée de la décharge. Le premier membre devient alors égal à la charge que possédait le conducteur, et, en entendant par $\mathbf{D}$ le déplacement diélectrique qui existait avant la décharge, on trouve

$$E = \int \mathbf{D}_n \, d\sigma.$$

Par des raisonnements qu'il est superflu de reproduire ici, on s'assure que la formule est encore vraie si le conducteur est maintenu isolé et que l'intégration soit étendue à toutes les parties d'une surface fermée enveloppant le conducteur.

Dans ce qui a été dit dans les trois derniers paragraphes on reconnaîtra immédiatement des propositions bien connues de l'électrostatique.

Hypothèse du fluide électrique

§ 31. Plusieurs des raisonnements qu'on trouve dans ce mémoire peuvent être rendus plus clairs au moyen d'une hypothèse qui est une de celles dont M. POINCARÉ s'est servi dans son exposition [1]) de la doctrine nouvelle et que je vais présenter sous une forme un peu différente. On peut supposer que tous les corps, y compris l'éther, sont imprégnés d'un fluide incompressible, dont le déplacement constitue les phénomènes électriques. Dans les corps diélectriques, les particules de ce fluide doivent être regardées comme liées à des positions d'équilibre, vers lesquelles elles sont ramenées dès que la force qui causait un déplacement cesse d'agir; dans les conducteurs, au contraire, il ne peut être question d'une position d'équilibre et ces corps peuvent se retrouver dans leur état naturel après des déplacements du fluide très considérables.

Selon cette manière de voir, les composantes u, v et w du courant électrique ne sont autre chose que les quantités du fluide incompressible qui traversent des éléments de surface perpendiculaires aux axes des coordonnées, ces quantités étant toujours rapportées à l'unité de temps et à l'unité de surface. Ce que nous avons appelé la quantité d'électricité qui a franchi une surface quelconque pendant un certain temps est précisément la quantité du fluide incompressible qui a passé d'un côté de la surface à l'autre.

Pour cette dernière raison, il convient de donner le nom même d'*électricité* au fluide hypothétique, bien que la présence à elle seule de cette substance ne donne lieu à aucun phénomène particulier [2]).

---

[1]) Electricité et Optique (1890). Tome I, Chap. II.
[2]) M. POINCARÉ donne le nom de *fluide inducteur* au fluide incompressible qu'on suppose dans les diélectriques, et celui d'*électricité* au fluide contenu dans les conducteurs.

Du reste, il ne faut pas attacher à l'hypothèse trop d'importance. Elle est utile en tant qu'elle nous permet de nous former une image de ce qui était d'abord caché sous les symboles mathémathiques, mais le langage de ces derniers sera toujours préféré par ceux qui désirent se borner à ce qui a été démontré par les observations et à ce qu'il y a de nécessaire dans les hypothèses.

C'est ainsi que les équations (4) et (5) ont pour la théorie de MAXWELL une importance fondamentale. En élevant l'électricité au rang d'un fluide incompressible, on leur donne une interprétation qui ne laisse rien à désirer sous le rapport de la clarté, mais on dépasse le domaine des suppositions nécessaires.

§ 32. Voyons maintenant ce que c'est dans l'hypothèse du fluide, qu'une charge électrique. Un conducteur étant relié à un autre corps, à la terre par exemple, par un fil métallique, on peut faire agir des forces „électromotrices" sur le fluide électrique contenu dans ce fil. Si ces forces sont dirigées vers le conducteur, il en résultera une charge que je nommerai positive. Une nouvelle quantité d'électricité entrera dans le conducteur, mais, en vertu de l'incompressibilité, une quantité égale en dépassera la surface et chassera devant elle le fluide contenu dans le diélectrique ambiant. La charge sera mesurée soit par la quantité d'électricité qui a traversé une section du fil, soit par celle qui s'est déplacée dans le diélectrique vers l'extérieur d'une surface fermée quelconque enveloppant le conducteur.

En renversant la direction des forces électromotrices on obtient une charge négative. Le déplacement de l'électricité prendra alors dans tous les points du système une direction opposée à celle qu'il avait dans le cas précédent.

Le déplacement du fluide dans le diélectrique donne lieu à des forces qui cherchent à le ramener vers la position primitive et qu'on peut réunir sous le nom d'*élasticité diélectrique*. Si la charge est positive, ces forces tendront à repousser l'électricité vers le conducteur; il en résultera dans le fluide de ce dernier un surcroît de pression et un état permanent aura été atteint dès que la pression augmentée fait équilibre aux forces électromotrices dans le fil.

De la même manière, il y aura diminution de pression dans le conducteur, si la charge est négative. La pression peut cependant rester positive si dans l'état naturel du système elle avait une valeur suffisamment grande.

§ 33. Bien que nous ayons regardé le fluide électrique comme remplissant tout l'espace, il faut admettre que d'autres matières y peuvent également trouver place, soit que ces substances différentes soient des manifestations diverses d'une matière unique, soit qu'une constitution atomique leur permette de se pénétrer mutuellement. Il y a d'abord la matière pondérable; en second lieu, il faut que l'éther contienne une matière capable de retenir l'électricité et de la ramener vers la position d'équilibre; enfin les points matériels P qui sont chargés des mouvements électromagnétiques doivent être regardés comme n'appartenant pas au fluide électrique lui-même. On risquerait d'être entraîné en de vaines spéculations si on voulait se former une idée précise de ce mécanisme compliqué; aussi me bornerai-je aux distinctions que je viens d'indiquer. Inutile de dire que cette analyse des phénomènes n'est que provisoire et pourra être modifiée profondément dans une théorie plus avancée.

J'indiquerai par M à la fois la matière pondérable et la substance qui retient l'électricité contenue dans l'éther, par N la matière qui est le siège des mouvements électromagnétiques.

§ 34. Pour fixer les idées je supposerai que la matière M est immobile et qu'elle ne fait point partie du système auquel nous avons appliqué le principe de D'ALEMBERT. Ce système est donc composé du fluide électrique et de la matière N. Les conditions qui en limitent la mobilité reviennent à l'incompressibilité du fluide, d'une part, et à ce que, d'autre part, tout mouvement de ce fluide donne lieu à un mouvement électromagnétique parfaitement déterminé.

Tout comme dans la mécanique ordinaire, certaines forces sont mises en jeu en vertu de ces liaisons et servent à les maintenir. Il existe une *pression* dans le fluide et entre celui-ci et la matière N un système de forces sur lequel je reviendrai bientôt.

Je supposerai que ces forces, qui sont provoquées par les liaisons et qui n'accomplissent aucun travail, sont les seules qui s'exercent entre les différentes parties du système: fluide électrique + matière N. Si, de plus, on admet que la matière M n'agit pas directement sur la matière N, il faudra dans la formule fondamentale (3) entendre par δA le travail des forces que le fluide électrique éprouve de la part de la matière M.

§ 35. Au § 20 nous avons admis l'existence de trois fonctions X, Y et Z, telles que le travail δA peut être calculé au moyen de la formule (19). Au point de vue où nous nous sommes placés maintenant, on peut voir dans ces fonctions, prises avec le signe négatif, les composantes de la force avec laquelle la matière M agit sur l'unité d'électricité. En effet, lorsqu'on écrit $-X$, $-Y$, $-Z$ pour ces composantes, un raisonnement très simple conduit à l'expression (19) pour le travail. Soit k la quantité invariable d'électricité, exprimée en unités électromagnétiques, qui se trouve dans l'unité de volume. Alors la force qui agit sur l'électricité contenue dans l'élément $d\tau$ a les composantes

$$-Xkd\tau, \quad -Ykd\tau, \quad -Zkd\tau, \tag{34}$$

et, si x, y et z sont les projections du déplacement infiniment petit d'une particule du fluide, le travail de cette force devient:

$$-(Xx + Yy + Zz)\,kd\tau.$$

Mais évidemment

$$kx = \mathbf{e}_x, \quad ky = \mathbf{e}_y, \quad kz = \mathbf{e}_z.$$

La dernière expression devient par conséquent

$$-(X\mathbf{e}_x + Y\mathbf{e}_y + Z\mathbf{e}_z)\,d\tau,$$

ce qui donne pour le système entier

$$\delta A = -\int (X\mathbf{e}_x + Y\mathbf{e}_y + Z\mathbf{e}_z)\,d\tau.$$

§ 36. Il est clair quel sens il faut attacher maintenant aux équations (25) et (26). En changeant le signe des seconds membres on trouve les composantes de l'élasticité diélectrique et de la résistance, c'est-à-dire de la force qui, dans les diélectriques, cherche à ramener vers sa position d'équilibre le fluide électrique, et du frottement qui s'oppose au mouvement de l'électricité dans les conducteurs. Pour les corps isotropes ces composantes deviennent

$$-\nu f, \quad -\nu g, \quad -\nu h,$$

$$-\varkappa u, \quad -\varkappa v, \quad -\varkappa w.$$

Ce sont les valeurs auxquelles on est conduit par les hypothèses les plus simples qu'on puisse imaginer.

§ 37. S'il y a équilibre électrique on peut faire abstraction de la matière N. De plus, le principe de D'ALEMBERT se réduit alors à celui des vitesses virtuelles; on arrive à la formule fondamentale de l'électrostatique, l'équation (31), en exprimant que le travail des forces — X, — Y, — Z est nul pour tous les déplacements imaginables du fluide électrique, par exemple pour une circulation dans un tube annulaire (§ 25). La valeur du travail δA peut être déduite des équations (19) et (25); il peut également être considéré comme la diminution de l'énergie potentielle (21). Cette dernière est comparable à l'énergie potentielle qui est développée dans les corps élastiques ordinaires par un dérangement de leur équilibre.

Du reste, les problèmes d'électrostatique admettent un autre traitement, qui consiste à exprimer directement l'équilibre des forces qui agissent sur le fluide électrique contenu dans un élément de volume $d\tau$. On a d'abord les forces (34); il y faut ajouter celles qui résultent de ce que la pression p du fluide n'a pas la même valeur tout autour de $d\tau$. Ces forces sont évidemment

$$-\frac{\partial p}{\partial x}\,d\tau,\quad -\frac{\partial p}{\partial y}\,d\tau,\quad -\frac{\partial p}{\partial z}\,d\tau,$$

et la condition cherchée s'exprime par les formules

$$-Xk-\frac{\partial p}{\partial x}=0,\quad -Yk-\frac{\partial p}{\partial y}=0,\quad -Zk-\frac{\partial p}{\partial z}=0.$$

Soit p_0 la pression qui existe à l'état naturel du système, et définissons le potentiel par la formule

$$\varphi=\frac{p-p_0}{k}\,;$$

les dernières équations se réduisent alors aux formules (33) que nous avons trouvées précédemment.

On voit ainsi que, dans l'hypothèse du fluide électrique, le potentiel est intimement lié à la pression. Cela est du reste fort naturel, car on comprend immédiatement que la pression peut jouer le rôle qu'on attribue au potentiel. Si deux conducteurs sont reliés l'un à l'autre par l'intermédiaire d'un fil métallique, il y aura équilibre lorsque la pression a la même valeur dans les deux corps; s'il n'en est pas ainsi, le fluide électrique tendra à se mouvoir vers le côté où la pression a la valeur la plus basse.

Courants invariables

§ 38. Lorsque deux points d'un corps métallique C sont reliés aux pôles d'un élément voltaïque, il s'établit un régime permanent, dans lequel u, v, w et par conséquent la force et l'induction magnétiques sont indépendants du temps. En toute rigueur, la théorie que nous avons développée jusqu'ici ne suffit pas à l'étude complète d'un tel cas, parce qu'elle ne tient aucun compte des forces électromotrices qui sont en jeu dans les combinaisons voltaïques. Cependant les équations (30) n'en sont pas moins applicables, pourvu seulement qu'on se borne aux parties de l'espace où il n'existe pas de forces électromotrices, par exemple au corps C et au diélectrique environnant. Mais, si a, b et c ne varient pas avec le temps, ces équations se réduisent à

$$\frac{\partial Y}{\partial z} - \frac{\partial Z}{\partial y} = \frac{\partial Z}{\partial x} - \frac{\partial X}{\partial z} = \frac{\partial X}{\partial y} - \frac{\partial Y}{\partial x} = 0.$$

On en déduit de nouveau le théorème que l'intégrale (32) a la même valeur pour toutes les lignes qu'on peut mener du point A au point P. Seulement, il faut ajouter la condition que les lignes dont il s'agit doivent être situées entièrement dans une région exempte de forces électromotrices.

Cela posé, on définira le potentiel φ de la même manière qu'au § 28, et on aura encore les formules (33), dans lesquelles on substituera les valeurs (26) si l'on veut étudier la distribution du courant électrique dans le corps C.

§ 39. Je n'insisterai pas sur les questions que présentent les courants permanents. Cependant, il importe de remarquer que la théorie du fluide électrique arrive d'une manière fort simple aux équations fondamentales si on introduit deux hypothèses, à savoir, que la matière N n'a aucune influence sur un mouvement stationnaire de l'électricité et que le fluide électrique lui-même n'a qu'une masse insensible. Cette dernière hypothèse nous permet d'égaler à zéro la force résultante qui agit sur l'électricité contenue dans un élément de volume, sans nous préoccuper des changements en grandeur et en direction que la vitesse d'une particule déterminée du fluide électrique subit en général, même dans les courants constants. En vertu de la première hypothèse, les forces en question consistent dans celle qui dérive de la pression et qui a pour composantes

$$-\frac{\partial p}{\partial x}\,d\tau, \quad -\frac{\partial p}{\partial y}\,d\tau, \quad -\frac{\partial p}{\partial z}\,d\tau$$

et dans la force aux composantes

$$-Xkd\tau, \quad -Ykd\tau, \quad -Zkd\tau,$$

X, Y et Z ayant les valeurs (26). On revient donc aux formules (33).

Quant aux hypothèses précitées, la première est vérifiée par la théorie générale, vu que les seconds membres des équations (30) s'annulent, et la seconde est à la base de toute la théorie. En effet, si le fluide électrique lui-même avait une masse appréciable, il aurait aussi une énergie cinétique, dont la valeur — par unité de volume — serait proportionnelle à $(u^2 + v^2 + w^2)$. L'expression (12), qui se trouve en accord avec les expériences, serait donc inexacte ou du moins incomplète.

Le phénomène de la dispersion de la lumière semble indiquer l'existence de petites masses qui se déplacent en même temps que l'électricité, et introduisent dans l'expression de l'énergie cinétique un terme proportionnel à $(u^2 + v^2 + w^2)$, mais il faut admettre que ces masses ne sont pas assez grandes pour se faire sentir dans les expériences sur les courants qu'on peut observer comme tels.

Courants variables

§ 40. Dans l'explication des phénomènes électrostatiques et de la distribution des courants permanents il n'y a pas lieu de faire intervenir les mouvements électromagnétiques. Dans le premier cas ces mouvements font défaut, dans le second cas ils ont une intensité invariable et sont par cela même incapables de réagir sur l'électricité. C'est dans les courants variables que se manifeste l'influence des mouvements électromagnétiques.

Ce n'est pas ici le lieu de nous étendre sur les phénomènes qui peuvent être expliqués au moyen des formules générales, d'autres physiciens en ayant amplement démontré l'applicabilité. On me permettra cependant de citer un seul exemple.

Figurons-nous qu'un condensateur aux armatures A et B ait été chargé; la première armature ayant reçu une charge positive. Il y a alors déplacement diélectrique suivant toutes les lignes de force électriques, mais principalement dans l'isolateur qui sépare les deux armatures. Ce déplacement est dirigé de A vers B; il donne lieu à une élasticité diélectrique dirigée en sens inverse, et l'équilibre exige que la pression à l'intérieur de A surpasse celle qui existe à l'armature B. C'est là la différence de potentiel. Que se passera-t-il maintenant si on relie par un fil conducteur les deux armatures? La différence de pression fait naître dans ce fil un courant qui décharge le condensateur, l'électricité qui se trouve dans la couche non-conductrice revenant vers sa position d'équilibre à mesure que la pression diminue dans l'armature A. Cependant, le courant engendré dans le fil métallique donne lieu à un mouvement électromagnétique dans le milieu ambiant et dans le fil lui-même. Si ce dernier n'avait aucune résistance, le mouvement serait accéléré tant qu'il y a une différence de pression qui pousse de A vers B le fluide contenu dans le fil, et au moment où cette différence se trouve épuisée, c'est-à-dire où le condensateur est sans charge, le mouvement électromagnétique aurait pris sa plus grande intensité. Cela étant, on comprend facilement qu'en vertu des liaisons entre la matière N et l'électricité du fil cette dernière doit continuer de se mouvoir. Le condensateur reçoit ainsi une charge opposée à celle qu'il avait au commencement et en définitive on aura le phénomène bien connu de la décharge oscillatoire. Il est clair que la force qui ralentit le mouvement — le courant électrique et les mouvements électromagnétiques qui en dépendent — et finit par le renverser n'est autre chose que l'élasticité diélectrique excitée dans la couche isolante, et que le mouvement peut continuer d'autant plus longtemps dans une même direction qu'une plus grande masse est en jeu. La masse dont il s'agit doit être cherchée dans la matière N et non pas dans le fluide électrique.

§ 41. On pourrait comparer ce dernier à une tige dentée qui se déplace en sens longitudinal, et la matière N à une roue dentée s'engrenant avec cette tige; en effet, une résistance quelconque, qui s'oppose à un mouvement donné de ces organes, ne les amènera pas instantanément au repos; il faudra pour cela un temps d'autant plus long que la masse de la roue est plus considérable.

Lorsque, dans la mécanique ordinaire, on applique le principe de D'ALEMBERT à un tel système — supposé libre de tout frottement — on emploie des formules dans lesquelles ne figure pas la pression existant entre les dents qui se trouvent en contact. D'une manière analogue, nous avons développé la théorie générale des mouvements électriques et nous pourrions établir la théorie spéciale de la décharge oscillante sans nous préoccuper de la réaction que l'électricité éprouve de la part de la matière N.

On ne saurait nier, toutefois, que cette méthode a quelque chose d'artificiel. Si l'on veut comprendre complètement le mouvement de la tige et de la roue dentées, on désirera se rendre compte non seulement du mouvement du système entier, mais aussi de celui de chaque organe considéré séparément. On ne sera satisfait qu'après avoir saisi la relation entre la rotation de la roue et la force avec laquelle elle agit sur la tige. Relation bien simple, du reste, si la roue n'est soumise à aucune force extérieure et n'est liée à aucun autre organe; elle tendra alors à faire avancer la tige si son propre mouvement est ralenti, et elle s'opposera au déplacement de la tige dans le cas contraire.

Ces considérations nous conduisent à étudier séparément le mouvement du fluide électrique et à introduire les forces qui servent à maintenir les liaisons. On arrive ainsi à une méthode dans laquelle les forces qui seules accomplissaient un travail δA sont reléguées au second plan.

Force électrique

§ 42. Considérons une quantité infiniment petite e du fluide électrique, située à l'intérieur d'un corps pondérable ou de l'éther. La force qu'elle éprouve de la part de la matière M a pour composantes

$$-Xe, \quad -Ye, \quad -Ze,$$

et j'écrirai

$$X'e, \quad Y'e, \quad Z'e$$

pour les composantes de la force qui est due au fluide ambiant et

$$X''e, \ Y''e, \ Z''e$$

pour celles de la force qui est exercée par la matière N.

Comme nous négligeons la masse du fluide, toutes ces forces doivent se tenir en équilibre, c'est-à-dire qu'on aura

$$X' + X'' = X, \quad Y' + Y'' = Y, \quad Z' + Z'' = Z.$$

On voit donc que le vecteur (X, Y, Z) représente la force qui agit sur l'unité d'électricité en vertu des liaisons du système. Cette force fait équilibre avec celle qui est due à la matière M, c'est-à-dire avec l'élasticité diélectrique ou le frottement, et on dit souvent qu'elle sert à vaincre ces dernières forces et qu'elle *produit* ainsi un déplacement diélectrique ou un courant. Suivant cet ordre d'idées, on regarde dans les équations (25), (26) et (30) comme la cause ce qui auparavant était considéré comme l'effet, et inversement. Jusqu'ici $-X, -Y, -Z$ étaient les forces avec lesquelles la matière M agit sur l'électricité dès qu'il y a un déplacement diélectrique ou un courant ; ces forces déterminaient les accélérations que contiennent les seconds membres des formules (30). On peut dire tout aussi bien que ces dernières formules déterminent la force (X, Y, Z) qui est exercée sur l'unité du fluide par le fluide ambiant et par la matière N, et que cette force fait naître un déplacement diélectrique ou un courant suivant les lois qui sont exprimées par les équations (25) et (26).

Cette force (X, Y, Z) ou **R** (§ 26) est appelée la *force électrique*. Elle se compose de deux parties, dont la première, aux composantes

$$X' = -\frac{\partial \varphi}{\partial x}, \quad Y' = -\frac{\partial \varphi}{\partial y}, \quad Z' = -\frac{\partial \varphi}{\partial z}, \tag{35}$$

peut être appelée *force électrostatique* et la seconde (X'', Y'', Z'') *force inductrice*. Ces deux forces, que les anciennes théories attribuaient à des actions à distance, sont causées, l'une par la pression du fluide, l'autre par la réaction de la matière N.

Des formules (35) on tire

$$\frac{\partial Z'}{\partial y} - \frac{\partial Y'}{\partial z} = \frac{\partial X'}{\partial z} - \frac{\partial Z'}{\partial x} = \frac{\partial Y'}{\partial x} - \frac{\partial X'}{\partial y} = 0 \, ;$$

on voit donc que, dans les formules (30), on pourrait entendre par X, Y et Z les composantes de la force inductrice seule. Je continuerai cependant à désigner par ces lettres la force électrique totale.

Charge électrique au sein d'un isolateur

§ 43. Je vais terminer par quèlques additions cette étude des mouvements électriques dans les corps immobiles.

Et d'abord quelques mots sur les charges qu'on peut se figurer dans les diélectriques. Je dis „se figurer", parce qu'il nous est impossible de produire une telle charge dans un milieu entièrement dépourvu de conductibilité.

Dans un diélectrique qui se trouve à l'état naturel, chaque particule du fluide électrique occupe sa position d'équilibre. Or, on peut imaginer que, en dehors de ce fluide que le corps renferme dans son état naturel, il en contienne une certaine autre quantité, qui y trouve place en refoulant devant elle le fluide qui sans cela se trouverait dans sa position d'équilibre. Ce dernier déplacement est le déplacement diélectrique, et l'excès lui-même, que j'ai supposé, constitue une charge positive. Il est clair que, pour toute surface fermée, on aura

$$\int \mathbf{D}_n \, d\sigma = E, \tag{36}$$

la normale étant dirigée vers l'extérieur et la charge qui se trouve à l'intérieur de la surface étant représentée par E.

Une charge négative se conçoit d'une manière analogue; et la même équation peut être employée dans ce cas. Au lieu d'un excès, c'est maintenant un certain déficit en fluide électrique qu'il faut se figurer; si l'on admet qu'une partie quelconque de l'espace doit toujours rester remplie du fluide incompressible, il faut alors qu'à la surface σ il y ait un déplacement diélectrique tel que l'intégrale $\int \mathbf{D}_n \, d\sigma$ soit négative.

En appliquant l'équation (36) à un élément de volume et en indiquant par $\rho d\tau$ la charge contenue dans cet élément, on trouve

$$\frac{\partial f}{\partial x} + \frac{\partial g}{\partial y} + \frac{\partial h}{\partial z} = \rho.$$

La quantité ρ est appelée la *densité* de la charge électrique.

On voit donc que la distribution du déplacement diélectrique n'est plus solénoïdale. Tout de même, le courant électrique n'a pas perdu cette propriété. En effet, la charge électrique d'un élément de volume doit être regardée comme restant constante pendant toutes les variations possibles de f, g et h. On aura donc

$$\frac{\partial}{\partial x}\left(\frac{\partial f}{\partial t}\right) + \frac{\partial}{\partial y}\left(\frac{\partial g}{\partial t}\right) + \frac{\partial}{\partial z}\left(\frac{\partial h}{\partial t}\right) = 0,$$

ou bien

$$\frac{\partial u}{\partial x} + \frac{\partial u}{\partial y} + \frac{\partial w}{\partial z} = 0.$$

§ 44. Ce qui précède peut être mis sous une forme indépendante de l'hypothèse d'un fluide électrique. On se servira à cet effet des propositions ou hypothèses suivantes:

a. Dans chaque corps diélectrique il peut exister un dérangement de l'état naturel qui est de la nature d'un vecteur et qu'on nomme le déplacement diélectrique; à ce dérangement correspond une énergie potentielle qui est donnée par l'expression (21).

b. Les variations de ce déplacement diélectrique constituent le phénomène qu'on appelle un courant, les composantes du courant étant données par les formules (24).

c. La distribution du courant électrique est toujours solénoïdale. Par conséquent, l'expression

$$\frac{\partial f}{\partial x} + \frac{\partial g}{\partial y} + \frac{\partial h}{\partial z}$$

doit avoir en chaque point une valeur constante ρ. Si cette valeur n'est pas zéro, on dit qu'il y a une charge électrique et on nomme ρ la densité de la charge.

Corps qui possèdent en même temps les propriétés d'un conducteur et celles d'un diélectrique

§ 45. Maxwell a supposé qu'une force électrique peut provoquer dans le même corps un déplacement diélectrique et un courant comparable à ceux qu'on considère dans la théorie ordinaire des conducteurs. Ces deux phénomènes seraient donnés en

fonction de X, Y et Z par les formules (25) et (26), et les composantes du courant total, dont dépendent la force et l'induction
magnétiques et par conséquent l'énergie cinétique du système
seraient

$$u + \frac{\partial f}{\partial t}, \quad v + \frac{\partial g}{\partial t}, \quad w + \frac{\partial h}{\partial t}.$$

M. Potier [1]) a remplacé cette hypothèse par une autre, qui
revient également à une combinaison des propriétés que possèdent les corps conducteurs et les isolateurs. Je ne m'étendrai pas
ici sur cette question, qu'on ne saurait traiter à fond qu'en étudiant assez minutieusement les propriétés optiques des métaux.

Forces électromotrices

§ 46. Plusieurs causes, parmi lesquelles on peut citer des différences de température, des défauts d'homogénéité, et des actions
chimiques, donnent lieu à des forces qui agissent sur l'électricité
et dont on n'a pas tenu compte dans les équations des paragraphes précédents. Je réserverai à ces forces le nom de *forces électro-
motrices* et je représenterai leurs composantes par $\mathfrak{X}$, $\mathfrak{Y}$, $\mathfrak{Z}$. Dans
l'hypothèse du fluide électrique, ces lettres indiqueront les
forces auxquelles se trouve soumise l'unité du fluide; ou plutôt,
$\mathfrak{X}kd\tau$, $\mathfrak{Y}kd\tau$, $\mathfrak{Z}kd\tau$ seront les forces qui agissent sur le fluide contenu
dans un élément de volume. Le vecteur $(\mathfrak{X}, \mathfrak{Y}, \mathfrak{Z})$ sera regardé
comme distribué sur un certain *espace*, dans lequel il a partout
une valeur finie. Il est vrai que dans un grand nombre de cas cet
espace se réduit à une couche très mince, telle que celle dans laquelle ont lieu les actions entre le zinc et l'acide sulfurique de nos
éléments, et qu'on peut simplifier le problème en négligeant l'é-
paisseur de la couche et en supposant la force infiniment grande;
mais c'est là un artifice mathématique auquel je ne m'arrêterai pas.

§ 47. Indépendamment de l'hypothèse du fluide électrique, on
peut dire que le travail des forces électromotrices, qui correspond
à un déplacement virtuel du système tel qu'il a été considéré
aux §§ 15 et 16 est donné par l'intégrale

$$(\mathfrak{X}e_x + \mathfrak{Y}e_y + \mathfrak{Z}e_z)\, d\tau.$$

---

[1]) Poincaré, Electricité et Optique. Tome I, page 190.

Si l'on entend maintenant par X', Y', Z' les fonctions de f, g et h ou de u, v et w qui sont définies par les formules (25) et (26), c'est-à-dire si l'on pose

$$\left.\begin{aligned} X' &= \nu_{x,x}\, f + \nu_{x,y}\, g + \nu_{x,z}\, h, \\ Y' &= \nu_{y,x}\, f + \nu_{y,y}\, g + \nu_{y,z}\, h, \\ Z' &= \nu_{z,x}\, f + \nu_{z,y}\, g + \nu_{z,z}\, h, \end{aligned}\right\} \qquad (37)$$

ou, dans le cas d'un conducteur,

$$\left.\begin{aligned} X' &= \varkappa_{x,x}\, u + \varkappa_{x,y}\, v + \varkappa_{x,z}\, w, \\ Y' &= \varkappa_{y,x}\, u + \varkappa_{y,y}\, v + \varkappa_{y,z}\, w, \\ Z' &= \varkappa_{z,x}\, u + \varkappa_{z,y}\, v + \varkappa_{z,z}\, w, \end{aligned}\right\} \qquad (38)$$

on devra substituer dans la formule fondamentale (3)

$$\delta A = -\int \left\{ (X' - \mathfrak{X})\mathbf{e}_x + (Y' - \mathfrak{Y})\mathbf{e}_y + (Z' - \mathfrak{Z})\mathbf{e}_z \right\} d\tau$$

et dans les équations de mouvement (29) et (30)

$$X = X' - \mathfrak{X}, \quad Y = Y' - \mathfrak{Y}, \quad Z = Z' - \mathfrak{Z}.$$

§ 48.   Les mêmes choses peuvent être exprimées de la façon suivante.

Les formules (29) et (30) déterminent toujours les composantes X, Y et Z de la force électrique qui provient de l'incompressibilité du fluide électrique et des liaisons entre ce fluide d'un côté et les particules qui prennent part aux mouvements électromagnétiques de l'autre. Tant que des forces électromotrices n'existent pas, les forces X, Y, Z seules produiront des déplacements diélectriques ou des courants de conduction qui obéissent aux formules (25) ou (26). Dans le cas contraire, c'est une force $(X + \mathfrak{X},\ Y + \mathfrak{Y},\ Z + \mathfrak{Z})$ qui sera la cause de ces phénomènes; en posant alors

$$X + \mathfrak{X} = X', \quad Y + \mathfrak{Y} = Y', \quad Z + \mathfrak{Z} = Z',$$

on retombe sur les équations (37) et (38).

Vitesse de la lumière dans l'éther

§ 49. On reconnaîtra facilement que nos formules sont au fond identiques à celles qu'on trouve chez MAXWELL et chez HEAVISIDE et HERTZ [1]). Elles doivent donc conduire aux résultats bien connus sur lesquels MAXWELL a établi sa théorie électromagnétique de la lumière. Je ne m'étendrai pas ici sur les fondements de cette conception importante et je me bornerai à déduire de mes formules la vitesse de propagation de la lumière dans l'éther.

Pour ce milieu, les équations (25) prennent la forme

$$X = \nu_0 f, \quad Y = \nu_0 g, \quad Z = \nu_0 h,$$

ν_0 étant la valeur commune des coefficients $\nu_{x,x}, \nu_{y,y}, \nu_{z,z}$; comme, de plus, la force et l'induction magnétiques se confondent en un seul vecteur, les formules (30) deviennent

$$\nu_0 \left(\frac{\partial g}{\partial z} - \frac{\partial h}{\partial y} \right) = \frac{\partial \alpha}{\partial t},$$

$$\nu_0 \left(\frac{\partial h}{\partial x} - \frac{\partial f}{\partial z} \right) = \frac{\partial \beta}{\partial t},$$

$$\nu_0 \left(\frac{\partial f}{\partial y} - \frac{\partial g}{\partial x} \right) = \frac{\partial \gamma}{\partial t}.$$

Des deux dernières on tire

$$\nu_0 \left[\Delta f - \frac{\partial}{\partial x} \left(\frac{\partial f}{\partial x} + \frac{\partial g}{\partial y} + \frac{\partial h}{\partial z} \right) \right] = \frac{\partial}{\partial t} \left(\frac{\partial \gamma}{\partial y} - \frac{\partial \beta}{\partial z} \right),$$

ou bien, en ayant égard aux formules (22), (10) et (24),

$$\nu_0 \, \Delta f = 4\pi \, \frac{\partial^2 f}{\partial t^2}.$$

Cette équation et celles qui lui sont analogues donnent pour

---

[1]) Il faut citer encore un mémoire de M. COHN, Zur Systematik der Electricitäts-lehre (Wied. Ann. **40**, 625, 1890), dans lequel des équations semblables sont prises pour point de départ.

la vitesse de propagation des vibrations électriques transversales, c'est-à-dire pour la vitesse de la lumière,

$$V_\circ = \sqrt{\frac{v_\circ}{4\pi}}.$$

On a donc

$$v_\circ = 4\pi V_\circ^2,$$

et l'énergie potentielle de l'éther par unité de volume peut être
représentée par

$$2\pi V_\circ^2 (f^2 + g^2 + h^2).$$

CHAPITRE II

PHÉNOMÈNES ÉLECTROMAGNÉTIQUES DANS DES CORPS QUI SE TROUVENT EN MOUVEMENT ET QUI ENTRAÎNENT L'ÉTHER CONTENU DANS LEUR INTÉRIEUR

Valeur de l'énergie cinétique

§ 50. Dans ce chapitre [1]) je nommerai *matière* tout ce qui peut être le siège des courants ou déplacements de l'électricité et des mouvements électromagnétiques. Ce nom sera donc appliqué à l'éther tout aussi bien qu'à la matière pondérable.

Dans les cas que nous allons étudier, il y aura deux classes de phénomènes, bien distinctes. D'une part, nous aurons affaire aux phénomènes électriques, tels qu'ils peuvent se présenter aussi dans des corps immobiles; d'autre part, il y aura un mouvement indépendant de toute action électrique et qui sera appelé le mouvement de la matière.

En suivant l'exemple donné par M. HERTZ dans son second mémoire, je supposerai que l'éther contenu dans les espaces inter-moléculaires d'un corps pondérable participe au mouvement de ce dernier. En d'autres termes, si à un moment quelconque on fait cesser subitement tous les mouvements qui constituent les phéno-mènes électriques, il restera un mouvement dans lequel tout ce qui est contenu dans un élément de volume est animé d'une vi-tesse commune.

Les composantes de cette vitesse seront représentées par ξ, η, ζ. Elles seront regardées comme des quantités données, le mouvement de la matière étant supposé connu. Du reste, je me bornerai aux cas où ξ, η, ζ sont des fonctions continues des coor-données. Cela implique que deux corps qui se trouvent en contact

---

[1]) Je me permets d'avertir le lecteur que les quatre derniers chapitres de ce mémoire sont entièrement indépendants de celui-ci et du troisième.

ne doivent pas glisser l'un sur l'autre et que, par exemple, un corps pondérable sphérique, placé dans un espace d'ou l'air a été éloigné, communique un certain mouvement à l'éther environnant, non seulement lorsque le centre se déplace, mais aussi lorsque le corps tourne autour de ce point.

§ 51. La position de la matière pourra être déterminée par un certain nombre de coordonnées générales, que je nommerai $p_1, p_2 \ldots p_k$, et il est clair que, s'il n'y avait aucun phénomène électrique, les composantes de la vitesse d'un point matériel quelconque P seraient données par des expressions de la forme

$$Q_1 \dot{p}_1 + Q_2 \dot{p}_2 + \ldots + Q_k \dot{p}_k,$$

$$Q'_1 \dot{p}_1 + Q'_2 \dot{p}_2 + \ldots + Q'_k \dot{p}_k,$$

$$Q''_1 \dot{p}_1 + Q''_2 \dot{p}_2 + \ldots + Q''_k \dot{p}_k,$$

les coefficients Q changeant avec la configuration du système.

Si, en revanche, la matière se trouvait en repos, mais qu'elle fût le siège de courants électriques, aux composantes u, v et w, on aurait pour les vitesses de ce même point P [1]), comme au § 13,

$$\Sigma (Au + Bv + Cw),$$

$$\Sigma (A'u + B'v + C'w),$$

$$\Sigma (A''u + B''v + C''w).$$

Or, je supposerai que, dans le cas où les courants électriques u, v, w existent dans la matière qui est en mouvement, les composantes de la vitesse d'un point matériel ont les valeurs

$$Q_1 \dot{p}_1 + \ldots + Q_k \dot{p}_k + \Sigma (A\,u + B\,v + C\,w),$$

$$Q'_1 \dot{p}_1 + \ldots + Q'_k \dot{p}_k + \Sigma (A'u + B'v + C'w),$$

$$Q''_1 \dot{p}_1 + \ldots + Q''_k \dot{p}_k + \Sigma (A''u + B''v + C''w).$$

§ 52. En partant de ces expressions, on trouve pour l'énergie cinétique une valeur de la forme

$$T = T_1 + T_2 + T_3.$$

---

[1]) Par P il faut entendre un des points de la matière qui est le siège des mouvements électromagnétiques.   (note de l'éditeur)

Le terme T_1 est ici indépendant des courants électriques, tandis que T_3 ne contient aucune des vitesses $\dot{p}_1 \ldots \dot{p}_k$ de la matière. Dans le second terme se trouvent les premières puissances de ces vitesses multipliées par les mêmes puissances de u, v et w.

Dans les questions dont je m'occuperai, le terme T_1 ne joue aucun rôle et j'admettrai, comme le fit Maxwell dans sa théorie des circuits linéaires, que le terme T_2 s'annule. Je n'aurai donc à parler que de l'énergie T_3, que je représenterai dorénavant par T et qui est évidemment l'énergie que posséderait le système si la matière était mise en repos sans que les courants en fussent changés.

Cette énergie peut donc être calculée de la manière que j'ai exposée aux §§ 7—10. Il importe toutefois de remarquer que, si on effectuait ce calcul pour des époques successives, on obtiendrait pour T des valeurs différentes, non seulement parce que la distribution des courants ne restera pas la même, mais encore parce que, en vertu du mouvement de la matière, les coefficients µ changent d'un instant à l'autre dans un même point de l'espace.

Quantité d'électricité qui traverse une surface

§ 53. Dans les considérations du chapitre précédent, les composantes du courant déterminaient les quantités d'électricité qui se déplacent à travers des surfaces ayant une position fixe dans l'espace. Dans le cas qui nous occupe actuellement, elles nous donnent d'une manière analogue la quantité d'électricité qui traverse une surface *qui est liée fixement à la matière et se déplace avec elle*, et dont, par conséquent, la forme et les dimensions changent continuellement [1]).

Si un élément d'une telle surface coïncide à l'instant t avec un élément $d\sigma$ dont la normale a pour cosinus directeurs p, q, r, cet

---

[1]) Je crois pouvoir présumer que tous les physiciens sont d'accord sur ce point. Si deux conducteurs sont reliés l'un à l'autre par un fil métallique dans lequel il y a un courant de l'intensité i, la charge de l'un subira par unité de temps une augmentation i, et celle de l'autre une diminution égale; il en sera ainsi quelle que soit la vitesse d'un mouvement qu'on imprime au système tout entier. On dira donc qu'une surface séparant les deux conducteurs est traversée dans l'unité de temps par une quantité d'électricité i; pour cette surface on peut prendre une section du fil qui passe continuellement par les mêmes particules métalliques. Mais, évidemment, la même chose ne sera pas, en général, vraie pour une surface immobile.

élément mobile sera traversé entre les moments t et $t + dt$ par la quantité d'électricité

$$(pu + qv + rw)\, d\sigma dt.$$

Selon la théorie de MAXWELL, la distribution du courant électrique doit toujours être solénoïdale, ce qui s'exprime par les équations (4) et (5). Dans le chapitre précédent, cette condition impliquait l'égalité des quantités d'électricité qui entrent et qui sortent par une surface fermée, immobile dans l'espace ; maintenant, la condition exige la même chose pour une surface fermée qui se déplace avec la matière.

§ 54. Comment concilier les idées que je viens d'exposer avec l'hypothèse d'un seul fluide électrique imprégnant toute la matière ? Il faudra, en premier lieu, admettre qu'un courant électrique consiste, non pas dans le mouvement absolu d'un tel fluide, mais dans son mouvement relatif par rapport à la matière. En second lieu, il faudra renoncer à l'hypothèse de l'incompressibilité et lui substituer une autre plus générale. En effet, la matière peut se mouvoir sans qu'il y ait des courants électriques, et elle peut subir pendant ce mouvement un changement de densité. Dans ce dernier cas, le volume limité par une surface fermée qui passe toujours par les mêmes particules de la matière n'est pas invariable, et cependant aucune quantité d'électricité ne franchit cette surface. Au lieu de dire que le fluide électrique est incompressible, il faudra donc admettre qu'une partie déterminée de la matière en contient toujours la même quantité.

Application du principe de D'ALEMBERT

§ 55. C'est de nouveau l'équation générale (3) qui va nous fournir les équations du mouvement.

Comme il ne s'agit pas de trouver les lois qui régissent le mouvement de la matière, je me bornerai à des déplacements virtuels auxquels elle ne prend point part. Ce n'est que l'électricité et les particules animées des mouvements électromagnétiques qui en seront affectées, et les changements de position seront déterminés au moyen des quantités e_x, e_y, e_z, absolument de la même manière que dans le chapitre précédent. Il est facile de s'assurer que la variation $\delta'T$ est toujours donnée par la formule

$$\delta'T = \int (Fe_x + Ge_y + He_z)\, d\tau, \qquad (39)$$

les fonctions F, G et H étant déterminées, comme auparavant, par les formules (14).

§ 56. Cependant, dans le calcul de la dérivée

$$\frac{d\delta'T}{dt},$$

je ne supposerai plus qu'à l'instant $t + dt$ les quantités $\mathbf{e}_x$, $\mathbf{e}_y$, $\mathbf{e}_z$ aient les mêmes valeurs qu'à l'instant t. Il est vrai que, tant que la distribution du vecteur $\mathbf{e}$ demeure solénoïdale, on est entièrement libre dans le choix des composantes et qu'elles pourraient par conséquent être prises indépendantes du temps, mais le calcul du terme δT dans la formule (3) en deviendrait assez difficile.

Il est plus commode de donner aux composantes relatives au temps $t + dt$ de telles valeurs $\mathbf{e}'_x$, $\mathbf{e}'_y$, $\mathbf{e}'_z$, qu'un élément de surface quelconque, qui se déplace avec la matière, soit traversé par la même quantité d'électricité en vertu du déplacement $(\mathbf{e}_x, \mathbf{e}_y, \mathbf{e}_z)$ à l'instant t et en vertu du déplacement $(\mathbf{e}'_x, \mathbf{e}'_y, \mathbf{e}'_z)$ à l'instant $t + dt$.

On reconnaîtra immédiatement, d'abord, que le vecteur $(\mathbf{e}'_x, \mathbf{e}'_y, \mathbf{e}'_z)$ se trouve ainsi complètement déterminé dès que le vecteur $(\mathbf{e}_x, \mathbf{e}_y, \mathbf{e}_z)$ a été choisi, le mouvement de la matière pendant le temps dt étant connu, et, en second lieu, que la distribution de l'un des deux vecteurs est solénoïdale si l'autre jouit de cette propriété.

§ 57. Grâce au choix que je viens de faire, le terme δT dans l'équation fondamentale s'annule, si du moins on adopte l'hypothèse suivante, qui n'est autre chose qu'une généralisation de celle de MAXWELL (§ 2):

Si, après des mouvements quelconques, la matière est ramenée à sa configuration primitive, et si, dans le cours de ces mouvements, chaque élément de surface qui est fixement lié à la matière a été traversé par des quantités égales d'électricité en directions opposées, tous les points du système se retrouveront dans leurs positions primitives.

§ 58. Pour démontrer que cette hypothèse donne effectivement

$$\delta T = 0,$$

je donne aux signes W_1, W_2, W'_1, W'_2, les mêmes significations qu'au § 19 et je me représente de nouveau la succession des déplacements

$$W'_2 \to W_2, \ W_2 \to W_1, \ W_1 \to W'_1; \tag{40}$$

le mouvement varié sera alors celui qui ramène le système à la configuration W'_2 dans un temps dt.

Or, on voit immédiatement que le mouvement varié de la matière ne diffère pas du mouvement réel.

D'un autre côté, un élément de surface quelconque, qui se déplace avec la matière, est traversé par des quantités égales d'électricité pendant les déplacements $W_1 \to W'_1$ et $W_2 \to W'_2$. Si donc, après avoir donné au système les déplacements (40), on fait en sorte qu'un tel élément soit traversé par la même quantité d'électricité que dans le déplacement $W_1 \to W_2$, la somme algébrique des quantitées d'électricité qui ont successivement traversé l'élément sera zéro et, en vertu de notre hypothèse, la position W'_2 se sera rétablie. Il en résulte que les composantes du courant ont dans le mouvement varié les mêmes valeurs que dans le mouvement réel et que, par conséquent,

$$\delta T = 0.$$

§ 59. Soit de nouveau

$$-\int (X\mathbf{e}_x + Y\mathbf{e}_y + Z\mathbf{e}_z)\, d\tau$$

le travail des forces pendant le déplacement virtuel ($\mathbf{e}_x$, $\mathbf{e}_y$, $\mathbf{e}_z$); alors l'équation (3) devient

$$-\int (X\mathbf{e}_x + Y\mathbf{e}_y + Z\mathbf{e}_z)\, d\tau = \frac{d}{dt}\int (F\mathbf{e}_x + G\mathbf{e}_y + H\mathbf{e}_z)\, d\tau. \tag{41}$$

Supposons que le vecteur $\mathbf{e}$ soit distribué de la façon particulière indiquée au § 25. Si l'on fait se mouvoir avec la matière le tube annulaire dont il fut question dans ce paragraphe, l'axe coïncidera après le temps dt avec une nouvelle ligne fermée et,

au lieu de ω, le tube aura une section droite ω'. D'après ce qui a
été dit sur $\mathbf{e}'_x$, $\mathbf{e}'_y$, $\mathbf{e}'_z$, il faudra que le vecteur $\mathbf{e}'$, dont ces quantités sont les composantes, soit borné au nouveau tube, qu'il ait
la direction du nouvel axe s' et que le produit $\mathbf{e}'\omega'$ soit partout
égal au produit $\mathbf{e}\omega$ dans le tube non déplacé.

Or l'intégrale

$$\int (F\mathbf{e}_x + G\mathbf{e}_y + H\mathbf{e}_z)\, d\tau$$

prend (§ 25) à l'instant t la valeur

$$\mathbf{e}\omega \int (Fp + Gq + Hr)\, ds,$$

et à l'instant $t + dt$ elle devient

$$\mathbf{e}'\omega' \int (Fp + Gq + Hr)\, ds',$$

l'intégrale étant étendue à la ligne primitive dans la première
expression et à la ligne déplacée dans la seconde, et les valeurs de
F, G et H se rapportant respectivement aux moments t et $t + dt$.

Il s'ensuit qu'au lieu de

$$\frac{d}{dt} \int (F\mathbf{e}_x + G\mathbf{e}_y + H\mathbf{e}_z)\, d\tau$$

il est permis d'écrire

$$\mathbf{e}\omega \frac{d}{dt} \int (Fp + Gq + Hr)\, ds,$$

où le signe d indique l'accroissement total de l'intégrale causé
par la variation de F, G et H et par le déplacement de la ligne s.

Le premier membre de l'équation (41) se transforme en

$$- \mathbf{e}\omega \int (Xp + Yq + Zr)\, ds,$$

et la formule devient

$$-\int (Xp + Yq + Zr)\, ds = \frac{d}{dt} \int (Fp + Gq + Hr)\, ds.$$

Elle se simplifie encore si l'on conçoit une surface σ limitée par la ligne s et se déplaçant également avec la matière. En vertu des relations (14), on a

$$\int (F p + G q + H r)\, ds = \int \mathbf{B}_n\, d\sigma,$$

ce qui donne

$$-\int (X p + Y q + Z r)\, ds = \frac{d}{dt}\int \mathbf{B}_n\, d\sigma. \qquad (42)$$

Ici encore, le signe d indique le changement total de l'intégrale. Pour le calculer, il faudra tenir compte, d'une part, du changement de l'induction magnétique, et, d'autre part, du déplacement de la surface σ.

§ 60. De la formule (42) aux équations définitives du mouvement il n'y a qu'un pas. On peut d'abord admettre qu'à l'instant t la surface σ coïncide avec un rectangle infiniment petit dont les côtés sont parallèles à deux axes des coordonnées et qui n'est pas coupé par une surface de discontinuité. En regardant toutes les quantités variables comme des fonctions de t et des coordonnées x, y, z d'un *point immobile*, on trouve ainsi (voir § 61)

$$
\left.
\begin{aligned}
\frac{\partial Y}{\partial z} - \frac{\partial Z}{\partial y} &= \frac{\partial a}{\partial t} + \frac{\partial}{\partial y}(\eta a - \xi b) - \frac{\partial}{\partial z}(\xi c - \zeta a) + \\
&\qquad + \xi\left(\frac{\partial a}{\partial x} + \frac{\partial b}{\partial y} + \frac{\partial c}{\partial z}\right), \\[2ex]
\frac{\partial Z}{\partial x} - \frac{\partial X}{\partial z} &= \frac{\partial b}{\partial t} + \frac{\partial}{\partial z}(\zeta b - \eta c) - \frac{\partial}{\partial x}(\eta a - \xi b) + \\
&\qquad + \eta\left(\frac{\partial a}{\partial x} + \frac{\partial b}{\partial y} + \frac{\partial c}{\partial z}\right), \\[2ex]
\frac{\partial X}{\partial y} - \frac{\partial Y}{\partial x} &= \frac{\partial c}{\partial t} + \frac{\partial}{\partial x}(\xi c - \zeta a) - \frac{\partial}{\partial y}(\zeta b - \eta c) + \\
&\qquad + \zeta\left(\frac{\partial a}{\partial x} + \frac{\partial b}{\partial y} + \frac{\partial c}{\partial z}\right).
\end{aligned}
\right\} \qquad (43)
$$

En second lieu, on peut donner à la surface σ la forme d'une bande étroite comprise entre deux lignes qui se trouvent de part et d'autre d'une surface de discontinuité. Si ces lignes s'approchent de plus en plus d'une même ligne située dans la surface, l'intégrale $\int \mathbf{B}_n \, d\sigma$ tend vers la limite zéro et on est conduit à la condition

$$(\mathbf{R}_h)_1 = (\mathbf{R}_h)_2,$$

$\mathbf{R}$ étant la „force électrique" (X, Y, Z) et h indiquant une direction quelconque dans la surface de discontinuité.

Les équations (43) expriment la même chose que les formules (1_a) du second mémoire de M. Hertz. Elles n'en diffèrent que par la notation, le choix des unités et la position relative des axes des coordonnées.

Du reste, comme nous n'avons nulle part supposé l'existence de „magnétisme libre", nous pourrions encore simplifier les formules en y substituant

$$\frac{\partial a}{\partial x} + \frac{\partial b}{\partial y} + \frac{\partial c}{\partial z} = 0.$$

§ 61. Il suffira d'indiquer rapidement comment on arrive à la première des équations (43).

Figurons-nous qu'à l'instant t la surface σ se confond avec un élément rectangulaire $dydz$, perpendiculaire à l'axe des x et situé au point (x, y, z); alors, à l'instant $t + dt$, la surface passera par le point $(x + \xi dt, y + \eta dt, z + \zeta dt)$, la normale fera avec l'axe des x un angle infiniment petit et avec les axes des y et des z des angles

$$\tfrac{1}{2}\pi + \frac{\partial \xi}{\partial y} \, dt \ \text{et} \ \tfrac{1}{2}\pi + \frac{\partial \xi}{\partial z} \, dt,$$

et l'aire de la surface sera devenue

$$d\sigma' = \left\{ 1 + \left(\frac{\partial \eta}{\partial y} + \frac{\partial \zeta}{\partial z} \right) dt \right\} dydz.$$

Désignons par a la valeur de la première composante de l'induction magnétique à l'instant t et au point (x, y, z), et par

$$a' = a + \left(\frac{\partial a}{\partial t} + \xi \frac{\partial a}{\partial x} + \eta \frac{\partial a}{\partial y} + \zeta \frac{\partial a}{\partial z} \right) dt$$

la valeur de cette même composante au moment $t + dt$ et au point $(x + \xi dt, y + \eta dt, z + \zeta dt)$.

Alors la valeur de l'intégrale $\int \mathbf{B}_n \, d\sigma$, qui est d'abord $a \, dy \, dz$, devient au bout de l'intervalle dt:

$$\left[a + \left\{ \left(\frac{\partial a}{\partial t} + \xi \frac{\partial a}{\partial x} + \eta \frac{\partial a}{\partial y} + \zeta \frac{\partial a}{\partial z} \right) - \left(b \frac{\partial \xi}{\partial y} + c \frac{\partial \xi}{\partial z} \right) \right\} dt \right] d\sigma'.$$

Valeur de la force électrique

§ 62. Tant qu'il s'agit de corps conducteurs, dans lesquels la „résistance" seule s'oppose au mouvement de l'électricité, on n'a rien à changer à ce qui a été dit dans le chapitre précédent. Les diélectriques, au contraire, demandent de nouvelles considérations.

Conformément à l'idée énoncée au § 53, il est naturel d'admettre que le dérangement électrique de l'état naturel d'un isolateur est déterminé dès qu'on connaît, pour chaque élément de surface fixement lié à la matière, la quantité totale d'électricité par laquelle il a été traversé à partir d'un moment où le corps se trouva encore à l'état naturel.

Je désignerai par

$$f \, dy \, dz$$

la valeur de cette quantité pour un élément de surface qui coïncide à l'instant t avec un rectangle dont les côtés dy et dz sont respectivement parallèles aux axes OY et OZ. En définissant les quantités g et h d'une manière analogue, on peut dire que le diélectrique aurait été amené à l'état où il se trouve actuellement si, après avoir donné à la matière la position qu'elle occupe à l'instant t, on eût fait naître un déplacement diélectrique $\mathbf{D}$, aux composantes f, g, h. L'énergie potentielle par unité de volume sera donc toujours donnée par l'expression (21) et le travail des forces pourra être représenté comme il a été fait au § 59, si on prend pour X, Y et Z les valeurs (25). En effet, la matière elle-même ne prend point part au déplacement virtuel que nous avons imposé au système; les quantités f, g et h, telles que je viens de les défi-

nir, recevront par conséquent dans ce déplacement les accroissements e_x, e_y, e_z.

Relations entre les composantes du courant et celles du déplacement diélectrique

§ 63. Les formules (24) ne sont plus applicables aux diélectriques en mouvement. Il leur faut substituer des équations moins
simples auxquelles on arrive par le raisonnement suivant. La définition que j'ai donnée dans le dernier paragraphe conduit à
représenter par $\int \mathbf{D}_n \, d\sigma$ la quantité d'électricité qui, à partir de
l'état naturel, a traversé une surface limitée quelconque, liée à
la matière.

La dérivée

$$\frac{d}{dt} \int \mathbf{D}_n \, d\sigma,$$

prise dans le même sens que la dérivée

$$\frac{d}{dt} \int \mathbf{B}_n \, d\sigma$$

qu'on trouve dans la formule (42), sera donc la quantité d'électricité qui traverse la surface par unité de temps, cette surface se
déplaçant toujours avec la matière.

Pour calculer les valeurs de $udydz$, $vdzdx$, $wdxdy$, il suffira donc
de rechercher ce que devient cette dérivée, si à l'instant t la surface $d\sigma$ coïncide avec un rectangle infiniment petit dont les côtés
sont parallèles à deux axes des coordonnées. En suivant la marche
qui a été indiquée au § 61, on trouvera

$$u = \frac{\partial f}{\partial t} + \frac{\partial}{\partial y}(\eta f - \xi g) - \frac{\partial}{\partial z}(\xi h - \zeta f) + \xi\left(\frac{\partial f}{\partial x} + \frac{\partial g}{\partial y} + \frac{\partial h}{\partial z}\right),$$

$$v = \frac{\partial g}{\partial t} + \frac{\partial}{\partial z}(\zeta g - \eta h) - \frac{\partial}{\partial x}(\eta f - \xi g) + \eta\left(\frac{\partial f}{\partial x} + \frac{\partial g}{\partial y} + \frac{\partial h}{\partial z}\right),$$

$$w = \frac{\partial h}{\partial t} + \frac{\partial}{\partial x}(\xi h - \zeta f) - \frac{\partial}{\partial y}(\zeta g - \eta h) + \zeta\left(\frac{\partial f}{\partial x} + \frac{\partial g}{\partial y} + \frac{\partial h}{\partial z}\right).$$

Si l'on introduit ces valeurs dans les équations (10) celles-ci deviennent identiques aux formules (1_b) établies par M. HERTZ dans son second mémoire.

Après avoir ainsi reproduit les formules fondamentales de M. HERTZ, il est juste de mentionner que ce n'est qu'après avoir lu son mémoire que j'ai entrepris cette étude des corps en mouvement. J'avais ainsi l'avantage de connaître d'avance les résultats qu'il faudrait chercher à obtenir.

CHAPITRE III

EXAMEN D'UNE HYPOTHÈSE QUI A ÉTÉ FAITE AUX CHAPITRES PRÉCÉDENTS

§ 64. Il n'est pas inutile de considérer de plus près la supposition dont MAXWELL s'est servi dans sa théorie des circuits linéaires et que j'ai reproduite, sous des formes plus générales, aux paragraphes 18 et 57.

Même dans le cas que j'ai traité au premier chapitre, cette hypothèse n'est pas aussi plausible qu'on pourrait le croire au premier abord. En effet, il y a dans la mécanique ordinaire des cas bien simples où une supposition analogue conduirait à des résultats erronés.

Considérons, par exemple, le mouvement d'un fluide incompressible dont la densité est ρ. Désignons par $u d\sigma dt$, $v d\sigma dt$, $w d\sigma dt$ les quantités du fluide, exprimées par le volume qu'elles occupent, qui, pendant le temps dt, traversent des éléments de surface, respectivement perpendiculaires à OX, OY et OZ et eux-mêmes immobiles; u, v et w seront alors les composantes du courant. Représentons par $X d\tau$, $Y d\tau$, $Z d\tau$ les composantes de la force extérieure qui agit sur un élément de volume, et cherchons à établir les équations du mouvement en partant de la formule générale (3). Les variables u, v, w, X, Y et Z seront regardées comme des fonctions de t et des coordonnées x, y, z d'un point immobile.

Un déplacement virtuel peut être défini au moyen des quantités infiniment petites du fluide qui traversent des éléments de surface perpendiculaires aux axes des coordonnées; rapportées à l'unité de surface et exprimées par le volume du liquide, elles seront indiquées par $\mathbf{e}_x$, $\mathbf{e}_y$, $\mathbf{e}_z$. Elles doivent satisfaire à la même condition que les quantités analogues du premier chapitre et il est évidemment permis de les regarder comme indépendantes du temps. On aura alors

$$\frac{d\delta'T}{dt} = \rho \int \left(\frac{\partial u}{\partial t} \mathbf{e}_x + \frac{\partial v}{\partial t} \mathbf{e}_y + \frac{\partial w}{\partial t} \mathbf{e}_z \right) d\tau .$$

§ 65. Si, après des mouvements quelconques pendant lesquels chaque élément de surface immobile a été en somme traversé dans des directions opposées par des quantités égales du fluide, chaque particule se retrouvait dans sa position primitive, on pourrait démontrer que $\delta T = 0$, comme dans le premier chapitre. Cependant cette hypothèse ne se vérifie pas et δT prend une valeur que nous allons calculer.

Donnons à W_1, W_2, W_1', W_2' la signification que nous connaissons déjà et nommons x, y et z les coordonnées d'une particule du fluide dans la position W_1. Alors les coordonnées de ce point seront

dans la position W_2:

$$x + udt, \quad y + vdt, \quad z + wdt,$$

dans la position W_1':

$$x + \mathbf{e}_x, \quad y + \mathbf{e}_y, \quad z + \mathbf{e}_z,$$

et dans la position W_2':

$$x + udt + \mathbf{e}_x + \left(\frac{\partial \mathbf{e}_x}{\partial x} u + \frac{\partial \mathbf{e}_x}{\partial y} v + \frac{\partial \mathbf{e}_x}{\partial z} w \right) dt,$$

$$y + vdt + \mathbf{e}_y + \left(\frac{\partial \mathbf{e}_y}{\partial x} u + \frac{\partial \mathbf{e}_y}{\partial y} v + \frac{\partial \mathbf{e}_y}{\partial z} w \right) dt,$$

$$z + wdt + \mathbf{e}_z + \left(\frac{\partial \mathbf{e}_z}{\partial x} u + \frac{\partial \mathbf{e}_z}{\partial y} v + \frac{\partial \mathbf{e}_z}{\partial z} w \right) dt.$$

Il a fallu ajouter les termes

$$\left(\frac{\partial \mathbf{e}_x}{\partial x} u + \frac{\partial \mathbf{e}_x}{\partial y} v + \frac{\partial \mathbf{e}_x}{\partial z} w \right) dt, \quad \text{etc.}$$

parce qu'il s'agissait des valeurs de $\mathbf{e}_x$, $\mathbf{e}_y$, $\mathbf{e}_z$, au point où la particule considérée se trouve dans la position W_2.

Les expressions précédentes donnent pour les vitesses de la particule dans le mouvement varié

$$\left. \begin{array}{l} u + \dfrac{\partial \mathbf{e}_x}{\partial x} u + \dfrac{\partial \mathbf{e}_x}{\partial y} v + \dfrac{\partial \mathbf{e}_x}{\partial z} w, \\[2mm] v + \dfrac{\partial \mathbf{e}_y}{\partial x} u + \dfrac{\partial \mathbf{e}_y}{\partial y} v + \dfrac{\partial \mathbf{e}_y}{\partial z} w, \\[2mm] w + \dfrac{\partial \mathbf{e}_z}{\partial x} u + \dfrac{\partial \mathbf{e}_z}{\partial y} v + \dfrac{\partial \mathbf{e}_z}{\partial z} w. \end{array} \right\} \qquad (44)$$

Or, si en un même point de l'espace les vitesses étaient les mêmes dans le mouvement varié et dans le mouvement réel, on aurait dû trouver, au lieu de ces expressions

$$u + \frac{\partial u}{\partial x}\mathbf{e}_x + \frac{\partial u}{\partial y}\mathbf{e}_y + \frac{\partial u}{\partial z}\mathbf{e}_z, \text{ etc.}$$

§ 66. Après avoir obtenu les valeurs (44) on peut procéder comme il suit. On a d'abord

$$\delta T = \rho \int \left\{ \left(u^2 \frac{\partial \mathbf{e}_x}{\partial x} + uv \frac{\partial \mathbf{e}_x}{\partial y} + uw \frac{\partial \mathbf{e}_x}{\partial z} \right) + \left(uv \frac{\partial \mathbf{e}_y}{\partial x} + v^2 \frac{\partial \mathbf{e}_y}{\partial y} + vw \frac{\partial \mathbf{e}_y}{\partial z} \right) + \right.$$
$$\left. + \left(uw \frac{\partial \mathbf{e}_z}{\partial x} + vw \frac{\partial \mathbf{e}_z}{\partial y} + w^2 \frac{\partial \mathbf{e}_z}{\partial z} \right) \right\} d\tau.$$

Ici, on peut intégrer par parties. En supposant qu'aux limites du fluide $\mathbf{e}_x = \mathbf{e}_y = \mathbf{e}_z = 0$ et se rappelant que

$$\frac{\partial u}{\partial x} + \frac{\partial v}{\partial y} + \frac{\partial w}{\partial z} = 0,$$

on trouve

$$\delta T = -\rho \int \left\{ \mathbf{e}_x \left(u \frac{\partial u}{\partial x} + v \frac{\partial u}{\partial y} + w \frac{\partial u}{\partial z} \right) + \mathbf{e}_y \left(u \frac{\partial v}{\partial x} + v \frac{\partial v}{\partial y} + w \frac{\partial v}{\partial z} \right) + \right.$$
$$\left. + \mathbf{e}_z \left(u \frac{\partial w}{\partial x} + v \frac{\partial w}{\partial y} + w \frac{\partial w}{\partial z} \right) \right\} d\tau.$$

En fin de compte, l'équation (3) devient

$$\int (X\mathbf{e}_x + Y\mathbf{e}_y + Z\mathbf{e}_z) \, d\tau = \rho \int \left\{ \left(\frac{\partial u}{\partial t} + u \frac{\partial u}{\partial x} + v \frac{\partial u}{\partial y} + w \frac{\partial u}{\partial z} \right) \mathbf{e}_x + \right.$$
$$\left. + \left(\frac{\partial v}{\partial t} + u \frac{\partial v}{\partial x} + v \frac{\partial v}{\partial y} + w \frac{\partial v}{\partial z} \right) \mathbf{e}_y + \left(\frac{\partial w}{\partial t} + u \frac{\partial w}{\partial x} + v \frac{\partial w}{\partial y} + w \frac{\partial w}{\partial z} \right) \mathbf{e}_z \right\} d\tau$$

Il est facile d'en déduire les équations du mouvement sous leur forme ordinaire. On s'apercevra que l'hypothèse en question, loin d'être vraie, conduirait à l'omission des termes

$$u \frac{\partial u}{\partial x} + v \frac{\partial w}{\partial y} + w \frac{\partial u}{\partial z}, \text{ etc.}$$

§ 67. Si cette hypothèse ne peut pas être admise dans le cas d'un fluide ordinaire, elle ne pourra non plus être appliquée au fluide électrique. Cependant, cela n'empêche pas que nos équations du mouvement ne puissent être exactes. En effet, la masse de ce dernier fluide a été supposée négligeable, et dans le calcul de la variation δT il ne s'agissait que de l'énergie cinétique qui est propre aux mouvements électromagnétiques; il suffira donc que les points matériels qui sont chargés de ces mouvements, et qu'il ne faut pas confondre avec l'électricité elle-même, jouissent de la propriété de revenir aux mêmes positions si pour chaque élément de surface la somme algébrique des quantités d'électricité par lesquelles il a été traversé, est zéro.

Or, on est entièrement libre d'essayer sur le mécanisme qui produit les phénomènes électromagnétiques telle supposition qu'on voudra, et tout en reconnaissant la difficulté d'imaginer un mécanisme qui possède la propriéte désirée, il me semble qu'on n'a pas le droit d'en nier la possibilité.

§ 68. Cependant, cette hypothèse que nous discutons, est-elle vraiment inévitable si l'on veut voir s'annuler le terme δT, ce qui semble nécessaire pour obtenir des équations qui s'accordent avec les expériences? Je vais démontrer, en me bornant pour le moment aux corps immobiles, qu'on peut au besoin recourir à une autre suppositon.

Revenons pour cela aux formules (16). Les coefficients A, B, C, $A', \ldots. C''$ qu'elles contiennent changeront avec la configuration du système et on peut indiquer par $\delta A, \delta B, \delta C, \delta A', \ldots. \delta C''$ les changements qui surviennent pendant le déplacement $W_1 \to W_1'$, et par $dA, dB, dC, dA' \ldots. dC''$ ceux qui ont lieu pendant le mouvement réel $W_1 \to W_2$.

Cela établi, on peut cérire pour la première coordonnée d'une particule déterminée

dans la position W_1: x;
dans la position W_2: $x + \Sigma (Au + Bv + Cw)dt$;
dans la position W_1': $x + \Sigma (A\mathbf{e}_x + B\mathbf{e}_y + C\mathbf{e}_z)$; et enfin
dans la position W_2':

$$x + \Sigma(Au + Bv + Cw)dt +$$

$$+ \Sigma (A\mathbf{e}_x + B\mathbf{e}_y + C\mathbf{e}_z) + \Sigma (dA.\mathbf{e}_x + dB.\mathbf{e}_y + dC.\mathbf{e}_z).$$

Il en résulte que le déplacement de la particule dans la direction des x est, pendant le mouvement varié

$$\Sigma \,(Au + Bv + Cw)dt + \Sigma \,(dA.\mathbf{e}_x + dB.\mathbf{e}_y + dC.\mathbf{e}_z). \quad (45)$$

D'un autre côté, on peut indiquer facilement quel serait ce déplacement si, à partir de la position W'_1, il existait dans le système, pendant l'intervalle dt, un système de courants (u, v, w) identique à celui qu'on trouve dans le mouvement réel. A la position W'_1 correspondent les valeurs

$$A + \delta A, \; B + \delta B, \ldots.$$

et le déplacement qu'il s'agit d'indiquer serait donc:

$$\Sigma \,(Au + Bv + Cw)dt + \Sigma \,(\delta A.u + \delta B.v + \delta C.w)dt. \quad (46)$$

§ 69. Si les expressions (45) et (46) sont identiques, et s'il en est de même des expressions analogues par lesquelles on peut représenter des déplacements parallèles à OY et OZ, le mouvement varié sera celui auquel se rapporte l'expression (46) et on aura $\delta T = 0$, parce que l'énergie cinétique est déterminée par les composantes du courant. L'hypothèse du § 18 conduit à cette simplification parce qu'elle donne lieu à l'égalité

$$\Sigma \,(dA.\mathbf{e}_x + dB.\mathbf{e}_y + dC.\mathbf{e}_z) = \Sigma \,(\delta A.u + \delta B.v + \delta C.w)dt.$$

Pourtant, il n'est pas nécessaire que cette égalité existe. Les vitesses de la particule considérée, dans le mouvement réel, sont

$$\dot{x} = \Sigma \,(Au \;+ Bv \;+ Cw),$$
$$\dot{y} = \Sigma \,(A'u + B'v + C'w),$$
$$\dot{z} = \Sigma \,(A''u + B''v + C''w),$$

et si les vitesses dans le mouvement varié sont

$$\dot{x} + \delta\dot{x}, \; \dot{y} + \delta\dot{y}, \; \dot{z} + \delta\dot{z},$$

l'expression (45) donne

$$\delta\dot{x} = \Sigma \left(\frac{dA}{dt}\mathbf{e}_x + \frac{dB}{dt}\mathbf{e}_y + \frac{dC}{dt}\mathbf{e}_z \right). \quad (47)$$

Les variations $\delta\dot{y}$ et $\delta\dot{z}$ peuvent être mises sous une forme analogue, et on peut calculer la valeur de

$$\delta T = \Sigma \, m(\dot{x}\delta\dot{x} + \dot{y}\delta\dot{y} + \dot{z}\delta\dot{z}). \quad (48)$$

Voici maintenant un système d'hypothèses qui donnent pour cette variation la valeur zéro.

a. Il y a deux systèmes de particules qui prennent part aux mouvements électromagnétiques, systèmes qui seront indiqués par les lettres N et N'.

b. A chaque moment, une particule quelconque appartenant à l'un de ces systèmes se trouve dans le voisinage immédiat d'une particule de masse égale qui fait partie de l'autre.

c. Les deux systèmes ont toujours des mouvements égaux en sens inverse, ou, pour nous exprimer plus exactement:

Si deux mouvements de même durée commencent avec les mêmes positions initiales et ne se distinguent que par le signe des composantes du courant électrique, et si P et P' sont des points appartenant aux systèmes N et N' et coïncidant dans la configuration initiale, le point P' atteindra, dans le second mouvement, la même position finale que le point P dans le premier mouvement.

Cela implique évidemment qu'au moment de la coïncidence les points P et P' ont des vitesses égales et opposées. En effet, en changeant les signes de u, v, w, on renverse la vitesse du point P (§ 13); mais, selon la dernière hypothèse, cette vitesse doit alors devenir égale à celle qu'avait d'abord le point P'.

Remarquons encore que, dans le cours d'un certain mouvement, ce sera chaque fois une nouvelle particule P' qui coïncide avec une particule déterminée P. Deux roues juxtaposées, qui ont des rotations égales et opposées autour du même axe, peuvent servir d'exemple.

§ 70. Pour démontrer que ces hypothèses conduisent à

$$\delta T = 0,$$

nous allons comparer deux mouvements différents du système. Les lettres W_1, W_2, W'_1, W'_2, seront appliquées au premier cas et les signes (W_1), (W_2), (W'_1) et (W'_2) indiqueront les mêmes choses pour le second cas.

Supposons que les positions W_1 et (W_1) soient identiques et que, dans les deux mouvements, chacune des quantités u, v, w, $\mathbf{e}_x$, $\mathbf{e}_y$, $\mathbf{e}_z$ ait les mêmes valeurs, mais des signes opposés.

Alors les mouvements $W_1 \rightarrow W'_1$ et $(W_1) \rightarrow (W'_1)$ se distingueront l'un de l'autre de la manière qui a été indiquée dans la troi-

sième hypothèse du paragraphe précédent; il en sera de même
des mouvements qui consistent, l'un dans la succession des dé-
placements $W_1 \rightarrow W_2$ et $W_2 \rightarrow W'_2$, l'autre dans la succession de
$(W_1) \rightarrow (W_2)$ et $(W_2) \rightarrow (W'_2)$. Il en résulte que, si deux particules
P et P' coïncident dans la position W_1 ou (W_1), l'une de ces particules se déplacera dans le mouvement varié $W'_1 \rightarrow W'_2$ de la
même manière que l'autre dans le mouvement varié $(W'_1) \rightarrow (W'_2)$
comme, de plus, les masses de P et de P' sont égales, le mouvement varié aura, dans les deux cas, la même énergie cinétique.

On trouve donc

$$\delta T = (\delta T), \tag{49}$$

où les deux membres se rapportent aux deux cas que nous vou-
lions comparer l'un à l'autre.

D'un autre côté, on peut appliquer les formules (47) et (48).
On se rappellera que, pour une particule déterminée qui prend
part aux mouvements électromagnétiques, les coefficients
A, B, C, etc. sont des fonctions des coordonnées.

Les dérivées dA/dt, dB/dt, dC/dt, etc. qu'on trouve dans les
équations (47) et dans les expressions analogues pour δy, $\delta \dot{z}$ seront,
par conséquent, des fonctions homogènes et linéaires de u, v, w,
et comme il en est de même de $\dot{x}$, $\dot{y}$, $\dot{z}$, la formule (48) conduit à

$$\delta T = - (\delta T),$$

ce qui, avec l'équation (49), donne

$$\delta T = 0.$$

§ 71. Les hypothèses dont je viens de me servir introduisent
dans la théorie un certain dualisme, auquel on est amené si souvent par l'étude des phénomènes électriques. En effet, elles res-
semblent un peut à l'ancienne idée de deux fluides électriques
qui se déplacent avec des vitesses égales et opposées. Seulement,
il ne s'agit pas maintenant de fluides électriques, mais des mouvements électromagnétiques. Si, comme il est fort probable, ces
mouvements sont des rotations autour des lignes de force magnétiques, les hypothèses reviennent à ce que, dans un espace quelconque, il y a toujours des rotations de directions opposées et
qu'il ne peut exister aucun effet qui serait causé par des rotations
dans une seule direction.

§ 72. Dans les cas où la „matière" elle-même (Chap. II) se déplace, l'hypothèse du § 57 donne lieu à quelques remarques nouvelles.

Soit s un circuit linéaire et fermé, dont le mouvement est tellement restreint que la position peut être déterminée à l'aide d'un seul paramètre p; soient, de plus, ε la quantité d'électricité qui, à partir d'un certain moment fixe, a traversé une section passant toujours par le même point du conducteur, et x la première coordonnée d'un des points matériels P du milieu. L'hypothèse exige que l'on ait

$$x = f(p, \varepsilon).$$

Cela posé, je donne au système, l'un après l'autre, les déplacements suivants:

a. Tandis que le conducteur se trouve dans le voisinage du point P (position I), une quantité d'électricité ε est amenée à travers chaque section.

b. Le conducteur est éloigné à une très grande distance du point P.

c. Pendant que le conducteur est retenu dans la nouvelle position (position II), on faut passer à travers chaque section une quantité d'électricité — ε.

d. Le circuit est ramené dans la position I.

Si les déplacements b et d n'ont été accompagnés d'aucun courant électrique, la coordonnée x aura repris la valeur initiale. Donc, si $\Delta_a x$, $\Delta_b x$, etc. sont les variations successives de cette coordonnée

$$\Delta_a x + \Delta_b x + \Delta_c x + \Delta_d x = 0.$$

Or, comme la distance du circuit au conducteur est beaucoup plus grande dans la position II que dans la position I, la variation $\Delta_c x$ sera beaucoup plus petite en valeur absolue que la variation $\Delta_a x$; les déplacements $\Delta_b x$ et $\Delta_d x$ ne sauraient donc être zéro.

C'est là, du reste, une chose très naturelle dans une théorie qui suppose que le conducteur ne peut se mouvoir sans pousser devant lui l'éther ambiant. Ce qu'il y a de remarquable dans le résultat obtenu, c'est que le déplacement du milieu qui est causé par un mouvement du conducteur doit être tel qu'il peut compenser le déplacement dû à un courant électrique.

§ 73. Si toutes les coordonnées des points mobiles du milieu sont des fonctions de p et de ε, on trouve pour les trois parties, dans lesquelles l'énergie cinétique peut être décomposée,

$$T_1 = \tfrac{1}{2}\dot{p}^2 \, \Sigma \, m \left[\left(\frac{\partial x}{\partial p} \right)^2 + \left(\frac{\partial y}{\partial p} \right)^2 + \left(\frac{\partial z}{\partial p} \right)^2 \right],$$

$$T_2 = \dot{p} i \, \Sigma \, m \left[\frac{\partial x}{\partial p} \frac{\partial x}{\partial \varepsilon} + \frac{\partial y}{\partial p} \frac{\partial y}{\partial \varepsilon} + \frac{\partial z}{\partial p} \frac{\partial z}{\partial \varepsilon} \right],$$

$$T_3 = \tfrac{1}{2} i^2 \, \Sigma \, m \left[\left(\frac{\partial x}{\partial \varepsilon} \right)^2 + \left(\frac{\partial y}{\partial \varepsilon} \right)^2 + \left(\frac{\partial z}{\partial \varepsilon} \right)^2 \right],$$

où on a mis i au lieu de $\dot{\varepsilon}$.

De ces trois expressions, la deuxième doit être zéro. Voici deux hypothèses par chacune desquelles on peut satisfaire à cette condition.

a. Chaque point mobile du milieu se trouve toujours juxtaposé à un autre d'une masse égale. Les liaisons dans le système sont telles que ces deux points sont déplacés également et en directions opposées par un mouvement électrique, mais qu'ils se meuvent de la même manière si ce n'est que le circuit qui se déplace.

En distinguant par les indices 1 et 2 ce qui se rapporte à l'un ou à l'autre de deux points coïncidents, on a

$$\frac{\partial x_1}{\partial p} = \frac{\partial x_2}{\partial p}, \quad \frac{\partial y_1}{\partial p} = \frac{\partial y_2}{\partial p}, \quad \frac{\partial z_1}{\partial p} = \frac{\partial z_2}{\partial p},$$

$$\frac{\partial x_1}{\partial \varepsilon} = - \frac{\partial x_2}{\partial \varepsilon}, \quad \frac{\partial y_1}{\partial \varepsilon} = - \frac{\partial y_2}{\partial \varepsilon}, \quad \frac{\partial z_1}{\partial \varepsilon} = - \frac{\partial z_2}{\partial \varepsilon},$$

ce qui fait $T_2 = 0$.

b. Dans les cas qu'on peut réaliser, les produits $\dot{p} \, \partial x / \partial p$, $\dot{p} \, \partial y / \partial p$, $\dot{p} \, \partial z / \partial p$ sont si petits par rapport aux quantités

$$i \frac{\partial x}{\partial \varepsilon}, \quad i \frac{\partial y}{\partial \varepsilon}, \quad i \frac{\partial z}{\partial \varepsilon},$$

qu'ils peuvent être négligés.

Alors, bien que T_2 ne s'annule pas rigoureusement, il sera permis de négliger cette partie de l'énergie cinétique vis-à-vis de la dernière partie T_3.

A plus forte raison, on pourra négliger T_1. C'est un avantage de cette seconde hypothèse que la première ne présente pas.

Il est facile de s'assurer que $\dot{p}\,\partial x/\partial p$ peut être beaucoup moindre que $i\,\partial x/\partial\varepsilon$. Prenons par exemple

$$x = \varphi\psi,$$

où φ est une fonction de p et ψ une fonction de ε. Alors on aura

$$\frac{\dot{p}\,\dfrac{\partial x}{\partial p}}{i\,\dfrac{\partial x}{\partial\varepsilon}} = \frac{\dot{p}}{i}\,\frac{\dfrac{\partial\varphi}{\partial p}\Big/\varphi}{\dfrac{\partial\psi}{\partial\varepsilon}\Big/\psi}$$

Or, la fonction

$$\frac{\partial\psi}{\partial\varepsilon}\Big/\psi$$

peut être rendue aussi considérable qu'on le désire; on n'a qu'à admettre que la fonction ψ change très rapidement par un accroissement de ε.

Du reste, on pourrait essayer de remplacer l'hypothèse du § 57, par des suppositions analogues à celles que j'ai indiquées au § 69.

_____

CHAPITRE IV

THÉORIE D'UN SYSTÈME DE PARTICULES CHARGÉES QUI SE DÉPLACENT À TRAVERS L'ÉTHER SANS ENTRAÎNER CE MILIEU

Considérations préliminaires

§ 74. Il m'a semblé utile de développer une théorie des phénomènes électromagnétiques basée sur l'idée d'une matière pondérable parfaitement perméable à l'éther et pouvant se déplacer sans communiquer à ce dernier le moindre mouvement. Certains faits de l'optique peuvent être invoqués à l'appui de cette hypothèse et, bien que le doute soit encore permis, il importe certainement d'examiner toutes les conséquences de cette manière de voir. Malheureusement une difficulté bien sérieuse se présente dès le début. Comment, en effet, se faire une idée précise d'un corps qui, se déplaçant au sein de l'éther et traversé par conséquent par ce milieu, est en même temps le siège d'un courant électrique ou d'un phénomène diélectrique? Pour surmonter la difficulté, autant qu'il m'était possible, j'ai cherché à ramener tous les phénomènes à un seul, le plus simple de tous, et qui n'est autre chose que le mouvement d'un corps électrisé. On verra que, sans approfondir la relation entre la matière pondérable et l'éther, on peut établir un système d'équations propres à décrire ce qui se passe dans un système de tels corps. Ces équations se prêtent à des applications très variées qui feront l'objet des chapitres suivants; elles nous fourniront une déduction théorique du „coefficient d'entraînement" que FRESNEL introduisit dans la théorie de l'aberration. Il suffira, dans ces applications, d'admettre que tous les corps pondérables contiennent une multitude de petites particules à charges positives ou négatives et que les phénomènes électriques sont produits par le déplacement de ces particules. Selon cette manière de voir, une charge électrique est constituée par un excès de particules dont les charges ont un signe déterminé, un courant électrique est un véritable courant de ces corpuscules et dans les isolateurs pondérables il y aura „déplacement diélectrique" dès que les particules électrisées qu'il contient sont éloignées de leurs positions d'équilibre.

Ces hypothèses n'ont rien de nouveau en ce qui concerne les électrolytes et elles offrent même une certaine analogie avec les idées sur les conducteurs métalliques qui avaient cours dans l'ancienne théorie de l'électricité. Des atomes des fluides électriques aux corpuscules chargés la distance n'est pas grande.

On voit donc que, dans la nouvelle forme que je vais lui donner, la théorie de MAXWELL se rapproche des anciennes idées. On peut même, après avoir établi les formules assez simples qui régissent les mouvements des particules chargées, faire abstraction du raisonnement qui y a conduit et regarder ces formules comme exprimant une loi fondamentale comparable à celles de WEBER et de CLAUSIUS. Cependant, ces équations conservent toujours l'empreinte des principes de MAXWELL. WEBER et CLAUSIUS regardaient les forces qui s'exercent entre deux atomes d'électricité comme déterminées par la position relative, les vitesses et les accélérations que présentent ces atomes au moment pour lequel on veut considérer leur action. Les formules, au contraire, auxquelles nous parviendrons expriment d'une part quels changements d'état sont provoqués dans l'éther par la présence et le mouvement de corpuscules électrisés; d'autre part, elles font connaître la force avec laquelle l'éther agit sur l'une quelconque de ces particules. Si cette force dépend du mouvement des autres particules, c'est que ce mouvement a modifié l'état de l'éther; aussi la valeur de la force, à un certain moment, n'est-elle pas déterminée par les vitesses et les accélérations que les petits corps possèdent à ce même instant; elle dérive plutôt des mouvements qui ont déjà eu lieu. En termes généraux, on peut dire que les phénomènes excités dans l'éther par le mouvement d'une particule électrisée se propagent avec une vitesse égale à celle de la lumière. On revient donc à une idée que GAUSS énonça déjà en 1845 et suivant laquelle les actions électrodynamiques demanderaient un certain temps pour se propager de la particule agissante à la particule qui en subit les effets.

Hypothèses fondamentales

§ 75. *a*. Les particules chargées seront regardées comme étant de la „matière pondérable" à laquelle des forces peuvent être appliquées; cependant, je supposerai que dans tout l'espace occupé par une particule se trouve aussi l'éther, et même qu'un déplacement diélectrique et une force magnétique, produits par une cause extérieure, peuvent exister dans cet espace comme si la „matière pondérable" n'y existait pas. Cette dernière est donc considérée comme parfaitement perméable à ces actions.

b. Je désignerai par f, g et h les composantes du déplacement diélectrique dans l'éther, et je prendrai (§ 49) pour l'énergie potentielle du système la valeur

$$2\pi V^2 \int (f^2 + g^2 + h^2)d\tau,$$

V étant la vitesse de la lumière dans l'éther. Dans tous les points extérieurs aux particules on aura

$$\frac{\partial f}{\partial x} + \frac{\partial g}{\partial y} + \frac{\partial h}{\partial z} = 0, \qquad (50)$$

mais je suppose (§ 43) qu'à l'intérieur d'une particule cette équation doit être remplacée par

$$\frac{\partial f}{\partial x} + \frac{\partial g}{\partial y} + \frac{\partial h}{\partial z} = \rho, \qquad (51)$$

où ρ désigne quelque quantité propre au point considéré de la particule et à laquelle il nous est impossible de rien changer.

Cette quantité ρ sera appelée la *densité* de la charge électrique.

Pour simplifier les calculs, cette densité sera regardée comme une fonction continue des coordonnées; on supposera donc que la valeur de ρ, zéro à l'extérieur d'une particule et positive ou négative à l'intérieur, ne présente pas une transition brusque à la surface. Cette dernière hypothèse nous donne le droit de regarder comme continues toutes les variables qui dépendent des coordonnées.

Du reste, x, y et z désigneront les coordonnées d'un point immobile dans l'espace. En général, toutes les quantités variables seront des fonctions de x, y, z et du temps t.

c. Les particules se comporteront comme des corps rigides; elles ne pourront donc avoir d'autre mouvement qu'une translation et une rotation. Dans ce mouvement, chaque point d'une particule conservera la même valeur de ρ. Les valeurs de *f*, *g* et *h* dans l'éther, lui-même immobile, doivent changer de telle façon que ce soit chaque fois dans un nouveau point de l'espace qu'il est satisfait à l'équation (51).

d. Je désignerai par ξ, η et ζ les composantes de la vitesse d'un point d'une particule chargée, et je supposerai que le „courant électrique", c'est-à-dire le vecteur qui donne lieu à une énergie cinétique de la grandeur à indiquer tantôt, a pour composantes

$$ u = \rho\xi + \frac{\partial f}{\partial t}, \quad v = \rho\eta + \frac{\partial g}{\partial t}, \quad w = \rho\zeta + \frac{\partial h}{\partial t}. \tag{52} $$

A l'appui de cette hypothèse, que j'ai empruntée à M. HERTZ, on peut rappeler l'expérience bien connue de M. ROWLAND, dans laquelle la rotation rapide d'un disque chargé a produit les mêmes effets électromagnétiques qu'un système de courants circulaires. Elle a démontré que le déplacement d'un corps chargé constitue un vrai courant électrique, ce qui d'ailleurs est conforme à la théorie généralement acceptée de l'électrolyse.

Or, on mesure toujours les composantes d'un courant par les quantités d'électricité, rapportées à l'unité de surface et à l'unité de temps, qui traversent des éléments de surface perpendiculaires aux axes des coordonnées. Si donc l'unité de volume d'un corps chargé, animé de la vitesse (ξ, η, ζ), contient la quantité d'électricité ρ, les composantes du courant seront ρξ, ρη, ρζ.

D'un autre côté, on admet dans la théorie de MAXWELL que les variations du déplacement diélectrique constituent un courant aux composantes $\partial f/\partial t$, $\partial g/\partial t$, $\partial h/\partial t$. Les équations (52) expriment donc que le vecteur dont dépend l'énergie cinétique est composé des deux courants dont nous venons de parler.

Ce „courant total" a la propriété importante que la distribution en est solénoïdale.

En effet, dans le mouvement d'un corps rigide on a

$$ \frac{\partial \xi}{\partial x} + \frac{\partial \eta}{\partial y} + \frac{\partial \zeta}{\partial z} = 0, \tag{53} $$

et par conséquent

$$\frac{\partial u}{\partial x} + \frac{\partial v}{\partial y} + \frac{\partial w}{\partial z} = \xi \frac{\partial \rho}{\partial x} + \eta \frac{\partial \rho}{\partial y} + \zeta \frac{\partial \rho}{\partial z} + \frac{\partial}{\partial t}\left(\frac{\partial f}{\partial x} + \frac{\partial g}{\partial y} + \frac{\partial h}{\partial z}\right),$$

ou bien, en vertu de la formule (51),

$$\frac{\partial u}{\partial x} + \frac{\partial v}{\partial y} + \frac{\partial w}{\partial z} = \frac{\partial \rho}{\partial t} + \xi \frac{\partial \rho}{\partial x} + \eta \frac{\partial \rho}{\partial y} + \zeta \frac{\partial \rho}{\partial z}.$$

Ici le second membre représente la variation par unité de temps de la densité électrique dans un point qui se déplace avec la particule; l'expression s'annule donc en vertu de l'hypothèse *c*.

e. Grâce à la propriété que je viens de démontrer, on peut admettre que la relation entre le courant électrique (u, v, w) et l'énergie cinétique est toujours celle que nous avons appris à connaître dans le premier chapitre. Comme il s'agit des phénomènes dans l'éther il n'y a pas lieu de distinguer la force et l'induction magnétiques; je déterminerai donc la force magnétique (α, β, γ) par les équations

$$\left.\begin{array}{c}
\dfrac{\partial \gamma}{\partial y} - \dfrac{\partial \beta}{\partial z} = 4\pi\left(\rho\xi + \dfrac{\partial f}{\partial t}\right), \\[2ex]
\dfrac{\partial \alpha}{\partial z} - \dfrac{\partial \gamma}{\partial x} = 4\pi\left(\rho\eta + \dfrac{\partial g}{\partial t}\right), \\[2ex]
\dfrac{\partial \beta}{\partial x} - \dfrac{\partial \alpha}{\partial y} = 4\pi\left(\rho\zeta + \dfrac{\partial h}{\partial t}\right),
\end{array}\right\} \qquad (54)$$

$$\frac{\partial \alpha}{\partial x} + \frac{\partial \beta}{\partial y} + \frac{\partial \gamma}{\partial z} = 0 \qquad (55)$$

et j'attribuerai à l'énergie cinétique la valeur

$$T = \frac{1}{8\pi}\int (\alpha^2 + \beta^2 + \gamma^2)\, d\tau.$$

On obtient ces formules en posant $a = \alpha$, $b = \beta$, $c = \gamma$ dans celles des §§ 9 et 10; on fera les mêmes substitutions dans les équations (14) qui servent à définir les fonctions auxiliaires F, G et H.

f. Enfin, je supposerai que la position de chaque point qui prend part aux mouvements électromagnétiques est déterminée dès qu'on connaît la position de toutes les particules chargées du système et les valeurs de f, g et h dans tous les points de l'espace. C'est une hypothèse analogue à celle que j'ai discutée au chapitre précédent et présentant les mêmes difficultés.

Valeur de la variation $\delta'T$

§ 76. Cette fois encore, j'aurai recours à la formule générale (3) pour trouver les équations du mouvement. Je commence par la variation $\delta'T$.

Désignons par x′, y′, z′ les coordonnées d'un point quelconque qui prend part aux mouvements électromagnétiques, et par x, y, z celles d'un point quelconque d'une particule chargée.

Un déplacement virtuel du système peut évidemment être défini au moyen des variations δx, δy, δz d'une part et des variations δf, δg, δh de l'autre, et les quantités δx′, δy′, δz′ seront des fonctions linéaires et homogènes de toutes les variations δx, δy, δz, δf, δg, δh. Les coefficients de ces dernières quantités seront des constantes tant qu'il s'agit d'une position initiale déterminée.

En remplaçant, dans les fonctions dont il vient d'être question, δx, δy, δz, δf, δg, δh par $\dot{x}$, $\dot{y}$, $\dot{z}$ (ou ξ, η, ζ), $\dot{f}$, $\dot{g}$, $\dot{h}$, on aura les valeurs de $\dot{x}'$, $\dot{y}'$, $\dot{z}'$ et, en y remplaçant de nouveau ξ, η, ζ, $\dot{f}$, $\dot{g}$, $\dot{h}$ par $\delta\xi$, $\delta\eta$, $\delta\zeta$, $\delta\dot{f}$, $\delta\dot{g}$, $\delta\dot{h}$, on trouvera les variations correspondantes des vitesses $\dot{x}'$, $\dot{y}'$, $\dot{z}'$, la configuration étant toujours regardée comme constante. Il en résulte que si, sans rien changer à la configuration, on donne à ξ, η, ζ, $\dot{f}$, $\dot{g}$, $\dot{h}$ les accroissements δx, δy, δz, δf, δg, δh, les vitesses de tous les points du système subiront précisément les variations dont il était question dans la définition de $\delta'T$.

Or, ces variations de ξ, η, ζ, $\dot{f}$, $\dot{g}$, $\dot{h}$ donnent lieu aux variations suivantes des composantes (52):

$$\rho\delta x + \delta f, \quad \rho\delta y + \delta g, \quad \rho\delta z + \delta h,$$

et on aura par conséquent (§ 12)

$$\delta'T = \int \{F(\rho\delta x + \delta f) + G(\rho\delta y + \delta g) + H(\rho\delta z + \delta h)\}\, d\tau. \quad (56)$$

Equations qui déterminent l'état de l'éther

§ 77. Considérons d'abord un déplacement virtuel auquel les particules chargées ne participent pas; l'équation (51) impose alors aux variations δf, δg, δh la condition

$$\frac{\partial \delta f}{\partial x} + \frac{\partial \delta g}{\partial y} + \frac{\partial \delta h}{\partial z} = 0.$$

En les supposant indépendantes du temps, ce qui est évidemment permis, on aura

$$\frac{d\delta' T}{dt} = \int \left(\frac{\partial F}{\partial t} \delta f + \frac{\partial G}{\partial t} \delta g + \frac{\partial H}{\partial t} \delta h \right) d\tau.$$

Par un raisonnement tel qu'il a été employé aux §§ 19 et 58, on démontre

$$\delta T = 0.$$

Enfin, le travail δA, ou la diminution de l'énergie potentielle, est donné par la formule

$$\delta A = - 4\pi V^2 \int (f\delta f + g\delta g + h\delta h) \, d\tau.$$

Il faut donc que, pour toutes les valeurs admissibles de δf, δg, δh, on ait

$$-4\pi V^2 \int (f\delta f + g\delta g + h\delta h) \, d\tau = \int \left(\frac{\partial F}{\partial t} \delta f + \frac{\partial G}{\partial t} \delta g + \frac{\partial H}{\partial t} \delta h \right) d\tau.$$

Il en résulte (§ 25) que, pour toute ligne fermée immobile dans l'espace, dont un élément ds a les cosinus directeurs p, q, r,

$$-4\pi V^2 \int (pf + qg + rh) \, ds = \frac{d}{dt} \int (pF + qG + rH) \, ds,$$

et cette formule, appliquée à des cas particuliers, donne les équations suivantes

$$4\pi V^2 \left(\frac{\partial g}{\partial z} - \frac{\partial h}{\partial y} \right) = \frac{\partial}{\partial t} \left(\frac{\partial H}{\partial y} - \frac{\partial G}{\partial z} \right), \text{ etc.}$$

ou bien, en vertu des formules (14),

$$
\left.
\begin{aligned}
4\pi V^2 \left(\frac{\partial g}{\partial z} - \frac{\partial h}{\partial y} \right) &= \frac{\partial \alpha}{\partial t}, \\[2mm]
4\pi V^2 \left(\frac{\partial h}{\partial x} - \frac{\partial f}{\partial z} \right) &= \frac{\partial \beta}{\partial t}, \\[2mm]
4\pi V^2 \left(\frac{\partial f}{\partial y} - \frac{\partial g}{\partial x} \right) &= \frac{\partial \gamma}{\partial t}.
\end{aligned}
\right\}
\tag{57}
$$

Si le mouvement des particules chargées est donné et si l'on connaît en outre les valeurs de f, g, h, α, β, γ pour le temps $t = 0$, ces formules, jointes aux équations (50), (51), (54) et (55), déterminent complètement l'état de l'éther.

Action de l'éther sur une particule chargée

§ 78. Le système des forces avec lesquelles l'éther agit sur une particule chargée M se réduit à une force résultante et à un couple. Pour déterminer les composantes **X**, **Y** et **Z** de la force, je ferai d'abord remarquer que, dans un état de mouvement donné, ces composantes ne sauraient dépendre de la masse de la matière pondérable qui constitue les particules chargées. Si cette masse était tout à fait insensible, ($-$ **X**, $-$ **Y**, $-$ **Z**) représenterait la force extérieure qu'il faut appliquer à la particule pour produire le mouvement actuel. On déterminera donc $-$ **X**, $-$ **Y**, $-$ **Z** au moyen de la formule (3) en supposant que la valeur de T, donnée au § 75, représente l'énergie cinétique totale.

Pour trouver $-$ **X**, il faut considérer un déplacement virtuel dans lequel la particule M seule éprouve une translation δx dans la direction de OX, les autres particules chargées ne changeant pas de place.

Pour que cette translation soit compatible avec la condition (51), il faut qu'elle soit accompagnée d'une variation de f, g et h. Cette variation peut être choisie d'une infinité de manières différentes, mais il est clair qu'après avoir obtenu les équations (57) on peut se borner à une seule entre toutes les suppositions admissibles. Je m'arrêterai à celle qui me semble la plus simple.

Dans tout l'espace extérieur à la particule M je poserai

$$\delta f = \delta g = \delta h = 0,$$

mais à l'intérieur je prendrai

$$\delta f = -\,\rho\delta \mathrm{x}, \quad \delta g = 0, \quad \delta h = 0.$$

Si on admet ces valeurs, les deux membres de l'équation (51) subiront dans un point fixe de l'espace les mêmes variations et la condition sera encore remplie après le déplacement.

En effet, comme $\delta \mathrm{x}$ a pour tous les points de la particule la même valeur, on trouve pour l'accroissement du premier membre

$$-\frac{\partial\rho}{\partial x}\delta \mathrm{x},$$

ce qui est précisément la variation de la densité ρ dans un point (x, y, z) de l'espace, si elle y prend la valeur qui existait d'abord au point $(x - \delta \mathrm{x}, y, z)$.

§ 79. Le premier membre de l'équation (3) prend maintenant la valeur ·

$$\delta A = -\,\mathbf{X}\delta \mathrm{x} + 4\pi V^2\delta \mathrm{x}. \int \rho f d\tau,$$

l'intégrale étant étendue à l'espace occupé par la particule M.

La formule (56) donne

$$\delta' T = 0,$$

et on n'a donc plus qu'à calculer la variation δT.

Dans ce calcul, je supposerai que $\delta \mathrm{x}$ est indépendant du temps.

§ 80. Pour que le système exécute le mouvement varié, il suffit, d'après l'hypothèse f du § 75, qu'à partir de la configuration W'_1 (§ 19), on donne aux particules chargées les positions et aux composantes f, g et h les valeurs qu'elles ont dans la configuration W'_2, tout ceci ayant lieu pendant un intervalle dt.

Voici, en quoi ce mouvement varié se distingue du mouvement réel.

a. Le mouvement des particules, à l'exception de la seule M, n'a subi aucun changement.

b. La vitesse d'un point quelconque de la particule M n'a changé ni en grandeur ni en direction, mais la ligne décrite par ce point dans le mouvement varié n'est pas la même que celle qu'il suivait dans le mouvement réel. On obtient la première ligne en donnant à la seconde une translation δx.

Les premiers termes $\rho\xi$, $\rho\eta$ et $\rho\zeta$ dans les expressions (52) n'ont donc plus pour un même point de l'espace les mêmes valeurs dans les deux mouvements. Leurs variations sont

$$-\frac{\partial(\rho\xi)}{\partial x}\delta x, \quad -\frac{\partial(\rho\eta)}{\partial x}\delta x, \quad -\frac{\partial(\rho\zeta)}{\partial x}\delta x. \tag{58}$$

c. Comme les variations $W_1 \to W_1'$, et $W_2 \to W_2'$ n'affectent pas les valeurs de g et de h, les dérivées $\dot{g}$ et $\dot{h}$ seront dans le mouvement varié ce qu'elles étaient dans le mouvement réel.

d. Le cas est différent pour $\dot{f}$. Si, en un point déterminé de l'espace, la première composante du déplacement diélectrique a la valeur f dans la position W_1, la valeur sera $f + \dot{f}dt$ dans la position W_2, $\dot{f}$ se rapportant au mouvement réel.

La valeur dans la configuration W_1' sera (§ 78)

$$f - \rho\delta x \tag{59}$$

et on obtiendra la valeur variée, pour le moment $t + dt$, en ajoutant à $f + \dot{f}dt$ ce que devient $- \rho\delta x$ à ce moment dans le point de l'espace considéré. Il est clair que ρ y est devenu

$$\rho - \left(\xi\frac{\partial\rho}{\partial x} + \eta\frac{\partial\rho}{\partial y} + \zeta\frac{\partial\rho}{\partial z}\right)dt;$$

et la variation δx ne change pas avec le temps. On peut donc écrire pour la valeur de f dans la configuration W_2'

$$f + \dot{f}dt - \rho\delta x + \left(\xi\frac{\partial\rho}{\partial x} + \eta\frac{\partial\rho}{\partial y} + \zeta\frac{\partial\rho}{\partial z}\right)\delta x\, dt. \tag{60}$$

En divisant par dt la différence des expressions (59) et (60) on trouve la valeur de $\dot{f}$ dans le mouvement varié. La variation de $\dot{f}$ devient

$$\left(\xi\frac{\partial\rho}{\partial x} + \eta\frac{\partial\rho}{\partial y} + \zeta\frac{\partial\rho}{\partial z}\right)\delta x,$$

ce qui, joint aux expressions (58), donne

$$\delta u = \left\{ -\frac{\partial(\rho\xi)}{\partial x} + \left(\xi\frac{\partial\rho}{\partial x} + \eta\frac{\partial\rho}{\partial y} + \zeta\frac{\partial\rho}{\partial z} \right) \right\} \delta \mathrm{x},$$

$$\delta v = -\frac{\partial(\rho\eta)}{\partial x}\delta \mathrm{x},$$

$$\delta w = -\frac{\partial(\rho\zeta)}{\partial x}\delta \mathrm{x},$$

$$\delta T = \delta \mathrm{x} \int \left[F\left\{ -\frac{\partial(\rho\xi)}{\partial x} + \left(\xi\frac{\partial\rho}{\partial x} + \eta\frac{\partial\rho}{\partial y} + \zeta\frac{\partial\rho}{\partial z} \right) \right\} - \right.$$
$$\left. - G\frac{\partial(\rho\eta)}{\partial x} - H\frac{\partial(\rho\zeta)}{\partial x} \right] d\tau.$$

Il est clair que c'est seulement dans l'espace occupé par la particule M qu'il y aura des variations de u, v et w; l'intégrale doit donc être étendue à cet espace.

L'équation peut être transformée au moyen d'une intégration partielle. En ayant égard aux formules (14) et (53) et à la circonstance que

$$\rho = 0$$

à la surface de la particule, on arrive à la formule assez simple

$$\delta T = \delta \mathrm{x} \int \rho(\eta\gamma - \zeta\beta)\, d\tau .$$

On n'a plus qu'à substituer cette valeur et celles de δA et $\delta'T$ (§ 79) dans l'équation (3). Voici les valeurs définitives des composantes de la force cherchée

$$\begin{aligned}
\mathbf{X} &= 4\pi V^2 \int \rho f d\tau + \int \rho(\eta\gamma - \zeta\beta)\, d\tau, \\
\mathbf{Y} &= 4\pi V^2 \int \rho g d\tau + \int \rho(\zeta\alpha - \xi\gamma)\, d\tau, \\
\mathbf{Z} &= 4\pi V^2 \int \rho h d\tau + \int \rho(\xi\beta - \eta\alpha)\, d\tau.
\end{aligned} \qquad (61)$$

Moment du couple qui agit sur une particule chargée [1])

§ 81. Je considérerai les particules comme de petites sphères

---

[1]) On peut comprendre toutes les applications de la théorie sans avoir lu les § 81—89.

dans lesquelles la densité électrique ρ est une fonction de la distance r au centre et je choisirai ce dernier pour le point d'application de la force $(\mathbf{X}, \mathbf{Y}, \mathbf{Z})$. Quelles sont alors les composantes L, M, N du couple qui provient des actions exercées par l'éther? Pour les calculer, j'aurai recours à un artifice, analogue à celui qui nous a servi au § 78. Dans le cas où la masse de la particule M peut être négligée, $- L$, $- M$, $- N$ doivent être les composantes du couple qui dérive des forces extérieures, et si on prend pour le déplacement virtuel une rotation infiniment petite ω autour d'un axe passant par le centre et parallèle à OX, le travail de ces forces sera

$$- L\omega.$$

Comme la densité ρ dans un point déterminé de l'espace n'est pas changée par la rotation, on peut supposer que le déplacement virtuel n'atteint pas les valeurs de f, g et h. On aura donc

$$\delta A = - L\omega,$$

et en considérant ω comme indépendant du temps on s'assure facilement que

$$\delta T = 0.$$

Reste à calculer $\delta' T$. Si x, y et z sont les coordonnées d'un point de la particule M, prises par rapport au centre, on aura

$$\delta x = 0, \quad \delta y = - \omega z, \quad \delta z = + \omega y,$$

et, par la formule (56),

$$\delta' T = \omega \int \rho (Hy - Gz) \, d\tau.$$

On finira par trouver pour les composantes du couple

$$\left.
\begin{aligned}
L &= \frac{d}{dt} \int \rho (Gz - Hy) \, d\tau, \\[2mm]
M &= \frac{d}{dt} \int \rho (Hx - Fz) \, d\tau, \\[2mm]
N &= \frac{d}{dt} \int \rho (Fy - Gx) \, d\tau,
\end{aligned}
\right\} \tag{62}$$

où les intégrales doivent de nouveau être étendues à l'espace occupé par la particule considérée.

Vitesse de rotation d'une particule

§ 82. Soient m la masse d'une particule, l son rayon d'inertie par rapport à un axe passant par le centre, ϑ_x, ϑ_y, ϑ_z les vitesses de rotation autour de trois axes qui sont parallèles à OX, OY et OZ. Supposons que les forces extérieures ne donnent pas lieu à un couple. Alors on aura

$$\frac{d\vartheta_x}{dt} = \frac{1}{ml^2} \frac{d}{dt} \int \rho \, (Gz - Hy) \, d\tau, \quad \text{etc.,}$$

d'où l'on tire

$$\vartheta_x = \frac{1}{ml^2} \int \rho(Gz - Hy) \, d\tau, \quad \text{etc.} \tag{63}$$

Il n'est pas nécessaire d'ajouter des constantes, si on admet, comme cela est bien naturel, qu'antérieurement aux mouvements que nous étudions, le système a été à l'état de repos sans qu'il y eût des courants électriques. Alors, dans cet état initial, les quantités F, G, H, ϑ_x, ϑ_y, ϑ_z ont toutes été zéro.

§ 83. Pour transformer les intégrales, je désigne par r la distance du centre au point (x, y, z), par R le rayon de la particule, et je définis une fonction auxiliaire χ au moyen de la formule

$$\chi = \int_r^R \rho r dr.$$

En introduisant cette fonction, qui dépend de r seulement, on trouve

$$\vartheta_x = \frac{1}{ml^2} \int \rho(Gz - Hy) \, d\tau = -\frac{1}{ml^2} \int \left(G \frac{\partial \chi}{\partial z} - H \frac{\partial \chi}{\partial y} \right) d\tau,$$

ou bien, en intégrant par parties et en se rappelant que, pour $r = R$, $\chi = 0$,

$$\vartheta_x = \frac{1}{ml^2} \int \chi \left(\frac{\partial G}{\partial z} - \frac{\partial H}{\partial y} \right) d\tau = -\frac{1}{ml^2} \int \chi a d\tau.$$

Si, dans toute l'étendue de la particule, la densité ρ a le même signe, il en sera de même de la fonction χ et on peut écrire, en représentant par $\bar{\alpha}$ une certaine valeur moyenne,

$$\vartheta_x = -\frac{\bar{\alpha}}{ml^2}\int \chi d\tau,$$

ou, après quelques transformations,

$$-\frac{4\pi}{3}\frac{\bar{\alpha}}{ml^2}\int_0^R \rho r^4\, dr.$$

Si ρ était la densité de la matière pondérable, la dernière intégrale aurait la valeur

$$\frac{3}{8\pi}ml^2.$$

Maintenant que ρ représente la densité de la charge électrique, on aura d'une manière analogue

$$\int_0^R \rho r^4\, dr = \frac{3}{8\pi}el'^2,$$

si e est la charge totale et l' une longueur qui est déterminée par la distribution de la charge, tout comme l est déterminé par celle de la matière pondérable. On arrive ainsi aux formules

$$\vartheta_x = -\frac{\bar{\alpha}el'^2}{2ml^2}, \quad \vartheta_y = -\frac{\bar{\beta}el'^2}{2ml^2}, \quad \vartheta_z = -\frac{\bar{\gamma}el'^2}{2ml^2}. \quad (64)$$

Si la particule ne possédait aucune masse, ces équations exigeraient

$$\bar{\alpha} = \bar{\beta} = \bar{\gamma} = 0,$$

c'est-à-dire que la particule tournerait alors si vite et dans une telle direction que la force magnétique moyenne à l'intérieur en deviendrait zéro.

Cependant, je ne négligerai pas la masse; je lui attribuerai même une telle valeur que les rotations n'aient pas d'influence sensible.

Influence des rotations sur les valeurs des forces **X**, **Y** *et* **Z**

§ 84. La vitesse (ξ, η, ζ), dont les composantes entrent dans les derniers termes des formules (61) peut être décomposée en deux parties, la première étant la vitesse (ξ_0, η_0, ζ_0) du centre, c'est-à-dire la vitesse de translation, et la seconde, que je représenterai par (ξ_1, η_1, ζ_1) étant due à la rotation. Pareillement, on peut distinguer dans la force magnétique totale **H** ou (α, β, γ) : 1°. la force magnétique $(\mathbf{H}_0)$ qui existerait si la particule considérée était en repos, 2°. celle $(\mathbf{H}_1)$ qui est due à la translation dont elle est animée, et 3°. celle $(\mathbf{H}_2)$ qui est causée par la rotation.

Ces divisions conduisent à regarder **X**, **Y** et **Z** comme composés de plusieurs parties, que nous allons considérer successivement.

§ 85. Si, d'abord, on se borne à la force magnétique $\mathbf{H}_0$, et si l'on suppose qu'elle a la même valeur et la même direction dans tous les points de la particule, ce qui est évidemment permis quand cette dernière est suffisamment petite, on est amené à des intégrales telles que

$$\int \rho \eta \gamma_0 \, d\tau = \gamma_0 \int \rho(\eta_0 + \eta_1) \, d\tau, \ \text{ etc.,}$$

Elles peuvent être remplacées par

$$\gamma_0 \int \rho \eta_0 \, d\tau, \ \text{ etc.,}$$

les intégrales $\int \rho \eta_1 d\tau$, etc. s'évanouissant, parce que la distribution de la densité ρ est symétrique autour du centre.

Tant qu'il s'agit de $\mathbf{H}_0$ seulement, on peut donc faire abstraction de la rotation ; et si $\mathfrak{F}$ est la partie de la force $(\mathbf{X}, \mathbf{Y}, \mathbf{Z})$ qui correspond à $\mathbf{H}_0$, on aura évidemment (§ 6, k)

$$\mathfrak{F} \ (=) \ \mathbf{H}_0 \, ev, \tag{65}$$

v étant la vitesse de translation.

§ 86. A cette force $\mathfrak{F}$ il faut ajouter

1°. une force $\mathfrak{F}^{\mathrm{I}}$ qu'on obtient en combinant, de la manière qui est indiquée dans les formules (61), la force magnétique $\mathbf{H}_1$ et la vitesse v ou (ξ_0, η_0, ζ_0) ;

2°. une force $\mathfrak{F}^{\mathrm{II}}$ qui résulte de la combinaison de $\mathbf{H}_1$ avec (ξ_1, η_1, ζ_1) ;

3°. la force $\mathfrak{F}^{III}$ qui dépend en même temps de $\mathbf{H_2}$ et de (ξ_0, η_0, ζ_0) ;

4°. la force $\mathfrak{F}^{IV}$ qui est déterminée par $\mathbf{H_2}$ et (ξ_1, η_1, ζ_1).

Cependant, nous n'aurons pas à nous occuper de $\mathfrak{F}^I$, parce que c'est l'effet d'une *rotation* que nous désirons connaître.

Pour simplifier encore davantage, je n'essayerai pas de déterminer rigoureusement $\mathfrak{F}^{II}, \mathfrak{F}^{III}, \mathfrak{F}^{IV}$; cela exigerait des calculs bien laborieux, parce que $\mathbf{H_1}$ et $\mathbf{H_2}$ dépendent, non seulement du mouvement actuel de la particule, mais aussi de sa translation et de sa rotation antérieures. Je prendrai pour $\mathbf{H_1}$ et $\mathbf{H_2}$ les valeurs que ces forces magnétiques auraient si la particule était animée d'une translation ou d'une rotation constante; il semble qu'on peut ainsi obtenir une idée suffisante de l'ordre de grandeur des quantités cherchées.

Or, après avoir introduit cette simplification, on peut démontrer que, pour des raisons de symétrie qu'il semble superflu de spécifier, $\mathfrak{F}^{IV} = 0$. Il nous reste donc à évaluer $\mathfrak{F}^{II}$ et $\mathfrak{F}^{III}$.

§ 87. Considérons une particule qui est animée d'une vitesse de translation v, le centre décrivant une ligne droite, et construisons, à l'intérieur, un cercle de rayon r, dont l'axe coïncide avec cette ligne. Ce cercle indiquera la direction de $\mathbf{H_1}$ et sera, en même temps, le lieu géométrique des points où ce vecteur a une valeur déterminée. Or, en se rappelant la propriété fondamentale de la force magnétique (§ 9, 2) et en ayant égard à ce que le courant qui détermine $\mathbf{H_1}$ est du même ordre de grandeur que ρv, ou que $3ev/4\pi R^3$, R étant le rayon de la particule, on trouve

$$2\pi r \mathbf{H_1} \;(=)\; \pi r^2 \frac{3}{4} \frac{ev}{\pi R^3} \,,$$

ou

$$\mathbf{H_1} \;(=)\; \frac{ev}{R^2} \,.$$

Lorsque, en second lieu, la particule tourne autour d'un diamètre avec une vitesse angulaire ϑ, elle peut être divisée en un système d'anneaux à sections infiniment petites, qui ont tous pour axe ce diamètre. Si l'un quelconque de ces anneaux a le rayon r et la section $d\sigma$, il y existera un courant dont l'intensité i, prise dans le sens ordinaire du mot, est du même ordre de grandeur que le produit $\rho \vartheta r d\sigma$. Un tel courant annulaire produit, comme on sait, à son centre une force magnétique $2\pi i/r \;(=) \;2\pi \rho \vartheta d\sigma$. La force magnétique qu'il fait naître au centre de la sphère est du même ordre; on trouve donc, en intégrant sur la demi-surface d'un grand cercle,

$$\mathbf{H_2} \;(=)\; 2\pi\vartheta \int \rho d\sigma \;(=)\; \frac{3}{4}\frac{\pi e\vartheta}{R}\,,$$

ou bien

$$\mathbf{H_2} \;(=)\; \frac{e\vartheta}{R}\,,$$

équation qu'on peut aussi appliquer aux autres points de la particule, précisément parce qu'il ne s'agit que de l'ordre de grandeur de $\mathbf{H_2}$.

§ 88. Si on porte dans les formules (61) les valeurs de $\mathbf{H_1}$ et $\mathbf{H_2}$, en ayant égard à ce que la vitesse (ξ_1, η_1, ζ_1) est de l'ordre ϑR, on trouve

$$\mathfrak{F}^{\mathrm{II}} \;(=)\; \mathfrak{F}^{\mathrm{III}} \;(=)\; \frac{e^2 v\vartheta}{R}\,,$$

où l'on peut substituer la valeur de ϑ qui est donnée par les équations (64). Or, dans ces dernières, l' et l sont des longueurs du même ordre, et la force magnétique ($\bar{\alpha}$, $\bar{\beta}$, $\bar{\gamma}$) sera plus petite que la force magnétique $\mathbf{H_0}$, parce que la rotation de la particule tend à diminuer la force magnétique à l'intérieur (§ 83). On exagérera donc les forces $\mathfrak{F}^{\mathrm{II}}$ et $\mathfrak{F}^{\mathrm{III}}$ si on écrit

$$\vartheta \;(=)\; \frac{\mathbf{H_0}\,e}{m}$$

et

$$\mathfrak{F}^{\mathrm{II}} \;(=)\; \mathfrak{F}^{\mathrm{III}} \;(=)\; \frac{\mathbf{H_0}\,e^2\,v}{mR}\,.$$

La comparaison de ce résultat avec la valeur (65) donne

$$\frac{\mathfrak{F}^{\mathrm{II}}}{\mathfrak{F}} \;(=)\; \frac{\mathfrak{F}^{\mathrm{III}}}{\mathfrak{F}} \;(=)\; \frac{e^2}{mR}\,.$$

Il en résulte qu'on pourra négliger $\mathfrak{F}^{\mathrm{II}}$ et $\mathfrak{F}^{\mathrm{III}}$, en d'autres termes, qu'on pourra faire abstraction de la rotation, si

$$\frac{e^2}{mR}$$

est une fraction très petite.

§ 89. Soit $\mathfrak{a}$ la densité de la matière pondérable qui constitue une particule; alors on aura

$$\frac{e^2}{mR} = \frac{e^2}{m^2}\frac{m}{R} \;(=)\; \frac{e^2}{m^2}\,\mathfrak{a}R^2.$$

Si la particule chargée était un atome d'une des parties composantes d'un électrolyte, m/e ne serait autre chose que l'équivalent électrochimique de cette composante, exprimé en unités électromagnétiques. En choisissant comme unités fondamentales le centimètre, le gramme et la seconde, on a pour l'hydrogène

$$\frac{m}{e} = 10^{-4}$$

et pour tous les autres corps une valeur plus grande.

Supposons que $\mathfrak{a}$ ne surpasse pas le nombre 100; pour que e^2/mR ou $\mathfrak{a}R^2e^2/m^2$ soit une petite fraction, il suffira alors que R soit beaucoup plus petit que $m/e\sqrt{\mathfrak{a}} = 0{,}00001$ centimètre. C'est ce que tout le monde admettra.

Quant aux particules chargées qui se trouvent dans les métaux et dans les corps non-conducteurs, je me bornerai à remarquer que, pour des valeurs déterminées de e/m et de $\mathfrak{a}$, on pourra rendre l'expression

$$\frac{e^2}{m^2}\,\mathfrak{a}R^2$$

aussi petite que l'on voudra, par une supposition convenable sur la longueur de R.

Récapitulation des formules les plus importantes

§ 90. Je suis bien éloigné de vouloir attacher trop d'importance aux considérations précédentes. Elles n'avaient d'autre but que de rendre plus acceptable l'hypothèse que voici, dont je me servirai dans tout ce qui suit:

Les particules chargées dont le déplacement donne lieu aux phénomènes électriques ne peuvent pas tourner autour de leur centre et, pour en déterminer le mouvement de translation, il suffit d'employer les équations (61), qui peuvent être mises sous la forme suivante

$$
\left.
\begin{aligned}
\mathbf{X} &= 4\pi V^2 \int \rho f d\tau + \eta \int \rho\gamma d\tau - \zeta \int \rho\beta d\tau, \\
\mathbf{Y} &= 4\pi V^2 \int \rho g d\tau + \zeta \int \rho\alpha d\tau - \xi \int \rho\gamma d\tau, \\
\mathbf{Z} &= 4\pi V^2 \int \rho h d\tau + \xi \int \rho\beta d\tau - \eta \int \rho\alpha d\tau.
\end{aligned}
\right\} \qquad \text{(I)}
$$

A ces formules il faut joindre les équations qui déterminent l'état de l'éther et qu'il sera utile de récapituler ici,

$$
\frac{\partial f}{\partial x} + \frac{\partial g}{\partial y} + \frac{\partial h}{\partial z} = \rho, \qquad \text{(II)}
$$

$$
\frac{\partial \alpha}{\partial x} + \frac{\partial \beta}{\partial y} + \frac{\partial \gamma}{\partial z} = 0, \qquad \text{(III)}
$$

$$
\left.
\begin{aligned}
\frac{\partial \gamma}{\partial y} - \frac{\partial \beta}{\partial z} &= 4\pi \left(\rho\xi + \frac{\partial f}{\partial t} \right), \\
\frac{\partial \alpha}{\partial z} - \frac{\partial \gamma}{\partial x} &= 4\pi \left(\rho\eta + \frac{\partial g}{\partial t} \right), \\
\frac{\partial \beta}{\partial x} - \frac{\partial \alpha}{\partial y} &= 4\pi \left(\rho\zeta + \frac{\partial h}{\partial t} \right),
\end{aligned}
\right\} \qquad \text{(IV)}
$$

$$
\left.
\begin{aligned}
4\pi V^2 \left(\frac{\partial g}{\partial z} - \frac{\partial h}{\partial y} \right) &= \frac{\partial \alpha}{\partial t}, \\
4\pi V^2 \left(\frac{\partial h}{\partial x} - \frac{\partial f}{\partial z} \right) &= \frac{\partial \beta}{\partial t}, \\
4\pi V^2 \left(\frac{\partial f}{\partial y} - \frac{\partial g}{\partial x} \right) &= \frac{\partial \gamma}{\partial t}.
\end{aligned}
\right\} \qquad \text{(V)}
$$

§ 91. Dans le chemin qui nous a conduit à ces équations nous avons rencontré plus d'une difficulté sérieuse, et on sera proba-

blement peu satisfait d'une théorie qui, loin de dévoiler le mécanisme des phénomènes, nous laisse tout au plus l'espoir de le dé-
couvrir un jour. Les physiciens qui éprouvent ce sentiment
peuvent toutefois admettre l'idée fondamentale qui a été la base
des recherches de FARADAY et de MAXWELL, et ils peuvent considérer les formules (I) — (V) comme des équations hypothéti-
ques assez simples qui pourraient servir à la description des phénomènes. J'ose même dire que si l'on n'avait en vue autre chose
que cette description, sans vouloir tenter une explication mécanique, il se pourrait que le choix tombât précisément sur ces équations que nous avons appris à connaître. Dès qu'on a renoncé à
l'idée d'une action des corps où le milieu interposé n'intervient
pas, il faudra décrire ce qui se passe dans un système de particules chargées à l'aide de deux systèmes d'équations, relatives, les
unes à l'état de l'éther et les autres à la réaction de ce milieu sur
les particules.

Tant que, dans le champ que l'on considère, il ne se trouve
aucun corps chargé, les formules données par M. HERTZ dans
son premier mémoire sont bien les plus simples qu'on puisse
admettre pour exprimer l'état de l'éther, et si l'on veut établir
un système d'équations pouvant servir à l'étude d'un système
de particules chargées, il est naturel de se borner à des modifi-
cations dont on reconnaît immédiatement la nécessité. Or, on obtient les formules (II) — (V) en remplaçant dans celles de
M. HERTZ l'équation

$$\frac{\partial f}{\partial x} + \frac{\partial g}{\partial y} + \frac{\partial h}{\partial z} = 0$$

par

$$\frac{\partial f}{\partial x} + \frac{\partial g}{\partial y} + \frac{\partial h}{\partial z} = \rho$$

et en substituant (§ 75, *d*) dans les équations

$$\frac{\partial \gamma}{\partial y} - \frac{\partial \beta}{\partial z} = 4\pi u, \text{ etc.}$$

$$u = \rho \xi + \frac{\partial f}{\partial t}, \quad v = \rho \eta + \frac{\partial g}{\partial t}, \quad w = \rho \zeta + \frac{\partial h}{\partial t}.$$

Dans le chapitre suivant on verra que les équations (I) s'obtiennent également par des considérations bien simples.

Si, du reste, ces équations sont établies à titre d'hypothèses, on y peut ajouter la supposition que les particules chargées ne sont jamais sujettes à un mouvement rotatoire.

§ 92. Le physicien qui voudrait admettre les équations (I) — (V) sans les déduire des principes de la mécanique, serait obligé de justifier son choix en démontrant que ces équations sont compatibles avec la loi de la conservation de l'énergie. Voici comment on le vérifie.

Soient m la masse d'une particule chargée, $\mathbf{X'}$, $\mathbf{Y'}$, $\mathbf{Z'}$ les composantes de la force extérieure à laquelle elle est soumise.

Alors

$$\mathbf{X} + \mathbf{X'} = m\dot{\xi}, \ \mathbf{Y} + \mathbf{Y'} = m\dot{\eta}, \ \mathbf{Z} + \mathbf{Z'} = m\dot{\zeta}. \qquad (66)$$

Il faut que le travail des forces extérieures par unité de temps, c'est à dire l'expression

$$A = \Sigma \left(\mathbf{X'}\xi + \mathbf{Y'}\eta + \mathbf{Z'}\zeta \right),$$

soit égal à dU/dt, U étant une fonction qui est déterminée par l'état du système. Or, en employant les formules (I) et (66), on trouve d'abord

$$A = \frac{d}{dt} \Sigma \tfrac{1}{2}m(\xi^2 + \eta^2 + \zeta^2) - 4\pi V^2 \Sigma [\xi \int \rho f d\tau + \eta \int \rho g d\tau + \zeta \int \rho h d\tau] =$$

$$= \frac{d}{dt} \Sigma \tfrac{1}{2}m(\xi^2 + \eta^2 + \zeta^2) - 4\pi V^2 \int \rho \left(\xi f + \eta g + \zeta h\right) d\tau.$$

Dans la dernière intégrale, qui doit être étendue à l'espace infini, on peut substituer les valeurs de $\rho\xi$, $\rho\eta$, $\rho\zeta$ qu'on tire des équations (IV); ensuite, on peut intégrer par parties et employer les équations (V). En fin de compte

$$A = \frac{dU}{dt},$$

si on pose

$$U = \Sigma \tfrac{1}{2}m \left(\xi^2 + \eta^2 + \zeta^2\right) + 2\pi V^2 \int \left(f^2 + g^2 + h^2\right) d\tau +$$

$$+ \frac{1}{8\pi} \int (\alpha^2 + \beta^2 + \gamma^2) \, d\tau.$$

C'est la valeur de l'énergie du système. Le premier terme n'est autre chose que l'énergie cinétique que les particules possèdent en vertu de leurs masses. Les deux autres termes ont la forme que nous connaissons déjà. Seulement, du point de vue où nous nous sommes placés maintenant, il n'est pas nécessaire de regarder comme potentielle l'énergie

$$2\pi V^2 \int (f^2 + g^2 + h^2)\, d\tau$$

et comme cinétique l'énergie

$$\frac{1}{8\pi} \int (\alpha^2 + \beta^2 + \gamma^2)\, d\tau .$$

CHAPITRE V

Electrostatique

§ 93. Supposons que toutes les particules chargées se trouvent en repos et que dans l'éther il n'y ait aucun courant de déplacement. Alors les formules (III) et (IV) donnent

$$\alpha = \beta = \gamma = 0$$

et les formules (V) deviennent

$$\frac{\partial g}{\partial z} - \frac{\partial h}{\partial y} = \frac{\partial h}{\partial x} - \frac{\partial f}{\partial z} = \frac{\partial f}{\partial y} - \frac{\partial g}{\partial x} = 0.$$

Il faut donc que f, g et h soient les dérivées partielles d'une même fonction. En désignant celle-ci par

$$-\frac{\Omega}{4\pi V},$$

on aura en vertu de la relation (II)

$$\Delta\Omega = -4\pi V\rho.$$

Après avoir déterminé Ω à l'aide de cette formule, on trouve

$$\mathbf{X} = -V\int \rho\,\frac{\partial\Omega}{\partial x}\,d\tau,\quad \mathbf{Y} = -V\int \rho\,\frac{\partial\Omega}{\partial y}\,d\tau,\quad \mathbf{Z} = -V\int \rho\,\frac{\partial\Omega}{\partial z}\,d\tau.$$

Ce sont les équations dont se servirait l'ancienne électrostatique pour calculer la force qui agit sur une particule chargée; seulement, dans cette théorie, les formules reposeraient sur l'hypothèse que deux quantités dq et dq' d'électricité, situées à une distance r l'une de l'autre, se repoussent avec une force

$$V^2 \frac{dq \, dq'}{r^2}.$$

Evidemment, le facteur V doit être le rapport entre les unités électromagnétique et électrostatique de l'électricité. On sait, en effet, que ce rapport est exprimé par le même nombre que la vitesse de la lumière dans l'éther.

§ 94. D'après ce qui précède, notre théorie exige que deux particules immobiles aux charges e et e', dont les dimensions sont beaucoup plus petites que la distance r, se repoussent avec une force

$$V^2 \frac{ee'}{r^2},$$

un signe négatif de cette expression indiquant une attraction.

Si donc on admet que les corps pondérables contiennent une multitude de petites particules chargées, que dans les conducteurs ces particules peuvent se mouvoir librement et qu'une charge électrique est constituée par un excès de particules positives ou négatives, on peut donner à la théorie de l'équilibre électrique une telle forme qu'elle ne se distingue guère de la théorie ancienne. Seulement, on ne parlera pas de particules d'électricité, mais de particules chargées, et on se souviendra toujours que les forces mutuelles sont causées par une modification dans l'état de l'éther.

Dans cette électrostatique ramenée à la forme ancienne, on définera le potentiel par la formule

$$\varphi = V \Sigma \frac{e}{r},$$

et on aura pour les composantes de la force qui agit sur une des particules

$$-Ve\frac{\partial \varphi}{\partial x}, \quad -Ve\frac{\partial \varphi}{\partial y}, \quad -Ve\frac{\partial \varphi}{\partial z}.$$

Remarquons que ce potentiel est intimement lié à la fonction Ω que j'ai introduite dans le paragraphe précédent. Cette fonction

peut évidemment être décomposée en un grand nombre de parties dont chacune est due à une seule des particules chargées. Si,
dans le calcul de Ω, on exclut la partie qui dépend de la particule
pour laquelle on veut calculer le force, la fonction devient identique à φ.

Force électrodynamique agissant sur un élément d'un circuit linéaire

§ 95. Dans l'étude des courants électriques qu'on peut observer par les moyens ordinaires, il ne faut pas perdre de vue que
la plus petite partie d'un conducteur sur laquelle on puisse opérer
contient toujours une multitude énorme de particules chargées;
on peut même concevoir une partie de l'espace qui satisfait à
cette dernière condition et qui peut néanmoins être regardée
comme infiniment petite dans une théorie ayant pour objet, non
pas le mouvement des particules individuelles, mais les effets
d'ensemble qui sont accessibles à nos sens. Un tel élément de
volume sera représenté par $D\tau$, pour le distinguer d'un élément $d\tau$
qui est infiniment petit dans le sens mathématique et peut par
conséquent trouver place même à l'intérieur d'une seule particule.

Or, il est clair qu'en suivant une ligne droite de petite longueur, tirée dans un conducteur, on rencontrera en succession
rapide des valeurs très différentes des fonctions f, g, h, u, v, w,
α, β, γ, la droite se trouvant tantôt dans le voisinage immédiat
ou même à l'intérieur d'une particule chargée et tantôt à une
distance plus grande. Cependant, ces variations rapides n'ont
aucune influence sur les phénomènes considérés; ce qu'on peut
observer dépend uniquement des valeurs moyennes, qu'on peut
définir de la manière suivante:

Si l'on conçoit un élément sphérique $D\tau$ ayant pour centre
un point quelconque P, et qu'on prenne la valeur moyenne $\overline{\psi}$
qu'une fonction ψ présente à l'intérieur de $D\tau$, cette valeur $\overline{\psi}$
sera nommée la *valeur moyenne au point* P.

Evidemment, on aura

$$\overline{\psi} = \frac{1}{D\tau} \int \psi d\tau,$$

l'intégration s'étendant à la sphère $D\tau$. Le résultat sera une fonction de t et des coordonnées x, y, z du point P, et on démontre facilement les relations suivantes

$$\frac{\overline{\partial \psi}}{\partial t} = \frac{\partial \overline{\psi}}{\partial t}, \quad \frac{\overline{\partial \psi}}{\partial x} = \frac{\partial \overline{\psi}}{\partial x}, \quad \frac{\overline{\partial \psi}}{\partial y} = \frac{\partial \overline{\psi}}{\partial y}, \quad \frac{\overline{\partial \psi}}{\partial z} = \frac{\partial \overline{\psi}}{\partial z}.$$

Il en résulte que les équations

$$\left.\begin{array}{c} \dfrac{\partial \alpha}{\partial x} + \dfrac{\partial \beta}{\partial y} + \dfrac{\partial \gamma}{\partial z} = 0, \\[2mm] \dfrac{\partial \gamma}{\partial y} - \dfrac{\partial \beta}{\partial z} = 4\pi u, \quad \dfrac{\partial \alpha}{\partial z} - \dfrac{\partial \gamma}{\partial x} = 4\pi v, \quad \dfrac{\partial \beta}{\partial x} - \dfrac{\partial \alpha}{\partial y} = 4\pi w \end{array}\right\} \quad (67)$$

auront toujours lieu, si l'on entend par α, β, γ, u, v et w les valeurs moyennes.

Il est clair du reste que

$$\overline{\psi} = \psi$$

si la fonction ψ ne présente pas de variations rapides à l'intérieur de l'élément $D\tau$.

§ 96. La valeur moyenne de u (§ 75, d) est

$$\overline{u} = \frac{1}{D\tau} \int \rho \xi d\tau + \frac{1}{D\tau} \frac{\partial}{\partial t} \int f d\tau.$$

Si le mouvement des particules chargées est stationnaire, $\int f d\tau$ ne change pas avec le temps et le dernier terme s'annule. D'un autre côté, l'intégrale $\int \rho \xi d\tau$ peut être remplacée par

$$\Sigma \, e\xi,$$

e étant la charge d'une particule, et la somme étant étendue à toutes les particules de l'élément $D\tau$.

On trouve donc:

$$\overline{u} = \frac{\Sigma \, e\xi}{D\tau}, \quad \overline{v} = \frac{\Sigma \, e\eta}{D\tau}, \quad \overline{w} = \frac{\Sigma \, e\zeta}{D\tau}. \quad (68)$$

Ces expressions peuvent être interprétées de différentes manières. D'abord, on peut écrire: $\Sigma\, e\xi = E_1\xi_1 + E_2\xi_2$, etc., en représentant par E_1 la somme de toutes les charges positives, par E_2 celle des charges négatives et par ξ_1 et ξ_2 les vitesses moyennes des particules positives et négatives. En second lieu, on peut considérer un élément de surface perpendiculaire à OX, et comparable quant aux dimensions à $D\tau$. La composante $\bar{u}$ sera égale à la somme des charges que possèdent les particules qui traversent cet élément, cette somme étant rapportée à l'unité de surface et à l'unité de temps.

En prenant pour u, v, w les valeurs (68) on déterminera par les formules (67) la force magnétique produite par un courant stationnaire.

§ 97. Concevons un champ magnétique quelconque et dans ce champ un circuit linéaire fermé s. Tant que les particules chargées contenues dans ce conducteur se trouvent en repos, les composantes α, β, γ auront partout les valeurs qui correspondent au champ magnétique donné; d'ailleurs, si ces valeurs sont constantes, on peut supposer $f = g = h = 0$.

Si maintenant on établit dans le circuit un courant électrique i, l'état de l'éther et les valeurs de α, β, γ en seront changés, mais on peut faire abstraction de ce changement dans le calcul suivant, qui doit faire connaître la force agissant sur un élément de la longueur Ds [1]), en tant qu'elle dépend de l'état de l'éther qui existait déjà.

Remarquons que la force électrodynamique cherchée $\mathbf{E}$ est la résultante des forces que toutes les particules chargées de l'élément éprouvent de la part de l'éther. Le champ magnétique pouvant être considéré comme homogène dans l'étendue de Ds, les équations (I) (§ 90) donnent

$$\mathbf{E}_x = \gamma\, \Sigma\, \eta e - \beta\, \Sigma\, \zeta e,$$

$$\mathbf{E}_y = \alpha\, \Sigma\, \zeta e - \gamma\, \Sigma\, \xi e,$$

$$\mathbf{E}_z = \beta\, \Sigma\, \xi e - \alpha\, \Sigma\, \eta e.$$

Les sommes doivent être étendues à toutes les particules qui se trouvent à l'intérieur de l'élément. Je représente par ω la sec-

---

[1]) La lettre D indique ici la même chose que lorsqu'il s'agissait d'un élément de volume $D\tau$.

tion du conducteur, par $C = i/\omega$ le courant, par l, m et n les cosinus directeurs de Ds.

Alors, des équations (68) on déduit

$$\Sigma\, e\xi = \bar{u}\omega Ds = lC\omega Ds = li Ds\,,$$

$$\Sigma\, e\eta = mi Ds, \qquad \Sigma\, e\zeta = ni Ds;$$

donc

$$\left.\begin{aligned}
\mathbf{E}_x &= i(m\gamma - n\beta)Ds\,, \\
\mathbf{E}_y &= i(n\alpha - l\gamma)Ds\,, \\
\mathbf{E}_z &= i(l\beta - m\alpha)Ds\,.
\end{aligned}\right\} \tag{69}$$

Ce sont des formules bien connues, qui s'accordent avec les expériences.

Remarques sur les formules (I)

§ 98. Si, au point de vue où nous sommes placés au § 91, on veut faire une hypothèse convenable sur la force qu'une particule chargée e éprouve de la part de l'éther, il est tout d'abord probable que cette force se composera de deux parties, dont l'une sera en jeu dans les cas de l'électrostatique, tandis que l'autre provient du mouvement de la particule. Les deux parties doivent dépendre de l'état de l'éther au point où se trouve la particule; la première partie sera donc déterminée par le déplacement diélectrique. Or, lorsque toutes les particules chargées se trouvent en repos, les composantes de ce déplacement, en tant qu'il est produit par toutes les particules, à l'exception de e, sont (§§ 93 et 94)

$$f = -\frac{1}{4\pi V}\frac{\partial\varphi}{\partial x}\,, \quad g = -\frac{1}{4\pi V}\frac{\partial\varphi}{\partial y}\,, \quad h = -\frac{1}{4\pi V}\frac{\partial\varphi}{\partial z}\,,$$

et l'expérience démontre que la force a pour composantes

$$-Ve\frac{\partial\varphi}{\partial x}\,, \quad -Ve\frac{\partial\varphi}{\partial y}\,, \quad -Ve\frac{\partial\varphi}{\partial z}\,,$$

ce qu'on peut mettre sous la forme

$$4\pi V^2 ef\,, \quad 4\pi V^2 eg\,, \quad 4\pi V^2 eh\,.$$

Il est donc naturel d'admettre que dans tous les cas la première partie de la force peut être représentée par

$$4\pi V^2 \int \rho f d\tau, \quad 4\pi V^2 \int \rho g d\tau, \quad 4\pi V^2 \int \rho h d\tau.$$

Quant aux composantes de la seconde partie, elles doivent donner lieu à la force déterminée par les formules (69); la plus simple supposition qu'on puisse faire à leur égard est exprimée dans les derniers termes des équations (I).

Les deux parties de la force pourraient être distinguées par les noms de *force électrostatique* et de *force électrodynamique*. Il importe cependant de faire ressortir que la première partie dépend, elle aussi, du mouvement des particules dont on considère l'action.

Induction dans un circuit fermé

§ 99. Nous allons appliquer les formules fondamentales à l'induction qui est produite dans un circuit, soit par un mouvement dont il est animé lui-même, soit par un changement du champ magnétique où il se trouve. L'état de l'éther, variable dans ce dernier cas, sera regardé comme donné, et nous ne nous occuperons pas de la modification qu'y apporte le courant induit.

Calculons la force pe qui agit, dans la direction du circuit s, sur une particule e. En nommant ξ_1, η_1, ζ_1 les composantes de la vitesse du point du circuit où se trouve la particule, v la vitesse relative de cette dernière par rapport au conducteur, l, m, n les cosinus directeurs de ds, on aura

$$\xi = \xi_1 + vl, \quad \eta = \eta_1 + vm, \quad \zeta = \zeta_1 + vn$$

et, d'après les formules (I),

$$pe = \mathbf{X}l + \mathbf{Y}m + \mathbf{Z}n = 4\pi V^2 e \,(fl + gm + hn) + e \begin{vmatrix} l, & m, & n \\ \xi_1, & \eta_1, & \zeta_1 \\ \alpha, & \beta, & \gamma \end{vmatrix}.$$

En divisant par e, on obtient la force p rapportée à l'unité de charge; ce qu'on appelle la force électromotrice induite dans le circuit est ensuite donné par

$$P = \int p ds.$$

§ 100. Soit σ une surface fixe sur laquelle le circuit est situé dans les positions qu'il occupe aux moments t et $t + dt$, et considérons l'intégrale

$$\int \mathbf{H}_n d\sigma$$

étendue à la partie de cette surface qu'il embrasse. Pendant le temps dt, cette intégrale subit un accroissement $d\int \mathbf{H}_n d\sigma$, qui peut être décomposé en deux parties. La première partie, $d_1 \int \mathbf{H}_n d\sigma$, n'est autre chose que $\int d\mathbf{H}_n d\sigma$; c'est l'accroissement que l'intégrale éprouverait si le circuit ne se déplaçait pas. La seconde partie, $d_2 \int \mathbf{H}_n d\sigma$, provient du changement de l'étendue de la surface. En désignant par $d\sigma'$ les éléments nouveaux qui sont admis à l'intérieur du circuit et par $d\sigma''$ les éléments qui en sont exclus, on aura

$$d_2 \int \mathbf{H}_n d\sigma = \Sigma\, \mathbf{H}_n d\sigma' - \Sigma\, \mathbf{H}_n d\sigma''.$$

Ceci posé, on peut déduire des équations (V)

$$4\pi V^2 \int (fl + gm + hn)ds = -\frac{d_1}{dt}\int \mathbf{H}_n d\sigma\,.$$

D'un autre côté, la valeur absolue du produit

$$\begin{vmatrix} l, & m, & n \\ \xi_1, & \eta_1, & \zeta_1 \\ \alpha, & \beta, & \gamma \end{vmatrix} ds\,dt$$

représente le volume du parallélépipède ayant pour base l'élément $d\sigma'$ ou $d\sigma''$ qui est décrit par ds et pour arête le vecteur $\mathbf{H}$; elle sera donc égale à la valeur absolue de $\mathbf{H}_n d\sigma'$ ou $\mathbf{H}_n d\sigma''$. En ayant égard aux signes algébriques, on trouvera

$$P = -\frac{d}{dt}\int \mathbf{H}_n d\sigma\,,$$

équation bien connue de la théorie de l'induction.

Pouvoir inducteur spécifique

§ 101. L'influence des diélectriques pondérables dans les phénomènes de l'électrostatique s'explique par la supposition que les molécules de ces corps contiennent des particules chargées qui peuvent être déplacées par des forces extérieures. Pour simplifier, j'admettrai les hypothèses suivantes, qu'on pourrait cependant remplacer par d'autres plus générales:

a. Si toutes les particules chargées d'une molécule se trouvent dans leurs positions naturelles, elle n'exerce aucune influence sur d'autres molécules, même sur celles qui sont les plus voisines.

b. Il n'y a dans chaque molécule qu'une seule particule chargée qui puisse être déplacée de sa position d'équilibre P. Si cette particule a la charge e, il faut, d'après l'hypothèse *a*, que l'ensemble des autres particules exerce la même action électrostatique qu'une charge $- e$ au point P. Si donc la particule mobile a pris la position P', la molécule entière équivaut à un système formé de deux particules aux charges $+ e$ et $- e$, l'une se trouvant au point P' et l'autre au point P. Un tel système sera nommé un *couple électrique*; le produit

$$\mathbf{m} = e \times PP'$$

est ce qu'on nomme le *moment* de ce couple. Cette quantité est regardée comme un vecteur dont la direction est celle de la ligne PP'.

Les composantes du moment sont

$$\mathbf{m}_x = ex, \quad \mathbf{m}_y = ey, \quad \mathbf{m}_z = ez,$$

x, y, z étant les projections du déplacement PP'.

c. Ces dernières lignes seront considérées comme très petites, même par rapport à la distance des molécules les plus voisines.

d. Dès que le corpuscule mobile a été déplacé, des autres parties de la molécule exercent une force qui tend à le ramener vers la position d'équilibre. Je prendrai pour les composantes de cette force

$$- \mathfrak{f}x, \; - \mathfrak{f}y, \; - \mathfrak{f}z,$$

$\mathfrak{f}$ étant une constante qui dépend de la structure de la molécule. Du reste, ce coefficient et la charge e seront regardés comme ayant les mêmes valeurs dans toutes les molécules d'un même isolateur homogène.

Si $(\mathfrak{X}, \mathfrak{Y}, \mathfrak{Z})$ est la force que toutes les particules chargées qui se trouvent au dehors de la molécule considérée exercent sur une particule à unité de charge placée au point P, la particule mobile sera en équilibre si

$$\mathbf{x} = \frac{e\mathfrak{X}}{\mathfrak{f}}, \quad \mathbf{y} = \frac{e\mathfrak{Y}}{\mathfrak{f}}, \quad \mathbf{z} = \frac{e\mathfrak{Z}}{\mathfrak{f}},$$

et on aura

$$\mathbf{m}_x = \frac{e^2}{\mathfrak{f}} \mathfrak{X}, \quad \mathbf{m}_y = \frac{e^2}{\mathfrak{f}} \mathfrak{Y}, \quad \mathbf{m}_z = \frac{e^2}{\mathfrak{f}} \mathfrak{Z}. \tag{70}$$

§ 102. Voici le problème qu'il faut résoudre pour se rendre compte de l'influence d'un diélectrique homogène et isotrope dans les phénomènes électrostatiques.

Un système de conducteurs est placé dans un diélectrique qui s'étend à l'infini, et chaque conducteur est maintenu à un potentiel donné. Déterminer les charges.

Remarquons d'abord que le potentiel φ en un point quelconque d'un conducteur, c'est-à-dire la somme

$$\varphi = V \Sigma \frac{e}{r},$$

peut être décomposée en deux parties φ_1 et φ_2, l'une étant produite par les particules chargées qui se trouvent sur les conducteurs eux-mêmes, et l'autre par la „polarisation" des molécules du diélectrique. Je commencerai par calculer la valeur de φ_2, dans un point Q extérieur au diélectrique, et, pour m'exprimer avec plus de clarté, je désignerai par Ds, $D\sigma$, $D\tau$ des éléments dont les dimensions sont très grandes par rapport aux distances moléculaires.

Soient x, y, z les coordonnées d'un point dans le diélectrique, x', y', z' les coordonnées du point Q, r la distance de ces deux points, N le nombre des molécules par unité de volume, $\overline{\mathbf{m}}_x$, $\overline{\mathbf{m}}_y$, $\overline{\mathbf{m}}_z$ les valeurs moyennes (§ 95) de $\mathbf{m}_x$, $\mathbf{m}_y$, $\mathbf{m}_z$ au point (x, y, z), $N\overline{\mathbf{m}}_x = \mathbf{M}_x$, $N\overline{\mathbf{m}}_y = \mathbf{M}_y$, $N\overline{\mathbf{m}}_z = \mathbf{M}_z$.

Le vecteur $\mathbf{M}$ est alors ce qu'on peut appeler le moment électrique rapporté à l'unité de volume.

Un calcul très simple donne pour la partie de φ_2 qui est due à une seule molécule

$$V \left\{ \mathbf{m}_x \frac{\partial}{\partial x} \left(\frac{1}{r} \right) + \mathbf{m}_y \frac{\partial}{\partial y} \left(\frac{1}{r} \right) + \mathbf{m}_z \frac{\partial}{\partial z} \left(\frac{1}{r} \right) \right\},$$

et pour celle qui provient d'un élément $D\tau$,

$$V\left\{\mathbf{M}_x \frac{\partial}{\partial x}\left(\frac{1}{r}\right) + \mathbf{M}_y \frac{\partial}{\partial y}\left(\frac{1}{r}\right) + \mathbf{M}_z \frac{\partial}{\partial z}\left(\frac{1}{r}\right)\right\} D\tau.$$

La valeur cherchée sera donc

$$\varphi_2 = V\int\left\{\mathbf{M}_x \frac{\partial}{\partial x}\left(\frac{1}{r}\right) + \mathbf{M}_y \frac{\partial}{\partial y}\left(\frac{1}{r}\right) + \mathbf{M}_z \frac{\partial}{\partial z}\left(\frac{1}{r}\right)\right\} D\tau,$$

et, en intégrant par parties, on arrive à l'expression suivante:

$$\varphi_2 = -V\int\frac{\mathbf{M}_n}{r} D\sigma - V\int\frac{1}{r}\left(\frac{\partial\mathbf{M}_x}{\partial x} + \frac{\partial\mathbf{M}_y}{\partial y} + \frac{\partial\mathbf{M}_z}{\partial z}\right) D\tau.$$

Dans ce calcul, on s'est borné au cas où la plus petite valeur de r est encore très grande par rapport aux distances moléculaires. Cela n'empêche pas que cette valeur ne puisse être très petite par rapport aux dimensions des conducteurs; la formule peut donc être appliquée à des points Q qui se trouvent dans le voisinage immédiat de la surface.

La première intégrale doit être étendue aux surfaces qui limitent le diélectrique, la normale n étant dirigée vers l'intérieur de ce corps.

Du reste, la formule peut être interprétée ainsi:

En ce qui regarde les actions exercées sur des points extérieurs, le diélectrique peut être remplacé par un système ordinaire de particules chargées, distribuées d'une part sur l'espace τ occupé par l'isolateur, d'autre part sur les surfaces σ qui le limitent, les densités de ces distributions étant

$$-\left(\frac{\partial\mathbf{M}_x}{\partial x} + \frac{\partial\mathbf{M}_y}{\partial y} + \frac{\partial\mathbf{M}_z}{\partial z}\right) \text{ et } -\mathbf{M}_n. \tag{71}$$

§ 103. Soit φ le potentiel total qui serait produit en un point quelconque par la distribution dont il vient d'être question et par les particules chargées qui se trouvent sur les conducteurs. Cette fonction coïncidera avec le potentiel réel des conducteurs, et on verra bientôt qu'elle peut être employée dans la discussion de ce qui se passe à l'intérieur du diélectrique.

Si les distributions de particules chargées déterminées par les expressions (71) existaient réellement, une particule à l'unité de charge éprouverait une force aux composantes

$$- V \frac{\partial \varphi}{\partial x}, \quad - V \frac{\partial \varphi}{\partial y}, \quad - V \frac{\partial \varphi}{\partial z}.$$

Pour qu'il y ait équilibre, il faut qu'à l'intérieur d'un conducteur

$$\varphi = \text{const.},$$

d'où on déduit que les particules électrisées qui constituent la charge d'un conducteur formeront une couche très mince à la surface. Je désignerai par

$$SD\sigma$$

la charge totale de la partie de cette couche qui correspond à l'élément $D\sigma$. Comme, dans le calcul du potentiel φ, il y a à considérer deux couches très-minces juxtaposées, qui par unité de surface présentent les charges S et $- \mathbf{M}_n$, il résulte d'un théorème bien connu que, en un point qui est séparé du conducteur par la seconde couche mais en est néanmoins très voisin,

$$\frac{\partial \varphi}{\partial n} = - 4\pi V(S - \mathbf{M}_n). \tag{72}$$

A cette condition on peut ajouter l'équation

$$\Delta \varphi = 4\pi V \left(\frac{\partial \mathbf{M}_x}{\partial x} + \frac{\partial \mathbf{M}_y}{\partial y} + \frac{\partial \mathbf{M}_z}{\partial z} \right), \tag{73}$$

qui doit avoir lieu dans tout l'espace occupé par le diélectrique. Enfin, la fonction φ ne présentera aucune discontinuité. On arrivera (§§ 107 et 108) à la solution du problème proposé (§ 102) si on combine ces formules avec celles qui expriment $\mathbf{M}_x$, $\mathbf{M}_y$, $\mathbf{M}_z$ en fonction de $\partial \varphi / \partial x$, $\partial \varphi / \partial y$, $\partial \varphi / \partial z$ et que nous allons déduire (§§ 104—106) des équations (70).

§ 104. Pour calculer les forces $\mathfrak{X}$, $\mathfrak{Y}$, $\mathfrak{Z}$ qui entrent dans ces dernières formules, je décris dans le diélectrique une sphère B qui a son centre dans la molécule considérée et dont le rayon est très grand par rapport aux distances moléculaires, tout en étant si petit que les fonctions $\mathbf{M}_x$, $\mathbf{M}_y$, $\mathbf{M}_z$, $\partial \mathbf{M}_x / \partial x + \partial \mathbf{M}_y / \partial y + \partial \mathbf{M}_z / \partial z$

peuvent être considérées comme constantes à l'intérieur de la surface. En appliquant à la partie du diélectrique qui est extérieure à la sphère le théorème du § 102, on voit que la force $(\mathfrak{X}, \mathfrak{Y}, \mathfrak{Z})$ se compose de plusieurs parties, qui sont produites respectivement par

a. les charges des conducteurs;

b. les charges superficielles aux densités — $\mathbf{M}_n$ dans le voisinage immédiat des conducteurs;

c. la distribution à densité

$$-\left(\frac{\partial \mathbf{M}_x}{\partial x} + \frac{\partial \mathbf{M}_y}{\partial y} + \frac{\partial \mathbf{M}_z}{\partial z}\right) \tag{74}$$

supposée exister dans le diélectrique extérieur à B;

d. une charge superficielle sur la sphère elle-même, possédant la densité

$$- \mathbf{M}_n ;$$

e. les molécules qui se trouvent à l'intérieur de la sphère.

Si la troisième distribution existait aussi à l'intérieur de B, cela ne changerait rien à la force cherchée, car l'expression (74) est regardée comme constante dans l'étendue de la sphère. Il s'ensuit que les trois premières parties de la force, prises ensemble ont les composantes

$$- V \frac{\partial \varphi}{\partial x}, \quad - V \frac{\partial \varphi}{\partial y}, \quad - V \frac{\partial \varphi}{\partial z}.$$

Un calcul bien simple donne pour les composantes de la quatrième partie

$$\frac{4}{3} \pi V^2 \mathbf{M}_x, \quad \frac{4}{3} \pi V^2 \mathbf{M}_y, \quad \frac{4}{3} \pi V^2 \mathbf{M}_z;$$

on aura donc, en désignant par $(\mathfrak{X}', \mathfrak{Y}', \mathfrak{Z}')$ la dernière partie de la force, et en substituant dans les formules (70)

$$\left.\begin{aligned}
\mathbf{m}_x &= \frac{e^2}{\mathsf{f}}\left(- V \frac{\partial \varphi}{\partial x} + \frac{4}{3} \pi V^2 \mathbf{M}_x + \mathfrak{X}'\right), \\[2mm]
\mathbf{m}_y &= \frac{e^2}{\mathsf{f}}\left(- V \frac{\partial \varphi}{\partial y} + \frac{4}{3} \pi V^2 \mathbf{M}_y + \mathfrak{Y}'\right), \\[2mm]
\mathbf{m}_z &= \frac{e^2}{\mathsf{f}}\left(- V \frac{\partial \varphi}{\partial z} + \frac{4}{3} \pi V^2 \mathbf{M}_z + \mathfrak{Z}'\right).
\end{aligned}\right\} \tag{75}$$

§ 105. Reste à considérer la force $(\mathfrak{X}', \mathfrak{Y}', \mathfrak{Z}')$. Je représenterai par x, y et z les coordonnées du centre de la sphère, où se trouve la molécule considérée M; par x', y', z' les coordonnées du point qui, dans une autre molécule M' située à l'intérieur de la sphère, est analogue au point P (§ 101, b); par r la distance des deux points, par $\mathbf{m}$ et $\mathbf{m}'$ les moments électriques des deux molécules. Alors

$$\mathfrak{X}' = V^2 \, \Sigma \, \frac{1}{r^5} \Big\{ [3(x'-x)^2 - r^2] \, \mathbf{m}'_x + 3(x'-x)(y'-y)\mathbf{m}'_y +$$
$$+ 3(x'-x)(z'-z) \, \mathbf{m}'_z \Big\}, \quad (76)$$

la somme étant étendue à toutes les molécules M' que contient la sphère.

Il y a un cas où cette somme s'annule. C'est celui d'un système de molécules à arrangement cubique, comme le présentent les cristaux du système régulier. En effet, les moments $\mathbf{m}'_x$, $\mathbf{m}'_y$, $\mathbf{m}'_z$ peuvent alors être considérés comme égaux aux moments $\mathbf{m}_x$, $\mathbf{m}_y$, $\mathbf{m}_z$ de la molécule M elle-même; de plus, on aura, en supposant les axes des coordonnées parallèles aux axes cristallographiques,

$$\Sigma \frac{(x'-x)(y'-y)}{r^5} = \Sigma \frac{(x'-x)(z'-z)}{r^5} = 0, \quad (77)$$

$$\Sigma \frac{3(x'-x)^2 - r^2}{r^5} = \Sigma \frac{3(y'-y)^2 - r^2}{r^5} = \Sigma \frac{3(z'-z)^2 - r^2}{r^5} . \quad (78)$$

Les trois dernières expressions seront par conséquent égales à la troisième partie de leur somme qui est zéro.

Dans les diélectriques amorphes, les molécules sont disséminées d'une manière moins régulière. Cependant, en se bornant aux corps isotropes, on arriverait encore à la conclusion

$$\mathfrak{X}' = \mathfrak{Y}' = \mathfrak{Z}' = 0, \quad (79)$$

s'il était permis de remplacer dans la somme (76) toutes les valeurs de $\mathbf{m}'_x$, $\mathbf{m}'_y$, $\mathbf{m}'_z$, par de certaines valeurs moyennes et d'admettre encore les égalités (77) et (78), qui expriment que la distribution des molécules est symétrique par rapport aux trois axes.

Même si on voulait mettre en doute la conclusion (79) on pourrait remarquer que l'influence exercée par le diélectrique dépend, non pas de l'état des molécules individuelles, mais des valeurs moyennes $\overline{m}_x$, $\overline{m}_y$, $\overline{m}_z$. Or, après avoir calculé $\mathfrak{X}'$, $\mathfrak{Y}'$, $\mathfrak{Z}'$ pour une molécule M, on peut faire la même chose pour une autre molécule, en décrivant, bien entendu, autour de cette dernière une sphère B égale à celle au centre de laquelle se trouve M. A chaque molécule appartiendront donc des valeurs spéciales de $\mathfrak{X}'$, $\mathfrak{Y}'$, $\mathfrak{Z}'$, et on peut considérer les valeurs moyennes $\overline{\mathfrak{X}}'$, $\overline{\mathfrak{Y}}'$, $\overline{\mathfrak{Z}}'$ de ces fonctions dans un élément de volume $D\tau$. Il est clair qu'on obtiendra $\overline{m}_x$, $\overline{m}_y$ et $\overline{m}_z$ si, dans les formules (75), on remplace $\mathfrak{X}'$, $\mathfrak{Y}'$, $\mathfrak{Z}'$ par $\overline{\mathfrak{X}}'$, $\overline{\mathfrak{Y}}'$, $\overline{\mathfrak{Z}}'$, et pour arriver aux simplifications qui découlent des équations (79) il suffit que

$$\overline{\mathfrak{X}}' = \overline{\mathfrak{Y}}' = \overline{\mathfrak{Z}}' = 0.$$

Ceci pourrait être vrai même dans le cas où la position accidentelle des molécules M' les plus voisines du centre de la sphère donne lieu à des valeurs positives ou négatives de $\mathfrak{X}'$, $\mathfrak{Y}'$, $\mathfrak{Z}'$. En effet, la ligne qui joint une molécule à celle qui en est le plus rapprochée aura toutes les directions possibles; il se pourrait donc que la distribution irrégulière et le défaut d'isotropie qui existent dans une seule des sphères B ne se fissent plus sentir dans les valeurs moyennes $\overline{\mathfrak{X}}'$, $\overline{\mathfrak{Y}}'$, $\overline{\mathfrak{Z}}'$.

§ 106. On connaît les erreurs auxquelles on s'expose dans les théories moléculaires en se servant des „valeurs moyennes" et de raisonnements aussi superficiels que les précédents. Aussi me semble-t-il préférable de ne pas supposer nulles les valeurs de $\overline{\mathfrak{X}}'$, $\overline{\mathfrak{Y}}'$, $\overline{\mathfrak{Z}}'$. Les considérations suivantes peuvent cependant nous fournir quelques renseignements sur ces valeurs.

a. Chaque molécule M se trouve en général soumise à deux forces électriques, l'une ($\mathfrak{X}$, $\mathfrak{Y}$, $\mathfrak{Z}$) étant due à tout ce qui se trouve au dehors de la sphère B, l'autre ($\mathfrak{X}'$, $\mathfrak{Y}'$, $\mathfrak{Z}'$) aux molécules situées à l'intérieur de cette surface. Supposons que $\mathfrak{Y} = \mathfrak{Z} = 0$ et que la force $\mathfrak{X}$ ait la même valeur quelle que soit la molécule M pour laquelle elle est calculée. Alors le moment électrique prendra dans chaque molécule une grandeur et une direction déterminées, qu'on pourrait trouver si on connaissait parfaitement la distribution des molécules. Comme, dans les corps amorphes, cette distribution est fort irrégulière, les moments électriques présenteront des changements brusques si on passe d'une molécule à une autre, et ils n'auront pas en général la direction de la force $\mathfrak{X}$.

Cependant, tout s'arrangera d'une telle façon que

$$\mathbf{m}_x = \frac{e^2}{\mathfrak{f}}(\mathfrak{X} + \mathfrak{X}'), \quad \mathbf{m}_y = \frac{e^2}{\mathfrak{f}}\mathfrak{Y}', \quad \mathbf{m}_z = \frac{e^2}{\mathfrak{f}}\mathfrak{Z}'. \quad (80)$$

b. Les forces $\mathfrak{X}'$, $\mathfrak{Y}'$, $\mathfrak{Z}'$ sont des fonctions linéaires des moments $\mathbf{m}'_x$, $\mathbf{m}'_y$, $\mathbf{m}'_z$ excités dans les molécules voisines de M. Il en résulte que, si on change la grandeur de la force $\mathfrak{X}$, tous les moments changeront dans la même proportion, en conservant les directions qu'ils avaient.

c. Il existe entre les valeurs moyennes la relation suivante

$$\overline{\mathbf{m}}_x = \frac{e^2}{\mathfrak{f}}(\mathfrak{X} + \overline{\mathfrak{X}}'), \quad \overline{\mathbf{m}}_y = \frac{e^2}{\mathfrak{f}}\overline{\mathfrak{Y}}', \quad \overline{\mathbf{m}}_z = \frac{e^2}{\mathfrak{f}}\overline{\mathfrak{Z}}'.$$

Mais il est clair que dans un corps isotrope

$$\overline{\mathbf{m}}_y = \overline{\mathbf{m}}_z = 0$$

et par conséquent

$$\overline{\mathfrak{Y}}' = \overline{\mathfrak{Z}}' = 0.$$

Quant à $\overline{\mathbf{m}}_x$, ce moment moyen doit être proportionnel à la force $\mathfrak{X}$, parce que cette proportionnalité existe pour les moments de toutes les molécules individuelles. Il y a donc également proportionnalité entre $\overline{\mathfrak{X}}'$ et $\overline{\mathbf{m}}_x$ ou $\mathbf{M}_x$, ce que j'exprimerai par

$$\overline{\mathfrak{X}}' = sV^2\mathbf{M}_x,$$

le coefficient s étant constant pour un diélectrique donné, mais variable avec la densité.

d. Si $\mathfrak{Y}$ et $\mathfrak{Z}$ ne sont pas zéro, mais que la force $(\mathfrak{X}, \mathfrak{Y}, \mathfrak{Z})$, constante dans toute l'étendue du diélectrique, ait une direction quelconque, on aura de la même manière

$$\mathfrak{X}' = sV^2\mathbf{M}_x, \quad \mathfrak{Y}' = sV^2\mathbf{M}_y, \quad \mathfrak{Z}' = sV^2\mathbf{M}_z; \quad (81)$$

on s'en assure en introduisant pour un moment des axes des coordonnées dont l'un ait la direction de la force $(\mathfrak{X}, \mathfrak{Y}, \mathfrak{Z})$.

e. Les relations (81) subsisteront encore si la force $(\mathfrak{X}, \mathfrak{Y}, \mathfrak{Z})$ varie d'une molécule à l'autre, pourvu que cette variation soit si lente qu'il faille passer sur un grand nombre de molécules avant qu'elle devienne sensible.

f. Voici encore une remarque qui nous sera utile dans la suite, et qui est vraie dans tous les cas où $\mathfrak{X}', \mathfrak{Y}', \mathfrak{Z}'$ ne s'annulent pas.

Supposons que, sans modifier la distribution des molécules, on en puisse changer la nature et donner ainsi à la constante $\mathfrak{f}$ une valeur nouvelle. Alors, même si on augmente ou diminue convenablement la force $\mathfrak{X}$ qu'on trouve dans les formules (80), il est impossible que les moments électriques des molécules conservent tous les mêmes valeurs. Il est également impossible qu'après le changement de $\mathfrak{f}$ les composantes de tous les moments soient proportionnelles à leurs valeurs primitives. Il en résulte que le coefficient s ne reste pas le même si $\mathfrak{f}$ vient à changer.

§ 107. En vertu des formules (75) et (81) on trouve

$$\mathbf{M}_x = \frac{Ne^2}{\mathfrak{f}} \left(- V \frac{\partial \varphi}{\partial x} + \frac{4}{3} \pi V^2 \mathbf{M}_x + sV^2 \mathbf{M}_x \right), \quad \text{etc.,}$$

ou bien, si on pose

$$\frac{NVe^2}{\mathfrak{f} - Ne^2 \left(\frac{4}{3}\pi + s \right) V^2} = q,$$

$$\mathbf{M}_x = - q \frac{\partial \varphi}{\partial x}, \quad \mathbf{M}_y = - q \frac{\partial \varphi}{\partial y}, \quad \mathbf{M}_z = - q \frac{\partial \varphi}{\partial z}.$$

Ensuite, les équations (72) et (73) deviennent

$$(1 + 4\pi qV) \frac{\partial \varphi}{\partial n} = - 4\pi VS \qquad (82)$$

et

$$\Delta \varphi = 0. \qquad (83)$$

§ 108. Cette dernière formule, jointe aux valeurs de φ pour les différents conducteurs que je regarderai comme données et à la continuité de φ, suffit, comme on sait, à la détermination du potentiel dans tous les points de l'espace. Ensuite, l'équation (82) fait connaître la densité, et la charge de chaque conducteur est donnée par l'intégrale

$$\int SD\sigma.$$

Si l'espace extérieur aux conducteurs était occupé non pas par le diélectrique considéré, mais par l'éther, le facteur $1 + 4\pi qV$ dans l'équation (82) devrait être remplacé par l'unité, la formule (83) restant encore applicable. On voit donc que, dans un système de conducteurs maintenus à des potentiels donnés, la substitution du diélectrique pondérable à l'éther augmentera les charges dans le rapport de 1 à $1 + 4\pi qV$, et que ce qu'on appelle le pouvoir inducteur spécifique K d'un isolateur n'est autre chose que cette expression $1 + 4\pi qV$.

Il s'ensuit que

$$K = \frac{\mathfrak{f} + Ne^2\left(\frac{8}{3}\pi - s\right)V^2}{\mathfrak{f} - Ne^2\left(\frac{4}{3}\pi + s\right)V^2}. \tag{84}$$

En supposant

$$s = 0$$

et en admettant que, dans un changement de densité du diélectrique ou du nombre N, les propriétés de chaque molécule et le coefficient $\mathfrak{f}$ qui en dépend ne sont pas modifiés, on trouve que l'expression

$$\frac{K - 1}{K + 2}$$

doit être proportionnelle à N, c'est-à-dire à la densité.

CHAPITRE VI

PROPAGATION DE LA LUMIÈRE DANS UN DIÉLECTRIQUE
PONDÉRABLE QUI SE TROUVE EN REPOS

Nature du problème

§ 109. Il s'agira dans ce chapitre des mouvements oscillatoires que les particules chargées peuvent exécuter dans les molécules d'un diélectrique. Accompagnées de changements périodiques dans l'état de l'éther, ces vibrations constitueront un faisceau lumineux, dont je me propose d'étudier la propagation.

Pour simplifier, je supposerai de nouveau (§ 101, *b*) que chaque molécule ne contienne qu'une seule particule chargée mobile. Pour en étudier le mouvement, il faudra tenir compte des forces exercées par l'éther et données par les formules (I) (§ 90); d'autre part, les équations (II)—(V) serviront à déterminer l'état de l'éther qui est compatible avec le mouvement des particules. Dans tous les points qui sont extérieurs aux particules ces équations se réduisent à la forme plus simple

$$\left.\begin{aligned}
& \frac{\partial f}{\partial x} + \frac{\partial g}{\partial y} + \frac{\partial h}{\partial z} = 0, \\[4pt]
& \frac{\partial \alpha}{\partial x} + \frac{\partial \beta}{\partial y} + \frac{\partial \gamma}{\partial z} = 0, \\[4pt]
& \frac{\partial \gamma}{\partial y} - \frac{\partial \beta}{\partial z} = 4\pi \frac{\partial f}{\partial t}, \quad \frac{\partial \alpha}{\partial z} - \frac{\partial \gamma}{\partial x} = 4\pi \frac{\partial g}{\partial t}, \\[4pt]
& \qquad\qquad\qquad \frac{\partial \beta}{\partial x} - \frac{\partial \alpha}{\partial y} = 4\pi \frac{\partial h}{\partial t}, \\[4pt]
& 4\pi V^2 \left(\frac{\partial g}{\partial z} - \frac{\partial h}{\partial y} \right) = \frac{\partial \alpha}{\partial t}, \quad 4\pi V^2 \left(\frac{\partial h}{\partial x} - \frac{\partial f}{\partial z} \right) = \frac{\partial \beta}{\partial t}, \\[4pt]
& \qquad\qquad\qquad 4\pi V^2 \left(\frac{\partial f}{\partial y} - \frac{\partial g}{\partial x} \right) = \frac{\partial \gamma}{\partial t}.
\end{aligned}\right\} \quad (85)$$

§ 110. Supposons, pour un moment, qu'il n'y ait qu'une seule particule chargée, qu'elle soit animée d'un mouvement donné et qu'on soit parvenu à un système de valeurs f_1, g_1, h_1, α_1, β_1, γ_1, qui satisfait, à l'intérieur, aux équations (II)—(V) et, à l'extérieur, aux équations (85).

Supposons, de plus, qu'on ait trouvé un système analogue f_2, g_2, h_2, α_2, β_2, γ_2 pour le cas où une autre particule se déplace à travers l'éther, cette autre particule étant à son tour regardée comme la seule qui existe.

Alors, il est clair que les valeurs:

$$f = f_1 + f_2, \quad g = g_1 + g_2, \quad h = h_1 + h_2,$$

$$\alpha = \alpha_1 + \alpha_2, \quad \beta = \beta_1 + \beta_2, \quad \gamma = \gamma_1 + \gamma_2$$

satisferont à toutes les conditions du problème, si les deux particules existent simultanément.

Ce théorème peut être étendu à un nombre quelconque de particules chargées. On cherchera, pour chaque particule, un système de valeurs de f, g, h, α, β, γ, qui soit compatible avec son mouvement — en raisonnant comme si les autres particules n'existaient pas — et on combinera toutes ces solutions par simple addition.

Du reste, il ne faut pas croire qu'on trouverait ainsi l'état réel de l'éther. En effet, aux valeurs de f, g, h, α, β, γ, on peut toujours ajouter des valeurs quelconques qui satisfont aux équations (85).

§ 111. On peut trouver deux états différents de l'éther qui sont compatibles avec les vibrations d'une particule chargée. Dans le premier, la particule est le centre d'un ébranlement qui se propage en dehors; dans le second, des vibrations de l'éther se dirigeront de tous côtés vers la particule dont elles chercheront à maintenir les oscillations. Nous nous occuperons seulement des solutions de la première espèce, qui se présentent immédiatement à l'esprit. En effet, supposons qu'une source lumineuse commence à un certain moment à émettre des vibrations. Ce mouvement se propagera dans l'éther et atteindra à un instant déterminé la première particule chargée du diélectrique. Aussitôt, les forces déterminées par les formules (I) (§ 90) entreront en jeu; elles déplaceront la particule et, conjointement avec les autres forces auxquelles elle est soumise, en détermineront le mouvement. Mais, en vertu de son agitation, la particule devient elle-même le centre d'un ébranlement qui se propage dans toutes les directions et se superpose à l'état de l'éther déjà existant. Au moment où elle est atteinte par les vibrations électriques de l'éther, chaque molécule suivra l'exemple de la première, et en définitive des vibrations émaneront de toutes les particules chargées.

Il importe cependant de remarquer qu'on peut opérer avec une solution particulière quelconque qui s'accorde avec le mouvement des particules, pourvu seulement qu'on rétablisse la généralité nécessaire en ajoutant à cette solution une autre, qui satisfait partout aux équations (85) [1]).

Si, dans les pages suivantes, il est question du mouvement que „produit" une particule vibrante, cela servira simplement à indiquer une solution particulière qui est compatible avec les oscillations.

Vibrations dans l'éther produites par une seule molécule

§ 112. Des équations (II)—(V) (§ 90) on peut éliminer cinq quelconques des variables

$$f, g, h, \alpha, \beta, \gamma.$$

---

[1]) Pour trouver un état réel il faudra surtout mettre en accord les mouvements des particules chargées et l'état du champ électromagnétique, puisque les forces exercées par le champ détermineront les mouvements, d'après les équations 121 (§ 128).

Pour que cet état consiste en des ondes lumineuses on cherchera une combinaison de solutions élémentaires f, g, h, α, β, γ émanant de particules dont les vibrations seront synchronisées dans des surfaces à phase constante; combinaison telle qu'il y résulte une onde dans l'éther se propageant avec la même vitesse que l'onde des vibrations des particules. La correspondance de ces deux ondes devra être assurée par les équations 121 (§ 128) que nous venons de citer; il y résulte la condition 125 (§ 130) qui nous fournit une valeur déterminée pour la vitesse de propagation.

Lorsque tout l'espace est rempli du diélectrique pondérable il n'y a pas de difficulté particulière. Posons, au contraire, le cas d'un diélectrique, infiniment étendu dans le demi-espace, mais limité par une surface plane.

Supposons les particules animées de vibrations qui se propagent en ondes planes vers l'intérieur avec la propre vitesse. Or, d'après une étude de M. EWALD nous savons que ces vibrations donneront lieu à trois ondes électriques. L'une d'elles sortira de la surface avec la vitesse V apartenant à l'éther libre. Une seconde se propagera à l'intérieur avec cette même vitesse V dans une direction différente de celle de la propagation des vibrations. La troisième enfin suivra l'onde des vibrations. C'est la seconde onde qui doit être annullée dans l'intérieur en superposant dans tout l'espace un système d'ondes planes qui représenteront les ondes incidentes du côté de l'éther libre. Alors la première onde provenant des particules sera l'onde réfléchie, la troisième se confondra avec les ondes vibratoires dans les ondes réfractées.

Nous croyons que c'est ainsi qu'il faut interpréter les remarques de M. LORENTZ.

(note de l'éditeur)

On trouve ainsi

$$V^2 \Delta f - \frac{\partial^2 f}{\partial t^2} = V^2 \frac{\partial \rho}{\partial x} + \frac{\partial(\rho \xi)}{\partial t}, \text{ etc.} \qquad (86)$$

$$V^2 \Delta \alpha - \frac{\partial^2 \alpha}{\partial t^2} = 4\pi V^2 \left(\eta \frac{\partial \rho}{\partial z} - \zeta \frac{\partial \rho}{\partial y} \right), \text{ etc.} \qquad (87)$$

En appliquant ces formules à une molécule qui contient une particule mobile P, je me bornerai à un cas bien simple; c'est celui où les écarts de la position naturelle sont infiniment petits par rapport aux dimensions de la particule elle-même. Hâtons-nous d'ajouter que les résultats resteront vrais si l'amplitude des vibrations est beaucoup plus grande, pourvu seulement qu'elle soit très petite en comparaison des distances moléculaires. Cette extension de la théorie ne se trouvera pas dans le chapitre présent; elle sera reléguée à la „Note additionnelle" qui terminera ce mémoire [1]). J'ai pris ce parti dans l'espoir de faciliter ainsi la lecture et de faire mieux ressortir les traits essentiels de la théorie que je désire proposer.

§ 113. Soient x, y, z les projections du déplacement de la particule mobile et ρ_0 la densité électrique au point (x, y, z), dans le cas où elle a sa position naturelle. Alors, on aura dans les formules (86) et (87)

$$\rho = \rho_0 - x \frac{\partial \rho_0}{\partial x} - y \frac{\partial \rho_0}{\partial y} - z \frac{\partial \rho_0}{\partial z} \qquad (88)$$

$$\xi = \frac{dx}{dt}, \quad \eta = \frac{dy}{dt}, \quad \zeta = \frac{dz}{dt} \qquad (89)$$

et, comme ces dernières quantités sont, par supposition, infiniment petites, ainsi que x, y, z,

$$V^2 \Delta f - \frac{\partial^2 f}{\partial t^2} = V^2 \left(\frac{\partial \rho_0}{\partial x} - x \frac{\partial^2 \rho_0}{\partial x^2} - y \frac{\partial^2 \rho_0}{\partial x \partial y} - z \frac{\partial^2 \rho_0}{\partial x \partial z} \right) + \rho_0 \frac{d^2 x}{dt^2}, \text{etc.,} (90)$$

$$V^2 \Delta \alpha - \frac{\partial^2 \alpha}{\partial t^2} = 4\pi V^2 \left(\frac{dy}{dt} \frac{\partial \rho_0}{\partial z} - \frac{dz}{dt} \frac{\partial \rho_0}{\partial y} \right), \text{ etc.} \qquad (91)$$

---

[1]) Dans cette Note il sera toujours question d'un diélectrique qui se déplace, mais on peut, dans toutes les formules, supposer nulle la vitesse de ce déplacement.

Lorsqu'on a en vue les valeurs de f, g, h, α, β, γ qui dépendent de la particule mobile seule, il faut admettre qu'en dehors de l'espace qu'elle occupe,

$$V^2 \Delta f - \frac{\partial^2 f}{\partial t^2} = 0, \text{ etc.,} \qquad V^2 \Delta \alpha - \frac{\partial^2 \alpha}{\partial t^2} = 0, \text{ etc.,}$$

ou bien, si on veut appliquer les formules (90) et (91) à l'espace tout entier, il faut poser $\rho_0 = 0$ dans tous les points extérieurs.

§ 114. Les équations (90) et (91) peuvent être mises sous la forme [1])

$$V^2 \Delta f - \frac{\partial^2 f}{\partial t^2} = V^2 \frac{\partial \rho_0}{\partial x} - V^2 \left\{ \frac{\partial^2 (\rho_0 x)}{\partial x^2} + \frac{\partial^2 (\rho_0 y)}{\partial x \partial y} + \frac{\partial^2 (\rho_0 z)}{\partial x \partial z} \right\} +$$

$$+ \frac{\partial^2 (\rho_0 x)}{\partial t^2} , \text{ etc.} \quad (92)$$

et

$$V^2 \Delta \alpha - \frac{\partial^2 \alpha}{\partial t^2} = 4\pi V^2 \left\{ \frac{\partial^2 (\rho_0 y)}{\partial z \partial t} - \frac{\partial^2 (\rho_0 z)}{\partial y \partial t} \right\}, \text{ etc.} \quad (93)$$

On y satisfera en introduisant quatre fonctions auxiliaires ω, χ_1, χ_2, χ_3, au moyen des conditions

$$V^2 \Delta \omega - \frac{\partial^2 \omega}{\partial t^2} = \rho_0, \quad (94)$$

$$V^2 \Delta \chi_1 - \frac{\partial^2 \chi_1}{\partial t^2} = \rho_0 x, \quad V^2 \Delta \chi_2 - \frac{\partial^2 \chi_2}{\partial t^2} = \rho_0 y, \quad V^2 \Delta \chi_3 - \frac{\partial^2 \chi_3}{\partial t^2} = \rho_0 z, \quad (95)$$

et en posant

$$f = V^2 \frac{\partial \omega}{\partial x} - V^2 \left\{ \frac{\partial^2 \chi_1}{\partial x^2} + \frac{\partial^2 \chi_2}{\partial x \partial y} + \frac{\partial^2 \chi_3}{\partial x \partial z} \right\} + \frac{\partial^2 \chi_1}{\partial t^2} , \text{ etc.,} \quad (96)$$

$$\alpha = 4\pi V^2 \left\{ \frac{\partial^2 \chi_2}{\partial z \partial t} - \frac{\partial^2 \chi_3}{\partial y \partial t} \right\}, \text{ etc.} \quad (97)$$

La densité ρ_0 est indépendante du temps; il en sera donc de même de la fonction ω, et elle sera déterminée par la relation

$$\Delta \omega = \frac{1}{V^2} \rho_0. \quad (98)$$

---

[1]) En effet, ρ_0 est indépendant du temps, et x, y et z sont indépendants de x, y, z.

On s'assure facilement que les valeurs (96) et (97) satisfont aux équations primitives (II)—(V). On trouve, par exemple,

$$\frac{\partial f}{\partial x} + \frac{\partial g}{\partial y} + \frac{\partial h}{\partial z} = V^2 \Delta\omega - \frac{\partial}{\partial x}\left\{V^2\Delta\chi_1 - \frac{\partial^2\chi_1}{\partial t^2}\right\} -$$

$$- \frac{\partial}{\partial y}\left\{V^2\Delta\chi_2 - \frac{\partial^2\chi_2}{\partial t^2}\right\} - \frac{\partial}{\partial z}\left\{V^2\Delta\chi_3 - \frac{\partial^2\chi_3}{\partial t^2}\right\} =$$

$$= \rho_0 - x\frac{\partial\rho_0}{\partial x} - y\frac{\partial\rho_0}{\partial y} - z\frac{\partial\rho_0}{\partial z} = \rho.$$

§ 115. D'après les formules (96), les fonctions f, g et h contiennent les termes

$$V^2\frac{\partial\omega}{\partial x}, \quad V^2\frac{\partial\omega}{\partial y}, \quad V^2\frac{\partial\omega}{\partial z}, \tag{99}$$

qui sont indépendants du mouvement de la particule. Or, tant que cette dernière est maintenue dans sa position d'équilibre, la molécule entière dont elle fait partie n'exerce aucune action sensible en des points qui sont situés à quelque distance, par exemple, dans une molécule voisine. Il s'ensuit qu'en de tels points les parties immobiles de la molécule produisent un déplacement diélectrique égal et opposé à celui qui a pour composantes les expressions (99). Si donc on convient d'entendre par f, g, h, α, β, γ les valeurs qui sont dues à la *molécule entière*, on aura à quelque distance,

$$f = - V^2\left\{\frac{\partial^2\chi_1}{\partial x^2} + \frac{\partial^2\chi_2}{\partial x\,\partial y} + \frac{\partial^2\chi_3}{\partial x\,\partial z}\right\} + \frac{\partial^2\chi_1}{\partial t_2}, \text{ etc.}, \tag{100}$$

$$\alpha = 4\pi V^2\left\{\frac{\partial^2\chi_2}{\partial z\,\partial t} - \frac{\partial^2\chi_3}{\partial y\,\partial t}\right\}, \text{ etc.} \tag{101}$$

Quant aux fonctions χ, elles peuvent être déterminées à l'aide des théorèmes qu'on trouvera dans les deux paragraphes suivants.

Théorèmes mathématiques

§ 116. Soient: τ' un espace limité par une surface quelconque σ; $d\tau'$ un élément de volume situé au point variable (x', y', z');

(x, y, z) un point qui est situé dans l'espace τ' et qui est regardé comme fixe si on veut effectuer les intégrations dont il s'agira tout à l'heure; $U (x', y', z', x, y, z)$ une fonction qui est finie et continue pour toutes les valeurs des coordonnées, excepté pour

$$x' = x, \ y' = y, \ z' = z.$$

Considérons l'intégrale

$$I = \int_r U(x', y', z', x, y, x)d\tau',$$

où l'indice r indique qu'il faut exclure du champ de l'intégration une sphère b, à rayon r, ayant pour centre le point (x, y, z), le rayon étant toujours le même quelle que soit la position de ce dernier point.

L'intégrale sera une fonction de x, y et z, et on a le *théorème* que voici:

$$\frac{\partial I}{\partial x} = -\frac{1}{r}\int (x' - x)U db + \int_r \frac{\partial U}{\partial x}\,d\tau', \qquad (102)$$

où la première intégrale est étendue à la surface de la sphère.

Démonstration. Soient

A le point (x, y, z),

B le point $(x + \delta, y, z)$, δ étant une longueur infiniment petite,

I_A et I_B les valeurs de l'intégrale relatives à ces deux points.

Il s'agit de calculer

$$\frac{\partial I}{\partial x} = \frac{I_B - I_A}{\delta}.$$

Supposons qu'en déplaçant le point (x, y, z) de A vers B on donne, en même temps, une translation égale à tous les éléments $d\tau'$. L'ensemble des éléments déplacés, que je nommerai $(d\tau')$, constitue un espace qui est limité à l'intérieur par la sphère b décrite autour du point B, c'est-à-dire par la sphère jusqu'à laquelle il faut étendre l'intégrale I_B, et à l'extérieur par une surface (σ) qui n'est autre chose que la surface σ déplacée sur une distance δ.

Il en résulte que, pour changer I_A en I_B, il faut d'abord remplacer, dans la fonction U, x' et x par $x' + \delta$ et $x + \delta$; de la valeur ainsi obtenue il faut retrancher l'intégrale

$$\int U(x', y', z', x, y, z)d\tau'$$

étendue à la zone qui se trouve à l'intérieur de (σ) et à l'extérieur de σ, et il y faut ajouter une intégrale analogue relative à la zone qui est à la fois extérieure à (σ) et intérieure à σ.

Tout ceci se traduit par la formule

$$\frac{\partial I}{\partial x} = \int_{\mathbf{r}} \frac{\partial U}{\partial x'}\, d\tau' + \int_{\mathbf{r}} \frac{\partial U}{\partial x}\, d\tau' - \int U \cos (n,\, x)\, d\sigma, \qquad (103)$$

dans laquelle n désigne la normale à la surface, menée vers l'extérieur.

La première intégration peut être effectuée. On trouve

$$\int_{\mathbf{r}} \frac{\partial U}{\partial x'}\, d\tau' = \int U \cos (n,\, x)\, d\sigma - \frac{1}{\mathbf{r}} \int (x' - x)\, U db,$$

d'où il suit

$$\frac{\partial I}{\partial x} = - \frac{1}{\mathbf{r}} \int (x' - x)\, U db + \int_{\mathbf{r}} \frac{\partial U}{\partial x}\, d\tau'. \quad C.\, Q.\, F.\, D.$$

Remarquons que cette relation doit avoir lieu quelque petite que soit la valeur de r. En désignant par $\int$ la limite vers laquelle tend $\int_{\mathbf{r}}$, quand on diminue de plus en plus le rayon, on aura

$$\frac{\partial}{\partial x} \int U d\tau' = - \operatorname{Lim} \left[\frac{1}{\mathbf{r}} \int (x' - x) U db \right] + \int \frac{\partial U}{\partial x}\, d\tau'. \quad (104)$$

Du reste, cette formule est encore applicable si l'espace τ' s'étend à l'infini, ou si, cet espace étant limité, le point (x, y, z) se trouve à l'extérieur. Le dernier de ces deux cas rentre dans le premier lorsqu'on suppose que l'espace τ' est infini mais que la fonction U s'annule dans une certaine région. Si le point (x, y, z) appartient à cette région, on aura

$$\frac{\partial}{\partial x} \int U d\tau' = \int \frac{\partial U}{\partial x}\, d\tau'.$$

§ 117. *Théorème*. Employons de nouveau les notations du paragraphe précédent, et représentons par r la distance des points

(x, y, z) et (x', y', z'), par F une fonction finie et continue. Je dis que la fonction

$$\chi = - \frac{1}{4\pi V^2} \int \frac{1}{r} F(t - r/V, x', y', z') d\tau'$$

satisfait à l'équation

$$V^2 \Delta \chi - \frac{\partial^2 \chi}{\partial t^2} = F(t, x, y, z).$$

Démonstration. Le théorème précédent donne

$$\frac{\partial \chi}{\partial x} = \frac{1}{4\pi V^2} \operatorname{Lim} \left[\frac{1}{r} \int \frac{x' - x}{r} F(t - r/V, x', y', z') db \right] -$$

$$- \frac{1}{4\pi V^2} \int \frac{\partial}{\partial x} \left\{ \frac{1}{r} F(t - r/V, x', y', z') \right\} d\tau'.$$

Pour déterminer la limite, on peut, dans le premier terme, remplacer

$$F(t - r/V, x', y', z') \quad \text{par} \quad F(t, x, y, z).$$

On voit alors que ce terme s'évanouit et que

$$\frac{\partial \chi}{\partial x} = - \frac{1}{4\pi V^2} \int \frac{\partial}{\partial x} \left\{ \frac{1}{r} F(t - r/V, x', y', z') \right\} d\tau',$$

d'où il suit, par une nouvelle application de la formule (104),

$$\frac{\partial^2 \chi}{\partial x^2} = \frac{1}{4\pi V^2} \operatorname{Lim} \left[\frac{1}{r} \int (x' - x) \frac{\partial}{\partial x} \left\{ \frac{1}{r} F(t - r/V, x', y', z') \right\} db \right]$$

$$- \frac{1}{4\pi V^2} \int \frac{\partial^2}{\partial x^2} \left\{ \frac{1}{r} F(t - r/V, x', y', z') \right\} d\tau'. \quad (105)$$

Soit $F'(t, x, y, z)$ la dérivée de $F(t, x, y, z)$ par rapport à t. Alors

$$\frac{\partial}{\partial x} \left\{ \frac{1}{r} F(t - r/V, x', y', z') \right\} =$$

$$- \frac{x - x'}{r^3} F(t - r/V, x', y', z') - \frac{x - x'}{r^2 V} F'(t - r/V, x' y' z'),$$

ce que, dans le premier terme du second membre de (105), on peu remplacer par

$$- \frac{x - x'}{\mathrm{r}^3} F(t, x, y, z) - \frac{x - x'}{\mathrm{r}^2 V} F'(t, x, y, z).$$

En définitive

$$V^2 \frac{\partial^2 \chi}{\partial x^2} = \frac{1}{3} F(t, x, y, z) - \frac{1}{4\pi} \int \frac{\partial^2}{\partial x^2} \left\{ \frac{1}{r} F(t - r/V, x', y', z') \right\} d\tau'.$$

Il y a des formules analogues pour

$$V^2 \frac{\partial^2 \chi}{\partial y^2} \quad \text{et} \quad V^2 \frac{\partial^2 \chi}{\partial z^2},$$

et comme

$$\frac{\partial^2 \chi}{\partial t^2} = - \frac{1}{4\pi V^2} \int \frac{\partial^2}{\partial t^2} \left\{ \frac{1}{r} F(t - r/V, x', y', z') \right\} d\tau',$$

on trouve

$$V^2 \Delta \chi - \frac{\partial^2 \chi}{\partial t^2} =$$

$$= F(t, x, y, z) - \frac{1}{4\pi V^2} \int \left(V^2 \Delta - \frac{\partial^2}{\partial t^2} \right) \left\{ \frac{1}{r} F(t - r/V, x', y', z') \right\} d\tau'.$$

Or, un calcul direct nous apprend que

$$\left(V^2 \Delta - \frac{\partial^2}{\partial t^2} \right) \left\{ \frac{1}{r} F(t - r/V, x', y'; z') \right\} = 0; \qquad (106)$$

donc

$$V^2 \Delta \chi - \frac{\partial^2 \chi}{\partial t^2} = F(t, x, y, z). \qquad \textit{C. Q. F. D.}$$

§ 118. La proposition que je viens de démontrer peut être regardée comme une extension du théorème de Poisson, qui joue un rôle si important dans la théorie du potentiel et auquel on revient en supposant que la fonction F ne renferme pas le temps t.

De même, la formule (106), que, sans en diminuer la généralité, on peut remplacer par

$$\left(V^2\Delta - \frac{\partial^2}{\partial t^2}\right)\left\{\frac{1}{r}\,F(t-r/V)\right\} = 0, \qquad (107)$$

est analogue à l'équation de LAPLACE pour la fonction $1/r$. Cette formule (107) est connue depuis longtemps; après l'avoir trouvée, il est tout naturel de rechercher ce que devient

$$\Delta \int \frac{1}{r}\,F(x',\,y',\,z')d\tau'$$

si on y remplace

$$\frac{1}{r}\,F(x',\,y',\,z')$$

par

$$\frac{1}{r}\,F(t-r/V,\,x',\,y',\,z').$$

Détermination de χ_1, χ_2, χ_3 et de f, g, h, α, β, γ

§ 119. Le théorème du § 117 conduit immédiatement à une solution des équations (95). Soient:
A le point $(x,\,y,\,z)$ situé à l'extérieur de la molécule et pour lequel on veut calculer les valeurs des fonctions relatives au temps t, B un point de l'espace occupé par la particule mobile, $d\tau'$ un élément de volume au point B, ρ_0 la densité électrique en B lorsque la particule a sa position naturelle, r la distance AB, $(\mathrm{x},\,\mathrm{y},\,\mathrm{z})$ le déplacement à l'instant $t-r/V$. On aura

$$\chi_1 = -\frac{1}{4\pi V^2}\int \frac{\rho_0\mathrm{x}}{r}\,d\tau', \quad \chi_2 = -\frac{1}{4\pi V^2}\int \frac{\rho_0\mathrm{y}}{r}\,d\tau',$$

$$\chi_3 = -\frac{1}{4\pi V^2}\int \frac{\rho_0\mathrm{z}}{r}\,d\tau', \qquad (108)$$

où les intégrales doivent être étendues à toute la particule vibrante.

A la rigueur, ni r, ni, par conséquent, x, y, z n'auront les mêmes valeurs pour les différents éléments $d\tau'$. Vu, cependant, l'extrême petitesse, par rapport à la distance AB, que nous attribuons à la particule, on pourra remplacer tous les r par la distance de A au point où se trouve le centre de la particule dans sa position naturelle. C'est cette distance qui sera désignéé par r dans les formules qui vont suivre.

En représentant par $(\mathbf{m}'_x, \mathbf{m}'_y, \mathbf{m}'_z)$ le moment électrique (§ 101) à l'instant $t-r/V$, on trouve

$$\int \frac{\rho_0 \mathbf{x}}{r}\, d\tau' = \frac{\mathbf{x}}{r}\int \rho_0\, d\tau' = \frac{e\mathbf{x}}{r} = \frac{\mathbf{m}'_x}{r}, \text{ etc.}$$

et finalement, au lieu des expressions (100) et (101),

$$f = \frac{1}{4\pi}\left\{\frac{\partial^2}{\partial x^2}\left(\frac{\mathbf{m}'_x}{r}\right) + \frac{\partial^2}{\partial x\, \partial y}\left(\frac{\mathbf{m}'_y}{r}\right) + \frac{\partial^2}{\partial x\, \partial z}\left(\frac{\mathbf{m}'_z}{r}\right)\right\} -$$
$$- \frac{1}{4\pi V^2}\frac{\partial^2}{\partial t^2}\left(\frac{\mathbf{m}'_x}{r}\right), \text{ etc., (109)}$$

$$\alpha = \frac{\partial^2}{\partial y\, \partial t}\left(\frac{\mathbf{m}'_z}{r}\right) - \frac{\partial^2}{\partial z\, \partial t}\left(\frac{\mathbf{m}'_y}{r}\right), \text{ etc.} \qquad (110)$$

Ces expressions peuvent encore être appliquées lorsque, contrairement à la supposition du § 112, l'amplitude des vibrations est plus grande que le diamètre de la particule, tout en restant beaucoup plus petite que la distance r. C'est ce qu'on verra démontré dans la Note additionnelle.

Intensité de la force qu'une particule vibrante éprouve en vertu de l'état de la molécule dont elle fait partie

§ 120. Les valeurs (109) et (110), portées dans les formules (I) (§ 90), peuvent servir à déterminer la force que l'une des molécules exerce sur la particule mobile qui appartient à une autre; nous en déduirons bientôt (§ 125) l'action qu'une particule déterminée P subit de la part de toutes les molécules environnantes. Cependant, avant d'aborder ce calcul, nous allons considérer la force à laquelle elle est soumise en vertu de l'état de l'éther qu'elle excite elle-même.

A cet effet, il est nécessaire d'étudier les valeurs que les fonc-

tions f, g, h, α, β, γ, déterminées par les équations (92) et (93), présentent à l'intérieur de la particule.

On peut toujours employer les formules (96), (97) et (108);
seulement, ces dernières se simplifient, parce que, dans le problème actuel, r est tout au plus égal au diamètre de la particule,
et, par conséquent, extrêmement petit par rapport à la longueur
d'onde. La quantité r/V n'est donc qu'une fraction insignifiante
du temps d'oscillation et il est permis, dans les formules (108),
de remplacer x, y, z par

$$\mathrm{x} - \frac{r}{V}\,\dot{\mathrm{x}}, \quad \mathrm{y} - \frac{r}{V}\,\dot{\mathrm{y}}, \quad \mathrm{z} - \frac{r}{V}\,\dot{\mathrm{z}},$$

si l'on convient d'entendre par x, y, z, $\dot{\mathrm{x}}$, $\dot{\mathrm{y}}$, $\dot{\mathrm{z}}$ les valeurs relatives au temps t.

Comme, d'après la formule (98),

$$\omega = - \frac{1}{4\pi V^2} \int \frac{\rho_0}{r}\, d\tau',$$

on trouve

$$\chi_1 = - \frac{1}{4\pi V^2} \left\{ \mathrm{x} \int \frac{\rho_0}{r}\, d\tau' - \frac{\dot{\mathrm{x}}}{V} \int \rho_0\, d\tau' \right\} = \mathrm{x}\omega + \frac{\dot{\mathrm{x}}e}{4\pi V^3} \,,\ \text{etc.}$$

Substituons dans les formules (I), en ayant égard à la relation
(88) et à ce que x, y, z sont regardés comme infiniment petits. Il
vient pour la première composante de la force cherchée, si on
remplace x par ξ,

$$4\pi V^4 \left[\int\!\!\int \rho_0 \frac{\partial \omega}{\partial x}\, d\tau - \mathrm{x} \int \frac{\partial}{\partial x}\left(\rho_0\,\frac{\partial \omega}{\partial x}\right) d\tau - \mathrm{y} \int \frac{\partial}{\partial y}\left(\rho_0\,\frac{\partial \omega}{\partial x}\right) d\tau - \right.$$

$$\left. - \mathrm{z} \int \frac{\partial}{\partial z}\left(\rho_0\,\frac{\partial \omega}{\partial x}\right) d\tau \right] + 4\pi V^2\,\dot{\xi} \int \rho_0 \omega\, d\tau + \frac{\ddot{\xi}e}{V} \int \rho_0\, d\tau.$$

Ici, la première intégrale est zéro, parce que la distribution
des fonctions ρ_0 et ω est symétrique autour du centre; il en
est de même des trois intégrales suivantes, puisque ρ_0 s'annule à

la surface de la particule. On trouve, par conséquent, pour les composantes de la force cherchée

$$4\pi V^2 \dot{\xi} \int \rho_0 \omega \, d\tau + \frac{\ddot{\xi} e^2}{V} \,, \text{ etc.} \tag{111}$$

Si le mouvement de la particule est une vibration simple, les signes des dérivées $\ddot{\xi}$, $\ddot{\eta}$, $\ddot{\zeta}$ sont opposés à ceux des vitesses $\dot{\xi}$, $\dot{\eta}$, $\dot{\zeta}$. La force aux composantes

$$\frac{\ddot{\xi} e^2}{V}\,, \quad \frac{\ddot{\eta} e^2}{V}\,, \quad \frac{\ddot{\zeta} e^2}{V}$$

s'oppose donc au mouvement. Il est naturel qu'il y ait une telle „résistance''; sans cela, en effet, la particule ne pourrait céder de l'énergie à l'éther.

Aussi bien que les formules (109) et (110), les expressions (111) restent applicables lorsque les excursions de la particule sont plus grandes que le diamètre. (Voir la Note).

§ 121. Quant à la force avec laquelle les parties immobiles de la molécule agissent sur la particule qui est déplacée de sa position d'équilibre, je m'en tiendrai à l'hypothèse du § 101. Les composantes en seront représentées de nouveau par

$$- \mathfrak{f}x, \, - \mathfrak{f}y, \, - \mathfrak{f}z. \tag{112}$$

Détermination de la force totale qui agit sur une particule vibrante

§ 122. Le calcul de la force que la particule mobile contenue dans une des molécules éprouve de la part de toutes les autres molécules ressemble beaucoup à celui qui nous a servi à l'évaluation du pouvoir inducteur spécifique.

Je désignerai de nouveau par

$$\overline{\mathfrak{m}}_x, \, \overline{\mathfrak{m}}_y, \, \overline{\mathfrak{m}}_z$$

les valeurs moyennes de $\mathfrak{m}_x$, $\mathfrak{m}_y$, $\mathfrak{m}_z$ (§ 102) et par

$$\mathbf{M}_x = N\overline{\mathfrak{m}}_x, \quad \mathbf{M}_y = N\overline{\mathfrak{m}}_y, \quad \mathbf{M}_z = N\overline{\mathfrak{m}}_z$$

les composantes du moment électrique rapporté à l'unité de volume. Ces composantes seront des fonctions du temps et des coordonnées; elles ne présenteront plus les changements brusques et irréguliers (§ 106, *a*) qu'on trouve dans les moments $\mathbf{m}_x$, $\mathbf{m}_y$, $\mathbf{m}_z$.

Il importe de remarquer que, lorsqu'il s'agit de fonctions telles que $\mathbf{M}_x$, $\mathbf{M}_y$, $\mathbf{M}_z$, on peut attacher aux signes $\partial/\partial x$, $\partial/\partial y$, $\partial/\partial z$ une signification un peu différente de celle qu'ils avaient jusqu'ici. Pour obtenir, par exemple, $\partial\mathbf{M}_x/\partial x$, on peut considérer une ligne $PQ = Dx$, parallèle à l'axe des x, et qui, loin d'être infiniment petite dans le sens rigoureux du mot, est beaucoup plus grande que les distances moléculaires. Il suffira que, dans l'étendue de cette ligne, le changement de $\mathbf{M}_x$ soit très petit par rapport à ce moment lui-même; alors, on pourra prendre pour $\partial\mathbf{M}_x/\partial x$ le quotient qu'on obtient en divisant par Dx la différence des valeurs de $\mathbf{M}_x$ aux points P et Q. Evidemment, dans les problèmes qui nous occupent, la condition à remplir revient à ce que Dx doit être une très petite fraction de la longueur d'onde.

Un signe spécial pour indiquer les différentiations prises dans ce sens nouveau me semble superflu; dans chaque cas particulier on comprendra facilement ce qu'il faut entendre par $\partial/\partial x$, $\partial/\partial y$, $\partial/\partial z$.

§ 123. Je considère un diélectrique pondérable, homogène et isotrope, qui est limité par une surface σ, et je me propose d'établir les équations différentielles auxquelles doivent satisfaire $\mathbf{M}_x$, $\mathbf{M}_y$, $\mathbf{M}_z$ à l'intérieur de ce corps. Des mouvements électriques peuvent également avoir lieu à l'extérieur de la surface, mais il n'est pas nécessaire de supposer quelque chose à leur égard.

Soit M une molécule située au point (x, y, z). La particule mobile qu'elle contient est d'abord soumise aux forces (111) et (112) et, en second lieu, à une force qu'on calcule en prenant, dans les formules (I) (§ 90), pour f, g, h, α, β, γ les valeurs qui existent indépendamment de la molécule M elle-même. Toutes ces valeurs peuvent être regardées comme constantes dans l'étendue de la particule et les formules (I) prennent, par conséquent, la forme

$$\mathbf{X} = 4\pi\mathrm{V}^2\, ef + e(\eta\gamma - \zeta\beta), \text{ etc.} \tag{113}$$

Je construis de nouveau la sphère B dont il a été question dans la théorie du pouvoir inducteur spécifique (§ 104), et je décompose les valeurs de f, g, h, α, β, γ, $\mathbf{X}$, $\mathbf{Y}$, $\mathbf{Z}$ dans les parties suivantes:

a. celles qui sont produites par les molécules du diélectrique, extérieures à la sphère B;

b. celles qui sont dues aux molécules à l'intérieur de la sphère, la molécule *M* elle-même étant toutefois exceptée;

c. celles qui sont indépendantes de toutes les molécules nommées.

Je supposerai que dans l'étendue entière de la sphère les moments M_x, M_y, M_z ont sensiblement des valeurs constantes. Cela exige que le rayon *R* soit très petit par rapport à la longueur d'onde.

Si, après avoir calculé les valeurs de *f*, *g*, *h*, α, β, γ, etc. pour une molécule *M*, on veut passer à une autre molécule, on construira autour de celle-ci comme centre une nouvelle sphère *B*, égale à la première.

§ 124. Soient:

$D\tau'$ un élément de l'espace τ' compris entre les deux surfaces *B* et σ,

x', y', z' les coordonnées du centre de cet élément,

M'_x, M'_y, M'_z les valeurs des moments électriques dans (x', y', z'),

r la distance du point (x', y', z') au point (x, y, z).

En vertu de l'équation (109), la première composante du déplacement diélectrique produit par toutes les molécules de l'espace τ' a, dans la molécule *M*, la valeur

$$f = \frac{1}{4\pi} \int \left[\frac{\partial^2}{\partial x^2}\left(\frac{M'_x}{r}\right) + \frac{\partial^2}{\partial x\,\partial y}\left(\frac{M'_y}{r}\right) + \frac{\partial^2}{\partial x\,\partial z}\left(\frac{M'_z}{r}\right) - \right.$$
$$\left. - \frac{1}{V^2}\frac{\partial^2}{\partial t^2}\left(\frac{M'_x}{r}\right) \right] D\tau',$$

où il faut entendre par M'_x, M'_y, M'_z les valeurs qui correspondent au temps $t - r/V$.

Mais, en appliquant le théorème du § 116, on trouve

$$\frac{\partial}{\partial x}\int \frac{M'_x}{r}\,D\tau' = -\frac{1}{R^2}\int (x' - x)\,M'_x\,DB + \int \frac{\partial}{\partial x}\left(\frac{M'_x}{r}\right)D\tau',$$

ou bien

$$\frac{\partial}{\partial x}\int \frac{M'_x}{r}\,D\tau' = \int \frac{\partial}{\partial x}\left(\frac{M'_x}{r}\right)D\tau', \tag{114}$$

parce que, en intégrant sur la surface sphérique, on peut remplacer M'_x par la valeur M_x qui existe au centre au moment *t*.

Une nouvelle application du même théorème donne

$$\frac{\partial^2}{\partial x^2} \int \frac{\mathbf{M}'_x}{r} D\tau' = -\frac{1}{R} \int (x'-x) \frac{\partial}{\partial x} \left(\frac{\mathbf{M}'_x}{r}\right) DB +$$

$$+ \int \frac{\partial^2}{\partial x^2} \left(\frac{\mathbf{M}'_x}{r}\right) D\tau' = -\frac{4}{3}\pi \mathbf{M}_x + \int \frac{\partial^2}{\partial x^2} \left(\frac{\mathbf{M}'_x}{r}\right) D\tau'. \quad (115)$$

On a, au contraire,

$$\frac{\partial^2}{\partial x\,\partial y} \int \frac{\mathbf{M}'_y}{r} D\tau' = \int \frac{\partial^2}{\partial x\,\partial y} \left(\frac{\mathbf{M}'_y}{r}\right) D\tau',$$

$$\frac{\partial^2}{\partial x\,\partial z} \int \frac{\mathbf{M}'_z}{r} D\tau' = \int \frac{\partial^2}{\partial x\,\partial z} \left(\frac{\mathbf{M}'_z}{r}\right) D\tau',$$

$$\frac{\partial^2}{\partial t^2} \int \frac{\mathbf{M}'_x}{r} D\tau' = \int \frac{\partial^2}{\partial t^2} \left(\frac{\mathbf{M}'_x}{r}\right) D\tau'.$$

Posons

$$\int \frac{\mathbf{M}'_x}{r} D\tau' = \mathfrak{M}_x, \quad \int \frac{\mathbf{M}'_y}{r} D\tau' = \mathfrak{M}_y, \quad \int \frac{\mathbf{M}'_z}{r} D\tau' = \mathfrak{M}_z;$$

alors

$$f = \frac{1}{3} \mathbf{M}_x + \frac{1}{4\pi} \left[\frac{\partial^2 \mathfrak{M}_x}{\partial x^2} + \frac{\partial^2 \mathfrak{M}_y}{\partial x\,\partial y} + \frac{\partial^2 \mathfrak{M}_z}{\partial x\,\partial z} - \frac{1}{V^2} \frac{\partial^2 \mathfrak{M}_x}{\partial t^2} \right]. \quad (116)$$

On trouve de la même manière

$$\alpha = \frac{\partial^2 \mathfrak{M}_z}{\partial y\,\partial t} - \frac{\partial^2 \mathfrak{M}_y}{\partial z\,\partial t}. \quad (117)$$

§ 125. Lorsqu'on veut calculer les forces (113), il faut multiplier par $4\pi V^2 e$ l'expression (116) et par $e\eta$ ou $e\zeta$ la valeur de α. Or, les fonctions $\mathfrak{M}_x$, $\mathfrak{M}_y$, $\mathfrak{M}_z$ seront en général du même ordre de grandeur. En outre, lorsqu'il s'agit d'un faisceau lumineux, elles seront périodiques par rapport au temps, la période étant égale à la durée ϑ d'une vibration, et elles présenteront une variation considérable et même un changement de signe si on passe d'un point à un autre qui en est éloigné de la demi-longueur d'onde.

Si la longueur d'onde est représentée par λ, l'amplitude par δ et une quelconque des fonctions $\mathfrak{M}_x$, $\mathfrak{M}_y$, $\mathfrak{M}_z$ par $\mathfrak{M}$, on aura

$$\frac{\partial^2 \mathfrak{M}_x}{\partial t^2} (=) \frac{\mathfrak{M}}{\vartheta^2}, \quad \alpha (=) \frac{\mathfrak{M}}{\lambda \vartheta}, \quad \eta (=) \zeta (=) \frac{\delta}{\vartheta}.$$

Il en résulte que les derniers termes des expressions (113) divisés par les premiers termes, sont de l'ordre δ/λ.

Comme δ est beaucoup plus petit que la longueur d'onde on peut se borner aux termes $4\pi V^2 ef$, etc. et écrire pour les composantes de la force que la particule mobile subit de la part de toutes les molécules qui se trouvent dans l'espace τ' :

$$\frac{4}{3} \pi V^2 e \mathbf{M}_x + V^2 e \left[\frac{\partial^2 \mathfrak{M}_x}{\partial x^2} + \frac{\partial^2 \mathfrak{M}_y}{\partial x \, \partial y} + \frac{\partial^2 \mathfrak{M}_z}{\partial x \, \partial z} - \frac{1}{V^2} \frac{\partial^2 \mathfrak{M}_x}{\partial t^2} \right], \text{etc. (118)}$$

§ 126. Soient

$$f_0, g_0, h_0, \alpha_0, \beta_0, \gamma_0$$

les composantes du déplacement diélectrique et de la force magnétique qui existent indépendamment des molécules incluses dans la surface σ. Les équations (85) démontrent que les rapports

$$\frac{\alpha_0}{f_0}, \quad \frac{\beta_0}{f_0}, \quad \text{etc.}$$

sont de l'ordre V, ce qui donne lieu à la même simplification que j'ai fait connaître un paragraphe précédent. Je prendrai donc pour les composantes de la force qui est due à cet état de l'éther

$$4\pi V^2 ef_0, \quad 4\pi V^2 eg_0, \quad 4\pi V^2 eh_0. \tag{119}$$

§ 127. Je représente par $\mathbf{m}'_x$, $\mathbf{m}'_y$, $\mathbf{m}'_z$ les valeurs, au moment t, des moments électriques d'une des molécules M' qui se trouvent à l'intérieur de la sphère B, et par $(\mathbf{m}'_x)$, $(\mathbf{m}'_y)$, $(\mathbf{m}'_z)$ ces mêmes moments, à l'instant $t-r/V$, r étant la distance au centre (x, y, z) de la-sphère.

Si, dans la formule (109), on remplace $\mathbf{m}'_x$, $\mathbf{m}'_y$, $\mathbf{m}'_z$ par $(\mathbf{m}'_x)$, $(\mathbf{m}'_y)$, $(\mathbf{m}'_z)$, on obtiendra la première composante du déplacement diélectrique que cette molécule M' produit à l'intérieur de M.

Mais

$$(\mathbf{m}'_x) = \mathbf{m}'_x - \frac{r}{V}\frac{d\mathbf{m}'_x}{dt} + \ldots, \text{ etc.,}$$

d'où l'on tire

$$f = \frac{1}{4\pi}\left[\mathbf{m}'_x\frac{\partial^2}{\partial x^2}\left(\frac{1}{r}\right) + \mathbf{m}'_y\frac{\partial^2}{\partial x\,\partial y}\left(\frac{1}{r}\right) + \mathbf{m}'_z\frac{\partial^2}{\partial x\,\partial z}\left(\frac{1}{r}\right)\right],$$

en omettant des termes de l'ordre

$$\frac{1}{V^2 r}\frac{d^2\mathbf{m}'_x}{dt^2}\cdot$$

On s'assure facilement que ces derniers termes donnent lieu à une partie de la force

$$4\pi V^2 ef$$

qui peut être négligée par rapport au premier terme de l'expression (118) et qu'on peut également laisser de côté les forces

$$e(\eta\gamma - \zeta\beta), \text{ etc.},$$

produites par les molécules M'.

Ces molécules intérieures à la sphère B exercent donc une force dont la première composante a la valeur

$$eV^2\,\Sigma\left[\mathbf{m}'_x\frac{\partial^2}{\partial x^2}\left(\frac{1}{r}\right) + \mathbf{m}'_y\frac{\partial^2}{\partial x\,\partial y}\left(\frac{1}{r}\right) + \mathbf{m}'_z\frac{\partial^2}{\partial x\,\partial z}\left(\frac{1}{r}\right)\right]. \quad (120)$$

Cette somme a la même forme que l'expression

$$e\mathfrak{X}'$$

que nous avons rencontrée dans le calcul du pouvoir inducteur spécifique. Elle sera même égale à $e\mathfrak{X}'$, si, dans les deux cas, $\mathbf{M}_x$, $\mathbf{M}_y$, $\mathbf{M}_z$ ont les mêmes valeurs. En effet, l'expression (120) nous fait voir que des molécules très rapprochées les unes des autres agissent mutuellement, comme elles le feraient s'il y avait équilibre électrique. Les variations irrégulières de $\mathbf{m}_x$, $\mathbf{m}_y$, $\mathbf{m}_z$ sont donc les mêmes dans les deux problèmes.

Equations du mouvement d'une particule

§ 128. La force totale qui agit sur une particule mobile se trouve entièrement déterminée par les expressions (111), (112), (118), (119) et (120). Elle doit être égale au produit de l'accélération de la particule par sa masse m.

La première équation du mouvement est donc

$$m\ddot{\xi} = -\mathfrak{f}x + 4\pi V^2\xi \int \rho_0\omega\, d\tau + \frac{e^2}{V}\ddot{\xi} + \frac{4}{3}\pi V^2\, e\mathbf{M}_x +$$

$$+ V^2 e\left[\frac{\partial^2\mathfrak{M}_x}{\partial x^2} + \frac{\partial^2\mathfrak{M}_y}{\partial x\,\partial y} + \frac{\partial^2\mathfrak{M}_z}{\partial x\,\partial z} - \frac{1}{V^2}\frac{\partial^2\mathfrak{M}_x}{\partial t^2}\right] + 4\pi V^2 ef_0 + e\mathfrak{X}'. \quad (121)$$

Pour la simplifier, je fais remarquer d'abord que les termes

$$\frac{e^2}{V}\ddot{\xi} \quad \text{et} \quad \frac{4}{3}\pi V^2\, e\mathbf{M}_x$$

sont du même ordre de grandeur que les expressions

$$\frac{e\overline{\mathbf{m}}_x}{\vartheta^3 V} \quad \text{et} \quad V^2 eN\overline{\mathbf{m}}_x.$$

Le rapport de ces dernières est

$$N\vartheta^3 V^3,$$

ce qui représente le nombre des molécules qui se trouvent dans un cube ayant pour côté la longueur d'onde. Le terme

$$\frac{e^2}{V}\ddot{\xi}$$

peut donc être négligé.

Je poserai encore

$$m - 4\pi V^2 \int \rho_0\omega\, d\tau = \varkappa,$$

je prendrai les valeurs moyennes (§ 95) de tous les termes, je diviserai par eV et j'introduirai la valeur de $\overline{\mathfrak{X}}'$ (§ 106) et la constante q (§ 107). Tout ceci nous fournit l'équation

$$\frac{1}{q}\mathbf{M}_x + \frac{\varkappa}{Ne^2V}\frac{\partial^2\mathbf{M}_x}{\partial t^2} =$$

$$= V\left[\frac{\partial^2\mathfrak{M}_x}{\partial x^2} + \frac{\partial^2\mathfrak{M}_y}{\partial x\,\partial y} + \frac{\partial^2\mathfrak{M}_z}{\partial x\,\partial z} - \frac{1}{V^2}\frac{\partial^2\mathfrak{M}_x}{\partial t^2}\right] + 4\pi Vf_0\,. \quad (122)$$

Propagation de la lumière

§ 129. Voici, comment on peut déduire de cette formule une équation différentielle contenant seulement $\mathbf{M}_x$, $\mathbf{M}_y$, $\mathbf{M}_z$.

Appliquons à tous les termes l'opération indiquée par le signe

$$\Delta - \frac{1}{V^2}\frac{\partial^2}{\partial t^2}\,.$$

Alors, le dernier terme disparaît parce que f_0 satisfait à l'équation

$$\left(\Delta - \frac{1}{V^2}\frac{\partial^2}{\partial t^2}\right)f_0 = 0\,.$$

Pour les autres termes du second membre,

$$\left(\Delta - \frac{1}{V^2}\frac{\partial^2}{\partial t^2}\right)\frac{\partial^2\mathfrak{M}_x}{\partial x^2}\,, \quad \left(\Delta - \frac{1}{V^2}\frac{\partial^2}{\partial t^2}\right)\frac{\partial^2\mathfrak{M}_y}{\partial x\,\partial y}\,,\ \text{etc.,}$$

on peut écrire

$$\frac{\partial^2}{\partial x^2}\left(\Delta - \frac{1}{V^2}\frac{\partial^2}{\partial t^2}\right)\mathfrak{M}_x\,, \quad \frac{\partial^2}{\partial x\,\partial y}\left(\Delta - \frac{1}{V^2}\frac{\partial^2}{\partial t^2}\right)\mathfrak{M}_y\,,\ \text{etc.}$$

Mais, d'après la formule (115) et les deux autres qui lui sont analogues,

$$\Delta\mathfrak{M}_x = -4\pi\mathbf{M}_x + \int\Delta\left(\frac{\mathbf{M}_x'}{r}\right)D\tau'\,,$$

$$\left(\Delta - \frac{1}{V^2}\frac{\partial^2}{\partial t^2}\right)\mathfrak{M}_x = -4\pi\mathbf{M}_x + \int\left(\Delta - \frac{1}{V^2}\frac{\partial^2}{\partial t^2}\right)\left(\frac{\mathbf{M}_x'}{r}\right)D\tau'\,.$$

Grâce à la signification de $\mathbf{M}'_x$ (§ 124) et en vertu de la formule (107), la fonction

$$\frac{\mathbf{M}'_x}{r}$$

jouit de la propriété exprimée par

$$\left(\Delta - \frac{1}{V^2}\frac{\partial^2}{\partial t^2}\right)\left(\frac{\mathbf{M}'_x}{r}\right) = 0.$$

Donc

$$\left.\begin{aligned}
\left(\Delta - \frac{1}{V^2}\frac{\partial^2}{\partial t^2}\right)\mathfrak{M}_x &= -4\pi\mathbf{M}_x,\\[2mm]
\left(\Delta - \frac{1}{V^2}\frac{\partial^2}{\partial t^2}\right)\mathfrak{M}_y &= -4\pi\mathbf{M}_y,\\[2mm]
\left(\Delta - \frac{1}{V^2}\frac{\partial^2}{\partial t^2}\right)\mathfrak{M}_z &= -4\pi\mathbf{M}_z,
\end{aligned}\right\} \qquad (123)$$

et finalement

$$\left(\frac{1}{q} + \frac{\varkappa}{Ne^2V}\frac{\partial^2}{\partial t^2}\right)\left(\Delta - \frac{1}{V^2}\frac{\partial^2}{\partial t^2}\right)\mathbf{M}_x =$$

$$= -4\pi V\left[\frac{\partial^2\mathbf{M}_x}{\partial x^2} + \frac{\partial^2\mathbf{M}_y}{\partial x\,\partial y} + \frac{\partial^2\mathbf{M}_z}{\partial x\,\partial z} - \frac{1}{V^2}\frac{\partial^2\mathbf{M}_x}{\partial t^2}\right]. \quad (124)$$

Il va sans dire qu'il y a deux équations de même forme pour $\mathbf{M}_y$ et $\mathbf{M}_z$.

Une quatrième relation peut être ajoutée à ces formules. En effet, si on prend la somme de l'équation (122) et de celles qui lui sont analogues, après les avoir différentiées respectivement par rapport à x, y et z, on trouve, en ayant égard à la relation

$$\frac{\partial f_0}{\partial x} + \frac{\partial g_0}{\partial y} + \frac{\partial h_0}{\partial z} = 0$$

et aux formules (123),

$$\left(\frac{1}{q} + 4\pi V + \frac{\varkappa}{Ne^2V}\frac{\partial^2}{\partial t^2}\right)\left(\frac{\partial\mathbf{M}_x}{\partial x} + \frac{\partial\mathbf{M}_y}{\partial y} + \frac{\partial\mathbf{M}_z}{\partial z}\right) = 0.$$

Si l'on veut que $\mathbf{M}_x$, $\mathbf{M}_y$, $\mathbf{M}_z$ soient des fonctions périodiques ayant une période quelconque ϑ, cette formule donne

$$\frac{\partial \mathbf{M}_x}{\partial x} + \frac{\partial \mathbf{M}_y}{\partial y} + \frac{\partial \mathbf{M}_z}{\partial z} = 0.$$

Cela veut dire que les vibrations doivent être transversales.

§ 130. Supposons que les vibrations électriques dans les molécules aient lieu dans la direction de OX et que les moments électriques soient indépendants de x et de z. Alors, l'équation (124) devient

$$\left(\frac{1}{q} + \frac{\varkappa}{Ne^2V} \frac{\partial^2}{\partial t^2} \right) \left(\frac{\partial^2}{\partial y^2} - \frac{1}{V^2} \frac{\partial^2}{\partial t^2} \right) \mathbf{M}_x = \frac{4\pi}{V} \frac{\partial^2 \mathbf{M}_x}{\partial t^2}. \qquad (125)$$

Si on pose

$$\mathbf{M}_x = c \cos \frac{2\pi}{\vartheta} \left(t - \frac{y}{W} \right),$$

W sera la vitesse de propagation des vibrations transversales.

En substituant dans la relation (125), on trouve

$$W^2 = V^2 \frac{1 - 4\pi^2 \varkappa q / Ne^2 V \vartheta^2}{1 + 4\pi Vq - 4\pi^2 \varkappa q / Ne^2 V \vartheta^2},$$

et si on désigne par

$$\nu = \frac{V}{W}$$

l'indice de réfraction,

$$\nu^2 = \frac{1 + 4\pi Vq - 4\pi^2 \varkappa q / Ne^2 V \vartheta^2}{1 - 4\pi^2 \varkappa q / Ne^2 V \vartheta^2}$$

§ 131. Ce résultat donne lieu aux conclusions suivantes:

a. Si la massse m des particules vibrantes, ou la quantité $-4\pi V^2 \int \rho_0 \omega \, d\tau$ [1]), est si grande, que le terme

$$\frac{4\pi^2 \varkappa}{Ne^2 V \vartheta^2} q,$$

---

[1]) Il résulte de la valeur de ω (§ 120) que $-4\pi V^2 \int \rho_0 \omega \, d\tau$ est positif et du même ordre de grandeur que e^2/R, où R est le rayon d'une particule. Ce terme $-4\pi V^2 \int \rho_0 \omega \, d\tau$ peut donc être négligé vis-à-vis de m, lorsque la condition qui a été énoncée au § 88 se trouve remplie.

tout en restant inférieur à l'unité, ait une valeur sensible, l'indice de réfraction sera d'autant plus élevé que la durée des vibrations est plus petite. On sait que, dans la théorie moderne de la dispersion de la lumière, la masse des particules pondérables qui sont supposées prendre part aux vibrations lumineuses joue un rôle important. J'ai fait remarquer [1]), il y a déjà bien des années, que la théorie électromagnétique permet une semblable explication.

b. Si la durée d'une oscillation est suffisamment longue, on aura à peu près

$$v^2 = 1 + 4\pi V q.$$

Or, le second membre n'est autre chose que le pouvoir inducteur spécifique K (§ 108) et on revient à la relation, établie par MAXWELL,

$$v^2 = K.$$

c. En supposant que le facteur s qui entre dans q (§ 107) peut être négligé, on trouve que, quelles que soient les valeurs de ϑ et de $\varkappa$, l'expression

$$\frac{v^2 - 1}{v^2 + 2}$$

doit être proportionnelle à la densité du diélectrique. C'est la loi que j'ai fait connaître dans le mémoire cité et qui a été établie aussi par M. LORENZ [2]) de Copenhague. Elle ne s'accorde pas parfaitement avec les expériences, mais il n'y a en cela rien qui doive nous étonner. Non seulement la quantité s peut être différente de zéro, mais il est très probable que les propriétés des molécules elles-mêmes sont modifiées par une dilatation ou une compression. Ce sont précisément ces changements sur lesquels on pourra apprendre quelque chose en étudiant les variations de l'expression

$$\frac{v^2 - 1}{v^2 + 2}.$$

---

[1]) Verh. Kon. Akad. Wetensch.. Amsterdam, **18**, 1879. Ce Tome, page 70, et surtout p. 80 et suivantes.
Wied. Ann. **9**, 641, 1880.
[2]) Wied. Ann. **11**, 70, 1880. Le mémoire original de M. LORENZ parut en danois en 1869.

CHAPITRE VII

PROPAGATION DE LA LUMIÈRE DANS UN DIÉLECTRIQUE PONDÉRABLE QUI SE TROUVE EN MOUVEMENT

Equations fondamentales

§ 132. Je supposerai dans ce chapitre que toutes les molécules du diélectrique sont animées d'une même vitesse de translation parallèle à l'axe des x et indépendante du temps. Je désignerai par p cette vitesse et tout en conservant pour le moment les axes immobiles OX, OY et OZ, j'introduirai des axes nouveaux qui sont fixement liés à la matière pondérable.

Le premier de ces axes coïncidera avec OX; les deux autres seront parallèles à OY et à OZ et coïncideront avec ces axes au moment $t = 0$. Par conséquent, les nouvelles coördonnées seront

$$(x) = x - pt, (y) = y, (z) = z.$$

Toute fonction φ qui dépend de x, y, z et t peut également être exprimée en (x), (y), (z) et t. J'employerai les signes

$$\frac{\partial}{\partial x}, \quad \frac{\partial}{\partial y}, \quad \frac{\partial}{\partial z}, \quad \frac{\partial}{\partial t} \tag{126}$$

si je veux me placer au premier point de vue et les signes

$$\frac{\partial}{\partial (x)}, \quad \frac{\partial}{\partial (y)}, \quad \frac{\partial}{\partial (z)}, \quad \frac{\partial}{\partial (t)} \tag{127}$$

dans le second cas.

On voit facilement que

$$\frac{\partial}{\partial x} = \frac{\partial}{\partial (x)}, \quad \frac{\partial}{\partial y} = \frac{\partial}{\partial (y)}, \quad \frac{\partial}{\partial z} = \frac{\partial}{\partial (z)},$$

mais

$$\frac{\partial}{\partial t} = \frac{\partial}{\partial (t)} - p\,\frac{\partial}{\partial (x)}.$$

§ 133. Dans les équations (II)—(V) on peut introduire les dérivées (127) au lieu des dérivées (126). Après avoir effectué cette transformation je supprimerai les axes fixes, je désignerai par x, y, z les coördonnées prises par rapport aux axes mobiles et j'écrirai $\partial/\partial x$, $\partial/\partial y$, $\partial/\partial z$, $\partial/\partial t$ pour ce qui a été représenté provisoirement par les signes (127). Enfin, j'entendrai par (ξ, η, ζ) non pas la vitesse absolue d'une particule chargée, mais sa vitesse relative par rapport à la matière pondérable, de sorte que les composantes de la vitesse absolue deviennent $\xi + p$, η et ζ.

Cela posé, les équations fondamentales prennent la forme suivante:

$$\left.\begin{aligned}
\mathbf{X} &= 4\pi V^2 \int \rho f d\tau + \eta \int \rho\gamma d\tau - \zeta \int \rho\beta d\tau, \\
\mathbf{Y} &= 4\pi V^2 \int \rho g d\tau + \zeta \int \rho\alpha d\tau - (\xi + p) \int \rho\gamma d\tau, \\
\mathbf{Z} &= 4\pi V^2 \int \rho h d\tau + (\xi + p) \int \rho\beta d\tau - \eta \int \rho\alpha d\tau,
\end{aligned}\right\} \quad \text{(I')}$$

$$\frac{\partial f}{\partial x} + \frac{\partial g}{\partial y} + \frac{\partial h}{\partial z} = \rho, \qquad \text{(II')}$$

$$\frac{\partial \alpha}{\partial x} + \frac{\partial \beta}{\partial y} + \frac{\partial \gamma}{\partial z} = 0, \qquad \text{(III')}$$

$$\left.\begin{aligned}
\frac{\partial \gamma}{\partial y} - \frac{\partial \beta}{\partial z} &= 4\pi \left\{ \rho(\xi + p) + \left(\frac{\partial}{\partial t} - p\frac{\partial}{\partial x}\right)f \right\}, \\
\frac{\partial \alpha}{\partial z} - \frac{\partial \gamma}{\partial x} &= 4\pi \left\{ \rho\eta + \left(\frac{\partial}{\partial t} - p\frac{\partial}{\partial x}\right)g \right\}, \\
\frac{\partial \beta}{\partial x} - \frac{\partial \alpha}{\partial y} &= 4\pi \left\{ \rho\zeta + \left(\frac{\partial}{\partial t} - p\frac{\partial}{\partial x}\right)h \right\},
\end{aligned}\right\} \quad \text{(IV')}$$

$$\left.\begin{aligned}
4\pi V^2 \left(\frac{\partial g}{\partial z} - \frac{\partial h}{\partial y}\right) &= \left(\frac{\partial}{\partial t} - p\frac{\partial}{\partial x}\right)\alpha, \\
4\pi V^2 \left(\frac{\partial h}{\partial x} - \frac{\partial f}{\partial z}\right) &= \left(\frac{\partial}{\partial t} - p\frac{\partial}{\partial x}\right)\beta, \\
4\pi V^2 \left(\frac{\partial f}{\partial y} - \frac{\partial g}{\partial x}\right) &= \left(\frac{\partial}{\partial t} - p\frac{\partial}{\partial x}\right)\gamma.
\end{aligned}\right\} \quad \text{(V')}$$

§ 134. Tant que les particules chargées n'ont d'autre mouvement que la vitesse commune de la matière pondérable on aura $\xi = \eta = \zeta = 0$ et la densité dans un point (x, y, z) sera indépendante de t. Il n'en sera plus ainsi lorsque les molécules sont le siège des vibrations électriques dont je me propose d'examiner la propagation.

Dans cet examen je suivrai pas à pas la voie qui a été tracée dans le chapitre précédent. Seulement, comme la méthode et les hypothèses resteront les mêmes, je pourrai m'exprimer plus concisément.

Remarquons encore que si, dans cette étude, il est question d'un point ou d'une surface immobile, cela signifiera: „immobile par rapport aux axes", ou, ce qui revient au même, „par rapport à la matière pondérable". Pareillement, on entendra par le déplacement (x, y, z) d'une particule le déplacement qu'elle a subi relativement à cette matière.

Vibrations produites par une seule molécule

§ 135. On trouvera d'abord, au lieu des équations (86) et (87):

$$\left. \begin{aligned}
\Box f &= V^2 \frac{\partial \rho}{\partial x} + \left(\frac{\partial}{\partial t} - p\, \frac{\partial}{\partial x} \right) \{ \rho(\xi + p) \}, \\[2mm]
\Box g &= V^2 \frac{\partial \rho}{\partial y} + \left(\frac{\partial}{\partial t} - p\, \frac{\partial}{\partial x} \right) \{ \rho \eta \}, \\[2mm]
\Box h &= V^2 \frac{\partial \rho}{\partial z} + \left(\frac{\partial}{\partial t} - p\, \frac{\partial}{\partial x} \right) \{ \rho \zeta \},
\end{aligned} \right\} \quad (128)$$

$$\left. \begin{aligned}
\Box \alpha &= 4\pi V^2 \left\{ \eta\, \frac{\partial \rho}{\partial z} - \zeta\, \frac{\partial \rho}{\partial y} \right\}, \\[2mm]
\Box \beta &= 4\pi V^2 \left\{ \zeta\, \frac{\partial \rho}{\partial x} - (\xi + p)\, \frac{\partial \rho}{\partial z} \right\}, \\[2mm]
\Box \gamma &= 4\pi V^2 \left\{ (\xi + p)\, \frac{\partial \rho}{\partial y} - \eta\, \frac{\partial \rho}{\partial x} \right\}.
\end{aligned} \right\} \quad (129)$$

Dans ces formules, ainsi que dans plusieurs autres qu'on rencontrera plus loin, le signe $\Box$ est employé pour indiquer l'opération

$$V^2 \Delta - \left(\frac{\partial}{\partial t} - p\, \frac{\partial}{\partial x} \right)^2.$$

§ 136. Portons dans les équations (128) et (129) les valeurs (88) et (89), et supposons que x, y, z, ξ, η, ζ soient infiniment petits. Comme x, y, z sont indépendants de x, y, x tandis que ρ_0 est indépendant de t, on trouvera, après quelques transformations,

$$\Box f = (V^2 - p^2) \frac{\partial(\rho_0 - S)}{\partial x} + \frac{\partial^2(\rho_0 x)}{\partial t^2} - p \left\{ \frac{\partial^2(\rho_0 x)}{\partial x \partial t} + \frac{\partial S}{\partial t} \right\},$$

$$\Box g = V^2 \frac{\partial(\rho_0 - S)}{\partial y} + \frac{\partial^2(\rho_0 y)}{\partial t^2} - p \frac{\partial^2(\rho_0 y)}{\partial x \partial t},$$

$$\Box h = V^2 \frac{\partial(\rho_0 - S)}{\partial z} + \frac{\partial^2(\rho_0 z)}{\partial t^2} - p \frac{\partial^2(\rho_0 z)}{\partial x \partial t},$$

$$\Box \alpha = 4\pi V^2 \left\{ \frac{\partial^2(\rho_0 y)}{\partial z \partial t} - \frac{\partial^2(\rho_0 z)}{\partial y \partial t} \right\},$$

$$\Box \beta = 4\pi V^2 \left\{ \frac{\partial^2(\rho_0 z)}{\partial x \partial t} - \frac{\partial^2(\rho_0 x)}{\partial z \partial t} - p \frac{\partial(\rho_0 - S)}{\partial z} \right\},$$

$$\Box \gamma = 4\pi V^2 \left\{ \frac{\partial^2(\rho_0 x)}{\partial y \partial t} - \frac{\partial^2(\rho_0 y)}{\partial x \partial t} + p \frac{\partial(\rho_0 - S)}{\partial y} \right\},$$

où l'on a posé, pour abréger,

$$\frac{\partial(\rho_0 x)}{\partial x} + \frac{\partial(\rho_0 y)}{\partial y} + \frac{\partial(\rho_0 z)}{\partial z} = S.$$

Introduisons maintenant quatre fonctions auxiliaires qui satisfont aux conditions

$$\Box \omega = \rho_0, \tag{130}$$

$$\Box \chi_1 = \rho_0 x, \quad \Box \chi_2 = \rho_0 y, \quad \Box \chi_3 = \rho_0 z \tag{131}$$

et soit

$$\frac{\partial \chi_1}{\partial x} + \frac{\partial \chi_2}{\partial y} + \frac{\partial \chi_3}{\partial z} = S'. \tag{132}$$

On aura alors

$$
\left.\begin{aligned}
f &= (V^2 - p^2)\frac{\partial(\omega - S')}{\partial x} + \frac{\partial^2 \chi_1}{\partial t^2} - p\left\{\frac{\partial^2 \chi_1}{\partial x\,\partial t} + \frac{\partial S'}{\partial t}\right\}, \\[2mm]
g &= V^2 \frac{\partial(\omega - S')}{\partial y} + \frac{\partial^2 \chi_2}{\partial t^2} - p\frac{\partial^2 \chi_2}{\partial x\,\partial t}, \\[2mm]
h &= V^2 \frac{\partial(\omega - S')}{\partial z} + \frac{\partial^2 \chi_3}{\partial t^2} - p\frac{\partial^2 \chi_3}{\partial x\,\partial t},
\end{aligned}\right\} \quad (133)
$$

$$
\left.\begin{aligned}
\alpha &= 4\pi V^2\left\{\frac{\partial^2 \chi_2}{\partial z\,\partial t} - \frac{\partial^2 \chi_3}{\partial y\,\partial t}\right\}, \\[2mm]
\beta &= 4\pi V^2\left\{\frac{\partial^2 \chi_3}{\partial x\,\partial t} - \frac{\partial^2 \chi_1}{\partial z\,\partial t} - p\frac{\partial(\omega - S')}{\partial z}\right\}, \\[2mm]
\gamma &= 4\pi V^2\left\{\frac{\partial^2 \chi_1}{\partial y\,\partial t} - \frac{\partial^2 \chi_2}{\partial x\,\partial t} + p\frac{\partial(\omega - S')}{\partial y}\right\}.
\end{aligned}\right\} \quad (134)
$$

Comme la densité ρ_0 est indépendante du temps, l'équation (130) peut être remplacée par

$$
\left\{(V^2 - p^2)\frac{\partial^2}{\partial x^2} + V^2\left(\frac{\partial^2}{\partial y^2} + \frac{\partial^2}{\partial z^2}\right)\right\}\omega = \rho_0 \qquad (135)
$$

Du reste, les valeurs (133) et (134) satisfont à toutes les équations (II')—(V').

§ 137. Je supposerai que, tant que la particule mobile P se trouve dans sa position d'équilibre, la molécule entière dont elle fait partie, ne fait naître, en des points éloignés, ni un déplacement diélectrique, ni une force magnétique, et cela même dans le cas, où cette molécule est animée de la vitesse p. Alors, pour obtenir les valeurs de f, g, h, α, β, γ dues à la molécule entière et relatives à des points qui se trouvent à quelque distance, il suffit de supprimer, dans les équations (133) et (134), les termes qui dépendent de ω. C'est ce qu'on reconnaîtra par un raisonnement semblable à celui qu'on trouve au § 115.

Théorèmes mathématiques qui serviront à déterminer χ_1, χ_2 *et* χ_3

§ 138. Je commencerai par chercher une solution de l'équation

$$\Box \psi = 0, \tag{136}$$

ou

$$(V^2 - p^2)\frac{\partial^2 \psi}{\partial x^2} + V^2 \frac{\partial^2 \psi}{\partial y^2} + V^2 \frac{\partial^2 \psi}{\partial z^2} + 2p \frac{\partial^2 \psi}{\partial x \partial t} - \frac{\partial^2 \psi}{\partial t^2} = 0.$$

A cet effet, j'introduirai d'abord au lieu de x une nouvelle variable

$$\mathfrak{x} = \frac{V}{\sqrt{V^2 - p^2}}\, x\,,$$

et je poserai

$$\frac{p}{\sqrt{V^2 - p^2}} = \varepsilon\,.$$

L'équation devient alors

$$V^2 \left[\frac{\partial^2 \psi}{\partial \mathfrak{x}^2} + \frac{\partial^2 \psi}{\partial y^2} + \frac{\partial^2 \psi}{\partial z^2}\right] + 2\varepsilon V \frac{\partial^2 \psi}{\partial \mathfrak{x} \partial t} - \frac{\partial^2 \psi}{\partial t^2} = 0.$$

La fonction ψ qui est regardée ici comme une fonction de $\mathfrak{x}$, y, z et t peut aussi être considérée comme dépendant de

$$\mathfrak{x},\ y,\ z,\ \text{et}\ t' = t - \frac{\varepsilon}{V}\mathfrak{x}.$$

Si on se place à ce nouveau point de vue, il faut remplacer

$$\frac{\partial}{\partial \mathfrak{x}}\ \text{par}\ \frac{\partial}{\partial \mathfrak{x}} - \frac{\varepsilon}{V}\frac{\partial}{\partial t'}\,,$$

$$\frac{\partial^2}{\partial \mathfrak{x}^2}\ \text{par}\ \frac{\partial^2}{\partial \mathfrak{x}^2} - 2\frac{\varepsilon}{V}\frac{\partial^2}{\partial \mathfrak{x} \partial t'} + \frac{\varepsilon^2}{V^2}\frac{\partial^2}{\partial t'^2}\,,$$

$$\frac{\partial}{\partial t}\ \text{et}\ \frac{\partial^2}{\partial t^2}\ \text{par}\ \frac{\partial}{\partial t'}\ \text{et}\ \frac{\partial^2}{\partial t'^2}\,,$$

et enfin

$$\frac{\partial^2}{\partial \mathfrak{x} \partial t}\ \text{par}\ \frac{\partial^2}{\partial \mathfrak{x} \partial t'} - \frac{\varepsilon}{V}\frac{\partial^2}{\partial t'^2}\,.$$

On obtient ainsi

$$V^2 \left[\frac{\partial^2 \psi}{\partial \mathfrak{x}^2} + \frac{\partial^2 \psi}{\partial y^2} + \frac{\partial^2 \psi}{\partial z^2} \right] - (1 + \varepsilon^2) \frac{\partial^2 \psi}{\partial t'^2} = 0,$$

ou bien

$$(V^2 - p^2) \left[\frac{\partial^2 \psi}{\partial \mathfrak{x}^2} + \frac{\partial^2 \psi}{\partial y^2} + \frac{\partial^2 \psi}{\partial z^2} \right] - \frac{\partial^2 \psi}{\partial t'^2} = 0.$$

Cette équation a la même forme que la formule (107); elle admet donc la solution

$$\psi = \frac{1}{\mathfrak{r}} F \left(t' - \frac{\mathfrak{r}}{\sqrt{V^2 - p^2}} \right),$$

dans laquelle F est une fonction quelconque et

$$\mathfrak{r} = \sqrt{\mathfrak{x}^2 + y^2 + z^2} = \sqrt{\frac{V^2}{V^2 - p^2} x^2 + y^2 + z^2}. \quad (137)$$

Il en résulte que

$$\psi = \frac{1}{\mathfrak{r}} F \left(t - \frac{\mathfrak{r} + \varepsilon x}{\sqrt{V^2 - p^2}} \right)$$

est une solution de l'équation (136).

On obtient une solution plus générale si on remplace x, y, z par $x - x', y - y', z - z'$; x', y', z' étant les coördonnées d'un point fixe. Cette nouvelle solution peut être mise sous la forme

$$\psi = \frac{1}{\mathfrak{r}} F \left(t - \frac{\mathfrak{r} + \varepsilon(x - x')}{\sqrt{V^2 - p^2}} \right), \quad (138)$$

si l'on attribue à $\mathfrak{r}$ la signification suivante :

$$\mathfrak{r} = \sqrt{\frac{V^2}{V^2 - p^2} (x - x')^2 + (y - y')^2 + (z - z')^2}. \quad (139)$$

§ 139. La fonction (138), analogue à la fonction

$$\frac{1}{r} F \left(t - \frac{r}{V} \right)$$

du chapitre précédent, jouera un rôle important dans la théorie que nous allons développer. En effet, elle est propre à représenter la propagation dans l'éther d'un ébranlement qui part d'un centre unique (x', y', z'). Les particularités de ce mouvement se réfléchiront dans la forme de la fonction F et le lieu géométrique des points (x, y, z) où cette dernière a une valeur déterminée peut recevoir le nom de „surface d'onde". Or, l'équation

$$\mathfrak{r} + \varepsilon\,(x - x') = \text{const.}$$

représente une sphère dont, si R est le rayon, le centre est situé au point $(x' + pR/V, y', z')$. Un ébranlement émis au moment t_0 par un point P de la matière pondérable et se propageant dans l'éther, aura atteint, à un moment postérieur quelconque t, la surface d'une sphère, ayant pour rayon $V\,(t - t_0)$ et pour centre le point de l'éther qui coïncida avec le point P à l'instant t_0. C'est un résultat auquel on aurait pu s'attendre.

Dans les paragraphes suivants on trouvera des formules plus compliquées et applicables aux cas où la source des vibrations a une certaine étendue.

§ 140. Soient:

τ' un certain espace qui se déplace avec la matière pondérable et dont par conséquent chaque point a des coördonnées x', y', z' constantes,

$d\tau'$ un élément de volume situé au point (x', y', z'),

$F\,(t, x', y', z')$ une fonction finie et continue.

D'après ce qui précède, la fonction

$$\frac{1}{\mathfrak{r}} F\left(t - \frac{\mathfrak{r} + \varepsilon(x - x')}{\sqrt{V^2 - p^2}}, x', y', z'\right)$$

satisfera à l'équation (136) et, si le point (x, y, z) est situé à l'extérieur de l'espace τ', il en sera de même de l'intégrale

$$\chi = \int \frac{1}{\mathfrak{r}} F\left(t - \frac{\mathfrak{r} + \varepsilon(x - x')}{\sqrt{V^2 - p^2}}, x', y', z'\right) d\tau'.$$

Mais, lorsque (x, y, z) est un point intérieur, on n'aura plus

$$\Box \chi = 0.$$

C'est ce que nous allons démontrer, en entendant toujours par $\int$ la limite de l'intégrale $\int_{\mathfrak{r}}$ (voir le § 116).

§ 141. En appliquant la formule générale (104) on trouve d'abord:

$$\frac{\partial \chi}{\partial x} = - \operatorname{Lim} \left[\frac{1}{\mathfrak{r}} \int \frac{x' - x}{\mathfrak{r}} F \left(t - \frac{\mathfrak{r} + \varepsilon(x - x')}{\sqrt{V^2 - p^2}} , x', y', z' \right) db \right] +$$

$$+ \int \frac{\partial}{\partial x} \left\{ \frac{1}{\mathfrak{r}} F \left(t - \frac{\mathfrak{r} + \varepsilon(x - x')}{\sqrt{V^2 - p^2}} , x', y', z' \right) \right\} d\tau'.$$

Pour calculer la limite on peut, dans le premier terme, remplacer F par F (t, x, y, z). Ce terme devient par conséquent

$$F(t, x, y, z) \left[\frac{1}{\mathfrak{r}} \int \frac{x' - x}{\mathfrak{r}} \, db \right],$$

ce qui s'annule à la limite. Donc

$$\frac{\partial \chi}{\partial x} = \int \frac{\partial}{\partial x} \left\{ \frac{1}{\mathfrak{r}} F \left(t - \frac{\mathfrak{r} + \varepsilon(x - x')}{\sqrt{V^2 - p^2}} , x', y', z' \right) \right\} d\tau. \quad (140)$$

Appliquons de nouveau la formule (104) en y substituant cette fois-ci

$$U = \frac{\partial}{\partial x} \left\{ \frac{1}{\mathfrak{r}} F \left(t - \frac{\mathfrak{r} + \varepsilon(x - x')}{\sqrt{V^2 - p^2}} , x', y', z' \right) \right\}.$$

Si, pour abréger, la fonction qu'on trouve dans les deux dernières formules est indiquée par F, il vient

$$\frac{\partial^2 \chi}{\partial x^2} = - \operatorname{Lim} \left[\frac{1}{\mathfrak{r}} \int (x' - x) \frac{\partial}{\partial x} \left(\frac{F}{\mathfrak{r}} \right) db \right] + \int \frac{\partial^2}{\partial x^2} \left(\frac{F}{\mathfrak{r}} \right) d\tau' =$$

$$= - F(t, x, y, z) \operatorname{Lim} \left[\frac{1}{\mathfrak{r}} \int (x' - x) \frac{\partial}{\partial x} \left(\frac{1}{\mathfrak{r}} \right) db \right] + \int \frac{\partial^2}{\partial x^2} \left(\frac{F}{\mathfrak{r}} \right) d\tau'. \quad (141)$$

On a pareillement

$$\frac{\partial^2 \chi}{\partial y^2} = - F(t, x, y, z) \operatorname{Lim} \left[\frac{1}{\mathfrak{r}} \int (y' - y) \frac{\partial}{\partial y} \left(\frac{1}{\mathfrak{r}} \right) db \right] + \int \frac{\partial^2}{\partial y^2} \left(\frac{F}{\mathfrak{r}} \right) d\tau'$$

et une équation de la même forme pour $\partial^2 \chi / \partial z^2$. En outre

$$\frac{\partial \chi}{\partial t} = \int \frac{\partial}{\partial t} \left(\frac{F}{\mathfrak{r}} \right) d\tau'$$

et, en vertu de la formule (140),

$$\frac{\partial^2 \chi}{\partial x \, \partial t} = \int \frac{\partial^2}{\partial x \, \partial t} \left(\frac{F}{\mathfrak{r}} \right) d\tau'.$$

Substituons toutes ces valeurs dans l'expression

$$\Box \chi = (V^2 - p^2) \frac{\partial^2 \chi}{\partial x^2} + V^2 \frac{\partial^2 \chi}{\partial y^2} + V^2 \frac{\partial^2 \chi}{\partial z^2} + 2p \frac{\partial^2 \chi}{\partial x \, \partial t} - \frac{\partial^2 \chi}{\partial t^2}.$$

Comme on a

$$\Box \left(\frac{F}{\mathfrak{r}} \right) = 0,$$

et, à la surface sphérique,

$$(V^2 - p^2)(x' - x) \frac{\partial}{\partial \hat{x}} \left(\frac{1}{\mathfrak{r}} \right) + V^2 (y' - y) \frac{\partial}{\partial y} \left(\frac{1}{\mathfrak{r}} \right) +$$

$$+ V^2 (z' - z) \frac{\partial}{\partial z} \left(\frac{1}{\mathfrak{r}} \right) = V^2 \frac{\mathfrak{r}^2}{\mathfrak{r}^3},$$

on obtient

$$\Box \chi = - V^2 F(t, x, y, z) \, \text{Lim} \left[\mathfrak{r} \int \frac{db}{\mathfrak{r}^3} \right] = - 4\pi V \sqrt{V^2 - p^2} F(t, x, y, z).$$

Il en résulte que la fonction

$$\chi = - \frac{1}{4\pi V \sqrt{V^2 - p^2}} \int \frac{1}{\mathfrak{r}} F \left(t - \frac{\mathfrak{r} + \varepsilon(x - x')}{\sqrt{V^2 - p^2}}, x' \, y', z' \right) d\tau'$$

a la propriété exprimée par

$$\Box \chi = F(t, x, y, z).$$

Détermination de χ_1, χ_2, χ_3 et de f, g, h, α, β, γ

§ 142. Employons les mêmes notations qu'au commencement du § 119, avec cette différence, cependant, que nous entendons maintenant par (x, y, z) le déplacement de la particule à l'instant

$$t - \frac{\mathfrak{r} + \varepsilon(x - x')}{\sqrt{V^2 - p^2}},$$

x', y', z' étant les coordonnées du point B et $\mathfrak{r}$ étant défini par la formule (139).

Alors, si on pose

$$L = 4\pi V \sqrt{V^2 - p^2},\qquad (142)$$

on aura, au lieu des formules (108),

$$\chi_1 = -\frac{1}{L}\int \frac{\rho_0 \mathrm{x}}{\mathfrak{r}}\, d\tau',\quad \chi_2 = -\frac{1}{L}\int \frac{\rho_0 \mathrm{y}}{\mathfrak{r}}\, d\tau',$$

$$\chi_3 = -\frac{1}{L}\int \frac{\rho_0 \mathrm{z}}{\mathfrak{r}}\, d\tau'.\qquad (143)$$

Lorsqu'il s'agit de l'effet qu'une molécule produit à quelque distance, il est de nouveau permis de regarder $\mathfrak{r}$, x, y et z comme ayant les mêmes valeurs dans tous les éléments. Les intégrales peuvent par conséquent être calculées de la même manière qu'au § 119. En substituant dans les équations (133) et (134), après y avoir omis les termes dépendant de ω, et en posant

$$\frac{\partial}{\partial x}\left(\frac{\mathbf{m}'_x}{\mathfrak{r}}\right) + \frac{\partial}{\partial y}\left(\frac{\mathbf{m}'_y}{\mathfrak{r}}\right) + \frac{\partial}{\partial z}\left(\frac{\mathbf{m}'_z}{\mathfrak{r}}\right) = S'',\qquad (144)$$

on trouve, au lieu des équations (109) et (110),

$$\left.\begin{aligned}
f &= \frac{V^2 - p^2}{L}\frac{\partial S''}{\partial x} - \frac{1}{L}\frac{\partial^2}{\partial t^2}\left(\frac{\mathbf{m}'_x}{\mathfrak{r}}\right) + \frac{p}{L}\left\{\frac{\partial^2}{\partial x\,\partial t}\left(\frac{\mathbf{m}'_x}{\mathfrak{r}}\right) + \frac{\partial S''}{\partial t}\right\}, \\
g &= \frac{V^2}{L}\frac{\partial S''}{\partial y} - \frac{1}{L}\frac{\partial^2}{\partial t^2}\left(\frac{\mathbf{m}'_y}{\mathfrak{r}}\right) + \frac{p}{L}\frac{\partial^2}{\partial x\,\partial t}\left(\frac{\mathbf{m}'_y}{\mathfrak{r}}\right), \\
h &= \frac{V^2}{L}\frac{\partial S''}{\partial z} - \frac{1}{L}\frac{\partial^2}{\partial t^2}\left(\frac{\mathbf{m}'_z}{\mathfrak{r}}\right) + \frac{p}{L}\frac{\partial^2}{\partial x\,\partial t}\left(\frac{\mathbf{m}'_z}{\mathfrak{r}}\right),
\end{aligned}\right\}(145)$$

$$\left.\begin{aligned}
\alpha &= \frac{4\pi V^2}{L}\left\{\frac{\partial^2}{\partial y\,\partial t}\left(\frac{\mathbf{m}'_z}{\mathfrak{r}}\right) - \frac{\partial^2}{\partial z\,\partial t}\left(\frac{\mathbf{m}'_y}{\mathfrak{r}}\right)\right\}, \\
\beta &= \frac{4\pi V^2}{L}\left\{\frac{\partial^2}{\partial z\,\partial t}\left(\frac{\mathbf{m}'_x}{\mathfrak{r}}\right) - \frac{\partial^2}{\partial x\,\partial t}\left(\frac{\mathbf{m}'_z}{\mathfrak{r}}\right) - p\,\frac{\partial S''}{\partial z}\right\}, \\
\gamma &= \frac{4\pi V^2}{L}\left\{\frac{\partial^2}{\partial x\,\partial t}\left(\frac{\mathbf{m}'_y}{\mathfrak{r}}\right) - \frac{\partial^2}{\partial y\,\partial t}\left(\frac{\mathbf{m}'_x}{\mathfrak{r}}\right) + p\,\frac{\partial S''}{\partial y}\right\}.
\end{aligned}\right\}(146)$$

Ici, $\mathbf{m}'_x$, $\mathbf{m}'_y$ et $\mathbf{m}'_z$ désignent les moments électriques de la molécule agissante, à l'instant

$$t - \frac{\mathfrak{r} + \varepsilon(x - x')}{\sqrt{V^2 - p^2}},$$

x', y', z' étant les coordonnées du point où elle se trouve et $\mathfrak{r}$ étant toujours défini par la formule (139).

Du reste, les équations obtenues ont encore lieu lorsque l'amplitude des vibrations surpasse le diamètre de la particule mobile (voir la Note additionnelle).

Valeur de la force qui est produite par la molécule elle-même dont la particule considérée fait partie

§ 143. Pour trouver, comme au § 120, la réaction de l'éther sur la particule vibrante, il faut, au moyen des équations (133), (134) et (143), calculer les valeurs de f, g, h, α, β, γ à l'intérieur de la particule elle-même, pour les porter ensuite dans les équations (I′) (§ 133). Dans les formules (143), x, y et z représentent les déplacements au moment

$$t - \frac{\mathfrak{r} + \varepsilon(x - x')}{\sqrt{V^2 - p^2}} = t - \frac{\mathfrak{r}}{\sqrt{V^2 - p^2}} - \frac{p(x - x')}{V^2 - p^2};$$

ces lettres x, y, z doivent donc être remplacées par

$$x - \frac{\mathfrak{r}}{\sqrt{V^2 - p^2}}x - \frac{p(x - x')}{V^2 - p^2}\dot{x}, \text{ etc.,}$$

si l'on veut entendre par x, y, z, $\dot{x}$, $\dot{y}$, $\dot{z}$ les valeurs relatives au temps t.

On trouve ainsi

$$\chi_1 = -\frac{x}{L}\int \frac{\rho_0}{\mathfrak{r}}\,d\tau' + \frac{x}{L\sqrt{V^2 - p^2}}e +$$

$$+ \frac{p\dot{x}}{L(V^2 - p^2)}\int \frac{\rho_0(x - x')}{\mathfrak{r}}\,d\tau, \text{ etc.}$$

Quant à la fonction ω, qui est déterminée par la condition (135), elle peut être représentée par

$$\omega = -\frac{1}{L}\int\frac{\rho_0}{\mathfrak{r}}\,d\tau'\,.$$

§ 144. C'est ici le lieu d'introduire une simplification qui nous sera très utile dans tout ce qui suit. Elle consiste à regarder la vitesse p de la matière pondérable comme si petite, en comparaison de la vitesse de la lumière, que le carré de p/V peut être négligé.

Cela nous permet d'écrire

$$V^2 \text{ au lieu de } V^2 - p^2,$$

$$r \text{ ou } \sqrt{(x-x')^2 + (y-y')^2 + (z-z')^2} \text{ au lieu de } \mathfrak{r},$$

$$4\pi V^2 \text{ au lieu de } L,$$

ce qui nous donne

$$\chi_1 = -\frac{\mathrm{x}}{4\pi V^2}\int\frac{\rho_0}{r}\,d\tau' + \frac{\mathrm{x}e}{4\pi V^3} + \frac{p\dot{\mathrm{x}}}{4\pi V^4}\int\frac{\rho_0(x-x')}{r}\,d\tau',\ \text{etc.},$$

$$\omega = -\frac{1}{4\pi V^2}\int\frac{\rho_0}{r}\,d\tau'\,.$$

Après avoir effectué les substitutions nécessaires, entre lesquelles je citerai encore la substitution (88), et après avoir supprimé tous les termes en p^2, on remarquera dans les expressions pour les composantes de la force dont il s'agit maintenant deux groupes de termes, les uns indépendants de p, et les autres en contenant la première puissance. Je vais démontrer que ces derniers termes s'annulent et que, par conséquent, les composantes cherchées ont les mêmes valeurs que dans le cas où le diélectrique ne se déplace pas, c'est-à-dire les valeurs (111).

Cette démonstration repose sur un théorème général, qui fera l'objet des paragraphes suivants. Préalablement, je fais encore observer que tous les termes qui contiennent la première puissance de p renferment également un des facteurs x, y, z, $\dot{\mathrm{x}}$, $\dot{\mathrm{y}}$, $\dot{\mathrm{z}}$. En effet, dans les formules (133) et (134), il n'y a que la fonction ω qui soit indépendante du mouvement vibratoire ; mais dans les fonctions f, g, h les dérivées de cette fonction ne sont pas multipliées par p, et bien qu'elles le soient dans les expressions pour β et γ, ces dernières se trouvent multipliées, dans les formules (I′) (§ 133), soit par une des vitesses $\dot{x}$, $\dot{y}$, $\dot{z}$, soit par la vitesse p elle-même.

Du reste, nous ne ferons aucune attention aux termes dans lesquels p est multiplié par un carré comme $\dot{x}^2$, ou par un produit comme $\dot{x}\dot{y}$, parce que x, y, z, $\dot{x}$, $\dot{y}$, $\dot{z}$ sont toujours regardés comme infiniment petits.

§ 145. Concevons un système de particules chargées qui se déplacent au sein de l'éther en excitant dans ce milieu des mouvements électriques, conformément aux équations (II)—(V) (§ 90). Soit E un plan fixe et imaginons un second système, composé de particules chargées et d'éther, et dont l'état est relié à celui du premier système de la manière suivante:

Si P et P' sont deux points, l'un dans le premier système et l'autre dans le second, et qui sont symétriquement situés de part et d'autre du plan E, on trouvera dans ces points, à tout moment,

a. la même valeur de ρ;

b. des vitesses (ξ, η, ζ) et (ξ', η', ζ') qui sont l'image l'une de l'autre;

c. des déplacements diélectriques $\mathbf{D}$ et $\mathbf{D}'$ entre lesquels il y a la même relation;

d. de telles forces magnétiques $\mathbf{H}$ et $\mathbf{H}'$ que la seconde est égale et opposée à l'image de la première.

Le nouveau système qui se trouve ainsi défini, satisfera, aussi bien que le premier système, aux équations (II)—(V).

Pour s'en assurer, on peut rapporter les deux systèmes à des axes des coordonnées de la même direction et supposer que le plan E soit perpendiculaire à l'axe OX.

Alors, les variables f, g, h, α, β, γ, $\partial f/\partial x$, etc., qui ont toutes la propriété de présenter les mêmes valeurs absolues en P et P', peuvent être rangées en deux groupes, le premier contenant les quantités qui, en P et en P', ont le même signe, et le second étant composé de celles qui y ont des signes contraires. Au premier groupe appartiennent, par exemple, g, h, $\partial f/\partial x$, $\partial^2 g/\partial x^2$, et au second groupe f, $\partial^2 f/\partial x^2$, $\partial g/\partial x$ et β. On verra facilement, et c'est là le point essentiel, que tous les termes qui sont réunis dans une même équation font partie d'un même groupe. Voilà pourquoi les équations ne cessent pas d'être satisfaites si on passe du point P au point P'.

§ 146. Si, comme il a été dit plus haut, on trouve toujours, en des points correspondants, des valeurs égales de ρ, cela implique évidemment que les systèmes de particules dont il s'agit dans les deux cas présentent entre eux la relation qui existe entre un objet et son image. Cependant, nous avons seulement démontré que, lorsque le mouvement supposé pour le premier système peut réellement exister, il en sera de même du second mouvement, en tant que ce dernier satisfait aux équations du mouvement de l'éther. Il y faut ajouter la condition que des forces convenablement chosies doivent être appliquées aux particules chargées elles-mêmes.

Or, il résulte des équations (I) (§ 90) que le vecteur qui représente la force exercée par l'éther sur une particule du second système est, à tout moment, l'image de la force qui agit sur la particule correspondante du premier système. En effet, si l'on s'en tient à la direction choisie pour le plan E, on verra facilement que tous les termes dont se compose **X** changent de signe quand on passe du premier au second mouvement, mais que les signes dans les expressions pour **Y** et **Z** ne changent pas.

§ 147. L'application de ces considérations au problème qui nous occupe est bien simple. Si, dans le premier système, une particule est animée à la fois d'une vitesse de translation p et d'une vibration dans laquelle le déplacement est (x, y, z), la particule correspondante du second système aura une vitesse qui est l'image de p et un écartement qui est celle de (x, y, z). En vertu de notre théorème, on peut affirmer que les forces que les deux particules éprouvent de la part de l'éther sont également symétriques par rapport au plan E.

Dans le cas où ce plan est perpendiculaire à OX, chacune des quantités y, z, $\dot{y}$, $\dot{z}$, etc. sera, dans les deux systèmes, affectée du même signe, mais le contraire aura lieu pour p, x, $\dot{x}$, etc. Il faut que la composante **X** se trouve dans le dernier cas ; l'expression par laquelle elle est représentée ne peut donc contenir aucun des produits px, $p\dot{x}$, etc.

En appliquant un raisonnement de la même nature aux composantes **Y** et **Z**, et en supposant que le plan E soit perpendiculaire à OY ou OZ, on achèvera de démontrer ce qui a été avancé au § 144.

Du reste, dans la Note additionnelle, je donnerai un examen plus général de la réaction de l'éther sur une particule vibrante.

§ 148. J'admettrai encore que la force aux composantes

$$- \mathfrak{f}x, \; - \mathfrak{f}y, \; - \mathfrak{f}z,$$

qui est exercée (§ 121) sur la particule vibrante par les autres particules de la même molécule, est également indépendante de la translation de la matière pondérable. C'est une hypothèse que nous ne saurions justifier, puisque nous regardons comme entièrement inconnu le mécanisme qui produit ces forces intérieures. Tout au plus, on pourrait faire voir que le changement apporté par la translation est de l'ordre p^2/V^2 si les forces peuvent être représentées, en deux systèmes correspondants (§ 145), par des vecteurs qui sont l'image l'un de l'autre.

Détermination de la force totale qui agit sur une particule vibrante

§ 149. En reprenant les questions dont nous nous sommes occupés à partir du § 122, je commencerai par la force qui est due aux molécules extérieures à la sphère B. Soient, de nouveau, x, y, z les coordonnées du centre, où se trouve la molécule M contenant la particule P et ayant le moment électrique $(\mathbf{m}_x, \mathbf{m}_y, \mathbf{m}_z)$, $D\tau'$ un élément de volume situé au point (x', y', z') extérieur à la sphère, $\mathfrak{r}$ la fonction (139), $\mathbf{M}'_x, \mathbf{M}'_y, \mathbf{M}'_z$ les composantes du moment électrique rapportées à l'unité de volume et relatives au point (x', y', z') et à l'instant

$$t - \frac{\mathfrak{r} + \varepsilon(x - x')}{\sqrt{V^2 - p^2}} \, .$$

Cela posé, on aura les valeurs de f, g, h, α, β, γ que l'élément $D\tau'$ seul produit au centre de la sphère, si on remplace, dans les formules (144), (145) et (146), $\mathbf{m}'_x, \mathbf{m}'_y, \mathbf{m}'_z$ par $\mathbf{M}'_x \, D\tau', \mathbf{M}'_y \, D\tau', \mathbf{M}'_z \, D\tau'$ et une intégration sur l'espace extérieur à la sphère nous fera connaître les valeurs de f, g, h, α, β, γ qui sont produites par toutes les molécules de cet espace. Si, dans les coefficients, on écrit V^2

au lieu de $V^2 - p^2$ et $4\pi V^2$ au lieu de L, et si on pose

$$\frac{\partial}{\partial x}\left(\frac{\mathbf{M}'_x}{\mathbf{r}}\right) + \frac{\partial}{\partial y}\left(\frac{\mathbf{M}'_y}{\mathbf{r}}\right) + \frac{\partial}{\partial z}\left(\frac{\mathbf{M}'_z}{\mathbf{r}}\right) = S''',$$

on trouve

$$\left.\begin{aligned}
f &= \frac{1}{4\pi}\int\left[\frac{\partial S'''}{\partial x} - \frac{1}{V^2}\frac{\partial^2}{\partial t^2}\left(\frac{\mathbf{M}'_x}{\mathbf{r}}\right) + \frac{p}{V^2}\left\{\frac{\partial^2}{\partial x\,\partial t}\left(\frac{\mathbf{M}'_x}{\mathbf{r}}\right) + \frac{\partial S'''}{\partial t}\right\}\right]D\tau', \\
g &= \frac{1}{4\pi}\int\left[\frac{\partial S'''}{\partial y} - \frac{1}{V^2}\frac{\partial^2}{\partial t^2}\left(\frac{\mathbf{M}'_y}{\mathbf{r}}\right) + \frac{p}{V^2}\frac{\partial^2}{\partial x\,\partial t}\left(\frac{\mathbf{M}'_y}{\mathbf{r}}\right)\right]D\tau', \\
h &= \frac{1}{4\pi}\int\left[\frac{\partial S'''}{\partial z} - \frac{1}{V^2}\frac{\partial^2}{\partial t^2}\left(\frac{\mathbf{M}'_z}{\mathbf{r}}\right) + \frac{p}{V^2}\frac{\partial^2}{\partial x\,\partial t}\left(\frac{\mathbf{M}'_z}{\mathbf{r}}\right)\right]D\tau',
\end{aligned}\right\}\quad(147)$$

$$\left.\begin{aligned}
\alpha &= \int\left[\frac{\partial^2}{\partial y\,\partial t}\left(\frac{\mathbf{M}'_z}{\mathbf{r}}\right) - \frac{\partial^2}{\partial z\,\partial t}\left(\frac{\mathbf{M}'_y}{\mathbf{r}}\right)\right]D\tau', \\
\beta &= \int\left[\frac{\partial^2}{\partial z\,\partial t}\left(\frac{\mathbf{M}'_x}{\mathbf{r}}\right) - \frac{\partial^2}{\partial x\,\partial t}\left(\frac{\mathbf{M}'_z}{\mathbf{r}}\right) - p\frac{\partial S'''}{\partial z}\right]D\tau', \\
\gamma &= \int\left[\frac{\partial^2}{\partial x\,\partial t}\left(\frac{\mathbf{M}'_y}{\mathbf{r}}\right) - \frac{\partial^2}{\partial y\,\partial t}\left(\frac{\mathbf{M}'_x}{\mathbf{r}}\right) + p\frac{\partial S'''}{\partial y}\right]D\tau'.
\end{aligned}\right\}\quad(148)$$

§ 150. Soit, pour simplifier,

$$\mathfrak{M}_x = \int\frac{\mathbf{M}'_x}{\mathbf{r}}D\tau', \quad \mathfrak{M}_y = \int\frac{\mathbf{M}'_y}{\mathbf{r}}D\tau', \quad \mathfrak{M}_z = \int\frac{\mathbf{M}'_z}{\mathbf{r}}D\tau'.$$

Ces intégrales, qui se rapportent à l'espace extérieur à la sphère B et dans lesquelles $\mathbf{M}'_x$, $\mathbf{M}'_y$, $\mathbf{M}'_z$ sont toujours les valeurs des moments électriques au moment

$$t - \frac{\mathbf{r} + \varepsilon(x - x')}{\sqrt{V^2 - p^2}},$$

seront des fonctions de x, y, z et t.

Ecrivons, pour un moment,

$$\mathbf{M}_x = F(t, x, y, z),$$

et, par conséquent,

$$\mathbf{M}'_x = F\left(t - \frac{\mathbf{r} + \varepsilon(x - x')}{\sqrt{V^2 - p^2}}, x', y', z'\right).$$

L'intégrale $\mathfrak{M}_x$ devient par cela analogue à l'intégrale χ du § 140 et on trouve

$$\frac{\partial \mathfrak{M}_x}{\partial x} = \int \frac{\partial}{\partial x}\left(\frac{\mathbf{M}'_x}{\mathfrak{r}}\right) D\tau'$$

et

$$\frac{\partial^2 \mathfrak{M}_x}{\partial x^2} = -\frac{\mathbf{M}_x}{R}\int (x'-x)\frac{\partial}{\partial x}\left(\frac{1}{\mathfrak{r}}\right) DB + \int \frac{\partial^2}{\partial x^2}\left(\frac{\mathbf{M}'_x}{\mathfrak{r}}\right) D\tau'. \quad (149)$$

Il est vrai que le rayon R de la sphère B n'est pas infiniment petit, comme l'était celui de la sphère b du § 116, mais il a été supposé si petit qu'on peut, à la surface B, remplacer $\mathbf{M}'_x$ par $\mathbf{M}_x$.

En négligeant des termes de l'ordre p^2, on peut, dans la première intégrale, remplacer $\mathfrak{r}$ par la distance r, ce qui nous donne

$$\frac{\partial^2 \mathfrak{M}_x}{\partial x^2} = -\frac{4}{3}\pi \mathbf{M}_x + \int \frac{\partial^2}{\partial x^2}\left(\frac{\mathbf{M}'_x}{\mathfrak{r}}\right) D\tau'.$$

Pareillement

$$\frac{\partial^2 \mathfrak{M}_x}{\partial x\, \partial y} = \int \frac{\partial^2}{\partial x\, \partial y}\left(\frac{\mathbf{M}'_x}{\mathfrak{r}}\right) D\tau', \text{ etc.}$$

Enfin

$$\frac{\partial^2 \mathfrak{M}_x}{\partial t^2} = \int \frac{\partial^2}{\partial t^2}\left(\frac{\mathbf{M}'_x}{\mathfrak{r}}\right) D\tau',$$

$$\frac{\partial^2 \mathfrak{M}_x}{\partial x\, \partial t} = \int \frac{\partial^2}{\partial x\, \partial t}\left(\frac{\mathbf{M}'_x}{\mathfrak{r}}\right) D\tau', \text{ etc.}$$

§ 151. Ces relations conduisent à écrire, au lieu des expressions (147) et (148),

$$f = \frac{1}{3}\mathbf{M}_x + \frac{1}{4\pi}\left[\frac{\partial \Sigma}{\partial x} - \frac{1}{V^2}\frac{\partial^2 \mathfrak{M}_x}{\partial t^2} + \frac{p}{V^2}\left\{\frac{\partial^2 \mathfrak{M}_x}{\partial x\, \partial t} + \frac{\partial \Sigma}{\partial t}\right\}\right],$$

$$g = \frac{1}{3}\mathbf{M}_y + \frac{1}{4\pi}\left[\frac{\partial \Sigma}{\partial y} - \frac{1}{V^2}\frac{\partial^2 \mathfrak{M}_y}{\partial t^2} + \frac{p}{V^2}\frac{\partial^2 \mathfrak{M}_y}{\partial x\, \partial t}\right],$$

$$h = \frac{1}{3}\mathbf{M}_z + \frac{1}{4\pi}\left[\frac{\partial \Sigma}{\partial z} - \frac{1}{V^2}\frac{\partial^2 \mathfrak{M}_z}{\partial t^2} + \frac{p}{V^2}\frac{\partial^2 \mathfrak{M}_z}{\partial x\, \partial t}\right],$$

$$\alpha = \frac{\partial^2 \mathfrak{M}_z}{\partial y\, \partial t} - \frac{\partial^2 \mathfrak{M}_y}{\partial z\, \partial t}\, ,$$

$$\beta = \frac{\partial^2 \mathfrak{M}_x}{\partial z\, \partial t} - \frac{\partial^2 \mathfrak{M}_z}{\partial x\, \partial t} - p\, \frac{\partial \Sigma}{\partial z}\, ^{1)},$$

$$\gamma = \frac{\partial^2 \mathfrak{M}_y}{\partial x\, \partial t} - \frac{\partial^2 \mathfrak{M}_x}{\partial y\, \partial t} + p\, \frac{\partial \Sigma}{\partial y}\, ,$$

où

$$\Sigma = \frac{\partial \mathfrak{M}_x}{\partial x} + \frac{\partial \mathfrak{M}_y}{\partial y} + \frac{\partial \mathfrak{M}_z}{\partial z}\, .$$

§ 152. Il nous reste à porter ces valeurs dans les équations (I') (§ 133), qu'on peut préalablement simplifier en regardant f, g, h, α, β, γ comme constants à l'intérieur de la particule P. Les composantes de la force exercée par la partie du diélectrique qui se trouve au dehors de la sphère B deviennent ainsi

$$\left.\begin{array}{l} \mathbf{X}_1 = 4\pi V^2 ef + \dfrac{d\mathbf{m}_y}{dt}\gamma - \dfrac{d\mathbf{m}_z}{dt}\beta, \\[3mm] \mathbf{Y}_1 = 4\pi V^2 eg + \dfrac{d\mathbf{m}_z}{dt}\alpha - \dfrac{d\mathbf{m}_x}{dt}\gamma - pe\gamma, \\[3mm] \mathbf{Z}_1 = 4\pi V^2 eh + \dfrac{d\mathbf{m}_x}{dt}\beta - \dfrac{d\mathbf{m}_y}{dt}\alpha + pe\beta. \end{array}\right\} \quad (150)$$

---

1) Dans les équations qui déterminent β et γ il faut encore ajouter les termes

$$-\frac{4}{3}\pi p \mathbf{M}_z \quad \text{et} \quad \frac{4}{3}\pi p \mathbf{M}_y\, .$$

Cependant en substituant ces expressions dans les équations (150) on obtient des termes de l'ordre de grandeur

$$\frac{4}{3}\pi p \mathbf{M}_z\, \frac{e\delta}{\vartheta}\, .$$

Ces termes peuvent donc être négligés en présence des termes

$$\frac{4}{3}\pi V^2 e \mathbf{M}_x\, ,$$

parce que le quotient de ces termes est égal à

$$\frac{p}{V}\, \frac{\delta}{V\vartheta} = \frac{p}{V}\, \frac{\delta}{\lambda}\, ,$$

et on a supposé que l'amplitude δ est beaucoup plus petite que la longueur d'onde λ. Il s'ensuit que ces termes ne donnent aucune contribution aux formules approximatifs du § 153.   (note de l'éditeur)

Avant d'effectuer les substitutions (§ 153), j'appellerai l'attention sur l'ordre de grandeur des différents termes. Conformément à ce qui a été dit au § 125, on a

$$\Sigma \; (=) \; \frac{\mathfrak{M}}{\lambda} \; , \quad \frac{\partial \Sigma}{\partial x} \; (=) \; \frac{\mathfrak{M}}{\lambda^2} \; , \quad \frac{\partial^2 \mathfrak{M}_x}{\partial t^2} \; (=) \; \frac{\mathfrak{M}}{\vartheta^2} \; , \quad \text{etc.}$$

De plus

$$\lambda \; (=) \; V\vartheta .$$

Donc, si on désigne par $f_1 \ldots \gamma_1$ les parties des six fonctions qui ne contiennent pas le facteur p et par $f_2 \ldots \gamma_2$ celles où il se trouve,

$$f_1 \; (=) \; g_1 \; (=) \; h_1 \; (=) \; \frac{1}{3} \, \mathbf{M} + \frac{1}{4\pi} \frac{\mathfrak{M}}{V^2 \vartheta^2} \; ,$$

$$f_2 \; (=) \; g_2 \; (=) \; h_2 \; (=) \; \frac{p}{4\pi V^2} \frac{\mathfrak{M}}{V\vartheta^2} \; ,$$

$$\alpha_1 \; (=) \; \beta_1 \; (=) \; \gamma_1 \; (=) \; \frac{\mathfrak{M}}{V\vartheta^2} \; ,$$

$$\beta_2 \; (=) \; \gamma_2 \; (=) \; p \, \frac{\mathfrak{M}}{V^2 \vartheta^2} \; .$$

Passons rapidement en revue les termes qui paraissent dans les expressions pour $\mathbf{X}_1$, $\mathbf{Y}_1$, $\mathbf{Z}_1$.

a. Les produits $4\pi V^2 e f_1$, $4\pi V^2 e g_1$ et $4\pi V^2 e h_1$ contiennent des parties qui sont du même ordre de grandeur que $e\mathfrak{M}/\vartheta^2$.

b. Comme
$$\frac{d\mathbf{m}_y}{dt} \; (=) \; \frac{e\delta}{\vartheta} \; ,$$

les termes de la forme

$$\frac{d\mathbf{m}_y}{dt} \gamma_1$$

sont comparables à

$$\frac{e\delta \mathfrak{M}}{V\vartheta^3} \; ;$$

ils peuvent donc être négligés en présence des produits précités, et cela parce que l'amplitude δ est beaucoup plus petite que la longueur d'onde ϑV.

c. Les expressions $4\pi V^2 e f_2$, etc. sont de l'ordre

$$\frac{pe\mathfrak{M}}{V\vartheta^2} \cdot \tag{151}$$

Ces termes devront être conservés, parce que ce sont eux qui détermineront l'influence de la translation du diélectrique.

d. Au contraire, on peut omettre toutes les quantités de la forme

$$\frac{d\mathbf{m}_y}{dt}\,\gamma_2;$$

en effet, on obtient une idée de leur grandeur au moyen de l'expression

$$\frac{pe\delta\mathfrak{M}}{V^2\vartheta^3},$$

qui est très petite en comparaison de la fraction (151).

e. Les termes $pe\gamma_1$ et $pe\beta_1$ doivent être retenus, parce qu'ils sont de l'ordre

$$\frac{pe\mathfrak{M}}{V\vartheta^2}$$

et, par suite, comparables aux termes que nous avons nommés en troisième lieu.

f. Enfin, on peut naturellement négliger

$$pe\gamma_2 \quad \text{et} \quad pe\beta_2,$$

ces produits étant proportionnels à p^2.

§ 153. Voici maintenant le résultat final des substitutions:

$$\mathbf{X}_1 = e\left[\frac{4}{3}\,\pi V^2 \mathbf{M}_x + V^2\,\frac{\partial\Sigma}{\partial x} - \frac{\partial^2\mathfrak{M}_x}{\partial t^2} + p\left\{\frac{\partial^2\mathfrak{M}_x}{\partial x\,\partial t} + \frac{\partial\Sigma}{\partial t}\right\}\right],$$

$$\mathbf{Y}_1 = e\left[\frac{4}{3}\,\pi V^2 \mathbf{M}_y + V^2\,\frac{\partial\Sigma}{\partial y} - \frac{\partial^2\mathfrak{M}_y}{\partial t^2} + p\,\frac{\partial^2\mathfrak{M}_x}{\partial y\,\partial t}\right],$$

$$\mathbf{Z}_1 = e\left[\frac{4}{3}\,\pi V^2 \mathbf{M}_z + V^2\,\frac{\partial\Sigma}{\partial z} - \frac{\partial^2\mathfrak{M}_z}{\partial t^2} + p\,\frac{\partial^2\mathfrak{M}_x}{\partial z\,\partial t}\right].$$

Il importe de signaler l'origine différente des deux termes $4\pi V^2 e g_2$ et $-pe\gamma_1$ qui, par leur combinaison, ont produit le terme

$$pe\,\frac{\partial^2\mathfrak{M}_x}{\partial y\,\partial t}\cdot$$

Le premier provient de ce que le déplacement diélectrique qui est excité par les particules vibrantes est modifié par la translation p. Le second est simplement la force que la particule e subit en vertu de son mouvement, avec la vitesse p, à travers le champ magnétique que les vibrations ont fait naître. Des remarques analogues s'appliquent au terme

$$pe\,\frac{\partial^2 \mathfrak{M}_x}{\partial z\,\partial t}$$

dans l'expression pour $\mathbf{Z_1}$.

§ 154. Représentons, comme au § 126, par

$$f_0,\ g_0,\ h_0,\ \alpha_0,\ \beta_0,\ \gamma_0$$

les composantes du déplacement diélectrique et de la force magnétique qui sont produits par des causes extérieures au corps considéré. A ces composantes correspondra une force, agissant sur la particule P et ayant, d'après les formules (I′), les composantes

$$4\pi V^2 ef_0,\quad 4\pi V^2 eg_0 - pe\gamma_0,\quad 4\pi V^2 eh_0 + pe\beta_0. \qquad (152)$$

Pour la raison qui a été alléguée au § 126, nous avons omis ici les termes de la forme

$$\frac{d\mathbf{m}_y}{dt}\,\gamma_0.$$

§ 155. Pour compléter cet examen de la force qui agit sur une particule vibrante, nous avons encore à étudier l'action des molécules qui sont incluses dans la sphère B. Les composantes de cette force seront de nouveau indiquées par $e\mathfrak{X}'$, $e\mathfrak{Y}'$, $e\mathfrak{Z}'$; leurs valeurs moyennes, les seules dont nous aurons besoin, seront déterminées, du moins dans un diélectrique donné, dès que l'on connaît pour chaque instant les valeurs de $\mathbf{M}_x$, $\mathbf{M}_y$, $\mathbf{M}_z$ au point considéré (x, y, z). En effet, la sphère B est très petite par rapport à la longueur d'onde; on peut donc faire abstraction du changement que subissent $\mathbf{M}_x$, $\mathbf{M}_y$, $\mathbf{M}_z$ quand on passe d'un point à l'autre.

C'est ainsi que, pour un milieu immobile, on pourrait écrire (§§ 127 et 106):

$$e\overline{\mathfrak{X}}' = A\mathbf{M}_x,\ e\overline{\mathfrak{Y}}' = A\mathbf{M}_y,\ e\overline{\mathfrak{Z}}' = A\mathbf{M}_z, \qquad (153)$$

A étant une constante, dont la valeur n'aura du reste aucune importance pour ce qui suivra.

Quelle est maintenant l'influence de la translation imprimée au diélectrique? Elle pourra donner lieu à des termes qu'il faut ajouter aux composantes (153), et qui forment des séries ordonnées suivant les puissances ascendantes de la vitesse p. Nous nous bornerons aux termes du premier degré.

Un coup d'œil sur les formules (I'), (145) et (146) suffit pour comprendre que tous les termes dont il s'agit doivent être des fonctions linéaires de $\mathbf{M}_x$, $\mathbf{M}_y$, $\mathbf{M}_z$, $\partial\mathbf{M}_x/\partial t$, etc. Si donc nous désignons par $(\mathbf{M}_x)$ une fonction linéaire de $\mathbf{M}_x$, $\partial\mathbf{M}_x/\partial t$, etc., en attachant un sens analogue aux signes $(\mathbf{M}_y)$ et $(\mathbf{M}_z)$, on aura, au lieu des composantes (153),

$$
\begin{aligned}
e\overline{\mathfrak{X}}' &= A\mathbf{M}_x + p\left\{(\mathbf{M}_x)_1 + (\mathbf{M}_y)_1 + (\mathbf{M}_z)_1\right\}, \\
e\overline{\mathfrak{Y}}' &= A\mathbf{M}_y + p\left\{(\mathbf{M}_x)_2 + (\mathbf{M}_y)_2 + (\mathbf{M}_z)_2\right\}, \\
e\overline{\mathfrak{Z}}' &= A\mathbf{M}_z + p\left\{(\mathbf{M}_x)_3 + (\mathbf{M}_y)_3 + (\mathbf{M}_z)_3\right\}.
\end{aligned}
\qquad (154)
$$

Or, dans le cas d'un diélectrique homogène et isotrope, tous les termes en p doivent s'annuler. C'est ce que nous démontrerons dans les deux paragraphes suivants; après cela, nous reviendrons à l'étude du mouvement des particules (§ 158).

§ 156. Pour arriver à la simplification que je viens d'indiquer, on peut se servir d'un raisonnement analogue à celui qu'on trouve dans les §§ 145 et 146. Après avoir choisi un plan fixe E, on peut concevoir un système N' qui soit à tout moment l'image exacte du diélectrique considéré N, et cela, non seulement en ce qui concerne l'état de l'éther et la distribution des particules chargées, mais aussi en ce qui regarde les autres parties constituantes de la matière pondérable; en effet, nous nous figurerons qu'à chaque point matériel du premier système corresponde, dans le second, un point qui est doué des mêmes propriétés. Nous avons déja vu que le nouveau mouvement est compatible avec les équations (II) —(V). Ajoutons maintenant que, si le premier système satisfait aux équations qui déterminent le déplacement des particules chargées, il en sera de même du second corps. La raison en est que non seulement les vecteurs qui, dans les deux corps, représentent les accélérations des particules, mais aussi ceux qui indiquent les forces, s'accordent entre eux comme des objets et des images correspondantes. C'est ce qui a été démontré au § 146 pour les forces qui sont exercées par l'éther; et il est naturel d'admettre la même chose pour celles qui sont en jeu à l'intérieur de molécules correspondantes.

§ 157. Un corps amorphe et parfaitement isotrope est tellement constitué qu'il possède les mêmes propriétés qu'un corps qui en serait l'image; du moins, il en sera ainsi tant qu'on se borne aux phénomènes dépendant d'un grand nombre de molécules. On pourra donc prendre pour N' un corps qui est absolument identique à N et qui est orienté de la même manière, et non pas en sens inverse; dans ces deux corps, il pourra toujours exister des mouvements qui sont l'image l'un de l'autre en ce qui regarde $\mathbf{M}_x$, $\mathbf{M}_y$, $\mathbf{M}_z$ et les forces moyennes agissant sur les particules.

Je rapporterai les corps N et N' à un même système de coordonnées, et je supposerai, en premier lieu, que le plan E soit perpendiculaire à l'axe des x. Alors, les quantités $\mathbf{M}_y$ et $\mathbf{M}_z$ auront, en deux points correspondants, les mêmes valeurs et les mêmes signes, mais $\mathbf{M}_x$ et p (la translation étant toujours dirigée suivant OX dans le premier corps) auront, à valeurs égales, des signes contraires. D'un autre côté, les forces $e\overline{\mathfrak{X}}'$, $e\overline{\mathfrak{Y}}'$, $e\overline{\mathfrak{Z}}'$ auront, dans les deux corps, les mêmes valeurs absolues, mais ce ne sont que les deux dernières qui auront également, en N et N', les mêmes signes.

Comme, du reste, les coefficients dans les fonctions linéaires $(\mathbf{M}_x)_1$, etc. seront les mêmes dans les deux cas, il faut que le terme $p(\mathbf{M}_x)_1$ s'annule; en effet, ce terme aurait, dans les deux corps, le même signe. Les termes $p(\mathbf{M}_y)_2$, $p(\mathbf{M}_z)_2$, $p(\mathbf{M}_y)_3$, $p(\mathbf{M}_z)_3$ doivent s'annuler pour une raison semblable, et, en considérant l'image du mouvement par rapport à des plans perpendiculaires à OY et OZ, on démontre la même chose pour les termes $p(\mathbf{M}_y)_1$, $p(\mathbf{M}_z)_1$, $p(\mathbf{M}_x)_2$, $p(\mathbf{M}_x)_3$. On peut donc toujours se servir des équations (153).

Equations du mouvement d'une particule

§ 158. En rassemblant les données dispersées dans les §§ 144, 148, 153, 154 et 155, on voit que la formule (121) et les deux autres que nous aurions pu lui ajouter doivent être **remplacées par**

$$
\left.
\begin{aligned}
m\ddot{\xi} &= -\,\mathfrak{f}\mathbf{x} + 4\pi V^2\xi\int\rho_{\rm o}\omega\,d\tau + \frac{e^2}{V}\ddot{\xi} + e\Big[\frac{4}{3}\,\pi V^2\mathbf{M}_x + \\
&\quad + V^2\frac{\partial\Sigma}{\partial x} - \frac{\partial^2\mathfrak{M}_x}{\partial t^2} + p\Big\{\frac{\partial^2\mathfrak{M}_x}{\partial x\,\partial t} + \frac{\partial\Sigma}{\partial t}\Big\}\Big] + 4\pi V^2 e f_{\rm o} + e\mathfrak{X}', \\[6pt]
m\ddot{\eta} &= -\,\mathfrak{f}\mathbf{y} + 4\pi V^2\eta\int\rho_{\rm o}\omega\,d\tau + \frac{e^2}{V}\ddot{\eta} + e\Big[\frac{4}{3}\,\pi V^2\mathbf{M}_y + \\
&\quad + V^2\frac{\partial\Sigma}{\partial y} - \frac{\partial^2\mathfrak{M}_y}{\partial t^2} + p\,\frac{\partial^2\mathfrak{M}_x}{\partial y\,\partial t}\Big] + 4\pi V^2 e g_{\rm o} - p e\gamma_{\rm o} + e\mathfrak{Y}', \\[6pt]
m\ddot{\zeta} &= -\,\mathfrak{f}\mathbf{z} + 4\pi V^2\dot{\zeta}\int\rho_{\rm o}\omega\,d\tau + \frac{e^2}{V}\ddot{\zeta} + e\Big[\frac{4}{3}\,\pi V^2\mathbf{M}_z + \\
&\quad + V^2\frac{\partial\Sigma}{\partial z} - \frac{\partial^2\mathfrak{M}_z}{\partial t^2} + p\,\frac{\partial^2\mathfrak{M}_x}{\partial z\,\partial t}\Big] + 4\pi V^2 e h_{\rm o} + p e\beta_{\rm o} + e\mathfrak{Z}'.
\end{aligned}
\right\} \quad (155)
$$

Je ferai subir à ces formules les changements qui ont été indiqués au § 128, en divisant cependant par e et non pas par eV et, pour abréger, je réunirai en un seul terme tout ce qui résulte de chacun des trois groupes

$$
-\,m\ddot{\xi} - \mathfrak{f}\mathbf{x} + 4\pi V^2\dot{\xi}\int\rho_{\rm o}\omega\,d\tau + e\mathfrak{X}' + \frac{4}{3}\,\pi V^2 e\mathbf{M}_x,\ \text{etc.}
$$

En ayant égard aux formules (153), on trouve pour ces trois groupes

$$
\Big(\frac{4}{3}\,\pi V^2 + \frac{ANe - \mathfrak{f}}{Ne^2}\Big)\mathbf{M}_x - \frac{\varkappa}{Ne^2}\,\frac{\partial^2\mathbf{M}_x}{\partial t^2},\ \text{etc.}
$$

Je me bornerai à des vibrations simples de la période ϑ. Dans ce cas

$$
\frac{\partial^2\mathbf{M}_x}{\partial t^2} = -\,\frac{4\pi^2}{\vartheta^2}\,\mathbf{M}_x,\ \text{etc.}
$$

Donc, si on pose

$$
\frac{4\pi V^2 Ne^2/3 + ANe - \mathfrak{f} + 4\pi^2\varkappa/\vartheta^2}{Ne^2} = 4\pi Q,
$$

les trois groupes deviennent

$$
4\pi Q\mathbf{M}_x,\quad 4\pi Q\mathbf{M}_y,\quad 4\pi Q\mathbf{M}_z.
$$

Il n'est pas nécessaire de nous occuper de la valeur de Q; il nous suffit que pour un corps et une durée de vibration donnés, cette quantité est une constante, indépendante de la vitesse p.

En somme, les équations (155) prennent la forme

$$\left.\begin{aligned}
4\pi Q\mathbf{M}_x + V^2\frac{\partial\Sigma}{\partial x} - \frac{\partial^2\mathfrak{M}_x}{\partial t^2} + p\left\{\frac{\partial^2\mathfrak{M}_x}{\partial x\,\partial t} + \frac{\partial\Sigma}{\partial t}\right\} + 4\pi V^2 f_\circ &= 0, \\[1.5em]
4\pi Q\mathbf{M}_y + V^2\frac{\partial\Sigma}{\partial y} - \frac{\partial^2\mathfrak{M}_y}{\partial t^2} + p\frac{\partial^2\mathfrak{M}_x}{\partial y\,\partial t} + 4\pi V^2 g_\circ - p\gamma_\circ &= 0, \\[1.5em]
4\pi Q\mathbf{M}_z + V^2\frac{\partial\Sigma}{\partial z} - \frac{\partial^2\mathfrak{M}_z}{\partial t^2} + p\frac{\partial^2\mathfrak{M}_x}{\partial z\,\partial t} + 4\pi V^2 h_\circ + p\beta_\circ &= 0.
\end{aligned}\right\} \quad (156)$$

Equations différentielles qui déterminent $\mathbf{M}_x$, $\mathbf{M}_y$, $\mathbf{M}_z$

§ 159. Dans le chapitre précédent, nous sommes parvenus à ces équations en soumettant la formule (122) à l'opération

$$\Delta - \frac{1}{V^2}\frac{\partial^2}{\partial t^2}.$$

Maintenant que les équations (156) se rapportent aux axes *mobiles* OX, OY, OZ, c'est l'opération

$$\square = V^2\Delta - \left(\frac{\partial}{\partial t} - p\frac{\partial}{\partial x}\right)^2$$

qu'il leur faut appliquer.

On fait disparaître ainsi $f_\circ$, $g_\circ$, $h_\circ$, $\alpha_\circ$, $\beta_\circ$, $\gamma_\circ$, parce que

$$\square f_\circ = 0, \quad \square\alpha_\circ = 0, \text{ etc.}$$

Comme, de plus (§ 150),

$$\square\mathfrak{M}_x = -4\pi V^2\mathbf{M}_x, \quad \square\mathfrak{M}_y = -4\pi V^2\mathbf{M}_y, \quad \square\mathfrak{M}_z = -4\pi V^2\mathbf{M}_z,$$

il vient

$$Q\,\square\mathbf{M}_x - V^4\frac{\partial\Gamma}{\partial x} + V^2\frac{\partial^2\mathbf{M}_x}{\partial t^2} - V^2p\left\{\frac{\partial^2\mathbf{M}_x}{\partial x\,\partial t} + \frac{\partial\Gamma}{\partial t}\right\} = 0,$$

$$Q\,\square\mathbf{M}_y - V^4\frac{\partial\Gamma}{\partial y} + V^2\frac{\partial^2\mathbf{M}_y}{\partial t^2} - V^2p\frac{\partial^2\mathbf{M}_x}{\partial y\,dt} = 0,$$

$$Q\,\square\mathbf{M}_z - V^4\frac{\partial\Gamma}{\partial z} + V^2\frac{\partial^2\mathbf{M}_z}{\partial t^2} - V^2p\frac{\partial^2\mathbf{M}_x}{\partial z\,\partial t} = 0,$$

où nous avons posé

$$\Gamma = \frac{\partial \mathbf{M}_x}{\partial x} + \frac{\partial \mathbf{M}_y}{\partial y} + \frac{\partial \mathbf{M}_z}{\partial z}.$$

Entraînement des ondes lumineuses par la matière pondérable

§ 160. Concevons d'abord des ondes planes qui se propagent dans la direction de OX. Les moments électriques sont alors indépendants de y et de z et on peut satisfaire aux équations en supposant qu'ils ont partout la direction de OY. En effet, en posant $\mathbf{M}_x = \mathbf{M}_z = 0$ et en supposant $\mathbf{M}_y$ indépendant de y et de z, on satisfait à la première et à la troisième des équations; la deuxième se réduit à

$$Q \,\square\, \mathbf{M}_y + V^2 \frac{\partial^2 \mathbf{M}_y}{\partial t^2} = 0,$$

ou bien, si on néglige toujours les termes en p^2, à

$$V^2 \frac{\partial^2 \mathbf{M}_y}{\partial x^2} + 2p \frac{\partial^2 \mathbf{M}_y}{\partial x\,\partial t} - Q' \frac{\partial^2 \mathbf{M}_y}{\partial t^2} = 0,$$

où

$$Q' = 1 - \frac{V^2}{Q}.$$

La fonction

$$\mathbf{M}_y = C \cos \frac{2\pi}{\vartheta} \left(t - \frac{x}{W} \right)$$

satisfait à cette équation, si

$$\frac{V^2}{W^2} - \frac{2p}{W} - Q' = 0,$$

d'où l'on déduit pour la vitesse de propagation, en négligeant de nouveau les termes en p^2,

$$W = \pm \frac{V}{\sqrt{Q'}} - \frac{p}{Q'} \qquad (157)$$

Pour $p = 0$, cette valeur devient

$$\pm \frac{V}{\sqrt{Q'}};$$

la vitesse W_0, dans le cas où le diélectrique se trouve en repos, est par conséquent donnée par

$$W_0 = \frac{V}{\sqrt{Q'}}$$

et $\sqrt{Q'}$ n'est autre chose que l'indice de réfraction ν. La formule (157) devient par cela

$$W = \pm W_0 - \frac{p}{\nu^2}.$$

C'est la vitesse de propagation par rapport à la matière pondérable. Pour obtenir celle du mouvement relatif des ondes lumineuses par rapport à l'éther, il y faut ajouter la vitesse p. On obtient ainsi

$$\pm W_0 + \left(1 - \frac{1}{\nu^2}\right) p.$$

Quel que soit le sens dans lequel les ondes se propagent, c'est-à-dire quel que soit le signe qui précède W_0, on voit que le mouvement de la matière pondérable avec la vitesse p imprime toujours aux ondes une vitesse qui est une fraction déterminée de p. Le facteur

$$1 - \frac{1}{\nu^2} \qquad (158)$$

est précisément le coefficient d'entraînement que FRESNEL a introduit dans la théorie de l'aberration et qui peut servir à rendre compte des expériences de M. FIZEAU [1]), répétées dans ces dernières années par MM. MICHELSON et MORLEY [2]), sur la propagation de la lumière dans une colonne liquide qui se déplace.

Remarquons encore que, d'après notre théorie, la valeur (158) est applicable à chaque espèce de lumière homogène, si seulement on entend par ν l'indice de réfraction qui lui est propre [3]).

---

[1]) Comptes Rendus **33**, 349, 1851. Pogg. Ann. Ergänz. Band **3**, 457, 1853.

[2]) American Journal of Science **31**, 377, 1886.

[3]) Dans un Mémoire qui parut en 1880 (Phil. Mag. **9**, 284, 1880), M. J. J. THOMSON s'est occupé de la propagation de la lumière dans un diélectrique qui se déplace. Cependant, dans cette étude, il n'est aucunement question de la perméabilité pour l'éther, et, suivant l'auteur, le coefficient d'entraînement aurait toujours la valeur $\frac{1}{2}$.

§ 161. Lorsque la direction de propagation des ondes est perpendiculaire à celle dans laquelle se déplace le milieu, il faut distinguer deux cas principaux. Dans le premier, les vibrations électriques sont normales au plan qui contient les deux directions indiquées; dans le second cas, elles sont parallèles à ce plan.

a. Le premier cas se présente si $M_x = M_y = 0$ et

$$M_z = C \cos \frac{2\pi}{\vartheta} \left(t - \frac{y}{W} \right).$$

Les trois équations se réduisent à

$$Q \square M_z + V^2 \frac{\partial^2 M_z}{\partial t^2} = 0,$$

mais l'opération $\square$ équivaut maintenant à

$$V^2 \frac{\partial^2}{\partial y^2} - \frac{\partial^2}{\partial t^2}.$$

L'équation ne contient donc plus p et la vitesse W devient indépendante du mouvement du milieu.

b. Dans le second cas, les vibrations ne peuvent plus être rigoureusement transversales; elles feront avec la direction de propagation un angle dont le complément est de l'ordre p/V. Cependant, la vitesse de propagation reste

$$W_o = \frac{V}{\sqrt{Q}}.$$

En effet, on peut satisfaire aux équations du mouvement par les valeurs

$$M_x = C \cos \frac{2\pi}{\vartheta} \left(t - \frac{y}{W_o} \right),$$

$$M_y = - \frac{pW_o}{V^2} C \cos \frac{2\pi}{\vartheta} \left(t - \frac{y}{W_o} \right),$$

$$M_z = 0.$$

Il est facile d'étendre ces résultats à une direction de propagation quelconque.

NOTE ADDITIONNELLE

Pour simplifier autant que possible les considérations qu'on vient de lire, je me suis borné au cas où l'amplitude des particules vibrantes est plus petite que leur diamètre. Je vais démontrer maintenant que les résultats obtenus subsistent encore lorsque les excursions sont beaucoup plus considérables. C'est le théorème du § 141 qui nous permettra d'arriver à cette théorie plus générale.

Valeurs générales de f, g, h, α, β, γ

1. Reprenons d'abord le problème d'une seule particule mobile (§ 135). Les composantes du déplacement diélectrique et de la force magnétique qu'elle produit dans l'éther satisferont partout aux conditions (128) et (129), les derniers membres étant des fonctions connues de x, y, z et t, si on regarde comme donné le mouvement de la particule.

Représentons par

$$\mathfrak{F}(t, x, y, z), \quad \mathfrak{G}(t, x, y, z), \quad \mathfrak{H}(t, x, y, z),$$

$$\mathfrak{A}(t, x, y, z), \quad \mathfrak{B}(t, x, y, z), \quad \mathfrak{C}(t, x, y, z)$$

ces fonctions, qui, du reste, sont nulles dans tous les points que le corpuscule n'atteint pas.

Alors, on satisfait aux équations (128) et (129) par les valeurs

$$f = -\frac{1}{L}\int \frac{1}{\mathfrak{r}}\mathfrak{F}(t-\mathfrak{r}, x', y', z')d\tau', \; g = -\frac{1}{L}\int \frac{1}{\mathfrak{r}}\mathfrak{G}(t-\mathfrak{r}, x', y', z')d\tau',$$

$$h = -\frac{1}{L}\int \frac{1}{\mathfrak{r}}\mathfrak{H}(t-\mathfrak{r}, x', y', z')d\tau', \tag{159}$$

$$\alpha = -\frac{1}{L}\int \frac{1}{\mathfrak{r}}\mathfrak{A}(t-\mathfrak{r}, x', y', z')d\tau', \; \beta = -\frac{1}{L}\int \frac{1}{\mathfrak{r}}\mathfrak{B}(t-\mathfrak{r}, x', y', z')d\tau',$$

$$\gamma = -\frac{1}{L}\int \frac{1}{\mathfrak{r}}\mathfrak{C}(t-\mathfrak{r}, x', y', z')d\tau', \tag{160}$$

où
$$\mathfrak{r} = \sqrt{\frac{V^2}{V^2 - p^2}(x - x')^2 + (y - y')^2 + (z - z')^2},$$

$$\varkappa = \frac{\mathfrak{r} + \varepsilon(x - x')}{\sqrt{V^2 - p^2}} = \frac{\mathfrak{r}}{\sqrt{V^2 - p^2}} + \frac{p(x - x')}{V^2 - p^2}$$

et
$$L = 4\pi V \sqrt{V^2 - p^2}.$$

Rappelons encore que, dans les formules (159) et (160), et dans celles qui vont suivre, le signe $\int$ a toujours la signification de $\mathrm{Lim} \int_{\mathfrak{r}}$ (§ 116).

Avant d'employer les valeurs trouvées, il est nécessaire d'examiner si elles satisfont aux équations primitives (II')—(V') (§ 133). Je n'écrirai pas au long toutes ces vérifications; je me contenterai de faire voir que

$$\frac{\partial f}{\partial x} + \frac{\partial g}{\partial y} + \frac{\partial h}{\partial z} = \rho.$$

Vérification de la formule (II')

2. Si la fonction U dont il fut question au § 116 devient zéro à la surface σ, la formule (103) se réduit à

$$\frac{\partial I}{\partial x} = \int_{\mathfrak{r}} \frac{\partial U}{\partial x'} d\tau' + \int_{\mathfrak{r}} \frac{\partial U}{\partial x} \partial\tau',$$

ce qui restera vrai à la limite, pour $\mathfrak{r} = 0$. D'autre part, il est clair que

$$\left(\frac{\partial}{\partial x'} + \frac{\partial}{\partial x}\right)\left\{\frac{1}{\mathfrak{r}}\mathfrak{F}(t - \varkappa, x', y', z')\right\} = \left[\frac{\partial}{\partial x'}\right]\left\{\frac{1}{\mathfrak{r}}\mathfrak{F}(t - \varkappa, x', y', z')\right\},$$

si par le signe $[\partial/\partial x']$ on indique une différentiation dans laquelle $\mathfrak{r}$ et $\varkappa$ sont regardés comme constants.

De ces formules on déduit

$$\frac{\partial f}{\partial x} = -\frac{1}{L}\int \frac{1}{\mathfrak{r}}\left[\frac{\partial}{\partial x'}\right]\mathfrak{F}(t - \varkappa, x', y', z')d\tau',$$

avec des expressions analogues pour $\partial g/\partial y$ et $\partial h/\partial z$.

Posons

$$\frac{\partial \mathfrak{F}(t, x, y, z)}{\partial x} + \frac{\partial \mathfrak{G}(t, x, y, z)}{\partial y} + \frac{\partial \mathfrak{H}(t, x, y, z)}{\partial z} = \Pi(t, x, y, z).$$

Alors,

$$\frac{\partial f}{\partial x} + \frac{\partial g}{\partial y} + \frac{\partial h}{\partial z} = -\frac{1}{L}\int \frac{1}{\mathfrak{r}}\,\Pi(t - \varkappa, x', y', z')d\tau'. \quad (161)$$

En se rappelant que, dans les formules (128), x, y, z sont les coordonnées d'un point immobile par rapport aux axes et que, par conséquent,

$$\frac{\partial \rho}{\partial t} = -\left(\xi \frac{\partial \rho}{\partial x} + \eta \frac{\partial \rho}{\partial y} + \zeta \frac{\partial \rho}{\partial z} \right),$$

on trouvera

$$\Pi(t, x, y, z) = (V^2 - p^2)\frac{\partial^2 \rho}{\partial x^2} + V^2\left(\frac{\partial^2 \rho}{\partial y^2} + \frac{\partial^2 \rho}{\partial z^2}\right) + 2p\frac{\partial^2 \rho}{\partial x\,\partial t} - \frac{\partial^2 \rho}{\partial t^2}.$$

Soit

$$\rho = \vartheta(t, x, y, z);$$

alors

$$\frac{1}{\mathfrak{r}}\,\Pi(t - \varkappa, x', y', z') = \frac{1}{\mathfrak{r}}\left\{(V^2 - p^2)\left[\frac{\partial^2}{\partial x'^2}\right] + V^2\left[\frac{\partial^2}{\partial y'^2}\right] + \right.$$

$$\left. + V^2\left[\frac{\partial^2}{\partial z'^2}\right] + 2p\left[\frac{\partial}{\partial x'}\right]\frac{\partial}{\partial t} - \frac{\partial^2}{\partial t^2}\right\}\vartheta(t - \varkappa, x', y', z'),$$

où les crochets signifient la même chose que ci-dessus.

Mais, en écrivant ϑ au lieu de $\vartheta(t - \varkappa, x', y', z')$, on a

$$\cdot\frac{\partial \vartheta}{\partial x'} = -\frac{\partial \vartheta}{\partial t}\frac{\partial \varkappa}{\partial x'} + \left[\frac{\partial \vartheta}{\partial x'}\right], \text{ etc.}$$

$$\frac{\partial^2 \vartheta}{\partial x'^2} = -\frac{\partial \vartheta}{\partial t}\frac{\partial^2 \varkappa}{\partial x'^2} + \frac{\partial^2 \vartheta}{\partial t^2}\left(\frac{\partial \varkappa}{\partial x'}\right)^2 - 2\frac{\partial}{\partial t}\left[\frac{\partial \vartheta}{\partial x'}\right]\frac{\partial \varkappa}{\partial x'} + \left[\frac{\partial^2 \vartheta}{\partial x'^2}\right], \text{ etc.}$$

Au moyen de ces relations on peut éliminer les dérivées

$$\left[\frac{\partial \vartheta}{\partial x'}\right], \quad \left[\frac{\partial^2 \vartheta}{\partial x'^2}\right], \text{ etc.,}$$

ce qui nous donne

$$\frac{1}{\mathfrak{r}} \, \Pi(t-\varkappa, x', y', z') = \frac{1}{\mathfrak{r}} \left[(V^2-p^2)\frac{\partial^2 \vartheta}{\partial x'^2} + V^2\frac{\partial^2 \vartheta}{\partial y'^2} + V^2\frac{\partial^2 \vartheta}{\partial z'^2} \right] +$$

$$+ \frac{1}{\mathfrak{r}} \left[(V^2-p^2)\left(\frac{\partial \varkappa}{\partial x'}\right)^2 + V^2\left(\frac{\partial \varkappa}{\partial y'}\right)^2 + V^2\left(\frac{\partial \varkappa}{\partial z'}\right)^2 + 2p\frac{\partial \varkappa}{\partial x'} -1 \right] \frac{\partial^2 \vartheta}{\partial t^2} +$$

$$+ \frac{1}{\mathfrak{r}} \left[(V^2-p^2)\frac{\partial^2 \varkappa}{\partial x'^2} + V^2\frac{\partial^2 \varkappa}{\partial y'^2} + V^2\frac{\partial^2 \varkappa}{\partial z'^2} \right] \frac{\partial \vartheta}{\partial t} +$$

$$+ \frac{2}{\mathfrak{r}} \left[\left\{ (V^2-p^2)\frac{\partial \varkappa}{\partial x'} + p \right\} \frac{\partial^2 \vartheta}{\partial x'\partial t} + V^2\frac{\partial \varkappa}{\partial y'}\frac{\partial^2 \vartheta}{\partial y'\partial t} + V^2\frac{\partial \varkappa}{\partial z'}\frac{\partial^2 \vartheta}{\partial z'\partial t} \right].$$

En ayant égard aux valeurs de $\varkappa$ et de $\mathfrak{r}$, on démontre que le terme en $\partial^2\vartheta/\partial t^2$ s'évanouit et que les termes qui suivent peuvent être mis sous la forme:

$$2 \left[\frac{\partial}{\partial x'} \left\{ \frac{(V^2-p^2)\,\partial \varkappa/\partial x' + p}{\mathfrak{r}} \frac{\partial \vartheta}{\partial t} \right\} + \frac{\partial}{\partial y'} \left\{ \frac{V^2\,\partial \varkappa/\partial y'}{\mathfrak{r}} \frac{\partial \vartheta}{\partial t} \right\} + \right.$$

$$\left. + \frac{\partial}{\partial z'} \left\{ \frac{V^2\,\partial \varkappa/\partial z'}{\mathfrak{r}} \frac{\partial \vartheta}{\partial t} \right\} \right].$$

Dans la formule (161), cette expression donne lieu à des termes dans lesquels l'intégration par rapport à l'une des variables x', y', z' peut être effectuée. Le résultat est la limite, pour Lim $\mathfrak{r} = 0$ (§ 116), de l'intégrale suivante, étendue à la surface sphérique b

$$\frac{2}{L} \int \frac{1}{\mathfrak{r}\mathfrak{r}} \frac{\partial \vartheta}{\partial t} \left\{ (V^2-p^2)(x'-x)\frac{\partial \varkappa}{\partial x'} + V^2(y'-y)\frac{\partial \varkappa}{\partial y'} + \right.$$

$$\left. + V^2\,(z'-z)\frac{\partial \varkappa}{\partial z'} + p(x'-x) \right\} db.$$

On voit facilement que cette limite est zéro et que, par conséquent, l'équation (161) devient

$$\frac{\partial f}{\partial x} + \frac{\partial g}{\partial y} + \frac{\partial h}{\partial z} = -\frac{1}{L}\int\frac{1}{\mathfrak{r}}\left[(V^2 - p^2)\frac{\partial^2\vartheta}{\partial x'^2} + \right.$$
$$\left. + V^2\frac{\partial^2\vartheta}{\partial y'^2} + V^2\frac{\partial^2\vartheta}{\partial z'^2}\right]d\tau'.$$

3. La dernière formule devient, par une intégration partielle réitérée,

$$\frac{\partial f}{\partial x} + \frac{\partial g}{\partial y} + \frac{\partial h}{\partial z} =$$

$$= -\frac{1}{L}\int\vartheta\left[(V^2 - p^2)\frac{\partial^2}{\partial x'^2}\left(\frac{1}{\mathfrak{r}}\right) + V^2\frac{\partial^2}{\partial y'^2}\left(\frac{1}{\mathfrak{r}}\right) + V^2\frac{\partial^2}{\partial z'^2}\left(\frac{1}{\mathfrak{r}}\right)\right]d\tau' +$$

$$+ \frac{1}{L}\operatorname{Lim}\left[\frac{1}{\mathfrak{r}}\int\left\{(V^2 - p^2)\frac{x' - x}{\mathfrak{r}}\frac{\partial\vartheta}{\partial x'} + V^2\frac{y' - y}{\mathfrak{r}}\frac{\partial\vartheta}{\partial y'} + \right.\right.$$
$$\left.\left. + V^2\frac{z' - z}{\mathfrak{r}}\frac{\partial\vartheta}{\partial z'}\right\}db\right] -$$

$$- \frac{1}{L}\operatorname{Lim}\left[\frac{1}{\mathfrak{r}}\int\vartheta\left\{(V^2 - p^2)(x' - x)\frac{\partial}{\partial x'}\left(\frac{1}{\mathfrak{r}}\right) + V^2(y' - y)\frac{\partial}{\partial y'}\left(\frac{1}{\mathfrak{r}}\right) + \right.\right.$$
$$\left.\left. + V^2(z' - z)\frac{\partial}{\partial z'}\left(\frac{1}{\mathfrak{r}}\right)\right\}db\right]$$

Le deuxième terme est zéro et dans le troisième on peut remplacer

$$\vartheta(t - x, x', y', z')$$

par la valeur de cette fonction pour $x' = x$, $y' = y$, $z' = z$, c'est-à-dire, par

$$\vartheta(t, x, y, z) \text{ ou } \rho$$

Ce terme devient ainsi

$$\frac{V^2\rho}{L}\operatorname{Lim}\left[\mathfrak{r}\int\frac{db}{\mathfrak{r}^3}\right] = \frac{V^2\rho}{L}4\pi\frac{\sqrt{V^2 - p^2}}{V} = \rho.$$

D'un autre côté

$$(V^2 - p^2) \frac{\partial^2}{\partial x'^2}\left(\frac{1}{\mathfrak{r}}\right) + V^2 \frac{\partial^2}{\partial y'^2}\left(\frac{1}{\mathfrak{r}}\right) + V^2 \frac{\partial^2}{\partial z'^2}\left(\frac{1}{\mathfrak{r}}\right) = 0;$$

donc

$$\frac{\partial f}{\partial x} + \frac{\partial g}{\partial y} + \frac{\partial h}{\partial z} = \rho. \qquad \textit{C. Q. F. D.}$$

Déplacement diélectrique et force magnétique qu'une particule vibrante produit à quelque distance

4. Prenons pour origine le point où se trouve le centre de la particule lorsqu'elle occupe sa position naturelle. Alors, les valeurs de x', y', z' pour lesquelles les fonctions

$$\frac{1}{\mathfrak{r}}\mathfrak{F}(t - \varkappa, x', y', z'), \text{ etc.} \tag{162}$$

diffèrent de zéro, seront très petites par rapport à la longueur d'onde. Elles le seront également par rapport à x, y, z et $\mathfrak{r}$, si le point (x, y, z) pour lequel on veut calculer f, g, h, α, β, γ est situé dans une autre molécule, même lorsque celle-ci est une des plus voisines.

Cela posé, on peut développer les fonctions (159) et (160) en séries rapidement convergentes. Soient $\mathfrak{r}_0$ et $\varkappa_0$ les valeurs qui correspondent à $x' = y' = z' = 0$, et désignons par

$$\left\{\frac{\partial}{\partial x'}\right\}, \text{ etc.}$$

des différentiations dans lesquelles on regarde comme constants les x', y', z' qui entrent explicitement dans ces fonctions et comme variables seulement $\mathfrak{r}$ et $\varkappa$. Alors

$$\frac{1}{\mathfrak{r}}\mathfrak{F}(t - \varkappa, x', y', z') = \frac{1}{\mathfrak{r}_0}\mathfrak{F}(t - \varkappa_0, x', y', z') +$$

$$+ x'\left\{\frac{\partial}{\partial x'}\right\}\left[\frac{1}{\mathfrak{r}}\mathfrak{F}(t-\varkappa, x', y', z')\right] + y'\left\{\frac{\partial}{\partial y'}\right\}\left[\frac{1}{\mathfrak{r}}\mathfrak{F}(t-\varkappa, x', y', z')\right] + \text{etc.}$$

En effectuant les différentiations indiquées dans le second membre, on est conduit à des expressions contenant des dérivées de

$$\frac{1}{\mathfrak{r}}\mathfrak{F}(t-\varkappa, x', y', z')$$

par rapport à $\mathfrak{r}$ et à $\varkappa$, multipliées par des dérivées de $\mathfrak{r}$ et de $\varkappa$ par rapport à x', y', z'. Dans les dérivées de la première espèce, on remplacera $\mathfrak{r}$ et $\varkappa$ par $\mathfrak{r}_0$ et $\varkappa_0$; dans celles de la seconde espèce, on substituera en outre $x' = y' = z' = 0$.

Or, tout cela peut être exprimé bien plus simplement. En effet, pour les fonctions dont il s'agit ici,

$$\left\{\frac{\partial}{\partial x'}\right\} = -\frac{\partial}{\partial x}, \quad \left\{\frac{\partial}{\partial y'}\right\} = -\frac{\partial}{\partial y}, \quad \left\{\frac{\partial}{\partial z'}\right\} = -\frac{\partial}{\partial z}, \quad \left\{\frac{\partial^2}{\partial x'^2}\right\} = \frac{\partial^2}{\partial x^2}, \text{etc.}$$

et, lorsqu'il est question des dérivées par rapport à x, y, z, la substitution de $\mathfrak{r}_0$ et $\varkappa_0$ pour $\mathfrak{r}$ et $\varkappa$ peut avoir lieu *avant* la différentiation.

Donc

$$\frac{1}{\mathfrak{r}}\mathfrak{F}(t-\varkappa, x', y', z') = \frac{1}{\mathfrak{r}_0}\mathfrak{F}(t-\varkappa_0, x', y', z') -$$

$$- \frac{\partial}{\partial x}\left[\frac{x'}{\mathfrak{r}_0}\mathfrak{F}(t-\varkappa_0, x', y', z')\right] - \frac{\partial}{\partial y}\left[\frac{y'}{\mathfrak{r}_0}\mathfrak{F}(t-\varkappa_0, x', y', z')\right] -$$

$$- \frac{\partial}{\partial z}\left[\frac{z'}{\mathfrak{r}_0}\mathfrak{F}(t-\varkappa_0, x', y', z')\right] + \frac{1}{2}\frac{\partial^2}{\partial x^2}\left[\frac{x'^2}{\mathfrak{r}_0}\mathfrak{F}(t-\varkappa_0, x', y', z')\right] + \text{etc.} \quad (163)$$

et, d'après les formules (159) et (160),

$$f = -\frac{1}{L}\left(\frac{1}{\mathfrak{r}_0}\int\mathfrak{F}d\tau' - \frac{\partial}{\partial x}\left[\frac{1}{\mathfrak{r}_0}\int x'\mathfrak{F}d\tau'\right] - \frac{\partial}{\partial y}\left[\frac{1}{\mathfrak{r}_0}\int y'\mathfrak{F}d\tau'\right] -\right.$$

$$\left. - \frac{\partial}{\partial z}\left[\frac{1}{\mathfrak{r}_0}\int z'\mathfrak{F}d\tau'\right] + \frac{1}{2}\frac{\partial^2}{\partial x^2}\left[\frac{1}{\mathfrak{r}_0}\int x'^2\mathfrak{F}d\tau'\right] + \ldots\right), \text{ etc.} \quad (164)$$

$$\alpha = -\frac{1}{L}\left(\frac{1}{\mathfrak{r}_0}\int\mathfrak{A}d\tau' - \frac{\partial}{\partial x}\left[\frac{1}{\mathfrak{r}_0}\int x'\mathfrak{A}d\tau'\right] + \ldots\right), \text{ etc.} \quad (165)$$

où, pour abréger, on a écrit $\mathfrak{F}$, $\mathfrak{G}$, $\mathfrak{H}$, $\mathfrak{A}$, $\mathfrak{B}$, $\mathfrak{C}$ au lieu de

$$\mathfrak{F}(t-\varkappa_0, x', y', z'), \quad \mathfrak{G}(t-\varkappa_0, x', y', z'), \text{etc.} \quad (166)$$

5. Si on entend par ρ la densité de la charge qui existe, au moment t, dans le point (x', y', z'), et par (ξ, η, ζ) la vitesse dont la particule est animée à ce même instant, on aura

$$\mathfrak{F}(t, x', y', z') = [V^2 - (\xi + p)^2]\frac{\partial\rho}{\partial x'} - (\xi + p)\eta\frac{\partial\rho}{\partial y'} -$$

$$- (\xi + p)\zeta\frac{\partial\rho}{\partial z'} + \rho\frac{d\xi}{dt}. \quad (167)$$

La même expression peut être prise pour la première des fonctions (166), pourvu seulement qu'on prenne pour ρ, ξ, η, ζ, $d\xi/dt$ les valeurs relatives au temps $t - \varkappa_0$. Recherchons ce qui en résulte pour les intégrales de la formule (164).

a. Valeur de $\int\mathfrak{F}d\tau'$.

On a évidemment

$$\int\frac{\partial\rho}{\partial x'}\,d\tau' = 0, \quad \int\frac{\partial\rho}{\partial y'}\,d\tau' = 0, \quad \int\frac{\partial\rho}{\partial z'}\,d\tau' = 0,$$

et cela parce que la densité ρ est une fonction continue des coordonnées qui s'évanouit aux confins du champ d'intégration [1]. D'un autre côté:

$$\int\rho\,d\tau' = e$$

Si donc on entend par $(\mathbf{m}_x, \mathbf{m}_y, \mathbf{m}_z)$ le moment électrique, à l'instant $t - \varkappa_0$, de la molécule dont la particule vibrante fait partie, on aura

$$\int\mathfrak{F}d\tau' = e\frac{d\xi}{dt} = \frac{d^2\mathbf{m}_x}{dt^2}$$

et

$$\frac{1}{\mathbf{r}_0}\int\mathfrak{F}d\tau' = \frac{\partial^2}{\partial t^2}\left(\frac{\mathbf{m}_x}{\mathbf{r}_0}\right).$$

b. Valeurs de $\int x'\mathfrak{F}d\tau'$, $\int y'\mathfrak{F}d\tau'$, $\int z'\mathfrak{F}d\tau'$.

En intégrant par parties, on trouve

$$\int x'\frac{\partial\rho}{\partial x'}\,d\tau' = -\int\rho\,d\tau' = -e.$$

---

[1] Ce champ sera limité par une surface fixe quelconque enveloppant la particule oscillante.

De plus, on aura

$$\int x' \frac{\partial \rho}{\partial y'} d\tau' = \int x' \frac{\partial \rho}{\partial z'} d\tau' = 0$$

et, **x** étant la première coordonnée du centre,

$$\int x' \rho \, d\tau' = \mathbf{x} \int \rho \, d\tau' = ex.$$

Vu, cependant, que nous avons pris pour origine des coordonnées la position naturelle du centre, on peut écrire

$$\int x' \rho \, d\tau' = \mathbf{m}_x;$$

donc

$$\int x' \mathfrak{F} d\tau' = - e \left[V^2 - (\xi + p)^2 \right] + \mathbf{m}_x \frac{d\xi}{dt}.$$

Pareillement

$$\int y' \mathfrak{F} d\tau' = e(\xi + p)\eta + \mathbf{m}_y \frac{d\xi}{dt},$$

$$\int z' \mathfrak{F} d\tau' = e(\xi + p)\zeta + \mathbf{m}_z \frac{d\xi}{dt}.$$

c. Valeurs de $\int x'^2 \mathfrak{F} d\tau'$, etc.

Dans le calcul de ces intégrales nous nous servirons des formules

$$\int x'^2 \frac{\partial \rho}{\partial x'} d\tau' = - 2 \int x' \rho \, d\tau' = - 2\mathbf{m}_x,$$

$$\int x'^2 \frac{\partial \rho}{\partial y'} d\tau' = \int x'^2 \frac{\partial \rho}{\partial z'} d\tau' = 0,$$

$$\int x'y' \frac{\partial \rho}{\partial x'} d\tau' = - \int y' \rho \, d\tau' = - \mathbf{m}_y, \text{ etc.}$$

Le terme principal

$$(V^2 - p^2) \frac{\partial \rho}{\partial x'}$$

de l'expression (167) ne contribue en rien aux intégrales

$$\int y'^2 \mathfrak{F} d\tau', \quad \int z'^2 \mathfrak{F} d\tau', \quad \int y'z' \mathfrak{F} d\tau',$$

mais, dans les intégrales

$$\int x'^2 \mathfrak{F} d\tau', \quad \int x'y'\mathfrak{F} d\tau', \quad \int x'z'\mathfrak{F} d\tau',$$

il introduit les termes

$$-2(V^2 - p^2)\mathbf{m}_x; \quad -(V^2 - p^2)\mathbf{m}_y; \quad -(V^2 - p^2)\mathbf{m}_z. \quad (168)$$

Ce sont ces expressions qui joueront un rôle dans le résultat final. Tout ce que les autres termes de l'expression (167) fournissent aux intégrales dont il s'agit maintenant peut être négligé. En effet, nous admettrons que l'amplitude des vibrations n'est qu'une fraction insignifiante de la longueur d'onde et que, par conséquent, les fractions

$$\frac{\xi}{V}, \quad \frac{\eta}{V}, \quad \frac{\zeta}{V}$$

ont une valeur insensible.

En vertu de cette supposition, nous n'aurons pas à nous occuper des termes

$$-(\xi^2 + 2\xi p)\frac{\partial \rho}{\partial x'}, \quad -(\xi + p)\eta\frac{\partial \rho}{\partial y'}, \quad -(\xi + p)\zeta\frac{\partial \rho}{\partial z'},$$

les parties correspondantes des intégrales cherchées étant extrêmement petites par rapport aux produits (168).

Quant au dernier terme de la formule (167), il introduit dans

$$\int x'^2 \mathfrak{F} d\tau', \quad \int y'^2 \mathfrak{F} d\tau', \quad \int z'^2 \mathfrak{F} d\tau'$$

les termes suivants

$$\frac{d\xi}{dt}\int \rho x'^2 \, d\tau', \text{ etc.}$$

Désignons de nouveau par δ l'amplitude et par ϑ la durée d'une vibration. Alors, les derniers termes sont du même ordre de grandeur que

$$\frac{\delta^2}{\vartheta^2}\mathbf{m}_x$$

et peuvent, par conséquent, être négligés par rapport aux expressions (168).

Le terme principal de l'expression (167) est donc bien le seul dont il faille tenir compte dans le calcul des intégrales

$$\int x'^2 \mathfrak{F} d\tau', \text{ etc.}$$

et, dans le développement (164), il n'est pas nécessaire de nous occuper des dérivées d'un ordre supérieur au deuxième.

6. En résumant ce que nous venons de trouver, et en écrivant $\mathfrak{r}$ au lieu de $\mathfrak{r}_0$, on obtient

$$f = -\frac{1}{L}\frac{\partial^2}{\partial t^2}\left(\frac{\mathbf{m}_x}{\mathfrak{r}}\right) - \frac{e(V^2-p^2)}{L}\frac{\partial}{\partial x}\left(\frac{1}{\mathfrak{r}}\right) + \frac{e}{L}\left[\frac{\partial}{\partial x}\left(\frac{\xi^2}{\mathfrak{r}}\right) + \right.$$

$$\left. + \frac{\partial}{\partial y}\left(\frac{\xi\eta}{\mathfrak{r}}\right) + \frac{\partial}{\partial z}\left(\frac{\xi\zeta}{\mathfrak{r}}\right)\right] + \frac{pe}{L}\left[2\frac{\partial}{\partial x}\left(\frac{\xi}{\mathfrak{r}}\right) + \frac{\partial}{\partial y}\left(\frac{\eta}{\mathfrak{r}}\right) + \frac{\partial}{\partial z}\left(\frac{\zeta}{\mathfrak{r}}\right)\right] + $$

$$ + \frac{1}{L}\left[\frac{\partial}{\partial x}\left(\frac{\mathbf{m}_x\xi}{\mathfrak{r}}\right) + \frac{\partial}{\partial y}\left(\frac{\mathbf{m}_y\xi}{\mathfrak{r}}\right) + \frac{\partial}{\partial z}\left(\frac{\mathbf{m}_z\xi}{\mathfrak{r}}\right)\right] + $$

$$ + \frac{V^2-p^2}{L}\left[\frac{\partial^2}{\partial x^2}\left(\frac{\mathbf{m}_x}{\mathfrak{r}}\right) + \frac{\partial^2}{\partial x\partial y}\left(\frac{\mathbf{m}_y}{\mathfrak{r}}\right) + \frac{\partial^2}{\partial x\partial z}\left(\frac{\mathbf{m}_z}{\mathfrak{r}}\right)\right]$$

Par un raisonnement que nous avons employé plusieurs fois (§§ 115 et 137), on démontre qu'il faut omettre le terme

$$ - \frac{e(V^2-p^2)}{L}\frac{\partial}{\partial x}\left(\frac{1}{\mathfrak{r}}\right)$$

si l'on veut obtenir la valeur de f qui est due à la molécule entière dont la particule vibrante fait partie. Cette valeur devient donc

$$f = -\frac{1}{L}\frac{\partial^2}{\partial t^2}\left(\frac{\mathbf{m}_x}{\mathfrak{r}}\right) + \frac{e}{L}\left[\frac{\partial}{\partial x}\left(\frac{\xi^2}{\mathfrak{r}}\right) + \frac{\partial}{\partial y}\left(\frac{\xi\eta}{\mathfrak{r}}\right) + \frac{\partial}{\partial z}\left(\frac{\xi\zeta}{\mathfrak{r}}\right)\right] + $$

$$ + \frac{p}{L}\left[\frac{\partial^2}{\partial x\partial t}\left(\frac{\mathbf{m}_x}{\mathfrak{r}}\right) + \frac{\partial S''}{\partial t}\right] + \frac{1}{L}\left[\frac{\partial}{\partial x}\left(\frac{\mathbf{m}_x\xi}{\mathfrak{r}}\right) + \frac{\partial}{\partial y}\left(\frac{\mathbf{m}_y\xi}{\mathfrak{r}}\right) + \right.$$

$$\left. + \frac{\partial}{\partial z}\left(\frac{\mathbf{m}_z\xi}{\mathfrak{r}}\right)\right] + \frac{V^2-p^2}{L}\frac{\partial S''}{\partial x}, \quad [1] \quad (169)$$

où la fonction S'' est celle qui a été définie par la formule (144).

---

[1] Dans cette équation, les signes $\mathbf{m}_x$, $\mathbf{m}_y$, $\mathbf{m}_z$ représentent ce qui a été indiqué, au § 142, par $\mathbf{m}'_x$, $\mathbf{m}'_y$, $\mathbf{m}'_z$.

7. Pour que ce résultat s'accorde avec la première des équations (145), il faut qu'on néglige les termes

$$\frac{e}{L}\left[\frac{\partial}{\partial x}\left(\frac{\xi^2}{\mathfrak{r}}\right) + \frac{\partial}{\partial y}\left(\frac{\xi\eta}{\mathfrak{r}}\right) + \frac{\partial}{\partial z}\left(\frac{\xi\zeta}{\mathfrak{r}}\right)\right] + \frac{1}{L}\left[\frac{\partial}{\partial x}\left(\frac{\mathbf{m}_x\xi}{\mathfrak{r}}\right) + \frac{\partial}{\partial y}\left(\frac{\mathbf{m}_y\xi}{\mathfrak{r}}\right) +$$

$$+ \frac{\partial}{\partial z}\left(\frac{\mathbf{m}_z\dot{\xi}}{\mathfrak{r}}\right)\right] = \frac{1}{L}\frac{\partial}{\partial t}\left[\frac{\partial}{\partial x}\left(\frac{\mathbf{m}_x\xi}{\mathfrak{r}}\right) + \frac{\partial}{\partial y}\left(\frac{\mathbf{m}_y\xi}{\mathfrak{r}}\right) + \frac{\partial}{\partial z}\left(\frac{\mathbf{m}_z\xi}{\mathfrak{r}}\right)\right]. \quad (170)$$

Or, ces termes sont les seuls dans lesquels les moments $\mathbf{m}_x$, $\mathbf{m}_y$, $\mathbf{m}_z$ se trouvent multipliés par une des composantes de la vitesse vibratoire; on en diminuera les valeurs autant qu'on voudra en supposant suffisamment petites l'amplitude et la vitesse des vibrations.

Ce degré de petitesse nécessaire est-il atteint dans les cas qui se présentent en réalité? Pour répondre à cette question, nous considérerons de plus près l'ordre de grandeur des termes.

Remarquons d'abord qu'une différentiation par rapport à t introduit le facteur $1/\vartheta$. Au contraire, une différentiation par rapport à x donne lieu à deux termes différents. D'un côté, dans les fractions dont il s'agit, le dénominateur $\mathfrak{r}$ est une fonction de x, et, en ce qui regarde l'ordre de grandeur, les dérivées

$$\frac{\partial}{\partial x}\left(\frac{1}{\mathfrak{r}}\right), \quad \frac{\partial}{\partial y}\left(\frac{1}{\mathfrak{r}}\right), \quad \frac{\partial}{\partial z}\left(\frac{1}{\mathfrak{r}}\right)$$

peuvent être remplacées par $1/\mathfrak{r}^2$ Mais, d'un autre côté, les numérateurs, tels que $\mathbf{m}_x$ ou $\mathbf{m}_x\xi$, dont les valeurs doivent être prises pour l'instant $t - \varkappa$, sont par cela même fonctions de x, y, z. Si on désigne par A un quelconque de ces numérateurs, on aura

$$\frac{\partial A}{\partial x} = -\frac{\partial A}{\partial t}\frac{\partial \varkappa}{\partial x} (=) \frac{A}{\vartheta}\left[\frac{1}{\sqrt{V^2 - p^2}}\frac{\partial \mathfrak{r}}{\partial x} + \frac{p}{V^2 - p^2}\right].$$

Cette dérivée se compose donc de deux parties, l'une de l'ordre

$$\frac{A}{\vartheta V}$$

et l'autre de l'ordre

$$\frac{Ap}{\vartheta V^2}.$$

Si, dans l'expression (170), on omet pour un moment les termes de cette dernière catégorie, il ne reste que des quantités comparables à

$$\frac{1}{L\vartheta}\frac{m\,\delta/\vartheta}{\mathfrak{r}^2} = \frac{m\delta}{L\vartheta^2\mathfrak{r}^2} \quad \text{et} \quad \frac{1}{L\vartheta}\frac{m\delta/\vartheta^2 V}{\mathfrak{r}} = \frac{m\delta}{L\vartheta^3 V\mathfrak{r}}. \quad (171)$$

D'autre part, dans la première des formules (145), le premier terme donne lieu à des expressions qui sont du même ordre de grandeur que

$$\frac{V^2 m}{L\mathfrak{r}^3}, \quad \frac{Vm}{L\vartheta\mathfrak{r}^2}, \quad \frac{m}{L\vartheta^2\mathfrak{r}} \quad (172)$$

et le terme

$$-\frac{1}{L}\frac{\partial^2}{\partial t^2}\left(\frac{m_x}{\mathfrak{r}}\right)$$

est du même ordre que la troisième de ces expressions.

En divisant la première des fractions (171) par chacune des fractions (172), on obtient

$$\frac{\delta\mathfrak{r}}{\lambda^2}, \quad \frac{\delta}{\lambda}, \quad \frac{\delta}{\mathfrak{r}},$$

λ étant la longueur d'onde ϑV, et la seconde des fractions (171) conduit de la même manière à

$$\frac{\delta\mathfrak{r}^2}{\lambda^3}, \quad \frac{\delta\mathfrak{r}}{\lambda^2}, \quad \frac{\delta}{\lambda}$$

Il n'y a aucune difficulté à admettre que δ/λ et $\delta/\mathfrak{r}$ sont des fractions négligeables et que, par conséquent, les quantités (171) peuvent être négligées par rapport à celle des expressions (172) qui est la plus importante. Si, pour se mettre à l'abri de toute objection, on désire que les termes (171) soient très petits par rapport à chacun des termes (172), il faut que $\mathfrak{r}$ ou, ce qui revient presque à la même chose, la distance pour laquelle on veut calculer l'action d'une molécule, soit petit par rapport à

$$\sqrt{\frac{\lambda^3}{\delta}} = \lambda\sqrt{\frac{\lambda}{\delta}}. \quad (173)$$

Vu l'extrême petitesse de δ par rapport à λ, cette limite peut être un multiple très élevé de la longueur d'onde et dans la déduction des équations du mouvement on peut se borner à une partie du diélectrique, dont les dimensions soient beaucoup plus petites que la longueur (173). En effet, on se rappellera que nous n'avons rien supposé sur ce qui se trouve à l'extérieur de la surface σ (§ 123).

Quant aux termes dans l'expression (170) qui contiennent le facteur p, l'ordre de grandeur qu'ils présentent est déterminé par

$$\frac{m p \delta}{L \vartheta^3 V^2 \mathfrak{r}} \; ;$$

on démontre facilement qu'ils peuvent être négligés par rapport au terme

$$\frac{p}{L} \left\{ \frac{\partial^2}{\partial x\,\partial t} \left(\frac{\mathbf{m}_x}{\mathfrak{r}} \right) + \frac{\partial S''}{\partial t} \right\}$$

qui figure dans la première des formules (145).

8. Je n'insisterai pas sur la démonstration des deux autres formules (145), qui n'offrent rien de nouveau. Il suffira d'examiner encore la valeur d'une des composantes de la force magnétique. C'est la valeur de β que je choisirai, parce qu'elle est moins simple que l'expression pour α.

Il faut se servir maintenant de la deuxième des formules (165),

$$\beta = -\frac{1}{L} \left(\frac{1}{\mathfrak{r}_0} \int \mathfrak{B}\,d\tau' - \frac{\partial}{\partial x} \left[\frac{1}{\mathfrak{r}_0} \int x' \mathfrak{B}\,d\tau' \right] - \frac{\partial}{\partial y} \left[\frac{1}{\mathfrak{r}_0} \int y' \mathfrak{B}\,d\tau' \right] - \right.$$

$$\left. - \frac{\partial}{\partial z} \left[\frac{1}{\mathfrak{r}_0} \int z' \mathfrak{B}\,d\tau' \right] + \frac{1}{2} \frac{\partial^2}{\partial x^2} \left[\frac{1}{\mathfrak{r}_0} \int x'^2 \mathfrak{B}\,d\tau' \right] + \dots \right). \quad (174)$$

Or, en partant de la valeur

$$\mathfrak{B} = 4\pi V^2 \left\{ \zeta\, \frac{\partial \rho}{\partial x'} - (\xi + p)\, \frac{\partial \rho}{\partial z'} \right\},$$

on trouvera:

$$\int \mathfrak{B} d\tau' = 0,$$

$$\int x' \mathfrak{B} d\tau' = -4\pi V^2 \zeta e = -4\pi V^2 \frac{d\mathbf{m}_z}{dt},$$

$$\int y' \mathfrak{B} d\tau' = 0,$$

$$\int z' \mathfrak{B} d\tau' = 4\pi V^2 (\xi + p)e = 4\pi V^2 \left(\frac{d\mathbf{m}_x}{dt} + pe \right),$$

$$\int x'^2 \mathfrak{B} d\tau' = -4\pi V^2 \, 2\mathbf{m}_x \zeta,$$

$$\int y'^2 \mathfrak{B} d\tau' = 0,$$

$$\int z'^2 \mathfrak{B} d\tau' = 4\pi V^2 \, 2\mathbf{m}_z (\xi + p),$$

$$\int x'y' \mathfrak{B} d\tau' = -4\pi V^2 \mathbf{m}_y \zeta,$$

$$\int y'z' \mathfrak{B} d\tau' = 4\pi V^2 \mathbf{m}_y (\xi + p),$$

$$\int x'z' \mathfrak{B} d\tau' = 4\pi V^2 \left[-\mathbf{m}_z \zeta + \mathbf{m}_x (\xi + p) \right].$$

En portant ces valeurs dans l'équation (174), on obtient 1°. les termes qu'on voit dans la deuxième des formules (146); 2°. le terme

$$\frac{4\pi V^2}{L} \, pe \, \frac{\partial}{\partial z} \left(\frac{1}{\mathfrak{r}} \right),$$

qui est indépendant du mouvement vibratoire et qui disparaîtra, par conséquent, dans la valeur de β produite par la molécule entière;

3°. le terme

$$\frac{4\pi V^2}{L} \left[\frac{\partial}{\partial x} \left\{ \frac{\partial}{\partial x} \left(\frac{\mathbf{m}_x \zeta}{\mathfrak{r}} \right) + \frac{\partial}{\partial y} \left(\frac{\mathbf{m}_y \zeta}{\mathfrak{r}} \right) + \frac{\partial}{\partial z} \left(\frac{\mathbf{m}_z \zeta}{\mathfrak{r}} \right) \right\} - \right.$$
$$\left. - \frac{\partial}{\partial z} \left\{ \frac{\partial}{\partial x} \left(\frac{\mathbf{m}_x \xi}{\mathfrak{r}} \right) + \frac{\partial}{\partial y} \left(\frac{\mathbf{m}_y \xi}{\mathfrak{r}} \right) + \frac{\partial}{\partial z} \left(\frac{\mathbf{m}_z \xi}{\mathfrak{r}} \right) \right\} \right],$$

qu'on peut négliger pour les mêmes raisons qui ont conduit à l'omission des termes (170).

Détermination de la force qu'une particule vibrante éprouve en vertu
de l'état de l'éther qu'elle excite elle-même

9. Pour calculer cette action, il faut recourir de nouveau aux
formules (159) et (160); cependant, on les simplifiera cette fois-ci
en ayant égard à ce que $\varkappa$ est un intervalle de temps très court.

Commençons par rappeler les valeurs des fonctions $\mathfrak{F}$, $\mathfrak{G}$, etc.
En désignant maintenant par ρ' la densité électrique et par
$\partial \rho'/\partial x'$, $\partial \rho'/\partial y'$, $\partial \rho'/\partial z'$ les valeurs des dérivées pour l'instant
$t - \varkappa$ et le point (x', y', z'), on peut écrire

$$
\left.
\begin{aligned}
\mathfrak{F}(t-\varkappa, x', y', z') &= [V^2 - (\xi + p)^2]\frac{\partial \rho'}{\partial x'} - \\
&\quad - (\xi + p)\eta \frac{\partial \rho'}{\partial y'} - (\xi + p)\zeta \frac{\partial \rho'}{\partial z'} + \dot{\xi}\rho', \\
\mathfrak{G}(t-\varkappa, x', y', z') &= -(\xi + p)\eta \frac{\partial \rho'}{dx'} + (V^2 - \eta^2)\frac{\partial \rho'}{\partial y'} - \\
&\quad - \eta\zeta \frac{\partial \rho'}{\partial z'} + \dot{\eta}\rho', \\
\mathfrak{H}(t-\varkappa, x', y', z') &= -(\xi + p)\zeta \frac{\partial \rho'}{\partial x'} - \eta\zeta \frac{\partial \rho'}{\partial y'} + \\
&\quad + (V^2 - \zeta^2)\frac{\partial \rho'}{\partial z'} + \dot{\zeta}\rho'.
\end{aligned}
\right\} \quad (175)
$$

$$
\left.
\begin{aligned}
\mathfrak{A}(t-\varkappa, x', y', z') &= 4\pi V^2\left(\eta \frac{\partial \rho'}{\partial z'} - \zeta \frac{\partial \rho'}{\partial y'}\right), \\
\mathfrak{B}(t-\varkappa, x', y', z') &= 4\pi V^2\left[\zeta \frac{\partial \rho'}{\partial x'} - (\xi + p)\frac{\partial \rho'}{\partial z'}\right], \\
\mathfrak{C}(t-\varkappa, x', y', z') &= 4\pi V^2\left[(\xi + p)\frac{\partial \rho'}{\partial y'} - \eta \frac{\partial \rho'}{\partial x'}\right]
\end{aligned}
\right\} \quad (176)
$$

Dans ces expressions, il faut entendre par ξ, η, ζ les composantes de la vitesse vibratoire à l'instant $t - \varkappa$. Mais, dans le cas
qui nous occupe actuellement, les valeurs de $x'-x$, $y'-y$, $z'-z$
sont très petites par rapport à la longueur d'onde et le temps
$\varkappa$ le sera par rapport à la durée d'une vibration.

Il est donc permis d'écrire

$$\xi = \xi_t - \varkappa\dot{\xi}_t\,,$$

$$\eta = \eta_t - \varkappa\dot{\eta}_t\,,$$

$$\zeta = \zeta_t - \varkappa\dot{\zeta}_t\,,$$

où l'indice t indique les valeurs relatives au temps t. De plus, les termes $\varkappa\dot{\xi}_t$, $\varkappa\dot{\eta}_t$, peuvent être traités comme des infiniments petits, ce qui nous donne:

$$(\xi + p)^2 = (\xi_t + p)^2 - 2\varkappa(\xi_t + p)\dot{\xi}_t, \text{ etc.}$$

C'est ainsi que tous les coefficients de $\partial\rho'/\partial x'$, etc. peuvent être exprimés en ξ_t, η_t, ζ_t, $\dot{\xi}_t$, $\dot{\eta}_t$, $\dot{\zeta}_t$. Pareillement, nous remplacerons $\dot{\xi}\rho'$, $\dot{\eta}\rho'$, $\dot{\zeta}\rho'$ par $(\dot{\xi}_t - \varkappa\ddot{\xi}_t)\,\rho'$, etc. Ensuite, les valeurs qu'on trouve pour $\mathfrak{F}(t - \varkappa, x', y', z')$, etc. doivent être portées dans les formules (159) et (160), et ce qu'on obtient pour f, g, h, α, β, γ sera substitué à son tour dans les équations (I') (§ 133). Il importe de remarquer que, dans ces dernières, les lettres ξ, η, ζ indiquent précisément ce que nous venons de représenter par ξ_t, η_t, ζ_t. Il est donc permis de supprimer l'indice t; de plus, nous simplifierons en réunissant les différents termes.

On a, par exemple,

$$\mathbf{X} = \int \rho\,[4\pi V^2 f + \eta\gamma - \zeta\beta]\,d\tau$$

et

$$4\pi V^2 f + \eta\gamma - \zeta\beta = -\frac{1}{L}\int\frac{1}{\mathfrak{r}}[4\pi V^2\mathfrak{F} + \eta\mathfrak{C} - \zeta\mathfrak{B}]\,d\tau',$$

où $\mathfrak{F}$, $\mathfrak{C}$, $\mathfrak{B}$ sont les fonctions $\mathfrak{F}(t - \varkappa, z', x', y'\,z')$, etc. qui se trouvent déterminées par les formules (175) et (176).

Posons, pour abréger,

$$J_1 = \int\rho\left(\int\frac{\rho'}{\mathfrak{r}}\,d\tau'\right)d\tau, \qquad J_2 = \int\rho\left(\int\frac{1}{\mathfrak{r}}\frac{\partial\rho'}{\partial x'}\,d\tau'\right)d\tau,$$

$$J_3 = \int\rho\left(\int\frac{1}{\mathfrak{r}}\frac{\partial\rho'}{\partial y'}\,d\tau'\right)d\tau, \quad J_4 = \int\rho\left(\int\frac{1}{\mathfrak{r}}\frac{\partial\rho'}{\partial z'}\,d\tau'\right)d\tau$$

et indiquons par J_1', J_2', J_3', J_4' ce que deviennent ces intégrales si on y remplace $1/\mathfrak{r}$ par $\varkappa/\mathfrak{r}$. Alors

$$
\left.
\begin{aligned}
\mathbf{X} = & -\frac{4\pi V^2}{L}\{\dot{\xi}J_1 + [V^2 - (\xi + p)^2 - \eta^2 - \zeta^2]\,J_2 - \\
& - \ddot{\xi}J'_1 + [2(\xi + p)\dot{\xi} + \eta\dot{\eta} + \zeta\dot{\zeta}]\,J'_2 + \\
& + (\xi + p)\dot{\eta}J'_3 + (\xi + p)\dot{\zeta}J'_4\}, \\
\mathbf{Y} = & -\frac{4\pi V^2}{L}\{\dot{\eta}J_1 + [V^2 - (\xi + p)^2 - \eta^2 - \zeta^2]\,J_3 - \\
& - \ddot{\eta}J'_1 + [(\xi + p)\dot{\xi} + 2\eta\dot{\eta} + \zeta\dot{\zeta}]\,J'_3 + \eta\dot{\zeta}J'_4 + \eta\dot{\xi}J'_2\}, \\
\mathbf{Z} = & -\frac{4\pi V^2}{L}\{\dot{\zeta}J_1 + [V^2 - (\xi + p)^2 - \eta^2 - \zeta^2]\,J^4 - \\
& - \ddot{\zeta}J'_1 + [(\xi + p)\dot{\xi} + \eta\dot{\eta} + 2\zeta\dot{\zeta}]\,J'_4 + \zeta\dot{\xi}J'_2 + \zeta\dot{\eta}J'_3\}.
\end{aligned}
\right\} \quad (177)
$$

10. Quelles sont maintenant les valeurs de J_1, J_2, etc.? Dans le calcul des intégrales

$$
\int \frac{\rho'}{\mathfrak{r}}\,d\tau' \quad \text{et} \quad \int \frac{\varkappa\rho'}{\mathfrak{r}}\,d\tau',
$$

il y a une difficulté; c'est que la lettre ρ' indique la densité électrique qui existe dans le point (x', y', z') à l'instant $t - \varkappa$. Nous allons cependant transformer les expressions de façon qu'elles contiennent seulement la densité relative au temps t.

Remarquons d'abord que, sans changer la valeur des intégrales, on peut prendre pour origine des coordonnées le point (x, y, z) pour lequel elles doivent être calculées; de plus, pour une raison qu'on comprendra bientôt, j'écrirai x'', y'', z'' au lieu de x', y', z' et $d\tau''$ au lieu de $d\tau'$. Alors

$$
\mathfrak{r} = \sqrt{\frac{V^2}{V^2 - p^2}\,x''^2 + y''^2 + z''^2}, \tag{178}
$$

$$
\varkappa = \frac{\mathfrak{r}}{\sqrt{V^2 - p^2}} - \frac{px''}{V^2 - p^2} \tag{179}
$$

et il s'agira des intégrales

$$
\int \frac{\rho'}{\mathfrak{r}}\,d\tau'' \quad \text{et} \quad \int \frac{\varkappa\rho'}{\mathfrak{r}}\,d\tau''. \tag{180}
$$

Supposons que le point qui, à l'instant $t - \varkappa$, a les coordonnées x'', y'', z'' prenne part au mouvement vibratoire de la particule, et nommons x', y', z' ce que sont devenues les coordonnées à l'instant t. Le mouvement pouvant être regardé comme uniforme pendant le temps $\varkappa$, on a

$$x' = x'' + \varkappa\xi, \; y' = y'' + \varkappa\eta, \; z' = z'' + \varkappa\zeta. \qquad (181)$$

Ici, les rapports

$$\frac{\varkappa\xi}{x''}, \quad \frac{\varkappa\eta}{y''}, \quad \frac{\varkappa\zeta}{z''}$$

sont du même ordre de grandeur que

$$\frac{\xi}{V}, \quad \frac{\eta}{V}, \quad \frac{\zeta}{V}; \qquad (182)$$

on en pourra donc négliger les puissances supérieures à la première. Mais, alors, on peut, dans les relations (181), entendre par $\varkappa$ ce que la fonction (179) devient si on y remplace x'', y'', z'' par x', y', z'.

Les points qui, à l'instant $t - \varkappa$, se trouvèrent dans un élément $d\tau''$, situé au point (x'', y'', z''), se trouveront à l'instant t dans un élément de volume $d\tau'$, situé au point (x', y', z').

Or, d'après un théorème bien connu,

$$\frac{d\tau''}{d\tau'} = \begin{vmatrix} \dfrac{\partial x''}{\partial x'}, & \dfrac{\partial y''}{\partial x'}, & \dfrac{\partial z''}{\partial x'} \\[2ex] \dfrac{\partial x''}{\partial y'}, & \dfrac{\partial y''}{\partial y'}, & \dfrac{\partial z''}{\partial y'} \\[2ex] \dfrac{\partial x''}{\partial z'}, & \dfrac{\partial y''}{\partial z'}, & \dfrac{\partial z''}{\partial z'} \end{vmatrix},$$

équation qu'on peut mettre sous la forme

$$d\tau'' = \left(1 - \xi \frac{\partial \varkappa}{\partial x'} - \eta \frac{\partial \varkappa}{\partial y'} - \zeta \frac{\partial \varkappa}{\partial z'} \right) d\tau',$$

parce que

$$\frac{\partial x''}{\partial x'} = 1 - \xi \frac{\partial \varkappa}{\partial x'}, \quad \frac{\partial x''}{\partial y'} = - \xi \frac{\partial \varkappa}{\partial y'}, \text{ etc.}$$

et que

$$\xi \frac{\partial x}{\partial x'} , \ \xi \frac{\partial x}{\partial y'} , \ \text{etc.}$$

sont du même ordre que les expressions (182).

11. Ceci établi, les intégrales (180) peuvent être transformées en d'autres auxquelles chaque élément $d\tau'$ contribue pour un terme. Seulement, dans les premières intégrales, il fallait entendre par $1/\tau$ et x/τ les fonctions de x'', y'', z'' qu'on déduit des équations (178) et (179). Si on veut indiquer par ces signes les fonctions analogues de x', y', z', il faut remplacer $1/\tau$ et x/τ par

$$\frac{1}{\tau} - x\xi \frac{\partial}{\partial x'}\left(\frac{1}{\tau}\right) - x\eta \frac{\partial}{\partial y'}\left(\frac{1}{\tau}\right) - x\zeta \frac{\partial}{\partial z'}\left(\frac{1}{\tau}\right)$$

et

$$\frac{x}{\tau} - x\xi \frac{\partial}{\partial x'}\left(\frac{x}{\tau}\right) - x\eta \frac{\partial}{\partial y'}\left(\frac{x}{\tau}\right) - x\zeta \frac{\partial}{\partial z'}\left(\frac{x}{\tau}\right).$$

Quant à ρ', cette densité est évidemment égale à celle qui existe dans le point (x', y', z') à l'instant t.

On finira par trouver, pour les intégrales (180), qui ont été primitivement représentées par

$$\int \frac{\rho'}{\tau} d\tau' \ \text{ et } \ \int \frac{x\rho'}{\tau} d\tau', \tag{183}$$

les formes suivantes

$$\int \rho' \left[\frac{1}{\tau} - \xi \frac{\partial}{\partial x'}\left(\frac{x}{\tau}\right) - \eta \frac{\partial}{\partial y'}\left(\frac{x}{\tau}\right) - \zeta \frac{\partial}{\partial z'}\left(\frac{x}{\tau}\right) \right] d\tau' \tag{184}$$

et

$$\int \rho' \left[\frac{x}{\tau} - \xi \frac{\partial}{\partial x'}\left(\frac{x^2}{\tau}\right) - \eta \frac{\partial}{\partial y'}\left(\frac{x^2}{\tau}\right) - \zeta \frac{\partial}{\partial z'}\left(\frac{x^2}{\tau}\right) \right] d\tau' \tag{185}$$

et cela restera encore vrai si, en revenant à une origine des coordonnées quelconque, on entend par x, y, z les coordonnées du point pour lequel on veut calculer

$$\int \frac{\rho'}{\tau} d\tau', \ \text{etc.}$$

et par x', y', z' celles du point où se trouve l'élément $d\tau'$.

Je simplifierai encore en négligeant des termes de l'ordre p^2/V^2. Alors, $\varkappa$ se confond avec la distance r des points (x, y, z) et (x', y', z'),

$$\varkappa = \frac{r}{V} + \frac{p(x-x')}{V^2}$$

et les expressions (184) et (185) deviennent

$$\int \rho' \left[\frac{1}{r} - \frac{p}{V^2} \left\{ \xi \frac{\partial}{\partial x'} \left(\frac{x-x'}{r} \right) + \eta \frac{\partial}{\partial y'} \left(\frac{x-x'}{r} \right) + \zeta \frac{\partial}{\partial z'} \left(\frac{x-x'}{r} \right) \right\} \right] d\tau'$$

et

$$\int \rho' \left[\frac{1}{V} + \frac{p}{V^2} \frac{x-x'}{r} + \frac{\xi}{V^2} \frac{x-x'}{r} + \frac{\eta}{V^2} \frac{y-y'}{r} + \frac{\zeta}{V^2} \frac{z-z'}{r} + \frac{2p\xi}{V^3} \right] d\tau'.$$

En remplaçant ici ρ' par $\partial\rho'/\partial x'$, $\partial\rho'/\partial y'$, $\partial\rho'/\partial z'$, on trouvera ce qui, dans les formules pour J_1, J_2, etc. est désigné par

$$\int \frac{1}{\varkappa} \frac{\partial\rho'}{\partial x'} \, d\tau', \quad \int \frac{\varkappa}{\varkappa} \frac{\partial\rho'}{\partial x'} \, d\tau', \text{ etc.}$$

En effet, ces dernières expressions peuvent être transformées de la même manière que les intégrales (183), et cela, parce que les dérivées de la densité par rapport aux coordonnées ont, dans le point (x', y', z') et à l'instant t, les mêmes valeurs qu'elles avaient au moment $t - \varkappa$, dans le point (x'', y'', z'').

12. Le calcul de J_1, J_2, etc. est ainsi ramené à celui des intégrales

$$\iint \rho\rho' d\tau d\tau', \quad \iint \frac{\rho\rho'}{r} d\tau d\tau', \quad \iint \rho\rho' \frac{\partial}{\partial x'} \left(\frac{x-x'}{r} \right) d\tau d\tau', \text{ etc.}$$

Ici, les signes ρ et ρ' indiquent les densités électriques, relatives toutes les deux au même instant t et existant dans les points (x, y, z) et (x', y', z') de la particule. Tout ce qui dépend du mouvement de cette dernière a disparu et les valeurs des intégrales sont entièrement déterminées par la manière dont la charge est distribuée. De plus, plusieurs des intégrales s'annulent, puisque cette distribution est symétrique tout autour du centre. En effet, si ce dernier point est pris pour origine des coordonnées, ρ et ρ' seront des fonctions paires de x, y, z et de x', y', z' et une intégrale dans laquelle $\rho\rho'$ se trouve multiplié par une fonction impaire de $x - x'$, $y - y'$, $z - z'$ s'évanouira. Au contraire, vu que $\partial\rho'/\partial x'$ est une fonction impaire de x', une intégrale qui contient $\rho\,\partial\rho'/\partial x'$ ne différera de zéro que lorsqu'elle contient encore un facteur qui est une fonction impaire de $x - x'$.

Voici maintenant les valeurs des intégrales, en tant qu'elles ne s'annulent pas. On a posé

$$-\frac{1}{4\pi V^2}\int \frac{\rho'}{r}\,d\tau' = \omega, \quad \int \rho\omega\,d\tau = \mu,$$

et il faut se rappeler que chaque combinaison de deux éléments $d\tau$ et $d\tau'$ doit être prise deux fois.

$$\iint \rho\rho'\,d\tau d\tau' = e^2,$$

$$\iint \frac{\rho\rho'}{r}\,d\tau d\tau' = -4\pi V^2\mu,$$

$$\iint \rho\rho'\frac{\partial}{\partial x'}\left(\frac{x - x'}{r}\right)d\tau d\tau' = -\iint \frac{\rho\rho'}{r}\,d\tau d\tau' +$$

$$+ \iint \rho\rho'\frac{(x - x')^2}{r^3}\,d\tau d\tau' = \frac{8}{3}\pi V^2\mu,\;{}^1)$$

$$\iint \rho\frac{\partial\rho'}{\partial x'}\frac{x - x'}{r}\,d\tau d\tau' = -\iint \rho\rho'\frac{\partial}{\partial x'}\left(\frac{x - x'}{r}\right)d\tau d\tau' = -\frac{8}{3}\pi V^2\mu,$$

$$\iint \rho\frac{\partial\rho'}{\partial y'}\frac{y - y'}{r}\,d\tau d\tau' = \iint \rho\frac{\partial\rho'}{\partial z'}\frac{z - z'}{r}\,d\tau d\tau' = -\frac{8}{3}\pi V^2\mu.$$

De ces formules on déduit

$$J_1 = -4\pi\left(V^2 + \frac{2}{3}\,p\xi\right)\mu, \quad J_1' = \left(\frac{1}{V} + \frac{2p\xi}{V^3}\right)e^2,$$

$$J_2 = 0, \quad J_3 = 0, \quad J_4 = 0,$$

$$J_2' = -\frac{8}{3}\pi(\xi + p)\mu, \quad J_3' = -\frac{8}{3}\pi\eta\mu, \quad J_4' = -\frac{8}{3}\pi\zeta\mu.$$

${}^1)$ L'intégrale

$$\iint \rho\rho'\frac{(x - x')^2}{r^3}\,d\tau d\tau'$$

est évidemment égale aux intégrales analogues qui contiennent $(y - y')^2$ et $(z - z')^2$ et, par conséquent, à la troisième partie de

$$\iint \frac{\rho\rho'}{r}\,d\tau d\tau'.$$

13. Reste à substituer ces valeurs dans les formules (177). Je remplacerai L par $4\pi V^2$ et je considérerai en premier lieu la partie de **X** qui ne contient pas p. Les termes $-\dot{\xi}J_1 + \ddot{\xi}J'_1$ deviennent

$$4\pi V^2\dot{\xi}\mu + \frac{\ddot{\xi}e^2}{V}\,, \qquad (186)$$

ce qui est précisément l'expression (111). Les termes, au contraire, qui dépendent de J'_2, J'_3 et J'_4 sont insensibles. Le premier, par exemple, est $16\pi\xi^2\dot{\xi}p/3$, ce qu'on peut négliger en présence de $4\pi V^2\dot{\xi}\mu$.

Quant aux termes en p, il faudrait conserver sans doute ceux qui sont comparables au produit par p/V de l'expression (186), c'est-à-dire des quantités du même ordre que

$$pV\dot{\xi}\mu \quad \text{et} \quad \frac{p\ddot{\xi}e^2}{V^2}$$

Mais, dans la formule pour **X**, la vitesse p ne se trouve multipliée que par des facteurs comme

$$\xi\ddot{\xi}\mu \quad \text{et} \quad \frac{\xi\dddot{\xi}e^2}{V^3}\,.$$

On peut donc se borner à la valeur (186), et on trouvera des expressions analogues pour **Y** et **Z**.